全国高职高专院校药学类与食品药品类专业"十三五"规划教材

食品理化分析技术

（供食品质量与安全、食品检测技术、食品营养与检测等专业用）

U0206120

主　编　胡雪琴

副主编　谭小蓉

编　者　（以姓氏笔画为序）

卫　琳（山东药品食品职业学院）

田艳花（山西药科职业学院）

江文杰（楚雄医药高等专科学校）

杨小珊（重庆市食品药品检验检测研究院）

张宝勇（重庆医药高等专科学校）

胡雪琴（重庆医药高等专科学校）

谭小蓉（重庆三峡医药高等专科学校）

谭丽丽（广西卫生职业技术学院）

薛香菊（山东药品食品职业学院）

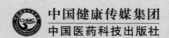

中国健康传媒集团

中国医药科技出版社

内 容 提 要

　　本教材是全国高职高专院校药学类与食品药品类专业"十三五"规划教材之一，以现行食品安全法律法规和国家标准为依据，根据《食品理化分析技术》教学大纲基本要求和课程特点编写而成。内容涵盖食品理化分析基础知识和技能、食品常见成分及包装材料的检验以及综合实训（各类食品的检验）等内容。本书具有按照岗位工作流程设计课程内容，以项目和任务承载知识技能以及采用能力进阶、分层实训培养学生岗位能力等特点。

　　本教材供全国高职高专院校食品质量与安全、食品检测技术、食品营养与检测等专业教学使用。

图书在版编目（CIP）数据

　　食品理化分析技术／胡雪琴主编. —北京：中国医药科技出版社，2017.1

　　全国高职高专院校药学类与食品药品类专业"十三五"规划教材

　　ISBN 978-7-5067-8802-1

　　Ⅰ. ①食… Ⅱ. ①胡… Ⅲ. ①食品分析-物理化学分析-高等职业教育-教材 Ⅳ. ①TS207.3

　　中国版本图书馆 CIP 数据核字（2016）第 305398 号

美术编辑　陈君杞
版式设计　锋尚设计

出版　**中国健康传媒集团** | 中国医药科技出版社
地址　北京市海淀区文慧园北路甲 22 号
邮编　100082
电话　发行：010-62227427　邮购：010-62236938
网址　www.cmstp.com
规格　787×1092mm ¹⁄₁₆
印张　22¾
字数　533 千字
版次　2017 年 1 月第 1 版
印次　2023 年 1 月第 3 次印刷
印刷　三河市百盛印装有限公司
经销　全国各地新华书店
书号　ISBN 978-7-5067-8802-1
定价　48.00 元

获取新书信息、投稿、为图书纠错，请扫码联系我们。

全国高职高专院校药学类与食品药品类专业
"十三五"规划教材

出 版 说 明

全国高职高专院校药学类与食品药品类专业"十三五"规划教材（第三轮规划教材），是在教育部、国家食品药品监督管理总局领导下，在全国食品药品职业教育教学指导委员会和全国卫生职业教育教学指导委员会专家的指导下，在全国高职高专院校药学类与食品药品类专业"十三五"规划教材建设指导委员会的支持下，中国医药科技出版社在2013年修订出版"全国医药高等职业教育药学类规划教材"（第二轮规划教材）（共40门教材，其中24门为教育部"十二五"国家规划教材）的基础上，根据高等职业教育教改新精神和《普通高等学校高等职业教育（专科）专业目录（2015年）》（以下简称《专业目录（2015年）》）的新要求，于2016年4月组织全国70余所高职高专院校及相关单位和企业1000余名教学与实践经验丰富的专家、教师悉心编撰而成。

本套教材共计57种，均配套"医药大学堂"在线学习平台。主要供全国高职高专院校药学类、药品制造类、食品药品管理类、食品类有关专业〔即：药学专业、中药学专业、中药生产与加工专业、制药设备应用技术专业、药品生产技术专业（药物制剂、生物药物生产技术、化学药生产技术、中药生产技术方向）、药品质量与安全专业（药品质量检测、食品药品监督管理方向）、药品经营与管理专业（药品营销方向）、药品服务与管理专业（药品管理方向）、食品质量与安全专业、食品检测技术专业〕及其相关专业师生教学使用，也可供医药卫生行业从业人员继续教育和培训使用。

本套教材定位清晰，特点鲜明，主要体现在如下几个方面。

1.坚持职教改革精神，科学规划准确定位

编写教材，坚持现代职教改革方向，体现高职教育特色，根据新《专业目录》要求，以培养目标为依据，以岗位需求为导向，以学生就业创业能力培养为核心，以培养满足岗位需求、教学需求和社会需求的高素质技能型人才为根本。并做到衔接中职相应专业、接续本科相关专业。科学规划、准确定位教材。

2.体现行业准入要求，注重学生持续发展

紧密结合《中国药典》（2015年版）、国家执业药师资格考试、GSP（2016年）、《中华人民共和国职业分类大典》（2015年）等标准要求，按照行业用人要求，以职业资格准入为指导，做到教考、课证融合。同时注重职业素质教育和培养可持续发展能力，满足培养应用型、复合型、技能型人才的要求，为学生持续发展奠定扎实基础。

3.遵循教材编写规律，强化实践技能训练

遵循"三基、五性、三特定"的教材编写规律。准确把握教材理论知识的深浅度，做到理论知识"必需、够用"为度；坚持与时俱进，重视吸收新知识、新技术、新方法；注重实践技能训练，将实验实训类内容与主干教材贯穿一起。

4.注重教材科学架构，有机衔接前后内容

科学设计教材内容，既体现专业课程的培养目标与任务要求，又符合教学规律、循序渐进。使相关教材之间有机衔接，坚持上游课程教材为下游服务，专业课教材内容与学生就业岗位的知识和能力要求相对接。

5.工学结合产教对接，优化编者组建团队

专业技能课教材，吸纳具有丰富实践经验的医疗、食品药品监管与质量检测单位及食品药品生产与经营企业人员参与编写，保证教材内容与岗位实际密切衔接。

6.创新教材编写形式，设计模块便教易学

在保持教材主体内容基础上，设计了"案例导入""案例讨论""课堂互动""拓展阅读""岗位对接"等编写模块。通过"案例导入"或"案例讨论"模块，列举在专业岗位或现实生活中常见的问题，引导学生讨论与思考，提升教材的可读性，提高学生的学习兴趣和联系实际的能力。

7.纸质数字教材同步，多媒融合增值服务

在纸质教材建设的同时，还搭建了与纸质教材配套的"医药大学堂"在线学习平台（如电子教材、课程PPT、试题、视频、动画等），使教材内容更加生动化、形象化。纸质教材与数字教材融合，提供师生多种形式的教学资源共享，以满足教学的需要。

8.教材大纲配套开发，方便教师开展教学

依据教改精神和行业要求，在科学、准确定位各门课程之后，研究起草了各门课程的《教学大纲》(《课程标准》)，并以此为依据编写相应教材，使教材与《教学大纲》相配套。同时，有利于教师参考《教学大纲》开展教学。

编写出版本套高质量教材，得到了全国食品药品职业教育教学指导委员会和全国卫生职业教育教学指导委员会有关专家和全国各有关院校领导与编者的大力支持，在此一并表示衷心感谢。出版发行本套教材，希望受到广大师生欢迎，并在教学中积极使用本套教材和提出宝贵意见，以便修订完善，共同打造精品教材，为促进我国高职高专院校药学类与食品药品类相关专业教育教学改革和人才培养作出积极贡献。

中国医药科技出版社

2016年11月

教材目录

序号	书 名	主 编	适用专业
1	高等数学（第2版）	方媛璐　孙永霞	药学类、药品制造类、食品药品管理类、食品类专业
2	医药数理统计*（第3版）	高祖新　刘更新	药学类、药品制造类、食品药品管理类、食品类专业
3	计算机基础（第2版）	叶　青　刘中军	药学类、药品制造类、食品药品管理类、食品类专业
4	文献检索	章新友	药学类、药品制造类、食品药品管理类、食品类专业
5	医药英语（第2版）	崔成红　李正亚	药学类、药品制造类、食品药品管理类、食品类专业
6	公共关系实务	李朝霞　李占文	药学类、药品制造类、食品药品管理类、食品类专业
7	医药应用文写作（第2版）	廖楚珍　梁建青	药学类、药品制造类、食品药品管理类、食品类专业
8	大学生就业创业指导	贾　强　包有或	药学类、药品制造类、食品药品管理类、食品类专业
9	大学生心理健康	徐贤淑	药学类、药品制造类、食品药品管理类、食品类专业
10	人体解剖生理学*（第3版）	唐晓伟　唐省三	药学、中药学、医学检验技术以及其他食品药品类专业
11	无机化学（第3版）	蔡自由　叶国华	药学类、药品制造类、食品药品管理类、食品类专业
12	有机化学（第3版）	张雪昀　宋海南	药学类、药品制造类、食品药品管理类、食品类专业
13	分析化学*（第3版）	舟启文　黄月君	药学类、药品制造类、食品药品管理类、食品类专业
14	生物化学*（第3版）	毕见州　何文胜	药学类、药品制造类、食品药品管理类、食品类专业
15	药用微生物学基础（第3版）	陈明琪	药品制造类、药学类、食品药品管理类专业
16	病原生物与免疫学	甘晓玲　刘文辉	药学类、食品药品管理类专业
17	天然药物学	祖炬雄　李本俊	药学、药品经营与管理、药品服务与管理、药品生产技术专业
18	药学服务实务	陈地龙　张　庆	药学类及药品经营与管理、药品服务与管理专业
19	天然药物化学（第3版）	张雷红　杨　红	药学类及药品生产技术、药品质量与安全专业
20	药物化学*（第3版）	刘文娟　李群力	药学类、药品制造类专业
21	药理学*（第3版）	张　虹　秦红兵	药学类，食品药品管理类及药品服务与管理、药品质量与安全专业
22	临床药物治疗学	方士英　赵　文	药学类及食品药品类专业
23	药剂学	朱照静　张荷兰	药学、药品生产技术、药品质量与安全、药品经营与管理专业
24	仪器分析技术*（第2版）	毛金银　杜学勤	药品质量与管理、药品生产技术、食品检测技术专业
25	药物分析*（第3版）	欧阳卉　唐　倩	药学、药品质量与安全、药品生产技术专业
26	药品储存与养护技术（第3版）	秦泽平　张万隆	药学类与食品药品管理类专业
27	GMP实务教程*（第3版）	何思煌　罗文华	药品制造类、生物技术类和食品药品管理类专业
28	GSP实用教程（第2版）	丛淑芹　丁　静	药学类与食品药品类专业

序号	书 名	主 编	适用专业
29	药事管理与法规*（第3版）	沈 力 吴美香	药学类、药品制造类、食品药品管理类专业
30	实用药物学基础	邱利芝 邓庆华	药品生产技术专业
31	药物制剂技术*（第3版）	胡 英 王晓娟	药学类、药品制造类专业
32	药物检测技术	王文洁 张亚红	药品生产技术专业
33	药物制剂辅料与包装材料	关志宇	药学、药品生产技术专业
34	药物制剂设备（第2版）	杨宗发 董天梅	药学、中药学、药品生产技术专业
35	化工制图技术	朱金艳	药学、中药学、药品生产技术专业
36	实用发酵工程技术	臧学丽 胡莉娟	药品生产技术、药品生物技术、药学专业
37	生物制药工艺技术	陈梁军	药品生产技术专业
38	生物药物检测技术	杨元娟	药品生产技术、药品生物技术专业
39	医药市场营销实务*（第3版）	甘湘宁 周凤莲	药学类及药品经营与管理、药品服务与管理专业
40	实用医药商务礼仪（第3版）	张 丽 位汶军	药学类及药品经营与管理、药品服务与管理专业
41	药店经营与管理（第2版）	梁春贤 俞双燕	药学类及药品经营与管理、药品服务与管理专业
42	医药伦理学	周鸿艳 郝军燕	药学类、药品制造类、食品药品管理类、食品类专业
43	医药商品学*（第2版）	王雁群	药品经营与管理、药学专业
44	制药过程原理与设备*（第2版）	姜爱霞 吴建明	药品生产技术、制药设备应用技术、药品质量与安全、药学专业
45	中医学基础（第2版）	周少林 宋诚挚	中医药类专业
46	中药学（第3版）	陈信云 黄丽平	中药学专业
47	实用方剂与中成药	赵宝林 陆鸿奎	药学、中药学、药品经营与管理、药品质量与安全、药品生产技术专业
48	中药调剂技术*（第2版）	黄欣碧 傅 红	中药学、药品生产技术及药品服务与管理专业
49	中药药剂学（第2版）	易东阳 刘 葵	中药学、药品生产技术、中药生产与加工专业
50	中药制剂检测技术*（第2版）	卓 菊 宋金玉	药品制造类、药学类专业
51	中药鉴定技术*（第3版）	姚荣林 刘耀武	中药学专业
52	中药炮制技术（第3版）	陈秀瑷 吕桂凤	中药学、药品生产技术专业
53	中药药膳技术	梁 军 许慧艳	中药学、食品营养与卫生、康复治疗技术专业
54	化学基础与分析技术	林 珍 潘志斌	食品药品类专业用
55	食品化学	马丽杰	食品类、医学营养及健康类专业
56	公共营养学	周建军 詹 杰	食品与营养相关专业用
57	食品理化分析技术	胡雪琴	食品质量与安全、食品检测技术、食品营养与检测等专业用

*为"十二五"职业教育国家规划教材。

全国高职高专院校药学类与食品药品类专业"十三五"规划教材

建设指导委员会

曹庆旭（黔东南民族职业技术学院）

葛　虹（广东食品药品职业学院）

谭　工（重庆三峡医药高等专科学校）

潘树枫（辽宁医药职业学院）

委　　员（以姓氏笔画为序）

王　宁（江苏医药职业学院）

王广珠（山东药品食品职业学院）

王仙芝（山西药科职业学院）

王海东（马应龙药业集团研究院）

韦　超（广西卫生职业技术学院）

向　敏（苏州卫生职业技术学院）

邬瑞斌（中国药科大学）

刘书华（黔东南民族职业技术学院）

许建新（曲靖医学高等专科学校）

孙　莹（长春医学高等专科学校）

李群力（金华职业技术学院）

杨　鑫（长春医学高等专科学校）

杨元娟（重庆医药高等专科学校）

杨先振（楚雄医药高等专科学校）

肖　兰（长沙卫生职业学院）

吴　勇（黔东南民族职业技术学院）

吴海侠（广东食品药品职业学院）

邹隆琼（重庆三峡云海药业股份有限公司）

沈　力（重庆三峡医药高等专科学校）

宋海南（安徽医学高等专科学校）

张　海（四川联成迅康医药股份有限公司）

张　建（天津生物工程职业技术学院）

张春强（长沙卫生职业学院）

张炳盛（山东中医药高等专科学校）

张健泓（广东食品药品职业学院）

范继业（河北化工医药职业技术学院）

明广奇（中国药科大学高等职业技术学院）

罗兴洪（先声药业集团政策事务部）

罗跃娥（天津医学高等专科学校）

郝晶晶（北京卫生职业学院）

贾　平（益阳医学高等专科学校）

徐宣富（江苏恒瑞医药股份有限公司）

黄丽平（安徽中医药高等专科学校）

黄家利（中国药科大学高等职业技术学院）

崔山风（浙江医药高等专科学校）

潘志斌（福建生物工程职业技术学院）

食品理化分析技术是食品质量与安全、食品检测技术、食品营养与检测等专业的必修课程和专业核心课程。本教材为全国高职高专院校药学类与食品药品类专业"十三五"规划教材之一，系在教育部 2015 年 10 月新颁布的《普通高等学校高等职业教育（专科）专业目录（2015 年）》指导下，根据本套教材的编写总原则和要求，以及《食品理化分析技术》教学大纲的基本要求和课程特点编写而成。

本教材依据《中华人民共和国食品安全法》等法律法规和《食品安全国家标准》《食品卫生检验方法——理化部分》等国家标准，结合职业资格知识和技能要求，以"宽基础，活模块"的编写模式，将传统教学内容进行整合、更新和优化，使教材真正"贴近学生、贴近岗位、贴近社会"。目前正值新旧版食品安全国家标准更替之际，虽然在编者编写时，旧版标准仍为现行有效标准，但考虑到教材的前瞻性和适用性，也为了提供更科学规范的检测方法，本教材部分标准采用出版时尚未正式实施（2017 年 3~4 月实施）的国家标准。

教材按 144 学时编写，分三部分内容：①介绍食品理化分析的基础知识和基本技能，使学生初步认识食品理化分析技术；②介绍食品常见成分检测和包装材料的检验，旨在培养学生的单项检测技能；③以不同类别食品为检验对象，按照食品卫生要求进行的食品综合检验，培养学生食品分析的综合能力。三部分既自成一体，又有机融合，充分体现了知识和技能培养的分层进阶。教材编写充分体现食品理化分析课程教学过程的理实一体特色，将相关理论知识和实训内容紧密结合；同一检测指标可能列出不同层次行业实际采用的多种检测方法，以满足不同区域不同学校的教学需要。教材每个项目的开篇都设有"学习目标"，下分"知识要求"和"技能要求"，用于指导教与学；目标后或在项目中设置"案例导入"，激发学生学习兴趣；结束均有配套的"岗位对接""重点小结"和"目标检测"，引发学生思考，并培养其理论联系实际的能力。在本教材的"岗位对接"模块，提到了对接食品检验工的资格考试，虽然国家人力资源和社会保障部门已于 2015 年废止食品检验工的资格证书，但部分省、市职业技能鉴定中心对该项职业资格的鉴定工作仍在开展，众多企业对从业人员的食品检验资格证书仍有要求，因此本教材内容仍与其对接。

本教材适用于全国高职高专食品质量与安全、食品检测技术、食品营养与检测等相关专业的教学使用，也可作为行业企业食品检验人员的继续教育培训教材和参考资料。

本教材编委由多年来在教学第一线同时具有行业工作经历的专业带头人和骨干

教师，以及行业专家组成，教材的顺利完成得到了重庆医药高等专科学校、重庆市食品药品检验检测研究院、重庆三峡医药高等专科学校、山东药品食品职业学院、山西药科职业学院、楚雄医药高等专科学校、广西卫生职业技术学院等院校的大力支持，特致以衷心感谢！团队成员始终以严谨、求实、科学的态度编写教材，但难免会有疏漏与不足之处，真诚希望所有读者不吝赐教、及时反馈，以便教材修改提高与完善。

编　者

2016 年 10 月

目 录

CONTENTS

绪 论

项目一
食品物理检验

项目三

**食品添加剂
的检验**

项目四

**食品中有毒有害
物质的检验**

项目五

**食品中功能性
成分的检验**

项目六

**食品包装
材料的检验**

综合实训（各类食品的检验）

绪　论

案例导入

案例： 2016 年 9 月 27 日，国家食品药品监督管理总局组织抽检水产制品、食糖、粮食加工品、饮料、调味品等 5 类食品 429 批次样品，抽样检验项目合格样品 425 批次，不合格样品 4 批次。不合格产品情况如下：某公司生产的海米，亚硫酸盐检出值为 0.378g/kg，标准规定为不得使用；某网店销售的绵白糖二氧化硫、还原糖检出值分别为 22.8mg/kg 和 0.10%，比标准规定（不超过 15mg/kg 和 0.04%）分别高出 52% 和 1.5 倍；色值检出值为 38IU，比标准规定（不超过 25IU）高出 52%。来源：国家食品药品监督管理总局"总局通告 4 批次食品不合格"。

讨论： 1. 完整的食品检验流程是怎样的？
　　　　　2. 食品检验及检验结果判断的依据是什么？

任务一　课程导入

　　民以食为天，食以安为先。食品提供人类多种营养素，是其赖以生存的物质基础。"食品安全"和"食品营养"是评价食品价值的重要因素，而食品理化分析则是实现食品品质评价的重要手段。

一、食品理化分析技术的概念

　　食品理化分析是基于分析化学、营养与食品卫生和食品化学等知识和技能，使用现代分离分析技术，对食品的营养成分、与食品安全有关的成分进行分析检测，并将检测结果与食品相关标准进行比较，以判断食品是否符合食用要求的过程。

　　食品理化分析技术即是在食品理化分析过程中所采用的各种方法和技术。常见的方法和技术如密度、折射率、旋光度等物理分析法，质量分析法，滴定分析法，光谱法，色谱法等。分析方法和技术的使用，按照国家食品卫生检验方法（理化部分）和食品安全国家标准，并结合具体情况予以选择。

二、食品理化分析的任务

实际工作中，食品理化分析技术应用于食品"从田间到餐桌"的全过程，对于保障食品的安全和食品的营养；预防食物中毒和食源性疾病的产生；研究食品化学性污染的来源、途径及其控制；开发食品新资源、研发食品新工艺等都具有非常重要的意义。食品理化分析的主要任务如下。

（一）食品品质检验

食品品质检验贯穿于食品生产和使用的全过程，按照食品相关标准，检验食品原辅料、加工半成品和成品的质量，也对包装、运输、储存和食用过程中的食品进行检验。食品品质检验对象包括：食品中的营养物质；因满足食品工艺需要而额外添加的物质；食品中的、食品生产流程中所产生或被污染的有毒有害物质；以及与食品相关的包装材料等。食品品质检验既可用于食品生产企业的自我检查，也可作为行业主管部门和第三方检测机构的抽检和委托检验以确保食品无毒、无害，并符合应当有的营养要求。

（二）食品生产管控

食品生产流程及其工艺条件的选择非常重要，食品检验可为其提供重要的参考。食品加工工艺影响食品的最终品质，如粮食加工中，可通过不同加工精度获取不同等级的面粉，而灰分的含量是制定面粉等级的重要指标；食品加工工艺影响食品企业的生产成本，如可以通过控制食品产品中水分的含量来节约能源。因此，食品理化分析有助于生产者全面了解其产品生产情况，为制定生产计划、核算成本提供依据。

（三）食品开发和研究

此外，食品检验还为新食品资源的开发，新优质产品的研制，生产工艺的优化和改革，以及产品包装、贮运技术等的改革提供依据和方法建议。

任务二　食品理化分析的内容

食品种类繁多，成分复杂，与食品营养、安全相关的分析内容也因食品种类不同而十分丰富。从常量分析到微量分析，从定性分析到定量分析，从组成分析到形态分析，从实验室分析到现场快速检测，所涉及的分析方法多种多样，不尽相同。

一、食品中常见成分的检验

食品提供人类生命活动所需的能量和各种营养素。营养素包括蛋白质、脂肪、碳水化合物（包括膳食纤维）、维生素、矿物质和水六大类，而蛋白质、脂肪和碳水化合物则因为提供机体能量而被称为"产能营养素"。上述物质即为食品中的常见成分。

不同类别食品所含营养物质不同，如粮谷类富含碳水化合物；各种肉、蛋和乳则是蛋白质的优质来源，而蔬菜水果更多提供的是维生素和矿物质。通过食品常见成分的检测可以了解各类食品所含营养素的种类、质和量，以便个体平衡膳食、合理营养。

二、食品中添加剂的检验

为满足食品生产工艺、改善食品感官性状和食品品质、延长食品货架期等，在食品中所加入的某些合成或天然的物质，通常被称为食品添加剂。常见的食品添加剂包括甜味剂、防腐剂、着色剂、护色剂、漂白剂、抗氧化剂等。

食品添加剂并非食品固有，不当或过量使用和食用食品添加剂可能对机体产生危害，其使用品种、使用量及适用范围都必须符合食品添加剂相关管理制度。因此必须对食品中的食品添加剂进行检验和分析，以监督食品生产企业是否合理使用食品添加剂，从而保障食品安全。

三、食品中有毒有害物质的检验

食品中有毒有害物质可能来源于食品本身，也可能来源于食品的生产、加工、包装、运输、储存和销售等环节。有毒有害物质通过摄食行为进入机体而成为健康的严重危险因素，因此通过对食品中有毒有害物质的检验来确保食品安全意义重大。食品中常见有毒有害物质主要有以下几类。

（一）农药和兽药残留

农药和兽药的正确使用可以促进动植物生长发育，控制病虫害或防治动物疾病，从而提高动植物食物原料的产量。但是不规范不合理甚至违法使用农药和兽药的现象依然存在，因此动植物食物原料中不可避免的出现农药和兽药的残留，并可通过食物链进入人体而危害健康。

常见的农药可分为有机氯、有机磷、氨基甲酸酯和拟除虫菊酯等多种，常见的兽药诸如抗生素类、激素和其他生长促进剂。我国制定的各类食品中农药和兽药的残留限量标准和检测标准，是食品农药和兽药残留分析的法律依据。

（二）动植物毒素

动植物毒素不同于农药兽药残留，它是动植物食物原料本身所含有的有毒有害物质，食用含有该类物质的食品会导致机体食物中毒，不同毒素可能导致如过敏、腹泻、头疼头晕、呼吸衰竭甚至死亡，因此其检验也非常必要。

生活中含有天然动植物毒素的食物及其危害各不相同。如四季豆鲜豆中含有皂苷和血球凝集素，若食用未煮熟的四季豆易出现腹痛、腹泻等胃肠道症状和头晕头痛、四肢麻木等精神异常；发芽的马铃薯含有大量的龙葵素，因抑制呼吸中枢引起呼吸麻痹而导致食用者死亡；青皮红肉的海鱼含有较多的组氨酸，后者在机体中易脱羧成组胺而使人体出现皮肤瘙痒、脸色潮红、头晕、头痛、心跳加快等过敏性症状；河豚的皮肤、血液、肝脏和肾脏等含有河豚毒素，误食后机体早期有手指、舌、唇刺痛感，然后出现恶心、呕吐、腹痛、腹泻等胃肠症状，进而四肢无力、发冷、口唇和肢端知觉麻痹，严重者因呼吸衰竭而死亡。

（三）有害元素

因生产环境中重金属本底过高，或者食品加工过程不当如生产设备、包装材料等质量不合格，均会使食品受到砷、汞、铅、镉、锡等元素的污染，而这些元素在人体内均具有不同程度不同性质的危害。如日本历史上著名的水俣病即是因工业废水排放不当使环境被高浓度汞污染，汞继而富集在鱼体中而致食鱼者中毒。

我国对于谷类、蔬果类、水产品类和肉类等都制定了有害元素的限量标准，食品中有害元素的检测是食品理化分析的重要内容之一。

（四）细菌、霉菌及其毒素

因生产或储存不当而引起食品微生物污染，致病性微生物本身或其产生的毒素则对人体产生危害。甘蔗感染红腐真菌引起红腐病，霉变的甘蔗会导致食用者中毒：最初为呕吐、头晕、视力模糊，进而眼球偏侧凝视，阵发性抽搐，抽搐时四肢强直、大小便失禁，最后昏迷，出现呼吸衰竭而死亡。霉菌如黄曲霉、赭曲霉、玉米赤霉等感染食物后产生黄曲霉毒素、赭曲霉毒素和玉米赤霉烯酮，上述毒素对人类具有致癌性，尤其黄曲霉毒素是强致癌物质。

我国制定了食品中霉菌毒素的限量标准和相关检测方法，用于相关食品安全的管控。

（五） 食品生产加工各环节中产生的有毒有害物质

在食品发酵、腌渍、熏制等加工过程中，因环境条件的改变易使食品中的蛋白质、氨基酸和脂肪等分解，或者物质间相互作用而产生有毒有害物质。如泡菜在腌渍过程中尤其是初期形成亚硝胺；高温油炸食品中产生多环芳胺；食材烧烤过程中产生苯并[α]芘等。

我国对于上述有毒有害物质制定了相应的卫生标准和分析方法予以检测。

四、食品中功能性成分的检验

食品中除蛋白质、脂肪等六大类营养物质外，还可能具有不同的功能性成分，对于人体生理机能的调节起着重要的作用。如大豆异黄酮具有雌激素样作用，被称为植物雌激素；茶多酚具有较强的抗氧化作用；香菇多糖则具有免疫调节作用；芦丁可有效防止血小板聚集而有助于血栓的防治。而传统食品中因为添加了上述功能性成分而成为保健食品或功能性食品。国家设定了 27 项保健功能，使保健食品适用于特定人群，用于调节机能而不以疾病治疗为目的。

对于食品中的功能性成分，我国制定了相关的管理办法、检验标准和检验方法。

五、食品包装材料的检验

食品包装材料指与食品直接接触的容器、材料及辅助物，如使用不符合卫生标准的包装材料，易使包装材料中的有害物质污染食品或迁移到食品中。依包装材料的种类不同其含有的有害成分也不相同，如塑料容器中可能含有甲醛、甲苯和苯乙烯等；搪瓷、陶瓷可能含有重金属元素；塑料、橡胶等高分子聚合物中也可能存在双酚 A、壬基酚等具有雌激素样作用的有害物质。

因此，食品包装材料的检验属于食品理化分析的重要内容。

任务三　食品理化分析的标准

食品质量依赖于食品质量管理和质量监督，而依据标准进行食品分析检验是达成食品质量管理和监督的重要手段。按照《中华人民共和国标准化法》的规定，我国标准分为四级：国家标准、行业标准、地方标准和企业标准。据此，结合标准性质和适用范围，国内外的食品理化分析标准可分为国际标准、国家标准、行业标准、地方标准和企业标准。

一、国际标准

食品分析国际标准由国际标准化组织（ISO）、联合国粮农组织（FAO）和世界卫生组织（WHO）、美国公职分析家协会（AOAC）等组织机构制定，分别为 ISO 标准、CAC 标准和 AOAC 分析标准。

二、国家标准

国家标准由国务院标准化行政主管部门编制计划，组织草拟，统一审批、编号、发布。我国的国家标准用"国标"两个汉字的第一个字母"GB"表示。在食品标准中涉及安全、卫生的要求属于强制性标准，其他属于推荐性标准，以"GB/T"表示。

国家标准使用相关注意事项如下。

（1）国家标准如有两个以上方法，不同实验室可依据所具备的条件予以选择使用，一般以第一法为仲裁法。

（2）方法中所使用的水，未注明其他要求的，均系指蒸馏水或去离子水，未指明用何种溶剂配制溶液时，均系指水溶液。

（3）方法中未指明具体浓度的酸（硫酸、盐酸、硝酸等）和碱（氨水等），均指市售试剂规格的浓度。

（4）溶液浓度的表示方法：

若溶液由另一种特定溶液稀释配制，在国标中按照以下惯例表示："将体积为 V_1 试剂 A 稀释至 V_2"，是将体积为 V_1 的试剂 A 用特定试剂 B 稀释（如未说明，则试剂 B 为水），最终混合物的总体积为 V_2；"试剂 A（V_1+V_2）"，是将试剂 A 与特定试剂 B（如未说明，则试剂 B 为水）按体积比 $V_1:V_2$ 混合。如：盐酸（1+10）是指，将 1 体积的盐酸加入到 10 体积水中并混合均匀。

若由两种或两种以上试剂混合配制混合溶液，在国标中按以下惯例表示：A+B+C（$V_1+V_2+V_3$）或 A-B-C（$V_1:V_2:V_3$），是将试剂 A、试剂 B、试剂 C 按体积比 $V_1:V_2:V_3$ 混合。如：无水乙醇-氨水-水（7:2:1）表示将无水乙醇、氨水、水按体积比 7:2:1 混合。本书中统一采用 A-B-C（$V_1:V_2:V_3$）的形式。

三、行业标准

对没有国家标准而又需要在全国某个行业范围内统一的技术要求，可以制定行业标准（含标准样品的制作）。制定行业标准的项目由国务院有关行政主管部门确定。如农业标准（NY），商业标准（SB），轻工标准（QB），化工标准（HG）等。

四、地方标准

对没有国家标准和行业标准而又需要在省、自治区、直辖市范围内统一的工业产品的安全、卫生要求，可以制定地方标准。制定地方标准的项目，由省、自治区、直辖市人民政府标准化行政主管部门确定。地方标准以"DB"开头标示。

五、企业标准

企业生产的产品没有国家标准、行业标准和地方标准的，应当制定相应的企业标准，作为组织生产的依据。企业标准由企业组织制定（农业企业标准制定办法另定），并按省、自治区、直辖市人民政府的规定备案。企业标准前冠以"Q/"。

我国的食品理化分析中，首选国家标准。

任务四　分析检验中的误差和数据处理

案例导入

案例：用一新方法测得一水标样中铅的浓度为 0.21、0.22、0.23、0.23、0.24 和 0.25μg/L，而标准样书给定的标准值 0.21μg/L±0.02μg/L。

讨论：新方法测定结果是否可靠？

一、误差

测量值与真实值之间的差异称为误差。由于仪器、实验条件、环境等因素的限制，测量不可能无限准确,物理量的测量值与客观存在的真实值之间总会存在着一定的差异,这种差异就是测量误差。误差用来衡量分析结果的准确度,是不可避免的,只能减小。

根据误差的性质和产生的原因,可将误差分为系统误差和随机误差。

(一) 系统误差

系统误差也称为规律误差,它是由于分析过程中某些比较确定的因素造成的。在相同的条件下,重复测定时会重复出现,使测定结果系统偏高或系统偏低,其数值大小也有一定的规律,即测量值总是比真值大或小。系统误差的大小可以估计,并可设法减小和加以校正。系统误差产生的原因主要有以下几个方面。

1. 方法误差 这是分析方法本身不够完善带来的误差,其误差的大小与分析方法的特性有直接关系。如在滴定分析中,由于滴定终点与化学计量点之间存在差异,以及其他副反应的发生所引起的误差;在重量分析中,由于存在沉淀的溶解或共沉淀等情况而引起的误差,都属于方法误差。

2. 仪器误差 这种误差主要是因为仪器不合格或没有按规定条件使用仪器所引起的。如分光光度计的波长未校准,透光率或吸光度的标尺不准确;天平未经校正就称取样品;外界环境(光线、温度、湿度、电磁场等)对测量仪器的影响等都将产生仪器误差。

3. 试剂误差 所用试剂纯度不够,所用蒸馏水中含有杂质,或因试剂过期变质被污染等引起的误差叫作试剂误差。

4. 操作误差 这类误差主要是由于不同操作人员在正常操作情况下对操作规程的理解与条件控制不完全一致所引起的。如在滴定分析中对终点颜色判断不完全一致。

系统误差按其出现的规律,可分为恒差和比例误差。不管测量次数多少,恒差的绝对值保持不变,与样品的重量无关。由恒差造成的相对误差随被测组分含量的增加而减少,滴定分析中的指示剂空白属于恒差,如果恒差为 0.05ml,则滴定体积为 5.00ml 时,相对误差为 1%;滴定体积为 25.00ml 时,相对误差为 0.2%。比例误差的绝对值随样品量的增加而成比例增加,但相对误差保持不变。

系统误差一般可以采用校正的办法或制定标准规程的办法予以校正。如选用国家标准方法与所采用的方法进行比较,从而找出方法的误差;另外可作空白试验消除由试剂、蒸馏水以及器皿引入的杂质所造成的误差;或作对照试验,即用一致含量的标准试样在与试样测定完全一致的条件下进行分析测定,可发现分析过程中系统误差的大小。

(二) 随机误差

随机误差也称偶然误差或不定误差,是由于在测定过程中一系列有关因素微小的随机波动而形成的具有相互抵偿性的误差。对一个指标进行多次测量,其测量误差的大小正负不定,似无规律可循,但多次测量可发现这种误差服从统计学正态分布。即绝对值相同的正负误差出现的概率相同,因此它们之间常能互相抵消,所以可以通过增加平行测定的次数来减小随机误差。

除上述两种误差外,由于初学者或者由于分析人员的粗心大意,或不按规程操作而产生的误差,叫作过失误差。例如,溶液溅失、加错试剂、看错砝码、读错刻度、记录和计算错误等。这些不应该有的过失会给分析结果带来严重影响。因此,只要在操作过程中认真、细心,一丝不苟,严格遵守操作规程,耐心细致地进行试验,这种错误是可以避免的。在分析工作中,出现较大误差时,应查明原因,如系过失引起的错误结果,则应将其剔除,不能用于结果的计算。

二、数据处理

（一）有效数字

通过直读获得的准确数字叫作可靠数字；通过估读得到的那部分数字叫作存疑数字。把测量结果中能够反映被测量大小的带有一位存疑数字的全部数字叫有效数字。在科学实验中，为了得到准确的测定结果，不仅要准确的测定各种数据，而且要准确地记录和计算这些数据。分析结果的数值不仅表示样品中被测物质含量的多少，还应反映出测定结果的准确度。所以，在记录实验数据和进行结果计算时，应根据测量的准确度保留最后结果的有效位数。在测量准确度的范围内，有效数字的位数越多，其测量的准确度也越高。所以必须根据所用方法和仪器的准确度来决定有效数字的位数。

需要注意的是，数字"0"在数据中具有双重意义。如果作为普通数字使用，它就是有效数字；如果只起定位作用，就不是有效数字。从左边第一位非零数字左侧的零只起定位作用，不是有效数字。而此非零数字右侧的零均为有效数字。例如，下列数据中粗体字"0"只起定位作用，不是有效数字。

0.3105g、25.00ml 为四位有效数字；

0.0305mol/L、1.30×10^4、25.0% 为三位有效数字；

0.050g、**0**.59%、−3.5×10^2 为两位有效数字；

0.8ml、**0.000**9% 为一位有效数字。

分析化学中还经常遇到 pH、pM、Log$K$ 等绝对数值，其有效数字的位数仅取决于小数部分的位数，因整数部分只说明该数的方次。例如，pH = 8.56，即 [H$^+$] = 2.8×10^{-9}mol/L，其有效数字为两位，而不是三位。

（二）有效数字的运算规则

在数据处理时，往往需用从测量过程中不同步骤所得到的数据计算最终结果，而这些数据的准确度可能并不一致，这就要求在数据处理时，必须按一定规则进行计算，其运算规则如下。

1. 加减法　以小数点后位数最少的数据为基准，其他数据修约至与其相同，再进行加减计算，最终计算结果保留最少的位数。例如 0.042、32.11 和 2.235547 相加，在这三个数据中，其小数点后位数最少的，其绝对误差也最大，故应以它为准。在计算之前，应将其他数据按"四舍六入五留双"的原则整理保留至两位小数后，再相加。

$$0.04+32.11+2.24 = 34.39$$

2. 乘除法　以有效数字最少的数据为基准，其他数据修约至与其相同，再进行乘除运算，计算结果仍保留最少的有效数字。例如 83.26、2.114 和 0.00138 之积，其各个数据的相对误差为 0.012%、0.047%、0.72%，因数据 0.00138 的相对误差最大，有效数字的位数最少，故应以其位数为准。先将另外两个数据按"四舍六入五留双"的原则处理，然后求积。

$$83.3×2.11×0.00138 = 0.243$$

3. 对数计算　所取对数应与真数的有效数字位数一致。如某溶液的 pH 为 1.23，只要两位有效数字，故其 H$^+$ 活度为 0.059mol/L。

4. 在运算中　如 π、e 等的数值及 $\sqrt{2}$，2/3 等的有效数字，可以认为无限制，不影响结果有效数字的确定。即在计算中，可以取任意数。

5. 计算有效数字时　如第一位有效数字等于或大于8，其有效数字的位数可以多算1位。例如 8.35 实际上只有 3 位有效数字，但可认为它有 4 位有效数字。

6. 在计算过程中 可以暂时多保留一位数字，得到最后结果再根据"四舍六入五留双"的原则弃去多余的数字。

7. 有效数字的修约规则 有效数字的修约规则可总结为"四舍六入五留双，五后非零则进一，五后皆零视奇偶，五前为奇则进一，五前为偶则舍弃，不许连续修约"。即当尾数小于或等于 4 时舍去；当尾数大于或等于 6 时进 1；当尾数恰好等于 5 时，则要看保留下来的尾数是奇数还是偶数，如为奇数则进 1，反之舍去。所拟舍弃的数字，若为两位以上数字时，不得连续修约，应根据左边第一个数字大小，按上述规定修约一次。

任务五　食品理化分析的流程

一、采样

在食品样品采集前，应根据食品卫生标准规定的检验项目和检验目的，进行卫生学调查。审查该批食品的有关证件，如标签、说明书、卫生检疫证书、生产日期、生产批号等。了解待检食品的原料、生产、加工、运输、储存等环节和采样现场样品的存放条件以及包装情况等，并对食品样品进行感官检查，对感官性状不同的食品应该分别采样、分别检验。在采样的同时应该记录现场情况、采样地点、采样时间、所采集的食品名称（商标）、样品编号、采样单位及采样人等事项。根据检验目的，选用硬质玻璃瓶或聚乙烯制品作为采样容器。

（一）食品样品的采集原则

对于食品理化检验，通常是从产品中抽取少量的、具有一定代表性的样品来进行检验分析，将检验结果作为这一批食品的检验结论。正确地采用必须遵循两个原则：一是所采样品应具有代表性。即所采集的食品样品应该反映总体的组成、质量和卫生状况。采样标签应完整、清楚。必须注意食品的生产日期、批号和均匀性，尽量使处于不同方位、不同层次的食品样品采集的机会均等，采样时不应该带有主观选择性。对于掺伪食品和致食物中毒的样品，应该采集具典型性的样品。二是采样过程要设法保持原有食品的理化性质，防止待测成分的损失及污染。

（二）食品样品的采集方法

食品样品的采集方法有随机采样和代表性采样两种。随机采样是按照随机原则从大批食品中抽取部分样品，抽取样品应注意各部分都有均等的采集机会。代表性取样是根据食品样品的空间位置和时间变化的规律进行采样，使采集的样品能代表其相应部分的组成和质量。如分层取样、在生产过程的各个环节中采样、定期抽取货架上不同陈列时间的食品等。实际工作中，一般采用随机采样和代表性抽样相结合的方式，具体的采样方法则随分析对象的性质而异。

1. 固态食品

（1）大包装固态食品　按采样件数的计算公式：采样件数 $= \sqrt{件/2}$，确定采集的大包装食品件数。在食品堆放的不同部位分别采样，取出选定的大包装，用采样工具在每一个包装的三层（上、中、下）五点（周围四点和中心点）取出样品。将采集的样品充分混匀，利用"四分法"缩减到所需的采样量。

（2）小包装食品（如罐头、袋或听装奶粉、瓶装饮料等）　一般按批次或批号随机取样，同一批号取样件数，包装 250g 以上的不得少于 6 个，250g 以下的包装不得少于 10 个。如果小包装外还有大包装（纸箱等），可在堆放的不同部位抽取一定数量的大包装，打开包装，从每个大包装中按"三层、五点"抽取小包装，再缩减到所需的采样量。

（3）散装固定食品　对散装固定食品如粮食，应自每批食品的上、中、下三层中的不同部位分别采集部分样品，混合后用"四分法"对角取样，经几次混合和缩分，最后取出有代表性的样品。

2. 液态及半固态食品（植物油、鲜乳、酒类、液态调味品和饮料等） 对储存在大容器（如桶、缸、罐等）内的食品，应先混合后再采样。采用虹吸法分上、中、下三层采出部分样品，充分混合后装在三个干净的容器中，作为检验、复检和备查样品；对于散（池）装的液体食品，可采用虹吸法在储存池的四角及中心五点分层取样，每层取 500ml 左右，混合后再缩减到所需的采样量。样品量多时可采用旋转搅拌法混匀，样品量少时可采用反复倾倒法。

3. 组成不均匀的食品（如肉、鱼、果品、蔬菜等） 对于组成不均匀的食品的肉、鱼、果品、蔬菜等食品，由于本身组成或部位不均匀，个体大小及成熟程度差异很大，取样时更应注意代表性，可按下述方法取样。

（1）肉类、水产品等　应按分析项目的要求，分别采取不同部位的样品，如检测六六六、滴滴涕农药残留，可以在肉类食品中脂肪较多的部位取样或从不同部位取样，混合后作为样品。对小鱼、小虾等可随机抽取多个样品，切碎、混匀后，缩分至所需采样量。

（2）果蔬　个体较小的果蔬类食品（如青菜、蒜、葡萄、樱桃等），随机取若干个整体，切碎混匀，缩分到所需采样量；个体较大的果蔬类食品（如西瓜、苹果、萝卜、大白菜等），可按成熟度及个体大小的组成比例，选取若干个体，按生长纵轴剖分成 4 份或 8 份，取对角 2 份，切碎混匀，缩分至所需采样量。

4. 含毒食物和掺伪食品 应采集具典型性的样品，尽可能采取含毒物或掺伪最多的部位，不能简单混匀后取样。

采集完毕后，根据检验项目的要求，将所采集的食品装在适当的玻璃或聚乙烯塑料容器中，密封，贴好标签，带回实验室分析。对于某些不稳定的待测成分，在不影响检测的条件下，可以在采样后立即加入适当的试剂，再密封。

通常食品样品的所需采集量应该根据检验项目、分析方法、待测食品样品的均匀程度等确定。一般食品样品采集 1.5kg，将采集的样品分为三份，分别供检验、复查和备查或仲裁用。

二、分样

根据卫生标准，`不同食品需要检测的指标各不相同。样品采集完成后，应对样品按照需要检测的指标进行分样。

如大米样品会分派铅、镉、铬、总汞和无机砷到元素组进行检测；分派苯并[α]芘、黄曲霉毒素 B_1、赭曲霉毒素 A、多菌灵和甲萘威到液相色谱检测组进行检测；分派马拉硫磷、甲基毒死蜱和杀虫双到气相色谱检测组进行检测。

食用植物油样品会分派铅和总砷到元素检测组进行检测；分派酸价、过氧化值和游离棉酚到常规理化检测组进行检测；分派苯并[α]芘、黄曲霉毒素 B_1 到液相色谱检测组进行检测；分派溶剂残留量、丁基羟基茴香醚、二丁基羟基甲苯、特丁基对苯二酚、反式脂肪酸 C18:1T 和反式脂肪酸 C18:2T+C18:3T 到气相色谱检测组进行检测。

酱卤肉样品会分派铅、镉、铬和总砷到元素检测组进行检测；分派亚硝酸盐、苯甲酸及其钠盐、山梨酸及其钾盐、苋菜红、柠檬黄、胭脂红、日落黄、新红、赤藓红、酸性橙 II、克伦特罗、沙丁胺醇、莱克多巴胺到液相色谱检测组进行检测；分派 N-二甲基亚硝胺到气相色谱检测组进行检测。

由于样品种类繁多，此处不一一列举。但操作者需要熟悉国家食品卫生标准和安全标准，并按其要求完成分样及其后续的检测工作。

三、样品制备与处理

（一）样品制备

样品的制备是对采集的样品进行分取、粉碎、混匀等处理工作。由于许多食品各部位的组成差异很大，而且采集的样品量通常较分析所需的样品量多，因此样品在检验前必须经过样品制备过程，使检验样品具有均匀性和代表性，以获得可靠的分析结果。对于不同的食品，样品制备方法不同。食品样品制备步骤一般如下。

1. 去除非食用部分 食品理化检验中用于分析的样品一般是指食品的可食部分。对其中的非食用部分，应该按照食用习惯预先去除。对于植物性食品，根据品种不同去除根、皮、茎、柄、叶、壳、核等非食用部分；对于动物性食品需去除羽毛、鳞爪、骨、胃肠内容物、胆囊、甲状腺、皮脂腺、淋巴结等；对罐头食品，应注意清除其中的果核，葱和辣椒等调味品。

2. 去除机械杂质 所检验的食品样品应该去除生产和加工中可能混入的机械杂质以及其他异物，如泥沙、金属碎屑、昆虫等异物。

3. 均匀化处理 某些食品样品在采集时已经切碎或混匀，但还不能达到分析的要求，需要搅拌、切细、粉碎、研磨或捣碎等，使检验样品充分混匀。制备样品时，应选用惰性材料，如不锈钢、聚四氟乙烯塑料等制成的均匀化器械，避免处理过程中食品样品受到污染。在制备过程中，还应防止易挥发性成分的逸散及避免样品组成和理化性质的变化。

对于比较干燥的固体样品（如粮食等），样品粉碎后应通过标准分样筛，一般应通过 20~40 目分样筛，或根据分析要求的方法过筛。过筛时要求样品全部通过规定的筛孔，未通过的部分样品应再粉碎后过筛，不得随意丢弃。

对于液态或半液态样品如牛奶、饮料、液体调味品等，可用搅拌器充分搅拌均匀。对于含水量较高的水果或蔬菜类，一般先用水洗净泥沙，揩干表面附着的水分，取不同部位的样品，放入高速组织捣碎组织机中匀浆（可加入等量的蒸馏水或按分析方法的要求加入一定量的溶剂）。对制备好的食品样品应尽可能地及时处理或分析。

（二）食品样品的前处理

样品的前处理是指食品样品在测定前消除干扰成分，浓缩待测组分，使样品能满足分析方法要求的操作过程。由于食品的成分复杂，待测成分的含量差异很大，其他共存的组分常常会干扰待测成分的检验，必须在分析前去除干扰成分。此外，对于食品中的含量极低的待测组分，还必须在测定前对其进行富集浓缩，以满足分析方法的检出限和灵敏度的要求。通常可以采用水浴加热、吹氮气或空气、真空减压浓缩等方法将样品处理液进行浓缩。

样品的前处理是食品理化检验中十分重要的环节，直接关系着分析工作的成败。常用的样品前处理方法较多，应根据食品的种类、待测组分的理化性质及所选用的分析方法来确定样品的前处理方法。

1. 无机化处理 无机化处理通常是指采用高温或高温强氧化条件下，使食品样品中的有机物分解并呈气态逸出，而待测成分则被保留下来用于分析的方法。该方法主要用于食品中无机元素的测定。根据具体操作条件不同，可分为湿消化法和干灰化法两大类。

（1）湿消化法 在适量的食品样品中，加入氧化性强酸，加热使待测物质分解。采用湿消化法分解有机物的速度快，所需时间短；加热温度较干灰化法低，可以减少待测物质的挥发损失。缺点是在消化过程中，产生大量的有害气体，操作必须在通风橱中进行。试剂用量较大，有时空白值较高。在消化初期，消化液反应剧烈产生大量泡沫，可能溢出消化瓶，消化过程中也可能出现碳化，这些都易造成待测物损失，所以需细心操作。常见的湿消化法有硫酸消化法、硫酸-高氯酸消化法和硝酸-硫酸消化法。

（2）干灰化法 是在一定温度和气压下加热，使待测物质分解、灰化，样品中的有机物氧化分解成二氧化碳、水和其他气体而挥发，留下无机物很适合微量元素分析。干灰化法的优点在于操作简便，试剂用量少，有机物破坏彻底；由于基本上不加或加入很少的试剂，因而空白值较低；能同时处理多个样品，适合批量样品的前处理；灰化过程中不需要一直看守，省时省事。本法适用范围广，可用于多种痕量元素的分析。干灰化法的缺点是灰化时间长，温度高，故容易造成待测成分的挥发损失。其次是高温灼烧时，可能使坩埚材料的结构改变形成微小空穴，对待测组分有吸留作用而难于溶出，致使回收率降低。

2. 干扰成分的去除 测定食品中的各种有机成分时，可以采用多种前处理方法，将待测的有机成分与样品基体和其他干扰成分分离后再进行检测。常用的去除干扰成分，分离、净化待测组分的前处理方法有以下几种。

（1）溶剂提取法 依据相似相溶的原则，用适当的溶剂将某种待测成分从固体样品或样品浸提液中提取出来，是食品理化检验中最常用的提取方法之一。溶剂提取法一般可分为浸提法和液-液萃取法。①浸提法：利用样品中各组分在某一溶剂中溶解度的差异，用适当的溶剂将食品样品中的某种待测成分提取出来，与样品基体分离。包括有振荡浸渍法、捣碎法、索氏提取法、超声波提取等。②液-液萃取法：在液体混合物中加入与其不相混溶的溶剂，利用其在溶剂中的不同溶解度而达到分离或提取目的。

（2）挥发法和蒸馏法 利用待测成分的挥发性或通过化学反应将其转变成具有挥发性的气体，而与样品基体分离，经吸收液或吸附剂收集后用于测定，也可直接导入检测仪测定。常用的如：扩散法、顶空法、蒸馏法、吹蒸法、氢化物发生法等。

（3）色谱分离法 不同物质在流动相与固定相中分配系数不同，分配系数大的组分迁移速度慢，反之则迁移速度快，从而实现各组分之间的分离。如柱色谱法、纸色谱法、薄层色谱法等。

（4）固相萃取 固相萃取是在小柱中填充适当的固定相制成固定萃取柱，当样品液通过小柱时，待测成分被吸留，用适当的溶剂洗涤去除样品基体或杂质，然后将待测组分洗脱收集，从而达到分离、净化和浓缩的目的。与传统的液液萃取法相比减少样品预处理过程，操作简单、省时、省力，可以提高分析物的回收率，更有效的将分析物与干扰组分分离，广泛应用在医药、食品、环境、商检、化工等领域。

（5）透析法 利用高分子物质不能透过半透膜，而小分子或离子能通过半透膜的性质，实现大分子与小分子的分离。

（6）沉淀分离法 利用沉淀反应进行分离的方法。在试样中加入适当的沉淀剂，使被测组分或干扰成分沉淀下来，经过滤或离心达到分离目的。

此外，近年来常采用固相萃取、固相微萃取、加压溶剂萃取以及超临界萃取等样品前处理技术。

四、样品检测

样品检测即是将经过前处理的样品进行定性和定量分析，几乎所有的化学分析和现代仪器分析方法都可以用于食品检测。食品检测方法的选择原则是首选国标方法，同一标准中又以第一法为仲裁方法，未指明第一法的，可根据实验室条件，尽量采用灵敏度高、选择性好、准确可靠、分析时间短、经济实用、适用范围广的分析方法。

食品检测可采用感官检验、物理检验、化学分析、仪器分析（物理化学分析）以及生物化学分析（酶分析和免疫学分析）等方法。

（一）感官检验

通过人体器官的感觉定性检查和判断产品质量的方法。该方法按照感官评定方法以检验者自身对食品的嗜好倾向作出评价，再运用统计学原理对评价结果进行分析而得出结论。食品感官检验的主要方法有视觉检验、嗅觉检验、味觉检验、听觉检验和触觉检验。

感官检验简单易行、直观实用，具有理化检验和微生物检验方法所不可替代的功能。如果感官检验发现食品已发生明显的质变，则不必再进行理化和微生物检测，直接可判断为不合格食品。因此感官检验应先于理化和微生物检验。各类食品感官检验按照我国食品安全标准中有关规定执行。

（二）物理检验

根据食品的物理常数（如密度、相对密度、折射率和旋光度等）与食品的组分含量之间的关系进行检测。食品的物理检验主要有密度和相对密度检验，折光率检验，比旋光度检验，黏度检验，液态食品透明度、浊度和色度检验，气体压力检验以及固态食品的比体积测定等。物理检验快速、准确，是食品工业生产中常用的检测方法。

（三）化学分析

化学分析基于食品组成成分的化学性质进行，可分为定性分析和定量分析。在仪器分析高度发展的今天，化学分析法仍是食品理化检验中最基本的分析方法。此外，几乎所有食品样品的前处理都可采用化学方法来完成的。

与仪器分析不同，化学分析适用于食品的常量分析，常用的方法有质量分析和容量分析。质量分析是通过称量来确定食品的组分含量，如食品中水分、灰分、脂肪和纤维素等成分的测定；容量分析也叫滴定分析，包括酸碱滴定、氧化还原滴定、配位滴定和沉淀滴定。

（四）仪器分析

根据食品的物理和物理化学性质，利用特定仪器对物质进行定性定量分析。食品中微量成分或低浓度的有毒有害物质常采用仪器分析来进行检测。仪器分析方法一般具有灵敏、快速、准确的特点，但所用仪器设备较昂贵，分析成本较高。在我国食品安全方法标准中，仪器分析方法所占的比例越来越大。食品理化分析常用的仪器分析方法有紫外-可见分光光度计法，红外光谱法、原子吸收光谱法、原子发射光谱法、气相色谱法、高效液相色谱法、荧光分光光度法、薄层色谱法、电位分析法、库仑分析法、伏安分析法、极谱分析法、离子选择电极法、核磁共振波谱法以及气相色谱-质谱、液相色谱-质谱和电感耦合等离子体质谱法等。此外，许多全自动分析仪也已经被广泛应用，如蛋白质自动分析仪、氨基酸分析仪、脂肪测定仪、碳水化合物测定仪和水分测定仪等。

（五） 酶分析法和免疫学分析法

酶分析法和免疫学分析法属于生物化学检验范畴。酶分析法是利用酶作为生物催化剂，进行定性或定量分析方法，可用于食品中微生物以及有机磷农药的快速检验，它具有高效和专一的特征。免疫学分析法是利用抗原与抗体之间的特异性结合来进行检测的一种分析方法，在食品理化分析中，可制成免疫亲和柱或试剂盒，用于食品中霉菌毒素、农药残留的快速检测。

五、结果分析

（一） 检验结果的表示方法

在食品理化分析中常用以下形式表示样品中被测物质的含量：百分含量，以百分号（%）或 g/100g 表示；质量浓度，相对应的单位为 g/100ml、g/L、mg/100ml、mg/L、μg/L、ng/L 等。

（二） 检验结果的评价

对于常规的分析检验结果的可靠性，常用的评价指标有准确度与精确度，下面分别进行介绍。

1. 准确度 指在一定实验条件下多次测定的平均值与真值相符合的程度，以误差来表示。在实际工作中，通常用标准物质或标准方法进行对照试验；在无标准物质或标准方法时，常通过加入被测组分的纯物质进行回收试验并计算回收率的方式来估计准确度。

回收试验是用于评价检验方法和测定准确度广泛采用的方法。在未知样品中加入已知量的标准物质，该样品称为加标样品。同时测定未知样品和加标样品，可计算出加入的标准物质的回收率。测定回收率是目前实验室常用而又方便的确定准确度的方法，多次回收试验后还可发现检验方法的系统误差。

2. 精密度 精密度是指在相同的条件下进行多次测定，其结果相互接近的程度，是反映同一样品多次测定结果重现性的指标，它表示了各次测定值与平均值的偏离程度。精密度一般用绝对偏差、相对偏差、算术平均偏差、标准偏差、变异系数等来表示。

3. 准确度和精密度的关系 准确度和精密度是评价分析结果的不同指标。准确度是指测量值与真实值之间的差异大小，准确度越高，则测量值和真实值之间的差异就越小。精密度是指多次平行测量的测量值之间的接近程度，精密度越高，则多次平行测量的测量值之间就越接近。二者之间的关系是：准确度高，则精密度就一定高；精密度高，准确度却不一定高；精密度是保证准确度的前提。

4. 提高分析结果准确度与精密度的方法 为了获得准确可靠的测定结果，必须提高分析方法的准确度和精密度，通常可采用以下措施：选择合适的分析方法；选取适宜样品量；定期标定或校正试剂、仪器和器皿；适当增加测定次数；进行空白试验、对照试验和回收试验等。

六、结果报告

食品理化分析的结果，最后以检验报告的形式表达出来。检验报告单必须列出各个项目的测定结果，并与相应的质量标准相对照比较，从而对产品做出合格或不合格的判断。报告单的填写需认真负责、实事求是、一丝不苟、准确无误，按照有关标准进行公正的仲裁。检验结果报告参考格式见图绪。

CMAF □ □   CMA □ □   CNAS □ □ □ □ □ □

检 查 报 告

№: 检验报告编号

食品名称: ＿＿＿＿＿＿＿＿＿＿＿＿＿

被抽样单位: ＿＿＿＿＿＿＿＿＿＿＿＿

生 产 者: ＿＿＿＿＿＿＿＿＿＿＿＿＿

委托单位: (下达监督抽检任务部门)

检验类别: ＿＿＿＿＿＿＿＿＿＿＿＿＿

检验机构名称

（a）检验报告封面

注意事项

1. 报告无"检验报告专用章"或检验单位公章无效。

2. 复印报告未重新加盖"检验报告专用章"或检验单位公章无效。

3. 报告无主检、审核、批准人签字无效。

4. 报告涂改无效。

5. 检验结果仅对本批次样品负责。未经检验机构同意，委托人不得擅自使用检验结果进行宣传。

地　址:　　　　　　电话（含区号）:

邮　编:　　　　　　传真（含区号）:

E-mail:

（b）检验报告封里

承检机构名称
监督抽检检验报告

№: (检验报告编号)　　　　　共　页　第　页

食品名称		商标		规格型号	
生产/加工/购进日期/食品批号				质量等级	
被拍样单位名称				联系电话	
标示生产者名称				联系电话	
任务来源				抽样人员	
抽样日期			样品到达日期		
样品数量			抽样基数		
抽样单编号			检查封样人员		
抽样地点			封样状态		
检验项目					
检验依据					
检验结论	1. 经抽样检验，所检项目符合××标准要求。 2. 经抽样检验，××项目不符合××标准要求，检验结论为不合格。 （检验报告专用章） 签发日期:　　年　月　日				
备注					
批准:　　　审核:　　　主检:					

承检机构名称
××食品安全风险监测检验报告

№: (检验报告编号)　　　　　共　页　第　页

食品名称		商标		规格型号	
生产日期/批号				样品质量等级	
被抽样单位名称				联系电话	
标示生产单位名称				联系电话	
任务来源					
检验依据					
抽样日期			样品数量		
抽样单编号			样品到达日期		
序号	项目名称		单位		检测数据
备注					
批准:　　　审核:　　　主检:					

注: 检出问题样品的风险监测检测报告，地方承担的抽样检验出具三份，抽样所在地、生产者所在地省级食品药品监管部门，检验机构各一份。总局开展的抽样检验，还需增加一份交秘书处。

（c）检验报告内容第一页

图绪　××食品安全监督抽检和风险监测检验报告（样式）

任务六　食品理化分析实验室安全

案例导入

案例：在对含乙醇的样品进行湿法消解时，直接向样品中加入硝酸-高氯酸混合酸，导致发生爆炸，通风橱玻璃门被炸裂。

讨论：在对含乙醇样品进行湿法消解时，该如何操作？

　　食品理化分析实验室安全包括对于中毒与污染的预防、防止可能的燃烧或爆炸以及正确处理实验过程中产生的三废物质。

一、防止中毒与污染

　　（1）对剧毒试剂（如氰化钾、砒霜等）等必须制定保管、使用登记制度，并由专人、专柜保管。

　　（2）有腐蚀、刺激及有毒气体的试剂或实验，必须在通风柜内进行操作，并有防护措施（如戴橡皮手套、口罩等）。

　　（3）严禁在实验室内饮水。

　　（4）进实验室要穿工作服，实验完毕要洗手。

二、防止燃烧与爆炸

　　（1）妥善保存易燃、易爆、自燃、强氧化剂等试剂，使用时必须严格遵守操作规程。

　　（2）在使用易燃、易爆等试剂时严防明火，并保持实验室内通风良好。

　　（3）对易燃气体（如甲烷、氢气等）钢瓶应放在无人进出的安全地方，绝不允许直接放于工作室内使用。

　　（4）严格遵守安全用电规则，定期检查电器设备，电源线路，防止因电火花、短路、超负荷引发线路起火。

　　（5）室内必须配置灭火器材，并要定期检查性能。实验室用水灭火应十分谨慎，因有的有机试剂比水轻，浮于水面，反而扩大火势；有的试剂与水反应，引起燃烧，甚至爆炸。

　　（6）要健全岗位责任制，离开实验室或下班前必须认真检查电源、煤气、水源等，以确保安全。

三、"三废"处理与回收

　　食品理化分析过程中产生的废气（如 SO_2）、废液（如 KCN 溶液）、废渣（如黄曲霉毒素）都是有毒有害物质，其中有些是剧毒物质和致癌物质，如直接排放，会污染环境，损害人体健康。因此，对实验中产生的"三废"，应认真处理后才能排放。对一些试剂（如有机溶剂、$AgNO_3$ 等）可以进行回收，或再利用等。

　　有毒气体少时可通过排风设备排出室外；毒气量大时需经吸收液吸收处理。如 SO_2、NO 等酸性气体可用碱溶液吸收；对废液按不同化学性质给予处理，如 KCN 废液集中后，先加强碱（NaOH 溶液）调 pH 至 10 以上，再加入 $KMnO_4$（以 3% 计算加入量）使 CN^- 氧化分解；受黄曲霉毒素污染的器皿、台面等，须经 5% $NaClO_4$ 溶液浸泡或擦抹干净。

任务七　食品理化分析实验室设置与管理

一、实验室设置

食品理化分析实验室是进行食品理化分析检验的场所，一般包括样品室、洗涤室、试剂储存室、试剂配制准备室、样品处理室、化学分析操作室、分析天平室、一般仪器室与精密仪器室等。

实验室选址应合理，如选灰尘少、震动小的地方。房屋结构应考虑能防震、防尘、防火、防潮，且隔热良好，光线充足，各个工作室布局符合一定操作顺序。

实验室内地面和墙裙可采用水磨石，或铺耐酸陶瓷板、塑料地板等；实验台面可贴耐酸的塑料板或橡胶板；工作台两侧设水槽，便于洗涤，下水管需耐腐蚀。精密仪器室可配备防潮吸湿装置及空调装置等。

实验室的水源除用于洗涤外，还用于抽滤、蒸馏、冷却等，所以水槽上需安装多个不同类型水龙头，如普通水龙头、尖嘴水龙头、高位水龙头等。下水管的水平段倾斜度要稍大些，以免管内积水；管弯处宜用三通，留出一端用堵头堵塞，便于疏通。此外，实验室内应有地漏。

实验室的供电电源功率应根据用电总负荷设计，设计时要留有余地。进户线要用三相电源，整个实验室要有总闸，各间实验室应设分闸，每个实验台都应有插座。凡是仪器用电，即使是单相，也应采用三头插座，零线与地线分开，不要短接。精密仪器要单设地线，以保证仪器稳定运行。

实验室应保持良好的通风，可安装排气扇，通过机械通风进行室内换气，或是内设通风竖井，利用自然通风换气，精密仪器室应安装空调维持恒定室温。

二、实验室管理

实验室必须健全管理制度，设立专职或兼职管理人员，以科学方法管理，订立切实可行的规章制度，以便遵照执行。

（一）制度实施及人员管理

设立岗位责任制，由实验室负责人全权管理本室工作：制定工作计划、人员分工与安排，定期检查检验原始记录、工作日志、精密仪器保养与添置情况，以及负责人员培训、进修与考核、检验报告的复核等。

（二）试剂的管理

1. 危险品应按国家公安部规定管理，严格执行。

2. 试剂应储备在朝北房间，室内应干燥通风，严禁明火，避免阳光照射。

3. 易燃试剂室内温度不宜允许超过 28℃，易爆试剂储存温度不允许超过 30℃。

（三）精密仪器管理

1. 精密仪器应按其性质、灵敏度要求、精密程度，固定房间及位置，必须做到防震、防晒、防潮、防腐蚀、防灰尘。

2. 应定期检查仪器性能，在多雨季节更应经常通电试机。

3. 精密仪器要建立"技术档案"，妥善保管使用记录卡、安装调试及验收记录、说明书、线路图、装箱单等。

4. 仪器初学者必须有专人指导、示范、辅导上机。

（四）检验结果的报告与签发

检验人员应努力钻研业务，掌握正确熟练的操作技能，培养仔细观察的能力，并准确、及时、如实的记录检测数据，规范填写检验报告书，字迹端正、清楚，不可潦草或涂改。

拓展阅读

食品理化分析实验室及其使用面积基本要求

1. 理化分析实验室　分为无机理化室和有机理化室。占用面积不小于 $30m^2$/间。通风橱（1800mm×850mm×2350mm）2 台/间；设有中央操作台和边台，具有独立于生活用水的上下水管道，利于废水收集处理；设有独立的排风管道（外排连接）。

2. 仪器分析室　气相色谱室和气质联用仪室，可联用，面积不小于 $10m^2$/间（以单台计算）；液相色谱室和液质联用仪室，可联用，面积不小于 $20m^2$/间（以单台计算）。液相色谱仪 2 台共用一个房间，离子色谱室可与液相室联用，面积不小于 $20m^2$/间；光谱室：$15m^2$ 以上；原子吸收室与原子荧光室可联用，具独立排风（外排）通道，上下水，面积不小于 $20m^2$/间。

 岗位对接

本部分是食品质量与安全、食品检测技术、食品营养与检测等专业学生必须掌握的内容，为成为合格的食品检测人员打下坚实的基础。本部分对接食品检验工的资格考试和职业技能标准，按照《中华人民共和国食品安全法》《食品安全国家标准》要求，食品生产经营企业应当加强食品检验工作，对原料检验、半成品检验、成品出厂检验等进行检验控制；食品生产企业可以自行对所生产的食品进行检验，也可以委托符合本法规定的食品检验机构进行检验。从事食品检验岗位的工作人员均应熟知食品理化分析的流程、常用检验方法和技术，并对实验室的设置和要求有一定了解。

重点小结

本部分基于食品理化分析技术的概念和内容之上，重点介绍了食品理化分析的依据（标准）、流程和方法，并对检验结果分析及其报告作了详细说明，使学生能正确认识并理解食品理化分析及相关技术。

目标检测

一、选择题

1. 下列中属于系统误差的是（　　　）。

　A. 分析天平未经校正

　　B. 读取滴定体积时，最后一位数估计不准

　　C. 在滴定分析中，终点颜色深浅判断不一致

2. 下列样品处理中无机化处理的是（　　　）。

　　A. 蒸馏　　　　　B. 干灰化法　　　　C. 固相萃取法　　　　D. 色谱分离法

二、判断题

1. 天平的零点变动是系统误差。（　　　）

2. 感官检验属于理化检验。（　　　）

3. 在使用易燃、易爆等试剂时严防明火，并保持实验室内通风良好。（　　　）

4. 精密度高，准确度一定高。（　　　）

5. 试剂应储备在朝北房间，室内应干燥通风，严禁明火，避免阳光照射。（　　　）

三、填空题

1. 检验标准可分为_____、_____、_____、_____、_____。

2. 食品检验的方法包括_____、_____、_____、_____和_____。

四、名词解释

食品理化分析

五、计算题

213.64+4.4+0.3244

六、简答题

1. 何谓系统误差和随机误差？

2. 样品前处理的目的是什么？有哪些方法？

3. 请说出食品理化分析的流程？

（胡雪琴　杨小珊）

项目一

食品物理检验

案例导入

案例：2013 年 5 月，鄞州公安局破获一起假酱油案，张某因犯假冒注册商标罪而被捕。张某用色素、盐和水勾兑成酱油，贴上标识，摇身一变就成为名牌酱油。张某勾兑作假的酱油中已有 300 多箱流入市场。

　　我国食品安全国家标准《酱油卫生标准》（GB 2717—2003）对酱油的卫生标准作出了严格规定，除了需要检测氨基酸态氮、总酸之外，还需对酱油的感官指标及物理指标（相对密度）进行检验，以保障酱油的质量和品质。

讨论：1. 食品物理检验的项目有哪些？
　　　　2. 如何正确地检测食品的物理常数？

　　物理检验法是根据食品的物理常数及性质，与食品的组成及含量之间的关系进行测定的分析方法。物理检验法具有快速、准确、操作简便的特点，是食品分析及食品工业生产中常用的检测方法。

　　物理检验法可分为物理常数测定法及物性测定法两大类。物理常数测定法：通过测定食品的物理常数，如相对密度、折射率、旋光度从而判断食品的真伪、纯度、含量及品质的分析方法。物性测定法：通过测定与食品的质量指标相关的物理量，如面包的比体积、冰淇淋的膨胀率，从而评价食品品质的方法。

　　食品的物理检验具体方法包括相对密度测定法、折射率测定法、旋光度测定法、黏度测定法、透明度、色度、浊度测定法、固态食品比体积测定法、气体压力测定法等。

　　优质的食品，其营养成分及添加成分的含量和比例均应符合国家标准的要求，但食品在生产、贮存过程中生产工艺或贮存方法失当，甚至食品掺假或掺伪时，则可引起食品的物理指标及性质发生变化。如全脂牛乳的相对密度为 1.028~1.032，若掺水后牛乳的相对密度下降；面包的比体积过小，可造成内部组织形态不均匀而影响风味及口感，但比体积过大又使面包的内部组织粗糙，造成总质量减少。故通过测定食品的物理指标和性质检测，可以初步判断食品的真伪、纯度，并通过有效成分的含量评价食品的品质。

任务一 相对密度测定法

一、概述

（一）密度

系指在一定的温度下，单位体积的物质的质量，单位为 g/cm^3 或 g/ml，以符号 ρ 表示。

（二）相对密度

系指被测液体的密度与同体积的水密度在各自规定的温度条件下之比。以 $d_{t_2}^{t_1}$ 表示，其中 t_1 表示被测液体的温度，t_2 表示水的温度。

（三）相对密度的换算

为方便相对密度的测定操作，可将被测液体和水在20℃条件下测定，以 d_{20}^{20} 表示；也可将被测液体在20℃、水在4℃条件下测定，以 d_4^{20} 表示，两者之间可用式1-1换算。

$$d_4^{20} = d_{20}^{20} \times 0.99823 \tag{1-1}$$

式中：0.99823为水在20℃时的密度，g/ml。

同理，若将 $d_{t_2}^{t_1}$ 换算为 $d_4^{t_1}$，可按式1-2计算。

$$d_4^{t_1} = d_{t_2}^{t_1} \times \rho_{t_2} \tag{1-2}$$

式中：ρ_{t_2} 为水在 t_2 下的密度，g/ml。

纯水在不同温度下的密度见表1-1。

表1-1   纯水在不同温度下的密度

t（℃）	密度（g/ml）	t（℃）	密度（g/ml）	t（℃）	密度（g/ml）
0	0.999868	11	0.999623	22	0.997797
1	0.999927	12	0.999525	23	0.997565
2	0.999968	13	0.999404	24	0.997323
3	0.999992	14	0.999271	25	0.997071
4	1.000000	15	0.999126	26	0.996810
5	0.999992	16	0.998970	27	0.996539
6	0.999968	17	0.998801	28	0.996259
7	0.999929	18	0.998622	29	0.995971
8	0.999876	19	0.998432	30	0.995673
9	0.999808	20	0.998230	31	0.995367
10	0.999727	21	0.998019	32	0.995052

二、相对密度的测定意义

各种液态食品在一定实验条件下，均有固定的相对密度，当其组成成分及其浓度发生变化时，其相对密度也会改变，故测定液态食品的相对密度可以检验食品的纯度并根据相对密度计算浓度。

蔗糖、乙醇等溶液的相对密度随着溶液的浓度升高而增大，可通过测定相对密度并由相对密度对照表上查出对应的浓度；果汁、番茄酱等液态食品，可通过测定相对密度换算或查用专用表格后，确定可溶性固形物或总固形物的含量。

质量合格的液态食品，其相对密度应在一定范围内，例如大豆油的相对密度为 0.919～0.925（20℃/4℃）；全脂牛奶的相对密度为 1.028～1.032（15℃/15℃），通过相对密度的检测，可判断牛奶是否脱脂、是否掺水；油脂的相对密度与其脂肪酸的组成有关，不饱和脂肪酸含量越高，脂肪的相对密度越大；油脂酸败后相对密度增大，因此可判断油脂的质量优劣。

因此，相对密度是液态食品质量的重要指标，也是快速检验食品是否变质或掺假的方法。液态食品的相对密度异常时，可判断该食品的质量存在问题，但相对密度正常时，并不能肯定食品质量无问题，必须配合其他理化分析结果，才能科学地判断食品的质量。

三、测定方法

根据 GB 5009.2—2016《食品安全国家标准 食品的相对密度的测定》，食品的相对密度测定方法有密度瓶法、天平法和密度计法。

实训一 密度瓶法测定食品的相对密度

密度瓶是测定液体相对密度的专用精密仪器，其种类和规格有多种，常用的密度瓶有带温度计的精度密度瓶和带毛细管的普通密度瓶，如图 1-1 所示。

【测定原理】

用已知质量的干燥密度瓶，在一定温度下分别称取等体积的样品溶液与纯化水，两者的质量比即为该样品溶液的相对密度。

【适用范围】

本法适于液体食品试样的相对密度测定，特别是样品量较少的液态食品；适于挥发性样品的测定，结果准确。

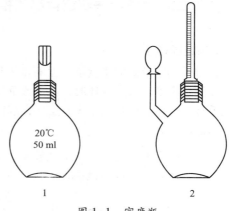

图 1-1 密度瓶
1. 带毛细管的普通密度瓶；
2. 带温度计的精密密度瓶

【仪器】

（1）电热恒温干燥箱。

（2）干燥器：内附有效干燥剂。

（3）恒温水浴锅。

（4）电子天平：最小称样量 0.1mg。

【样品测定】

（1）取已洁净、干燥的密度瓶，精密称定，装满低于 20℃ 的样品溶液后，置于 20℃ 水浴中浸泡 0.5 小时，使内容物的温度达到 20℃，盖上瓶盖，并用细滤纸条吸去支管标线上的试样，盖好小帽后取出，用滤纸将密度瓶外擦干，置于天平室内 0.5 小时，精密称定。

（2）再将试样倒出，洗净密度瓶，装满纯化水，按（1）中自"置 20℃ 水浴中浸泡 0.5 小时"相同方法操作。

【结果计算与数据处理】

试样在20℃时的相对密度按式1-3计算。

$$d_{20}^{20}=\frac{m_1-m_0}{m_2-m_0} \quad 或 \quad d_4^{20}=\frac{m_1-m_0}{m_2-m_0}\times0.99823 \tag{1-3}$$

式中：m_0为密度瓶的质量，g；m_1为密度瓶与样品溶液的质量，g；m_2为密度瓶与水的质量，g；d_{20}^{20}为试样在20℃时的相对密度。

计算结果保留至称量天平精度的有效位数。

精密度要求：在重复性条件下获得的两次独立测定结果的绝对差值不得超过算术平均值的5%。

【技术提示】

（1）测定较黏稠的样品时，宜使用具有毛细管的密度瓶。

（2）纯化水和样品溶液应将密度瓶装满，并使液体充满毛细管，瓶内不得出现气泡。

（3）密度瓶恒温后，不得用手直接接触密度瓶球部，以免液体受热溢出，应带隔热手套拿取瓶颈或用工具夹取。

（4）水浴锅中的水应清洁无油污，以免密度瓶外壁被污染。

（5）天平室内气温不得高于20℃，以免液体受热溢出。

实训二　比重计法测定食品的相对密度

【测定原理】

比重计测定溶液的密度是依据阿基米德原理，比重计上的刻度标尺越向上表示密度越小，在测定密度较大的液体时，由于比重计排开的液体的质量较大，所受到的浮力也越大，故比重计向上浮，读数也越大。反之，液体的密度越小，比重计向下沉，读数也较小。

【适用范围】

该法操作简便迅速，但准确性较差，需要样液量多，且不适用于极易挥发的样液。该法是测定液体相对密度的最简便、快捷的方法，是GB 5009.2—2016测定食品的相对密度的第三法。

【仪器】

比重计，又称为密度计或相对密度计。有多种类型，但结构和原理基本相同，都具有玻璃外壳，头部呈球形或圆锥形，里面装有铅珠、汞或其他重金属，使其能直立漂浮在溶液中，中部是胖肚空腔，内有空气故能浮起，尾部是一细长管，内附有刻度标记，刻度是利用各种不同密度的液体标度的。

食品分析中常用的密度计按其标度方法的不同，可分为普通密度计、锤度计、乳稠计、波美计等，结构如图1-2所示。

1. 普通密度计　是直接以20℃时的密度值标度的（因为被测物质在20℃时的密度与d_4^{20}的数值相

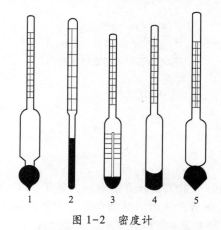

图1-2　密度计

1. 普通密度计；2. 波美计；3. 锤度计；
4. 酒精计；5. 乳稠计

等，以方便换算），一套通常由几支组成，每支的刻度不同，使用时要根据待测溶液的密度大小选择适合量程的密度计。刻度值<1 的（0.700~1.000）称为轻表，用于测定密度比水小的液体；刻度值>1 的（1.000~2.000）称为重表，用于测定密度比水大的液体。

2. 锤度计 锤度计是专用于测定糖溶液浓度的密度计，它是以蔗糖溶液重量百分浓度为刻度的，糖锤度又称"勃力克斯"，以符号°Bx 表示。其刻度方法是以 20℃ 为标准温度，在蒸馏水中为 0°Bx，在 1% 蔗糖溶液（即 100g 蔗糖溶液中含 1g 蔗糖）中为 1°Bx，依此类推。锤度计的刻度范围有多种，常用的有：0~6°Bx、5~11°Bx、10~16°Bx、15~21°Bx、20~26°Bx 等。

3. 波美计 用于测定溶液中溶质的质量分数，以波美度表示（°Bé），1°Bé 表示质量分数为 1%，其刻度方法以 20℃ 为标准温度，在蒸馏水中为 0°Bé，在 15% 食盐溶液中为 15°Bé，在浓硫酸中为 66°Bé。1°Bé 表示浓度为 1%。

波美计分轻表和重表两种，轻表用于测定相对密度小于 1 的溶液，而重表用于测定相对密度大于 1 的溶液。

4. 乳稠计 乳稠计是专门用于测定牛乳相对密度的仪器，乳稠计上刻有 15~45 的刻度，以度（°）为单位，测定的相对密度范围为 1.015~1.045。它是将相对密度减去 1.000 后再乘以 1000 作为刻度，使用时把测定的读数按照上述关系即可换算为相对密度值，若读数为 25°，即相当于相对密度 1.025。

乳稠计有两种类型：一种按 20℃/4℃ 标定；另一种按 15℃/15℃ 标定。后者的读数为前者读数加 0.002，以式 1-4 表示。

$$d_{15}^{15} = d_4^{20} + 0.002 \tag{1-4}$$

正常牛乳的相对密度 $d_4^{20} = 1.030$，而 $d_{15}^{15} = 1.032$。

使用乳稠计时，若测定温度不是标准温度，需将读数校正为标准温度下的读数。对于 20℃/4℃ 乳稠计，在 10~25℃ 范围内，当乳温高于标准温度 20℃ 时，则每升高 1℃ 需加上 0.2。反之，当乳温低于 20℃ 时，每降低 1℃ 需减去 0.2。

例：16℃ 时使用乳稠计（20℃/4℃）测得牛乳的读数为 31°，则换算为 20℃ 时应为 31-（20-16）×0.2=30.2°，即牛乳相对密度为 1.0302，则换算为 d_{15}^{15} 应为 1.0322。若使用的是的乳稠计（15℃/15℃）时，可其温度校正可查乳稠计读数换算表（附录三）。

5. 酒精计 专门用于测量乙醇浓度的仪器，是用已知准确浓度的乙醇溶液标定的。以 20℃ 时在纯化水中为 0°，在 1% 的乙醇溶液（即 100ml 乙醇溶液中含有乙醇 1ml）中为 1°，因此可从酒精计上直接读取乙醇溶液的体积分数。当测定温度不在 20℃ 时，需根据酒精计温度换算表（附录五）换算为 20℃ 时乙醇的实际浓度。

【样品测定】

将混匀的被测样品溶液沿壁缓缓倒入适当容积的洁净量筒中，注意避免起泡。将密度计洗净并用滤纸擦干，缓缓垂直放入样液中，待其稳定悬浮于样液后，再轻轻按下少许，待其自然上升，静止并无气泡冒出后，从水平位置读取与液面相交的刻度值。读数时视线保持水平，观察液面所在处的刻度值，以弯月面下缘的最低点为准。同时测量样液的温度，如不是 20℃ 则应加以校正。

【技术提示】

（1）测定前应根据被测样品大概的密度范围选择适当的密度计。

（2）测定时量筒应置于水平桌面上，密度计应缓缓放入液体中，以防密度计与容器底部碰撞而受损，且待测液中不得有气泡。

（3）读数时应以密度计与液体形成的弯月面的下缘最低点为准。若液体的颜色较深，不易看清弯月面下缘，则以弯月面两侧最高点为准。

（4）控制测定温度，并在实验过程中保持温度恒定。

（5）一般密度计的刻度是上面读数小，下面读数大，而酒精计正好相反，因为乙醇浓度越大其相对密度越小，乙醇浓度越小其相对密度越大。

拓展阅读

　　GB 5009.2—2016 中测定食品的相对密度还有天平法。其原理是依据阿基米德定律，即当物体完全浸入液体时，所受的浮力，等于其排开的液体的质量。因此，在 20℃ 时，分别测定韦氏天平同一玻璃浮锤在水及试样中的浮力，由于玻锤所排开的水的体积与排开的试样的体积相同，根据水的密度及玻锤在水中与试样中的浮力，即可计算出试样的相对密度。

任务二　折射率测定法

一、光的折射

　　光的折射是指光线从一种介质射向另一种介质的平滑界面时，除了一部分光线被界面反射，另一部分透过界面后改变传播方向的现象。

二、折射率

　　光线自空气中通过待测溶液时的入射角正弦值与折射角正弦值之比等于光线在空气中的速度与待测溶液中的速度之比，该比值在一定实验条件下为常数，称为待测溶液的折射率或折光率。

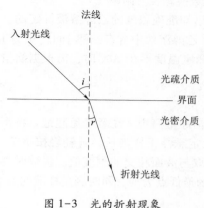

图 1-3　光的折射现象

i. 入射角；*r.* 折射角

　　光的折射现象及折光率如图 1-3 所示。被测物质的折射率与入射光的波长、溶液的温度、浓度及压强有关。

　　国家标准中规定以 20℃ 为标准测定温度，在标准大气压下，以钠光 D 线（589.3nm）为光源（阿贝折光仪可用白光光源）测定物质的折射率，以 n_D^t 表示，折射定律以式 1-5 表示。

$$n_D^t = \frac{\sin i}{\sin r} = \frac{\nu_1}{\nu_2} \qquad (1-5)$$

　　式中：n_D^t 为物质的折射率；t 为溶液的温度，20℃；D 为光的波长，589.3nm；i 为光的入射角；r 为光的折射角；ν_1 为光在空气中的速度；ν_2 为光在物质中的速度。

三、影响折射率测定的因素

　　物质的折光率测定结果受到样液浓度、温度、压强、光的波长影响而发生改变。测定时光源通常为自然光，当光经过棱镜和样液时发生折射，因为各色光的波长不同，折射程度也不同，折射后分散为多色光产生色散现象，使视野分界线不清晰，产生测定误差。为了消除色散，在阿贝折光仪上安装了色散调节手轮以消除色散现象。

四、测定折射率的意义

每一种均一的液态食品均有其固定的折射率，对于同一物质，在一定的实验条件下，折射率的大小与其浓度成正比。因此，测定折射率可判断物质的纯度和浓度。

各种脂肪酸均有其特征折射率，故不同的油脂折射率也不同。当油脂酸度增高时，其折射率随之降低；相对密度大的油脂折射率也较大。故折射率可用于鉴别油脂的组成及品质。正常牛乳的乳清折射率为 1.34199~1.34275，牛乳掺水后可造成折射率降低，故测定牛乳乳清的折射率即可了解乳糖的含量，判断牛乳是否掺水。纯蔗糖溶液的折射率随蔗糖的浓度升高而增大，测定糖液的折射率可了解溶液的浓度。

对于非糖类的液态食品，由于盐类、蛋白质、有机酸物质对折射率的影响，故测定结果还包括以上物质，统称为可溶性固形物。可溶性固形物的含量越高，折射率也越大。但若固形物呈悬浮状分散于溶液中时（果酱、番茄酱等），测定折射率的误差较大。

实训三　阿贝折光仪测定食品的折射率

【测定原理】

由于折射率为物质的物理常数，根据式 1-5 所示，当入射角增大时，折射角也增大，当入射角无限接近 90° 时，折射角达到最大值，称为临界角。在临界光线与法线之间的视野明亮，而临界光线外的视野黑暗，形成明显的黑白分界，如图 1-4。

利用这一原理，通过实验可测得临界角，即可计算试样的折射率，以式 1-6 表示。

$$n_D^t = \frac{\sin 90°}{\sin r_c} = \frac{1}{\sin r_c} \qquad (1-6)$$

式中：n_D^t 为物质的折射率；r_c 为临界角。

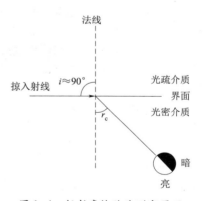

图 1-4　折射率检验法测定原理
$i.$ 入射角；$r_c.$ 临界角

【试剂仪器准备】

（一）试剂

（1）乙醇、乙醚。

（2）纯化水。

（3）擦镜纸。

（二）仪器

折光仪　折光仪用于测定液态食品的折射率，在食品检验中的折光仪一般都直接标出质量浓度或体积分数。溶液的折射率和相对密度一样，随着浓度的升高而增大，不同的物质其折射率也不同，食品工业生产中的折光仪有手提折光仪和阿贝折光仪，常用的阿贝折光仪结构如图 1-5 所示。

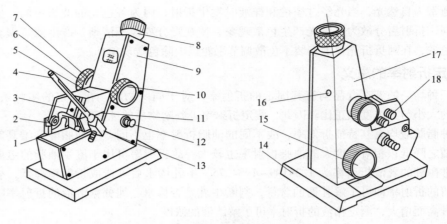

图 1-5 阿贝折射仪

1. 反光镜；2. 转轴；3. 遮光板；4. 温度计；5. 进光棱镜座；6. 色散调节手轮；
7. 色散值刻度圈；8. 目镜；9. 盖板；10. 手轮；11. 折射棱镜座；12. 照明刻度盘镜；
13. 温度计座；14. 底座；15. 刻度调节手轮；16. 小孔；17. 壳体；18. 恒温器接头

【样品测定】

（一）仪器的校正

1. 标准试样校正 对于高刻度值部分通常需要特制的并具有一定折射率的标准玻璃块即标准试样来校正。

被测溶液的折射率随温度的升高而减小，而折光仪的刻度是在 20℃ 条件下刻制的。若测定温度不在 20℃ 时，需对仪器进行校正：将折射棱镜的抛光面加 1~2 滴溴代萘溶液，再贴上标准试样的抛光面，当读数视野指示于标准试样上的值时，观察望远镜筒内明暗分界线是否在十字线中间，若有偏差则用螺丝刀轻微旋转调节螺丝，使分界线移至十字中心处，即校正完毕。

2. 纯水校正 阿贝折光仪对于低刻度值部分可在一定温度下用纯水校正，纯水的折射率如表 1-2 所示。

表 1-2 纯水在 10~40℃时的折射率

温度（℃）	折射率	温度（℃）	折射率
10	1.3337	21	1.3329
11	1.3336	22	1.3328
12	1.3336	23	1.3327
13	1.3335	24	1.3326
14	1.3335	25	1.3325
15	1.3334	26	1.3324
16	1.3333	27	1.3323
17	1.3332	28	1.3322
18	1.3332	29	1.3320
19	1.3331	30	1.3320
20	1.3330	40	1.3305

（二）试样测定

将阿贝折光仪置于光线明亮处，打开棱镜组，以脱脂棉球蘸取乙醇或乙醚擦净棱镜表面，挥干溶剂，滴加 1～2 滴样品溶液于磨砂棱镜表面，迅速闭合两块棱镜，调节反光镜，使两镜筒内视野最亮。由目镜观察，调节棱镜转动手轮，找到视野出现明暗两部分。调节色散调节手轮，消除视野分界处的色散现象，使视野中只有黑白两色，并具有清晰的分界线。再调节棱镜转动手轮，使明暗分界线处于十字线交叉点后，即可从读数镜筒中读取待测溶液的折射率或质量分数，测定后再重复读数 2 次，3 次读数的平均值即为样品溶液的折射率。

【技术提示】

（1）折射率的测定规定温度为 20℃，若测定温度不是 20℃，应按实际的测定温度进行校正。

（2）测定完成后打开棱镜，用水、乙醇或乙醚擦净棱镜表面及其他部件。在测定水溶性试样后用脱脂棉吸水擦净；若测定油类试样，需用乙醇、乙醚或二甲苯擦净。

（3）对深色样品宜用反射光进行测定以减少误差。通过调整反光镜，使光线从进光棱镜射入，同时揭开折射棱镜的旁盖，使光线由折射棱镜的侧孔射入。

任务三　旋光度测定法

一、旋光度

平面偏振光通过含有某些光学活性化合物的液体或溶液时，能引起旋光现象，使偏振光的平面向左或向右旋转。旋转的度数，称为旋光度，以 α 表示，如图 1-6 所示。

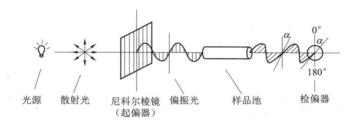

光源　散射光　尼科尔棱镜　偏振光　样品池　检偏器
　　　　　　（起偏器）

图 1-6　旋光现象及旋光度

平面向右（顺时针）旋转，旋光度前用"+"标示，平面向左（逆时针）旋转，旋光度前用"−"标示。

二、比旋度

在一定的温度与波长下，平面偏振光透过长 1dm，每毫升中含有 1g 旋光物质的溶液时，测得的旋光度称为比旋度，以 $[\alpha]_{\lambda}^{t}$ 表示，旋光度与比旋度的关系如式 1-7 所示。

$$\alpha = [\alpha]_{\lambda}^{t} \times c \times L \tag{1-7}$$

式中：α 为旋光度，(°)；$[\alpha]_{\lambda}^{t}$ 为比旋度，(°)；t 为溶液温度，20℃；λ 为光的波长，钠光 D 线，589.3nm；c 为溶液的浓度，g/ml；L 为光线穿过液层的厚度，dm。

常见糖类的比旋度见表 1-3。

表 1-3　糖类的比旋度

糖类	比旋度	糖类	比旋度
葡萄糖	+52.75°	乳糖	+53.3°
果糖	-92.5°	麦芽糖	+138.5°
转化糖	-20.0°	糊精	+194.8°
蔗糖	+66.5°	淀粉	+196.4°

三、旋光度测定法的意义

旋光度测定法可用于糖类、味精及氨基酸的分析，还可用于谷类食品中淀粉含量的测定。食品中含有糖类、氨基酸、乳酸、苹果酸、酒石酸等具有旋光性的物质，可通过测定其物理常数比旋度，鉴别样品的真伪。

实训四　旋光仪法测定食品的旋光度

【测定原理】

在一定的实验条件下，旋光物质的浓度越高，旋光度越大，故可通过测定样品溶液的旋光度，计算某种旋光物质的含量。

【试剂仪器准备】

（一）试剂

纯化水。

（二）仪器

（1）旋光仪。

（2）旋光管：长度 10dm 或 20dm。

【样品测定】

（一）旋光仪校正

开启旋光仪，预热完毕后，取一支长度适宜的旋光管，洗净后用溶剂荡洗三次，装满 20℃±0.5℃ 的溶剂，若管内有少量气泡，可轻轻摇晃旋光管，将气泡移至旋光管凸起部位。置于旋光仪中，测定溶剂的旋光度并校正。

（二）样品测定

精密称取样品 2～10g 于小烧杯中，加少量水溶解，加氨试液 2ml，将溶液转移至 100ml 量瓶中，置于 20℃±0.5℃ 的恒温水浴中保温 20 分钟，用 20℃±0.5℃ 的纯化水稀释至刻度，摇匀。用溶液荡洗旋光管，装满溶液，旋紧两端螺丝，轻轻摇晃旋光管，将气泡移至旋光管凸起部位，置于旋光仪中，测定三次求平均值。

【结果计算与数据处理】

样品中旋光物质的含量按式 1-8 计算。

$$X = \frac{\alpha}{[\alpha]_\lambda^t \times L} \qquad (1-8)$$

式中：X 为样品中旋光物质的含量，g/ml；α 为样品溶液的旋光度，（°）；$[\alpha]_\lambda^t$ 为比旋度，（°）；L 为旋光管的长度，dm。

【技术提示】

（1）仪器应放在空气流通和温度适宜的环境下，以免光学部分、偏振片受潮而使性能衰退。

（2）旋光管中盛装溶液时应装满，尽量不出现气泡，防止气泡在光路中影响光路长度而造成误差。

（3）钠光灯的连续使用时间不宜超过4小时，长时间使用时，应采用风扇降温或关机10分钟冷却等方法，以延长钠光灯使用寿命。

任务四　黏度测定法

一、概述

黏度，指液体的黏稠程度，它是液体在外力作用下发生流动时，分子间所产生的内摩擦力。黏度的大小随温度的变化而变化，温度愈高，黏度愈小。

黏度的大小是判断液态食品品质的一项重要物理常数，测定液体黏度可以了解样品的稳定性，亦可揭示干物质的量与其相应的浓度。黏度的数值有助于解释生产、科研的结果。

黏度通常可分为：绝对黏度、运动黏度、条件黏度和相对黏度。

绝对黏度，是液体以 1cm/s 的流速流动时，在每 $1cm^2$ 液面上所需切向力的大小，单位为"Pa·s"，纯水在20℃时的绝对黏度为 $10^{-3}Pa·s$。

运动黏度，是在相同温度下液体的绝对黏度与其密度的比值，单位为"m^2/s"。

条件黏度，是在规定温度下，在指定的黏度计中，一定量液体流出的时间（s）或将此时间与规定温度下同体积水流出时间之比。

相对黏度，是在一定温度时液体的绝对黏度与另一液体的绝对黏度之比，用以比较的液体通常是水或适当的液体。

二、食品黏度测定的方法

黏度的测定方法按测试手段分为：毛细管黏度计法（运动黏度）、旋转黏度计法（绝对黏度）、滑球黏度计法等（绝对黏度）（GB/T 22235—2008《液体黏度的测定》）。第一种测定法设备简单、操作方便、精度高，后两种需要贵重的特殊仪器，适用于研究部门。

实训五　毛细管黏度计法测定食品的黏度

【测定原理】

在一定温度下，当液体在直立的毛细管中，以完全湿润管壁的状态流动时，其运动黏度与流动时间成正比。测定时，用已知运动黏度的液体作标准，测量其从毛细管黏度计流出的时间，再测量试样自同一黏度计流出的时间，则可计算出试样的黏度。

【试剂仪器准备】

（一）试剂

乙醇；铬酸洗液；石油醚。

（二）仪器

（1）毛细管黏度计（图1-7）。

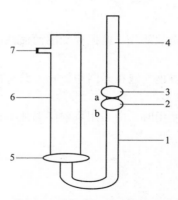

图 1-7 毛细管黏度计示意图
1. 毛细管；2、3、5. 扩张部分；
4、6. 管身；7. 支管；a、b. 标线

（2）恒温浴。

（3）温度计。

（4）秒表。

【样品测定】

（1）取一支适当内径的毛细管黏度计，用轻质汽油或石油醚洗涤干净。

（2）装标准试样：在支管 7 处接一橡皮管，用软木塞塞住管身 6 的管口，倒转黏度计，将管身 4 的管口插入盛有标准试样（20℃蒸馏水）的小烧杯中，通过连接支管的橡皮管用洗耳球将标准样吸至标线 b 处，然后捏紧橡皮管，取出黏度计，倒转过来，擦干管壁，并取下橡皮管。

（3）将橡皮管移至管身 4 的管口，使黏度计直立于恒温浴中，使其管身下部浸入浴液。在黏度计旁边放一支温度计，使其水银泡和毛细管的中心在同一水平线上。恒温浴内温度调至 20℃，在此温度保持 10 分钟以上。

（4）用洗耳球将标准样吸至标线 a 以上少许，停止抽吸，使液体自由流下，注意观察液面，当液面至标线 a，启动秒表；当液面至标线 b，按停秒表。记下由 a 至 b 的时间，重复测定 4 次，各次偏差不得超过 0.5%，取不少于三次的流动时间的平均值作为标准样的流出时间 $\tau_{20}^{标}$。

（5）倾出黏度计中的标准样，洗净并干燥黏度计，用同黏度计按上述同样的操作测量试样的流出时间 $\tau_{20}^{样}$。

【结果计算与数据处理】

样品运动黏度按式 1-9 计算。

$$\nu_t^{样} = K \times \tau_t^{样} \qquad (K = \nu_t^{标} / \tau_t^{标}) \tag{1-9}$$

式中：$\nu_t^{样}$ 为样品的运动黏度；K 为黏度计常数；$\tau_t^{标}$ 为样品在毛细管黏度计中的流出时间。

【技术提示】

（1）测定过程中必须调整恒温浴的温度为规定的测定温度。

（2）测定前试液和毛细管黏度计均应准确恒温，并保持一定的时间。在恒温器中黏度计放置的时间为：在 20℃时，放置 10 分钟；在 50℃时，放置 15 分钟；在 100℃时，放置 20 分钟。

（3）试液中不能有气泡。

实训六　旋转黏度计法测定食品的黏度

【测定原理】

旋转黏度计（图 1-8）上的同步电机以稳定的速度带动刻度团盘旋转，再通过游丝和转轴带动转子旋转。当转子未受到液体的阻力时，则游丝、指针与刻度圆盘同速旋转，指针在刻度盘上指出的刻度为"0"；如果转子受到液体的黏滞阻力，则游丝产生扭力矩，与黏滞阻力抗衡直至达到平衡，这时与游丝连接的指针在刻度圆盘上指示一定的读数，根据这一读数，结合所用的转子号数及转速对照换算系数表，计算出被测样液的绝对黏度。

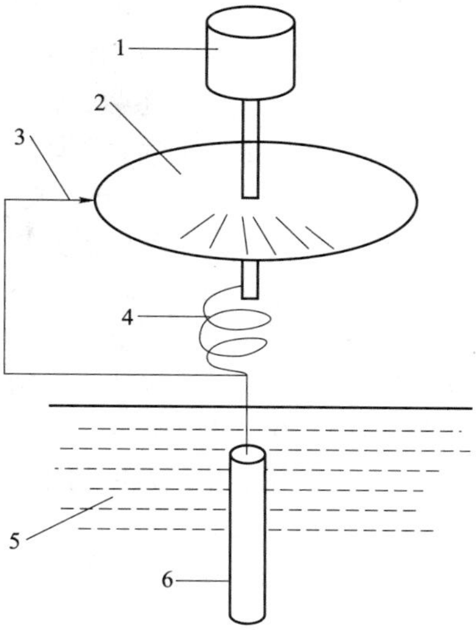

【试剂仪器准备】

（一）试剂

脱脂牛奶、全脂牛奶、甜炼乳等。

（二）仪器

NDJ-1 型旋转黏度计。

【样品测定】

（一）调节仪器水平

调整仪器的水平调节螺旋，使仪器处于水平状态。根据检测容器的高低，转动仪器升降夹头旋钮使仪器升降至合适的高度，然后用六角螺纹扳头紧固升降夹头。

（二）安装转子

估算被测样品的黏度范围，结合量程选择合适的转子，并小心安装上仪器的连接螺杆。

图 1-8　旋转黏度计示意图
1. 同步电机；2. 刻度转盘；3. 指针；
4. 游丝；5. 被测液体；6. 转子

（三）准备被测样品

把样品置于直径不小于 70mm，高度不小于 130mm 的直筒烧杯中，准确地控制被测液体温度。使转子尽量置于容器中心部位并浸入样液直至液面达到转子的标志刻度为止。选择合适的转速，接通电源开始检测。

（四）读取黏度数据

待转子在样液中转动一定时间，指针趋于稳定时，压下操作杆，同时中断电源，使指针停留在刻度盘，读取刻度盘中所指示的数值。当读数过高或过低时，可通过调整转速或转子型号，使刻度读数值落在 30~90 量程之间。

【结果计算与数据处理】

试样的黏度按式 1-10 计算。

$$\eta = k \times s \qquad (1-10)$$

式中：η 为样品的绝对黏度，mPa·s；k 为转换系数（表 1-4）；s 为圆盘中指针所指读数。

表 1-4　黏度转换系数表

转子代号	转速（r/min）			
	60	**30**	**12**	**6**
0	0.1	0.2	0.5	1
1	1	2	5	10
2	5	10	25	50
3	20	40	100	200
4	100	200	500	1000

【技术提示】

（1）安装转子时可用左手固定连接螺杆，同时用右手慢慢将转子旋入连接螺杆，注意不要使转子横向受力，以免转子弯曲。

（2）需选用仪器配备的测试筒检测样品。

（3）黏度测定量程、系数、转子及转速的选择可按下列方法进行：预先估计被测液体的黏度范围，然后根据量程表选择适当的转子和转速。例如测定约 30mPa·s 的液体时可选用下列配合：2 号转子，6r/min，或 3 号转子，30r/min. 当不能估计出被测液体的大致黏度时，试用由小到大的转子和由慢到快的转速。原则是高黏度的液体选用小的转子和慢的转速；低黏度的液体选用大的转子和快的转速。

（4）黏度测定应保证液体的均匀性，测定前转子应有足够长的时间浸于被测液体，使其与被测液体温度一致，可获得较精确的数值。

（5）装有"0"号转子后不得在无液体的情况下"旋转"，以免损坏轴尖。

（6）每次使用完毕应及时清洗转子（注意不得在仪器上进行转子清洗），清洁后转子要妥善安放于转子架中。

（7）不得随意拆动调整仪器的零件，不要自行加注润滑油。

拓展阅读

滑球黏度计法

适于测定黏度较高的样液。它是基于落体原理而设计的。测定方法是在一充满样液的玻璃管（有玻璃夹套）中，将一适宜相对密度的球体从玻璃管上线落至下线，根据落球时间，再结合被测样液的相对密度、球体的相对密度和球体系数，可以计算出样液的黏度。

任务五　液态食品色度、浊度的测定

色度和浊度是液体食品的一个重要的质量指标，在食品检测中多用于啤酒品质检测。啤酒色度、浊度直接影响其品质和在市场上的销售量。

GB/T 4928—2008《啤酒》的分析方法中，色度的测定第一法为比色计法（EBC 比色法）、第二法为分光光度法；浊度的分析方法为 EBC 浊度计法。

实训七　EBC 比色法测定液态食品的色度

【测定原理】

将除气后的试样注入 EBC 比色计的比色皿中，与标准 EBC 色盘比较目视读取或自动数字显示出试样的色度，以色度单位 EBC 表示。

【试剂仪器准备】

（一）试剂

哈同基准溶液：称取重铬酸钾 0.1g（精确至 0.001g）和亚硝酰铁氰化钠 3.5g（精确至 0.001g），用水溶解并定容至 1000ml，贮于棕色瓶中，于暗处放置 24 小时后使用。

（二）仪器

EBC 比色计（具有 2EBC~27EBC 的目视色度盘或自动数据处理或显示装置）。

仪器校正：将哈同溶液注入 40mm 比色皿中，用色度计测定。其标准色度应为 15EBC 单位；若使用 25mm 比色皿，其标准色度为 9.4EBC。仪器的校正应每月 1 次。

【样品测定】

（一）样品处理

1. 方法一 取在冰箱中冷至 10~20℃的啤酒 300ml 于干燥清洁的 1000ml 锥形瓶中，盖塞（橡皮塞），在恒温室内，轻轻摇动，开塞放气（开始有砰砰声），盖塞，反复操作，直至无气体逸出为止。用单层中速干滤纸（漏斗上面盖表面玻璃）过滤。

2. 方法二 采用超声波或磁力搅拌除气。将恒温至 10~20℃啤酒 300ml 移入带排气塞的瓶中，置于超声波水槽中（或搅拌器上），超声或搅拌一定时间后，用单层中速干滤纸（漏斗上面盖表面玻璃）过滤。需要与第一法比对，使其酒精度测定结果相似，以确定超声或搅拌的时间和温度。

（二）保存

除气后的啤酒收集于具塞锥形瓶中，温度应保持在 15~20℃，密封保存，限制在 2 小时内使用。

（三）色度测定

将试样注入 25mm 比色皿中，然后放到比色盒中，与标准色盘进行比较，当两者色调一致时直接读数。或使用自动数字显示色度计，自动显示、打印其结果。

【结果计算与数据处理】

试样色度按式 1-11 计算。

$$色度 = \frac{实测色度 \times 25}{比色皿厚度} \times 稀释倍数 \tag{1-11}$$

所得结果保留至一位小数。在重复性条件下所获得的两次独立测定值之差，色度为 2EBC~10EBC 时，不得大于 0.5EBC。色度大于 10EBC 时，稀释样平行测定值之差不得大于 1EBC。

实训八　分光光度法测定液态食品的色度

【测定原理】

啤酒的色泽愈深则在一定波长下的吸光值愈大，因此可直接测定吸光度，然后转换为 EBC 单位表示色度。

【试剂仪器准备】

（一）试剂

蒸馏水。

（二）仪器

可见分光光度仪，10mm 玻璃比色皿，离心机（4000r/min）。

【样品测定】

（1）样品处理：同项目一实训七。

（2）以蒸馏水为参比溶液调节"0"。

（3）将试样注入 10mm 比色皿中，在分光光度计 430nm 和 700nm 波长处测定样品的吸光度。若 $A_{430nm} \times 0.039 > A_{700nm}$ 表示试样是透明的，按式 1-12 计算；若 $A_{430nm} \times 0.039 < A_{700nm}$ 表示试样是浑浊的，需要离心或过滤后重新测定；当 A_{430nm} 在 0.8 以上时，需用水稀释后再测定。

【结果计算与数据处理】

试样色度按式 1-12 计算。

$$色度 = A_{430nm} \times 25 \times n \tag{1-12}$$

式中：A_{430nm} 为波长 430nm，10mm 玻璃比色皿测得的吸光度；25 为换算成标准比色皿的厚度，单位为毫米（mm）；n 为稀释倍数。

所得结果保留至一位小数。在重复性条件下获得的两次独立测定值之差不得大于 0.5EBC。

【技术提示】

（1）测定色度的样品必须无浊度。检查的方法如下：用同一规格的比色皿，在 700nm 波长处测得的吸光度等于或小于 430nm 波长处测得的吸光度的 0.039 倍，表明啤酒无浊度，可直接在 430nm 波长处测定吸光度。

（2）如果啤酒不是无浊度的，必须离心或过滤，再测其光密度。但在报告结果时，应注明为滤清或澄清啤酒的色度。

📝 实训九　EBC 浊度计法测定液态食品的浊度

【测定原理】

利用富尔马肼标准浊度溶液校正浊度计，直接测定啤酒样品的浊度，以浊度单位 EBC 表示。

【试剂仪器准备】

（一）试剂

（1）硫酸肼溶液（10g/L）。

（2）六亚甲基四胺溶液（100g/L）。

（3）富尔马肼标准溶液：0、0.20、0.50、1.00EBC，该溶液当天配制当天使用。

（二）仪器

（1）浊度计：测量范围 0.5~5EBC，分度值为 0.01EBC。

（2）分析天平：感量 0.1mg。

（3）具塞锥形瓶：100ml。

（4）吸管：25ml。

【样品测定】

（1）用标准浊度液校正浊度计。

（2）按浊度计的仪器说明书，取除气但未经过过滤的酒样（发酵液和冷麦汁须要过滤）倒入浊度计的标准杯中，用 EBC 浊度计进行测定，直接读数（应在试样脱气后 5 分钟内测定）。

【结果计算与数据处理】

直接读取结果。所得结果应保留至一位小数，平行实验测定值绝对差值不超过算数平均值的 10% 。

任务六　气体压力检测法

某些瓶装或罐装食品容器内气体的分压常常是其重要的质量指标。例：罐头真空度；汽水、啤酒中二氧化碳含量。

罐头真空度，指罐内残留气体压力和罐外大气压力之差，即罐头真空度 = （大气压力 - 罐内残留压力），在食品工业上，通常用 Pa 表示。检测罐头排气是否彻底、罐头是否腐败、是否密封完整可帮助调整罐装、排气、密封和杀菌工艺。常采用罐头真空度测定仪法测定罐头的真空度。

实训十　罐头真空度测定仪法测定罐头的真空度

【测定原理】

利用罐头真空度测定仪检测罐头真空度。

【试剂仪器准备】

罐头真空表：一种下端带有针尖的圆盘状表，表的基部连接一空心管，空心管连接表身部分的外面是金属保护物，下面一段由厚橡皮座包裹，空心管的顶端是尖锐的针头。在表面上刻印有真空度数字，静止时针尖指向零度，表示真空度为零。

【样品测定】

将表基部的橡皮座平面紧贴于罐盖面上，用力向下加压，橡皮座内的针尖即刺入盖内，罐内的压力即通至表内。表内有一层隔膜，由于大气压与罐内压力的差异，使隔膜移动，即可读出真空度。表基部的橡皮座起密封作用，用以防止外界空气的侵入，否则会影响读数的准确性。

【结果计算与数据处理】

用真空表测得的真空度读数与罐内实际真空度有误差，其误差大小取决于真空表内部通道的空隙大小。

实际上测得的罐内气体压力值按式 1-13 计算。

$$P = \frac{BV_1 + P_2V_2}{V_1 + V_2} \qquad (1-13)$$

式中：P 为真空表插入罐内后的压力，Pa；V_1 为真空表内部空隙（一般为 5cm^3）；V_2 为罐内顶隙容积（cm^3）；B 为测定真空度时，当地的大气压（Pa）；P_2 为罐内剩余气体压力（Pa）。

故测得的真空度 W_e 按式 1-14 计算。

$$W_e = B - P = \frac{V_2}{V_1 + V_2}(B - P_2) \qquad (1-14)$$

由此可知，用真空表测得的真空度与罐内的实际真空度相差 $V_2/(V_1 + V_2)$ 倍，而该值又取决于真空表内部空隙 V_1。

任务七　固态食品的比体积及膨胀率的测定

比体积，是指单位质量食品的体积。固态食品如固体饮料、麦乳精、豆浆晶、面包、饼干、冰淇淋等，其表观的体积与质量之间关系即比体积是其很重要的一项物理指标。

冰淇淋的膨胀率即指混合原料在凝冻后冰淇淋体积增加的比例（%）。冰淇淋膨胀可使使其品质比不膨胀的或膨胀不够的冰淇淋适口，又因空气微泡均匀地分布于冰淇淋组织中，可使冰淇淋成形硬化后较持久不融。但如对冰淇淋的膨胀率控制不当，则得不到优良的品质。膨胀率过高，则组织较松软；过低时，则组织坚实。

实训十一　面包体积测定仪法测定固态食品的比体积

【测定原理】

采用菜籽置换法测定。即样品室放置面包时，样品所占体积将菜籽排挤到玻璃刻度管中，该体积减去样品室不放样品时测得体积即为面包体积。

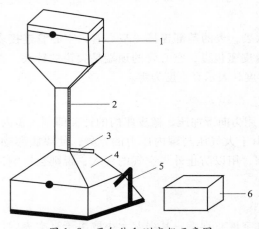

图 1-9　面包体积测定仪示意图
1. 顶箱；2. 标尺；3. 撬板；
4. 底箱；5. 支架；6. 面包模块

【试剂仪器准备】

1. 分析天平　感量 0.1g。

2. 面包体积测定仪　由样品室、菜籽室、玻璃刻度管等主要部分组成（图 1-9）。

【样品测定】

（1）将待测面包称重（精确至 0.1g）。

（2）选择适当体积的面包模块（与待测面包体积相仿），放入体积仪底箱中，盖好，从体积仪顶端放入填充物，至标尺零线。盖好顶盖后反复颠倒几次，消除死角空隙，调整填充物加入量至标尺零线。

（3）取出面包模块，放入待测面包。拉开插板使填充物自然落下。在标尺上读出填充物的刻度，取为面包的实测体积。

【结果计算与数据处理】

面包的比体积按式 1-15 计算。

$$P = \frac{V}{m} \tag{1-15}$$

式中：P 为面包的比体积，ml/g；V 为面包体积，ml；m 为面包质量，g；平行两次测定数值，允许误差 ≤0.1ml/g，取其平均数为测定结果。

【技术提示】

（1）要安置在干燥、清洁处，保持箱体内清洁卫生。

（2）每次实验前要检查零点，实验后要将待测食品的碎渣清理干净。

（3）在使用过程中，插板的插入和拔出，用力要求适量，要使填充物自然落下，不要碰撞仪器，以免影响测量结果。

（4）填充物（油菜籽）使用前的处理：将除去杂质并洗去灰尘的油菜籽 2kg，晾干后放入 105 ℃以下的烘箱内，烘 30 分钟，取出冷却后放入塑料袋中备用。

实训十二 冰淇淋膨胀率的测定

【测定原理】

取一定体积的冰淇淋融化，加乙醚消泡后滴加蒸馏水定容，根据滴加蒸馏水的体积和加入乙醚的体积，计算冰淇淋体积的比例。

【试剂仪器准备】

（一）试剂

乙醚（分析纯）。

（二）仪器

（1）量具：容积为 25.0~50.0cm³，中空薄壁，无底无盖，便于插入冰淇淋内取样。

（2）容量瓶：200ml、250ml。

（3）滴定管：0~50ml、最小刻度 0.1ml。

（4）单标移液管：2ml。

（5）长颈玻璃漏斗：直径 75mm。

（6）薄刀。

（7）电冰箱：可达-18℃。

（8）电热恒温水浴器：室温（20℃）~100℃。

【样品测定】

（一）试样的制备

将冰淇淋样品置于电冰箱中，冷却-18℃以下。

（二）试料量取

先将量器及薄刀放在电冰箱中预冷至-18℃，然后将预冷的量器迅速平稳地按入冰淇淋样品的中央部位，使冰淇淋充满量器，用薄刀切平两头，并除去取样器外黏附的冰淇淋。

（三）测定

将取样器内容物放入插在 250ml 容量瓶中的玻璃漏斗中，另外用 200ml 容量瓶准确量取 200ml 蒸馏水，分数次缓慢地加入漏斗中，使试样全部移入容器瓶。然后将容量瓶放在 45℃±5℃ 的水浴器中保温，待泡沫基本消除后，冷却至与加入的蒸馏水相同的温度。用单标移液管吸取 2ml 乙醚，迅速注入容量瓶内，去除溶液中剩余的泡沫，用滴定管滴加蒸馏水，至容量瓶刻度为止，记录滴加蒸馏水的体积。

【结果计算与数据处理】

样品的膨胀率按式 1-16 计算。

$$B = \frac{V_1 + V_2}{V - (V_1 + V_2)} \times 100\% \qquad (1-16)$$

式中：B 为样品的膨胀率，%；V 为取样器的体积，ml；V_1 为加入乙醚的体积，ml；V_2 为加入蒸馏水的体积，ml。

平行测定的结果，用算术平均值表示，所得结果应保留至一位小数。

📊 **岗位对接**

本项目是食品质量与安全、食品检测技术、食品营养与检测等专业学生必须掌握的内容，为成为合格的食品检测人员打下坚实的基础。

本项目对接食品检验工的资格考试和职业技能标准，按照《中华人民共和国食品安全法》《食品安全国家标准》要求，食品生产经营企业应当加强食品检验工作，对原料检验、半成品检验、成品出厂检验等进行检验控制；食品生产企业可以自行对所生产的食品进行检验，也可委托符合本法规定的食品检验机构进行检验。从事食品检验岗位的工作人员应掌握以下相关的知识和技能要求。

1. 能按照国家标准，正确规范地测定食品的相对密度、折射率、旋光度、黏度、色度与浊度、气体压力、比体积及膨胀率。

2. 能根据检验结果进行食品质量的评价与判定。

3. 能熟练使用密度瓶、密度计、折光仪、旋光仪、黏度计、分光光度仪、气体压力测定仪、体积测定仪等分析仪器。

4. 具备相关实验室安全知识和实验室管理能力。

📊 **重点小结**

本项目主要依据国家标准介绍了食品的相对密度、折射率、旋光度、黏度、色度与浊度、气体压力、比体积与膨胀率等物理指标的检测方法，具体总结如下。

物理指标	分类	国家标准	方法
相对密度		GB 5009.2—2016	密度瓶法 相对密度计法 相对密度天平法
折射率		GB/T 10786—2006	折射率测定法
旋光度		GB/T 5009.43—2003	旋光度测定法
黏度		GB/T 22235—2008	旋转黏度计法
色度、浊度		GB 4927—2008 GB/T 4928—2008	色度、浊度测定法
气体压力		GB/T 10792—2008	气体压力测定法
比体积与膨胀率	比体积	GB/T 20981—2007	比体积测定法
	膨胀率	SB/T 10009—2008	膨胀率测定法

目标检测

一、选择题

1. 下列哪项不属于物理常数（　　）。
   A. 旋光度　　　　B. 比旋度　　　　　C. 折射率　　　　　D. 吸光系数
2. 用 1dm 旋光度测定管测得某葡萄糖溶液的旋光度为+4.9°，已知该葡萄糖溶液的比旋度为+52.75°，该葡萄糖溶液的百分含量为（　　）。
   A. 9.0%　　　　B. 9.3%　　　　　C. 10.0%　　　　D. 10.3%
3. 测定旋光度应采用的光源为（　　）。
   A. 可见光　　　　B. 钠光 D 线　　　C. 红外光　　　　D. 紫外光
4. 在规定温度下，在指定的黏度计中，一定量液体流出的时间（s）或将此时间与规定温度下同体积水流出时间之比，测得的黏度为（　　）。
   A. 条件黏度　　　B. 绝对黏度　　　C. 运动黏度　　　D. 相对黏度
5. 下列可影响冰淇淋的组织与质地的物理指标的是（　　）。
   A. 折射率　　　　B. 膨胀率　　　　C. 比旋度　　　　D. 气体压力

二、判断题

1. 阿贝折光仪是测定食品折射率最常用的仪器。（　　）
2. 旋光度测定时，实验结果不受温度、波长、浓度的影响。（　　）
3. 流体的黏度随温度的变化而变化，温度愈高，黏度愈大。（　　）
4. 液态食品的色度与浊度对食品品质没有影响。（　　）
5. 折射率测定时，压强越大，折射率越小。（　　）

三、填空题

1. 在一定的_____和_____下，平面偏振光透过长 1dm，每毫升中含有旋光物质 1g 的溶液时，测得的旋光度称为_____，以 $[\alpha]_D^t$ 表示。
2. 相对黏度是在一定温度时液体的绝对黏度与另一液体的_____之比，用以比较的液体通常是_____或其他适当的液体。

四、名词解释

1. 比旋度
2. 相对密度
3. 绝对黏度

五、简答题

1. 简述密度瓶法测定食品相对密度的原理。
2. 简述毛细管黏度计法的原理。
3. 食品的相对密度测定法有几种方法？
4. 简述旋光度测定的影响因素有哪些。
5. 简述折射率测定的影响因素有哪些。

（江文杰　张宝勇）

项目二

食品常见成分检验

案例导入

案例：以下是一知名品牌奶粉的营养成分表。

成分	每100g含	成分	每100g含	成分	每100g含
热量	2030kJ	镁	45mg	烟碱酸	4000μg
蛋白质	11.1g	铁	4.5mg	泛酸	3500μg
碳水化合物	58.3g	锌	4.2mg	维生素 B_6	500μg
乳糖	49.3g	铜	255μg	生物素	18μg
淀粉	8.9g	碘	80μg	叶酸	110μg
脂肪	25.9g	硒	13μg	维生素 B_{12}	2.0μg
纤维素	<0.1g	锰	67μg	维生素 C	100mg
钠	0.17g	氟	40μg	维生素 K	45μg
钾	525mg	维生素 A	520μg	维生素 E	6.0mg
氯	290mg	维生素 D	7.3μg	胆碱	80mg
钙	425mg	维生素 B_1	550μg	胆醇	30mg
磷	260mg	维生素 B_2	1290μg	牛磺酸	35mg

讨论：1. 不同食品中含有的营养成分种类及其含量是否相同，如何判断某种食物的蛋白质含量是否合格？

　　　2. 维生素 A 和维生素 C 都属于维生素类，它们的测定方法一样吗？

食品是人类赖以生存的物质基础。食品中一般营养成分包括水分、蛋白质、脂类、碳水化合物、维生素等，它们赋予食品组织结构、风味、口感及营养价值，这些营养成分含量的高低是衡量食品品质的重要指标。

任务一 水分的测定

一、水分含量的测定

（一）水分含量测定的意义

水是人体赖以生存的基本物质，也是食品的重要组成成分。不同种类的食品，水分含量差别很大，如水果、蔬菜含水量达 70%~97%，而饼干含水量仅为 2.5%~4.5%。

控制食品中的水分含量，对于保持食品的感官性状，维持食品中各组分的平衡起着重要作用。例如，新鲜面包的水分含量若低于 28% 时，其外观干瘪、失去光泽；饼干的水分含量大于 6.5% 时就会失去酥脆感；乳粉的水分含量控制在 2.5%~3.0% 以内时，可抑制微生物生长繁殖，延长保存期。此外，测定食品中水分含量，可为品质评价、制定贮藏方案、进行成本核算等提供参考。

（二）食品中水分的存在形式

食品中水分的存在形式按理化性质可分为：游离水和结合水。游离水是指组织、细胞中易结冰、能溶解溶质的水，如润湿水、渗透水、毛细管水等。此类水分和组织结合松散，容易用干燥法从食品中分离出去。结合水是以氢键和食品有机成分相结合的水分，这类水分不易结冰、不能作为溶质的溶剂，如结晶水、吸附水，较难从食品中分离出去，如将其强行除去，则会使食品质量发生变化。

（三）水分含量的测定方法

依据 GB 5009.3—2016《食品安全国家标准 食品中水分的测定》，测定食品中水分含量的方法主要有直接干燥法、减压干燥法、蒸馏法、卡尔·费休法等。

实训一 直接干燥法测定食品中水分含量

【测定原理】

在 101.3kPa，温度 101~105℃ 的条件下，食品中的水分受热以后产生的蒸汽压高于电热干燥箱中的分压，水分从食品中蒸发出来。通过不断加热和排走水蒸气，从而达到完全干燥的目的。食品在干燥前后的质量差即为水分含量。

【适用范围】

本方法适用于在 101~105℃ 条件下蔬菜、谷类及其制品、水产品、豆制品、乳制品、肉制品、卤菜制品、粮食（水分含量低于 18%）、油料（水分含量低于 13%）、淀粉及茶叶类等食品中水分的测定。不适用于水分含量小于 0.5g/100g 的样品。

【试剂仪器准备】

（一）试剂

1. 盐酸 优级纯。

2. 氢氧化钠 优级纯。

3. 盐酸溶液（6mol/L） 量取 50ml 盐酸，加水稀释至 100ml。

4. 氢氧化钠溶液（6mol/L） 称取 24g 氢氧化钠，加水溶解并稀释至 100ml。

5. 海砂 取用水洗去泥土的海砂、河沙、石英砂或类似物，先用 6mol/L 盐酸煮沸 0.5 小时，用水洗至中性，再用 6mol/L 氢氧化钠溶液煮沸 0.5 小时，用水洗至中性，经 105℃ 干燥备用。

（二）仪器

（1）扁形铝制或玻璃制称量瓶。

（2）电热恒温干燥箱。

（3）干燥器：内附有效干燥剂。

（4）天平：感量为 0.1mg。

【样品测定】

（一）固体样品

取洁净铝制或玻璃制的扁形称量瓶，置于 101～105℃ 干燥箱中，瓶盖斜支于瓶边，加热 1.0 小时，取出盖好，置干燥器内冷却 0.5 小时，称量，并重复干燥至前后两次质量差不超过 2mg，即为恒重。将混合均匀的试样迅速磨细至颗粒小于 2mm，不易研磨的样品应尽可能切碎，称取 2～10g 试样（精确至 0.0001g），放入此称量瓶中，试样厚度不超过 5mm，如为疏松试样，厚度不超过 10mm，加盖，精密称量后，置 101～105℃ 干燥箱中，瓶盖斜支于瓶边，干燥 2～4 小时后，盖好取出，放入干燥器内冷却 0.5 小时后称量，然后再放入 101～105℃ 干燥箱中干燥 1 小时左右，取出，放入干燥器内冷却 0.5 小时后再称量。并重复以上操作至前后两次质量差不超过 2mg，即为恒重。

（二）半固体或液体试样

取洁净的称量瓶，内加 10g 海砂及一根小玻棒，置于 101～105℃ 干燥箱中，干燥 1.0 小时后取出，放入干燥器内冷却 0.5 小时后称量，并重复干燥至恒重。然后称取 5～10g 试样（精确至 0.0001g），置于蒸发皿中，用小玻棒搅匀放在沸水浴上蒸干，并随时搅拌，擦去皿底的水滴，置 101～105℃ 干燥箱中干燥 4 小时后盖好取出，放入干燥器内冷却 0.5 小时后称量。然后再放入 101～105℃ 干燥箱中干燥 1 小时左右，取出，放入干燥器内冷却 0.5 小时后再称量。重复以上操作至前后两次质量差不超过 2mg，即为恒重。

【结果计算与数据处理】

试样中水分含量按式 2-1 计算。

$$X = \frac{m_1 - m_2}{m_1 - m_3} \times 100 \tag{2-1}$$

式中：X 为试样中水分的含量，g/100g；m_1 为称量瓶（加海砂、玻棒）和试样的质量，g；m_2 为称量瓶（加海砂、玻棒）和试样干燥后的质量，g；m_3 为称量瓶（加海砂、玻棒）的质量，g。

水分含量≥1g/100g 时，计算结果保留三位有效数字；水分含量<1g/100g 时，结果保留两位有效数字。

精密度要求：在重复性条件下获得的两次独立测定结果的绝对差值不得超过算术平均值的 5%。

【技术提示】

（1）采用本法测定的水分含量实际是在 103℃±2℃ 直接干燥的情况下所失去物质的总

量，不完全是水。

（2）浓稠态样品直接加热干燥，其表面易结硬壳，使内部水分蒸发受阻，故在测定前，需加入精制海砂或无水硫酸钠，搅拌均匀，以防食品结块，同时增大受热与蒸发面积，加速水分蒸发，缩短分析时间。

（3）含油脂样品，在烘烤过程中因脂肪氧化，反而会使后面一次质量增加，计算时应以前一次的质量计算。

（4）蔬菜、水果样品应先洗去泥沙，再用蒸馏水冲洗，吸干表面水分后再进行测定。

（5）样品预处理对分析结果影响比较大。在采集、处理、保存过程中，要防止水分的丢失或受潮。

实训二　减压干燥法测定食品中水分含量

【测定原理】

利用低压下水的沸点降低的原理，使样品在较低温度下进行干燥以排除水分，再通过烘干前后的称量数值来计算水分的含量。

【适用范围】

减压干燥法适用于高温易分解的样品及水分较多的样品（如糖、味精等食品）中水分的测定，不适用于添加了其他原料的糖果（如奶糖、软糖等食品）中水分的测定，不适用于水分含量小于 0.5g/100g 的样品（糖和味精除外）。

【仪器准备】

（1）真空干燥箱。

（2）扁形铝制或玻璃制称量瓶。

（3）干燥器：内附有效干燥剂。

（4）天平：感量为 0.1mg。

【样品测定】

（一）试样制备

粉末和结晶试样直接称取；较大块样品经研钵粉碎，混匀备用。

（二）测定

取已恒重（恒重方法同项目二实训一）的称量瓶称取约 2~10g（精确至 0.0001g）试样，放入真空干燥箱内，将真空干燥箱连接真空泵，抽出真空干燥箱内空气（所需压力一般为 40~53kPa），并同时加热至 60℃±5℃。关闭真空泵上的活塞，停止抽气，使真空干燥箱内保持一定的温度和压力，经 4 小时后，打开活塞，使空气经干燥装置缓缓通入至真空干燥箱内，待压力恢复正常后，打开干燥箱，取出称量瓶，放入干燥器中 0.5 小时冷却后称量，并重复以上操作至前后两次质量差不超过 2mg，即为恒重。

【结果计算与数据处理】

结果计算同项目二实训一。

精密度要求：在重复性条件下获得的两次独立测定结果的绝对差值不得超过算术平均值的 10%。

【技术提示】

（1）真空干燥箱内各部位温度要求均匀一致，若干燥时间短时，更应严格控制。

（2）减压干燥时，自干燥箱内部压力降至规定真空度时开始计算烘干时间。

（3）干燥结束后，待压力恢复正常后，才可打开干燥箱。

拓展阅读

水分测定的其他方法

水分测定的方法还有卡尔·费休法、蒸馏法、红外线快速测定法、红外线吸收光谱法、快速微波干燥法、化学干燥法、气相色谱法和核磁共振波谱法等。卡尔·费休法被广泛应用于多个领域，国际标准化组织把这个方法定为国际标准测微量水分的方法，该方法分为库仑法和容量法。蒸馏法适用于测定含挥发性物质较多的食品，如干果、油脂、香辛料等，特别是香料。不同方法适用于不同食品样品，可根据实际情况予以选用。

二、水分活度的测定

水分活度（A_w）是指在一定温度下，食品中水的蒸汽压（ρ）与纯水的饱和蒸汽压（ρ_0）的比值，即：$A_w = \rho/\rho_0$。水分活度值介于 $0 \sim 1$ 之间。纯水的 A_w 值为 1，完全无水时 A_w 值为 0。食品中的水总有一部分是以结合水的形式存在，而结合水的蒸汽压低于纯水的蒸汽压，所以，食品的水分活度总是小于 1。

食品中含有水分，储藏不当，常会发生腐败。因此，生产上常通过适当降低含水量来延长食品保质期。但含水量相同的不同类食品，其耐藏性仍存在较大差异，其原因在于不同食品中水分活度的差异。食品中结合水含量越高，食品的水分活度就越低，微生物利用度就越低。因此，水分活度反映了食品中水分存在形式和被微生物利用的程度。A_w 值对预测食品的耐藏性、指导控制食品的 A_w 值以达到杀菌保存的目的具有重要的意义。

依据 GB 5009.238—2016《食品安全国家标准 食品水分活度的测定》，食品水分活度的测定方法有水分活度仪扩散法和康卫氏皿扩散法等。

实训三 水分活度仪扩散法测定食品的水分活度

【测定原理】

在密闭、恒温的水分活度仪测量舱内，试样中的水分扩散平衡。此时水分活度仪测量舱内的传感器或数字化探头显示出的响应值（相对湿度对应的数值）即为样品的水分活度（A_w）。

【适用范围】

此法适用于预包装谷物制品、肉制品、水产制品、蜂产品、薯类制品、水果制品、蔬菜制品、乳粉、固体饮料的食品水分活度的测定，不适用于冷冻和含挥发性成分的食品。适用食品水分活度的范围为 $0.60 \sim 0.90$。

【试剂仪器准备】

（一）试剂

所有试剂均使用分析纯试剂，分析用水应符合 GB/T 6682—2008 规定的三级用水。按表 2-1 配制各种无机盐的饱和溶液。

表 2-1　饱和盐溶液的配制

序号	过饱和盐溶液的种类	试剂名称	试剂的质量 X（加入热水[ab]200ml）（g）$\geqslant$	水分活度（A_w）（25℃）
1	溴化锂饱和溶液	溴化锂（$LiBr \cdot 2H_2O$）	500	0.064
2	氯化锂饱和溶液	氯化锂（$LiCl \cdot H_2O$）	220	0.113
3	氯化镁饱和溶液	氯化镁（$MgCl_2 \cdot 6H_2O$）	150	0.328
4	碳酸钾饱和溶液	碳酸钾（K_2CO_3）	300	0.432
5	硝酸镁饱和溶液	硝酸镁［$Mg(NO_3)_2 \cdot 6H_2O$］	200	0.529
6	溴化钠饱和溶液	溴化钠（$NaBr \cdot 2H_2O$）	260	0.576
7	氯化钴饱和溶液	氯化钴（$CoCl_2 \cdot 6H_2O$）	160	0.649
8	氯化锶饱和溶液	氯化锶（$SrCl_2 \cdot 6H_2O$）	200	0.709
9	硝酸钠饱和溶液	硝酸钠（$NaNO_3$）	260	0.743
10	氯化钠饱和溶液	氯化钠（$NaCl$）	100	0.753
11	溴化钾饱和溶液	溴化钾（KBr）	200	0.809
12	硫酸铵饱和溶液	硫酸铵［$(NH_3)_2SO_4$］	210	0.810
13	氯化钾饱和溶液	氯化钾（KCl）	100	0.843
14	硝酸锶饱和溶液	硝酸锶［$Sr(NO_3)_2$］	240	0.851
15	氯化钡饱和溶液	氯化钡（$BaCl_2 \cdot 2H_2O$）	100	0.902
16	硝酸钾饱和溶液	硝酸钾（KNO_3）	120	0.936
17	硫酸钾饱和溶液	硫酸钾（K_2SO_4）	35	0.973

注：[a] 易于溶解的温度为宜。

　　[b] 冷却至形成固液两相的饱和溶液，贮于棕色试剂瓶中，常温下放置一周后使用。

（二）仪器

（1）水分活度测定仪：精度±0.02A_w。

（2）天平：感量0.01g。

（3）样品皿。

【样品测定】

（一）样品制备

1. 粉末状固体、颗粒状固体及糊状样品　取有代表性样品至少20.0g，混匀，置于密闭的玻璃容器内。

2. 块状样品　取可食部分的代表性样品至少200g。在室温18～25℃，湿度50%～80%的条件下，迅速切成约3mm×3mm×3mm的小块，不得使用组织捣碎机，混匀后置于密闭的玻璃容器内。

3. 瓶装固体、液体混合样品　取液体部分。

4. 质量多样混合样品　取有代表性的混合均匀样品。

5. 液体或流动酱汁样品　直接采取均匀样品进行称重。

（二）样品测定

在室温 18~25℃，湿度 50%~80% 的条件下，用饱和盐溶液校正水分活度仪。

称取约 1g（精确至 0.01g）试样，迅速放入样品皿中，封闭测量仓，在温度 20~25℃、相对湿度 50%~80% 的条件下测定。每间隔 5 分钟记录水分活度仪的响应值。当相邻两次响应值之差小于 $0.005A_w$ 时，即为测定值。仪器充分平衡后，同一样品重复测定三次。

【结果计算与数据处理】

当符合精密度所规定的要求时，取三次平行测定的算术平均值作为结果。计算结果保留三位有效数字。在重复性条件下获得的三次独立测定结果与算术平均值的相对偏差不超过 5%。

【技术提示】

（1）样品制备时，要迅速捣碎或切碎。

（2）测量表要轻拿轻放。

（3）玻璃器皿必须干燥、洁净。

实训四　康卫氏皿扩散法测定食品的水分活度

【测定原理】

在密封、恒温的康卫氏皿中，试样中的自由水与水分活度（A_w）较高和较低的标准饱和溶液相互扩散，达到平衡后，根据试样质量的变化量，求得样品的水分活度。

【适用范围】

此法适用于预包装谷物制品、肉制品、水产制品、蜂产品、薯类制品、水果制品、蔬菜制品、乳粉、固体饮料的水分活度的测定，本法不适用于冷冻和含挥发性成分的食品。适用食品水分活度的范围为 0.00~0.98。

【试剂仪器准备】

（一）试剂

同项目二实训三。

（二）仪器

（1）康卫氏皿（带磨砂玻璃盖）。

（2）称量皿：直径 35mm，高 10mm。

（3）天平：感量 0.0001g 和 0.1g。

（4）恒温培养箱：0~40℃，精度 ±1℃。

（5）电热恒温鼓风干燥箱。

【样品测定】

（一）样品制备

同项目二实训三。

（二）预处理

将盛有试样的密闭容器、康卫氏皿及称量皿置于恒温培养箱内，于 25℃±1℃ 条件下，恒温 30 分钟。取出后立即使用及测定。

（三）预测定

分别取 12.0ml 溴化锂饱和溶液、氯化镁饱和溶液、氯化钴饱和溶液、硫酸钾饱和溶液于 4 只康卫氏皿的外室，用经恒温的称量皿迅速称取与标准饱和盐溶液相等份数的同一试样约 1.5g，于已知质量的称量皿中（精确至 0.0001g），放入盛有标准饱和盐溶液的康卫氏皿的内室。沿康卫氏皿上口平行移动盖好涂有凡士林的磨砂玻璃片，放入 25℃±1℃ 的恒温培养箱内。恒温 24 小时。取出盛有试样的称量皿，加盖，立即称量（精确至 0.0001g）。

（四）预测定结果计算

试样质量的增减量按式 2-2 计算。

$$X = \frac{m_1 - m}{m - m_0} \tag{2-2}$$

式中：X 为试样质量的增减量，g/g；m_1 为 25℃ 扩散平衡后，试样和称量皿的质量，g；m 为 25℃ 扩散平衡前，试样和称量皿的质量，g；m_0 为称量皿的质量，g。

（五）绘制二维直线图

以所选饱和盐溶液（25℃）的水分活度（A_w）数值为横坐标，对应标准饱和盐溶液试样的质量增减数值为纵坐标，绘制二维直线图。取横坐标截距值，即为该样品的水分活度预测值。

二维直线图如图 2-1。

（六）试样的测定

依据（四）中的预测定结果，分别选用水分活度数值大于和小于试样预测结果数值的饱和盐溶液各 3 种，各取 12.0ml，注入康卫氏皿的外室。按"（三）预测定"的方法自

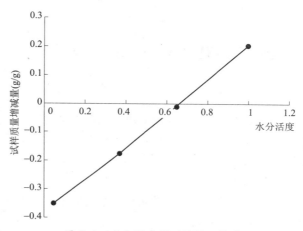

图 2-1　水分活度预测结果二维图

"迅速称取与标准饱和盐溶液相等份数的同一试样约 1.5g"起操作。

【结果计算与数据处理】

计算方法同"（四）预测定结果计算"。

取横坐标截距值，即为该样品的水分活度值，当符合允许差所规定的要求时，取三次平行测定的算术平均值作为结果。

计算结果保留三位有效数字。在重复性条件下获得的三次独立测定结果与算术平均值的相对偏差不超过 10%。

【技术提示】

所用器皿必须干燥、洁净。

任务二　灰分及矿物质的测定

一、总灰分的测定

食品的组成非常复杂，除含有大量有机物外，还含有较丰富的无机成分。食品经高温灼烧，有机成分挥发逸散，无机成分残留下来，这些残留物称灰分。灰分是标志食品中无

机成分总量的一项指标。但灰分不能准确代表无机物的总量，因为在高温条件下，某些元素如氯、碘、铅等易挥发散失；另一方面，某些金属氧化物会吸收有机物分解产生的二氧化碳而形成碳酸盐，使无机成分增多，因此，通常把食品经高温灼烧后的残留物称为粗灰分（或总灰分）。

测定灰分可以判断食品受污染的程度。如灰分含量超过了正常范围，说明食品中使用了不符合卫生标准的原料或食品添加剂，或食品在加工、储运过程中受到污染。灰分还可以评价食品的加工精度和食品品质。如：灰分常用来评价面粉的等级与加工精度，标准粉灰分含量为 0.6% ~ 0.9%，全麦粉灰分含量为 1.2% ~ 2%，面粉的加工精度越高，灰分含量越低。总灰分含量还可反映果胶、明胶等胶质品的胶冻性能。总之，灰分是食品重要的质量控制指标。

依据 GB 5009.4—2016《食品安全国家标准　食品中灰分的测定》，食品中灰分的测定方法为直接灰化法。

实训五　直接灰化法测定食品总灰分

【测定原理】

一定量的样品经炭化后，放入高温炉内灼烧，其中的有机物被氧化分解，以二氧化碳、氮的氧化物及水等形式逸出，而无机物残留下来，这些残留物即为灰分。称量残留物的质量即可计算样品中总灰分的含量。

【适用范围】

本方法适用于食品中总灰分含量的测定（淀粉类灰分的方法适用于灰分质量分数不大于 2% 的淀粉和变性淀粉）。

【试剂仪器准备】

（一）试剂

1. 乙酸镁 [$(CH_3COO)_2Mg \cdot 4H_2O$]　分析纯。

2. 乙酸镁溶液（80g/L）　称取 8.0g 乙酸镁加水溶解并定容至 100ml，混匀。

3. 乙酸镁溶液（240g/L）　称取 24.0g 乙酸镁加水溶解并定容至 100ml，混匀。

4. 浓硫酸　分析纯。

5. 盐酸溶液（10%）　量取 24ml 分析纯浓盐酸用蒸馏水稀释至 100ml。

（二）仪器

（1）高温炉：温度 ≥950℃。

（2）天平：感量为 0.1mg、1mg、0.1g。

（3）石英坩埚或瓷坩埚。

（4）干燥器：内有干燥剂。

（5）电热板。

（6）恒温水浴锅：控温精度 ±2℃。

【样品测定】

（一）坩埚预处理

1. 含磷量较高的食品和其他食品　取大小适宜的石英坩埚或瓷坩埚置高温炉中，在550℃ ±25℃ 条件下灼烧 0.5 小时，冷却至 200℃ 左右，取出，放入干燥器中冷却 30 分钟，准确称量。重复灼烧至前后两次称量相差不超过 0.5mg 为恒重。

2. 淀粉类食品　先用沸腾的稀盐酸洗涤，再用大量自来水洗涤，最后用蒸馏水冲洗。将洗净的坩埚置于高温炉内。在 900℃±25℃ 下灼烧 0.5 小时，冷却至 200℃ 左右，取出，放入干燥器内冷却至室温，称重，精确至 0.0001g。

（二）称样

1. 含磷量较高的食品和其他食品　灰分大于 10g/100g 的试样称取 2～3g（精确至 0.0001g）；灰分小于 10g/100g 的试样称取 3～10g（精确至 0.0001g）。

2. 淀粉类食品　迅速称取样品 2～10g（马铃薯淀粉、小麦淀粉以及大米淀粉至少称 5g，玉米淀粉和木薯淀粉称 10g），精确至 0.0001g。将样品均匀分布在坩埚内，不要压紧。

（三）样品测定

1. 一般食品　液体和半固体试样应先在沸水浴上蒸干。固体或蒸干后的试样，先在电热板上以小火加热使试样充分炭化至无烟，然后置于高温炉中，在 550℃±25℃ 条件下灼烧 4 小时。冷却至 200℃ 左右，取出，放入干燥器中冷却 30 分钟，称量前如发现灼烧残渣有炭粒，应向试样中滴入少许水湿润，使结块松散，蒸干水分再次灼烧至无炭粒，即表示灰化完全，方可称量。重复灼烧至前后两次称量相差不超过 0.5mg 为恒重。按式 2-3 计算。

2. 含磷量较高的豆类及其制品、肉禽及其制品、蛋及其制品、水产及其制品、乳及乳制品　称取试样后，加入 1.00ml 240g/L 的乙酸镁溶液或 3.00ml 80g/L 乙酸镁溶液，使试样完全润湿。放置 10 分钟后，在水浴上将水分蒸干，先在电热板上以小火加热使试样充分炭化至无烟，然后置于高温炉中，在 550℃±25℃ 条件下灼烧 4 小时。冷却至 200℃ 左右，取出，放入干燥器中冷却 30 分钟，称量前如发现灼烧残渣有炭粒时，应向试样中滴入少许水湿润，使结块松散，蒸干水分再次灼烧至无炭粒，即表示灰化完全，方可称量。重复灼烧至前后两次称量相差不超过 0.5mg 为恒重。按式 2-4 计算。

空白试验：吸取 3 份相同浓度和体积的乙酸镁溶液，做 3 次试剂空白试验。当 3 次试验结果的标准偏差小于 0.003g 时，取算术平均值作为空白值。若标准偏差大于或等于 0.003g 时，应重新做空白值试验。

3. 淀粉类食品　将坩埚置于高温炉口或电热板上，半盖坩埚盖，小心加热使样品在通气情况下完全炭化至无烟，即刻将坩埚放入高温炉内，将温度升高至 900℃±25℃，保持此温度直至剩余的碳全部消失为止，一般 1 小时可灰化完毕，冷却至 200℃ 左右，取出，放入干燥器中冷却 30 分钟，称量前如发现灼烧残渣有炭粒时，应向试样中滴入少许水湿润，使结块松散，蒸干水分再次灼烧至无炭粒即表示灰化完全，方可称量。重复灼烧至前后两次称量相差不超过 0.5mg 为恒重。

【结果计算与数据处理】

未加乙酸镁溶液试样和加了乙酸镁溶液的试样中灰分含量分别按式 2-3、式 2-4 计算。

$$X_1 = \frac{m_1 - m_2}{m_3 - m_2} \times 100 \tag{2-3}$$

$$X_2 = \frac{m_1 - m_2 - m_0}{m_3 - m_2} \times 100 \tag{2-4}$$

式中：X_1（测定时未加乙酸镁溶液）为试样中灰分的含量，g/100g；X_2（测定时加入乙酸镁溶液）为试样中灰分的含量，g/100g；m_0 为氧化镁（乙酸镁灼烧后生成物）的质量，g；m_1 为坩埚和灰分的质量，g；m_2 为坩埚的质量，g；m_3 为坩埚和试样的质量，g。

试样中灰分含量 ≥10g/100g 时，保留三位有效数字；试样中灰分含量 <10g/100g 时，

保留两位有效数字。在重复性条件下获得的两次独立测定结果的绝对差值不得超过算术平均值的5%。

【技术提示】

（1）样品在放入高温炉灼烧前要先进行炭化处理，样品炭化时要注意热源强度，防止因高温引起试样中水分急剧蒸发，引起试样飞溅；要防止含糖、蛋白质、淀粉等易发泡膨胀的物质在高温下发泡溢出坩埚。

（2）把坩埚放入高温炉或从炉中取出时，要放在炉口停留片刻，使坩埚预热或冷却，防止因温度剧变而使坩埚破裂。

（3）灼烧后的坩埚应冷却到200℃以下再移入干燥器中，否则会因热的对流作用，造成残灰飞散。冷却后干燥器内形成较大真空环境，从干燥器内取出坩埚时，要缓慢开盖，使空气缓缓流入，缓慢恢复常压，以防残灰飞散。

（4）用过的坩埚经初步洗刷后，可用粗盐酸或废盐酸浸泡10~20分钟，再用水冲刷干净。

（5）加速灰化时，一定要沿坩埚壁加去离子水，不可直接将水洒在残灰上，以防残灰飞扬，造成损失和测定误差。

（6）炭化一定要小火缓慢进行，做到只发烟不起火，以免被火焰带走试样中的灰分，而影响测定结果。

二、 水溶性灰分和水不溶性灰分的测定

食品的灰分除总灰分（即粗灰分）外，按其溶解性还可分为水溶性灰分、水不溶性灰分和酸溶性灰分、酸不溶性灰分。其中水溶性灰分不仅可以反映可溶性的钾、钠、钙、镁等的氧化物和盐类的含量，还可反映果酱、果冻等制品中果汁的含量。水不溶性灰分反映的是污染的泥沙和铁、铝等氧化物及碱土金属的碱式磷酸盐的含量。

水溶性灰分和水不溶性灰分的测定原理与总灰分相似，可基于食品总灰分之上进行测定。用约25ml热的去离子水分次将总灰分从坩埚中洗入100ml烧杯中，盖上表面皿，用小火加热至微沸，防止溶液溅出，趁热用无灰滤纸过滤，并用热去离子水分次洗涤杯中残渣，直至滤液和洗涤体积约达150ml为止，将滤纸连同残渣移入原坩埚内，放在沸水浴锅上小心地蒸去水分，然后将坩埚烘干并移入高温炉内，以550℃±25℃灼烧至无炭粒（一般需1小时）。待炉温降至200℃左右，取出，放入干燥器内，冷却至室温，称重（准确至0.0001g）。再放入高温炉内，以550℃±25℃灼烧30分钟，如前冷却并称重。如此重复操作，直至连续两次称重之差不超过0.5mg为止，记下最低质量。

水不溶性灰分的含量按式2-5计算。

$$X_1 = \frac{m_1 - m_2}{m_3 - m_2} \times 100 \qquad (2-5)$$

式中：X_1为水不溶性灰分的含量，$g/100g$；m_1为坩埚和水不溶性灰分的质量，g；m_2为坩埚的质量，g。m_3为坩埚和试样的质量，g；100为单位换算系数。

水溶性灰分的含量按式2-6计算。

$$X_2 = \frac{m_4 - m_5}{m_0} \times 100 \qquad (2-6)$$

式中：X_2为水溶性灰分的含量，$g/100g$；m_0为试样的质量，g；m_4为总灰分的质量，g；m_5为水不溶性灰分的质量，g；100为单位换算系数。

试样中灰分含量≥10g/100g 时，保留三位有效数字；试样中灰分含量<10g/100g 时，保留两位有效数字。在重复性条件下同一样品获得的测定结果的绝对差值不得超过算术平均值的 5%。

三、酸溶性灰分和酸不溶性灰分的测定

酸不溶性灰分反映的是污染的泥沙和食品中原来存在的微量氧化硅的含量。

用 10%的盐酸溶液 25ml 将总灰分分次洗入 100ml 烧杯中，盖上表面皿，在沸水浴锅上小心加热，至溶液由浑浊变为透明时，继续加热 5 分钟，趁热用无灰滤纸过滤，用沸蒸馏水少量反复洗涤烧杯和滤纸上的残留物，直至中性（约 150ml）。将滤纸连同残渣移入原坩埚内，在沸水浴小心蒸去水分，移入高温炉内，以 550℃±25℃ 灼烧至无炭粒（一般需 1 小时）。待炉温降至 200℃ 左右，取出坩埚，放入干燥器内，冷却至室温，称重（准确至 0.0001g）。再放入高温炉内，以 550℃±25℃ 灼烧 30 分钟，如前冷却并称重。如此重复操作，直至连续两次称重之差不超过 0.5mg 为止，记下最低质量。

酸不溶性灰分的含量（以试样质量计）按式 2-7 计算。

$$X_1 = \frac{m_1 - m_2}{m_3 - m_2} \times 100 \tag{2-7}$$

式中：X_1 为酸不溶性灰分含量（以试样质量计），g/100g；m_1 为酸不溶性灰分加坩埚质量，g；m_2 为坩埚的质量，g；m_3 为坩埚加试样的质量，g；100 为单位换算系数。

酸不溶性灰分的含量（以干物质计）按式 2-8 计算。

$$X_1 = \frac{m_1 - m_2}{(m_3 - m_2) \times \omega} \times 100 \tag{2-8}$$

式中：X_1 为酸不溶性灰分含量（以干物质计），g/100g；m_1 为酸不溶性灰分加空坩埚质量，g；m_2 为坩埚的质量，g；m_3 为坩埚加试样的质量，g；ω 为试样干物质含量，%；100 为单位换算系数。

试样中灰分含量≥10g/100g 时，保留三位有效数字；试样中灰分含量<10g/100g 时，保留两位有效数字。在重复性条件下同一样品获得的测定结果的绝对差值不得超过算术平均值的 5%。

拓展阅读

硫酸盐法测定灰分

淀粉类食品和碳酸钙含量较多的食品用灼烧法不能完全灰化。因此，在测定淀粉类和碳酸钙含量较多的食品需先小火加热使试样炭化至无烟，冷却后再用硫酸处理残留物，再在马弗炉中灰化至恒重，算出硫酸盐灰分的质量分数。

四、常量元素的测定

一般来说，体内含量较多（≥0.01%体重），每日膳食需要量在 100mg 以上的矿物质，称为常量元素，有钙、镁、钾、钠、氯、硫、磷等。本节主要介绍常见元素镁、钙含量的测定。

（一）镁含量的测定

镁在人体内含量丰富，主要存在于骨骼肌和细胞内，参与多种酶的活性调节，影响神

经冲动的传递和维持肌肉应激性。镁缺乏会使神经肌肉兴奋性升高，镁摄入量太高又会中毒。因此，测定并控制食品中镁含量具有重要意义。

依据 GB/T 5009.90—2003《食品中铁、镁、锰的测定》中镁含量的测定方法为原子吸收分光光度法。

实训六　原子吸收分光光度法测定食品中镁含量

【测定原理】

经湿法消化的试样测定液，导入原子吸收分光光度计，经火焰原子化后，吸收波长 285.2nm 的共振线，其吸收量与镁的含量成正比，与标准系列比较定量。

【适用范围】

本方法适用于各种食品中镁含量的测定，最低检出限为 0.05μg/ml。

【试剂仪器准备】

（一）试剂

1. 混合酸消化液　硝酸-高氯酸（4:1）。

2. HNO₃溶液（0.5mol/L）　量取 32ml 硝酸，加去离子水并稀释至 1000ml。

3. 镁标准贮备液　称取金属镁（纯度大于 99.99%）1.0000g 或含 1.0000g 镁相对应的氧化物，加硝酸溶解并移入 1000ml 容量瓶中，加 0.5mol/L HNO₃溶液并稀释至刻度。贮存于聚乙烯瓶内，4℃保存。每毫升相当于 1mg 镁。

4. 镁标准使用液（50μg/ml）　取 5.0ml 镁标准贮备液于 100ml 容量瓶中，用 0.5mol/L 硝酸溶液定容。

（二）仪器

原子吸收分光光度计：带镁空心阴极灯。

【样品测定】

（一）样品消化

精确称取均匀干试样 0.5~1.5g（湿样 2.0~4.0g，饮料等液体 5.0~10.0g）于 250ml 高型烧杯中，加混合酸消化液 20~30ml，上盖表面皿，置于电热板或沙浴上加热消化。如未消化好而酸液过少时，再补加几毫升混合酸消化液，继续加热消化，直至无色透明为止，再加几毫升水，加热以除去多余的硝酸，待烧杯中液体接近 2~3ml 时，取下冷却，用去离子水洗并转入 10ml 刻度试管中，加水定容至刻度。

取与消化试样同量的混合酸消化液，按上述操作做试剂空白测定。

（二）测定

分别吸取镁标准使用液（50μg/ml）0.5、1.0、2.0、3.0、4.0ml，用 0.5mol/L HNO₃ 定容到 500ml，配制成不同浓度系列的镁标准稀释液（浓度 0.05~0.4μg/ml），进行测定。

仪器参考条件的选择：波长 285.2nm，光源为紫外，火焰：空气-乙炔。仪器狭缝、空气及乙炔的流量、灯头的高度、元素灯的电流等均按仪器说明调至最佳状态。

以各浓度系列标准溶液浓度与对应的吸光度绘制标准曲线。测定用试样液及试剂空白液由标准曲线查出浓度值。

【结果计算与数据处理】

试样中镁含量按式 2-9 计算。

$$X = \frac{(c-c_0) \times V \times f \times 100}{m \times 1000}$$

（2-9）

式中：X 为试样的镁含量，mg/100g；c 为测定用试样液中镁的浓度，$\mu g/ml$；c_0 为试剂空白液中镁的浓度，$\mu g/ml$；m 为试样的质量，g；V 为试样定容体积，ml；f 为稀释倍数。

计算结果表示到小数点后两位。在重复性条件下获得的两次独立测定结果的绝对差值不得超过算术平均值的 10%。

【技术提示】

（1）试样制备过程中应防止各种污染。所用的设备如电磨、绞肉机、匀浆器、打碎机等必须是不锈钢制品。所用容器必须是玻璃或聚乙烯制品。鲜样（如蔬菜、水果、鲜鱼、鲜肉等）先用自来水冲洗干净后，再用去离子水充分洗净。干粉类试样（如面粉、奶粉等）取样后立即装入容器密封保存，防止污染。

（2）所用玻璃仪器均经硫酸-重铬酸钾洗液浸泡数小时，再用洗衣粉充分洗刷，而后用水反复冲洗，再用去离子水冲洗烘干。

（二）钙含量的测定

钙与人体健康息息相关，是构成人体骨骼和牙齿的主要成分。缺钙可导致儿童佝偻病，青少年发育迟缓，孕妇高血压，老年人骨质疏松等。因此，测定食品中钙含量具有重要意义。

依据 GB/T 5009.92—2003《食品中钙的测定》中食品中钙的测定方法为原子吸收分光光度法和 EDTA 络合滴定法。

实训七　原子吸收分光光度法测定食品中钙含量

【测定原理】

试样经湿法消化后，导入原子吸收分光光度计中，经火焰原子化后，吸收波长 422.7nm 的共振线，根据吸收量与钙含量成正比的关系，与标准系列比较定量。

【适用范围】

本方法适用于各种食品中钙的测定，检出限为 0.1μg，线性范围为 0.5~2.5μg。

【试剂仪器准备】

（一）试剂

1. 混合酸消化液　硝酸-高氯酸（4:1）。

2. 硝酸溶液（0.5mol/L）　量取 32ml 硝酸，用去离子水稀释至 1000ml。

3. 氧化镧溶液（20g/L）　称取 23.45g 氧化镧（纯度大于 99.99%），先用少量水湿润，再加 75ml 盐酸于 1000ml 容量瓶中，加去离子水稀释至刻度。

4. 钙标准贮备溶液　准确称取 1.2486g 碳酸钙（纯度大于 99.99%），加 50ml 去离子水，加盐酸溶解，移入 1000ml 容量瓶中，加 20g/L 氧化镧溶液稀释至刻度。贮存于聚乙烯瓶内，4℃保存。此溶液每毫升相当于 500μg 钙。

5. 钙标准使用液　吸取 500$\mu g/ml$ 的钙标准贮备溶液 5.0ml，用 20g/L 氧化镧稀释至 100ml，即得 25$\mu g/ml$ 的钙标准使用液。配好后贮存于聚乙烯瓶内，4℃保存。

（二）仪器

原子吸收分光光度计：带钙空心阴极灯。

【样品测定】

（一）试样制备

试样制备过程中要防止各种污染。所用设备如匀浆机等必须是不锈钢制品。所用容器必须是玻璃或聚乙烯制品，试样不可用石磨研碎。蔬菜、水果、鲜鱼、鲜肉等鲜样先用自来水冲洗干净后，再用去离子水充分洗净。面粉、奶粉等干粉类试样取样后立即装入容器密封保存，防止空气中灰尘和水分污染。

（二）试样消化

精确称取均匀干试样 0.5~1.5g（湿样 2.0~4.0g，饮料等液体 5.0~10.0g）于 250ml 高型烧杯中，加混合酸消化液 20~30ml，上盖表面皿，置于电热板或沙浴上加热消化。如未消化好而酸液过少时，再补加几毫升混合酸消化液，继续加热消化，直至无色透明为止。加几毫升水，加热以除去多余的硝酸，待烧杯中液体接近 2~3ml 时，取下冷却，用 20g/L 氧化镧溶液洗并转移至 10ml 刻度试管中，并定容。

取与消化试样同量的混合酸消化液，按上述操作做试剂空白。

（三）测定

分别取 25μg/ml 的钙标准使用液 1.0、2.0、3.0、4.0、6.0ml，用 20g/L 氧化镧溶液稀释至 50ml，得到 0.5、1、1.5、2、3μg/ml 的钙标准稀释液。

测定参数：波长为 422.7nm；火焰为空气-乙炔。按照仪器说明将仪器狭缝、空气及乙炔流量、灯头高度、元素灯电流等调至最佳状态，将消化好的试样液、试剂空白液和钙元素的标准稀释液分别导入仪器进行测定。

以系列标准稀释液浓度与对应吸光度绘制标准曲线，测定用试样液及试剂空白液由标准曲线查出浓度值。

【结果计算与数据处理】

试样中钙含量按式 2-10 计算。

$$X = \frac{(c_1 - c_0) \times V \times f \times 100}{m \times 1000} \tag{2-10}$$

式中：X 为试样中钙的含量，mg/100g；c_1 为测定用试样液中元素的浓度，μg/ml；c_0 为测定空白液中元素的浓度，μg/ml；V 为试样定容体积，ml；f 为稀释倍数；m 为试样质量，g。

计算结果表示到小数点后两位。在重复性条件下获得的两次独立测定结果的绝对差值不得超过算术平均值的 10%。

【技术提示】

所用玻璃仪器需用硫酸-重铬酸钾洗液浸泡数小时，再用洗衣粉充分洗刷，而后用水反复冲洗，最后用去离子水冲洗，烘干。

实训八　EDTA 络合滴定法测定食品中钙含量

【测定原理】

钙与氨羧络合剂能定量地形成金属络合物，其稳定性较钙与指示剂所形成的络合物强。

在适当的 pH 范围内，以氨羧络合剂 EDTA 滴定，在达到当量点时，EDTA 就自指示剂络合物中夺取钙离子，使溶液呈现游离指示剂的颜色（终点）。根据 EDTA 络合剂用量可计算钙的含量。

【适用范围】

本方法适用于各种食品中钙的测定，线性范围为 5~50μg。

【试剂仪器准备】

（一）试剂

（1）硝酸。

（2）高氯酸。

（3）混合酸消化液：硝酸-高氯酸（4:1）。

（4）氢氧化钾溶液（1.25mol/L）：称取 71.13g 氢氧化钾，用去离子水定容至 1000ml。

（5）氰化钠溶液（1%）：称取 1.0g 氰化钠，用去离子水定容至 100ml。

（6）柠檬酸钠溶液（0.05mol/L）：称取 14.7g 柠檬酸钠，用去离子水定容至 1000ml。

（7）EDTA 溶液：精确称取 4.50g EDTA（乙二胺四乙酸二钠），用去离子水稀释至 1000ml，贮存于聚乙烯瓶中，4℃保存。使用时稀释 10 倍即可。

（8）钙红指示剂：称取 0.1g 钙红指示剂，用去离子水稀释至 100ml，溶解后即可使用。贮存于冰箱中可保持一个半月以上。

（9）去离子水。

（10）钙标准溶液：精确称取 0.1248g 碳酸钙（纯度大于 99.99%，105~110℃烘干 2 小时），加 20ml 去离子水及 0.5mol/L 盐酸 3ml 溶解，移入 500ml 容量瓶中，加去离子水稀释至刻度，贮存于聚乙烯瓶中，4℃保存。此溶液每毫升相当于 100μg 钙。

（二）仪器

（1）微量滴定管：1~2ml。

（2）碱式滴定管：50ml。

（3）刻度吸管：0.5~1ml。

（4）高型烧杯：250ml。

（5）电热板：1000~3000W，消化试样用。

【样品测定】

（一）试样制备

同项目二实训七。

（二）试样消化

方法同项目二实训七"（二）试样消化"自"精确称取"操作至"取下冷却"后，用水洗并转入 10ml 刻度试管中，加水定容至刻度。

取与消化试样同量的混合酸消化液，按上述操作做试剂空白。

（三）测定

1. 标定 EDTA 浓度　吸取 0.5ml 钙标准溶液，以 EDTA 滴定，标定其 EDTA 的浓度，根据滴定结果计算出每毫升 EDTA 相当于钙的毫克数，即滴定度（T）。

2. 试样及空白滴定　分别吸取 0.1~0.5ml（根据钙含量而定）试样消化液及空白液于试管中，加 1 滴氰化钠溶液和 0.1ml 柠檬酸钠溶液，用滴定管加 1.25mol/L 的氢氧化钾溶液 1.5ml，加 3 滴钙红指示剂，立即以稀释 10 倍的 EDTA 溶液滴定，至指示剂由紫红色变蓝为止。

【结果计算与数据处理】

试样中钙含量按式 2-11 计算。

$$X = \frac{T \times (V - V_0) \times f \times 100}{m} \tag{2-11}$$

式中：X 为试样中钙的含量，mg/100g；T 为 EDTA 滴定度，mg/ml；V 为滴定试样时所用 EDTA 量，ml；V_0 为滴定空白时所用 EDTA 量，ml；f 为试样的稀释倍数；m 为试样的质量，g。

计算结果表示到小数点后两位。在重复性条件下获得的两次独立测定结果的绝对差值不得超过 10%。

【技术提示】

（1）所用玻璃仪器都要用硫酸-重铬酸钾洗液浸泡数小时，再用洗衣粉洗刷，而后用水反复冲洗，最后用去离子水冲洗并烘干，才可使用。

（2）加氰化钠和柠檬酸钠是为了除去其他离子的干扰。氰化钠消除铜、锌、铁、铝、镍、铅等离子的干扰，柠檬酸钠可防止钙和磷结合形成磷酸钙沉淀。

（3）加钙红指示剂后，不能放置过久，否则终点不明显。

（4）试样消化时，酸不可烧干，以免发生危险。

（5）钙标准溶液和 EDTA 溶液配制后应贮存于聚乙烯瓶内，4℃保存。

（6）滴定时，pH 应为 12~14。

五、微量金属元素的测定

微量元素指含量小于体重的 0.01%，每人每日膳食需要量为微克至毫克的矿物元素，微量元素虽在人体内含量不多，但与人的健康息息相关，摄入过量或缺乏都会不同程度的引起人体生理异常或疾病，甚至危及生命。微量金属元素主要有锌、铁、铜、钼、铬、钴等。本节介绍元素锌、铁、铜含量的测定。

（一）锌含量的测定

锌是人体必需微量元素，能促进生长发育与组织再生、促进维生素 A 代谢等。人体缺锌会导致生长迟缓、食欲不振、味觉迟钝、皮肤创伤不易愈合、性成熟延迟等；锌过量又会导致机体免疫功能下降。因此，测定食品中锌含量具有重要意义。

依据 GB/T 5009.14—2003《食品中锌的测定》，食品中锌的测定方法主要有原子吸收光谱法和二硫腙比色法。此处重点介绍原子吸收光谱法。

实训九　原子吸收光谱法测定食品中锌含量

【测定原理】

试样经处理后，导入原子吸收分光光度计中，原子化以后，吸收波长 213.8nm 共振线，其吸收量与锌量成正比，与标准系列比较定量。

【适用范围】

本法适用于所有食品中锌含量的测定，检出限为 0.4mg/kg。

【试剂仪器准备】

（一）试剂

（1）4-甲基-2-戊酮（MIBK，又名甲基异丁酮）。

（2）磷酸（1+10）。

（3）盐酸（1+11）：量取 10ml 盐酸加到适量水中再稀释至 120ml。

（4）混合酸：硝酸-高氯酸（3:1）。

（5）锌标准溶液：准确称取 0.500g 金属锌（99.99%）溶于 10ml 盐酸中，然后在水浴上蒸发至近干，用少量水溶解后移入 1000ml 容量瓶中，以水稀释至刻度，贮于聚乙烯瓶中，此溶液每毫升相当于 0.50mg 锌。

（6）锌标准使用液：吸取 10.0ml 锌标准溶液置于 50ml 容量瓶中，以盐酸（0.1mol/L）稀释至刻度，此溶液每毫升相当于 100.0μg 锌。

（二）仪器

（1）原子吸收分光光度计：带锌空心阴极灯。

（2）马弗炉。

【样品测定】

（一）试样处理

1. 谷类 去除其中杂物及尘土，必要时除去外壳，磨碎，过 40 目筛，混匀。称取约 5.00~10.00g 置于 50ml 瓷坩埚中，小火炭化至无烟，然后移入马弗炉中，500℃±25℃ 灰化约 8 小时后，取出坩埚，放冷后再加入少量混合酸，小火加热，不使干涸，必要时加入少许混合酸，如此反复处理，直至残渣中无炭粒，待坩埚稍冷，加 10ml 盐酸（1+11），溶解残渣并移入 50ml 容量瓶中，再用盐酸（1+11）反复洗涤坩埚，洗液并入容量瓶中，并稀释至刻度，混匀备用。

取与试样处理量相同量的混合酸和盐酸（1+11），按同一操作方法做试剂空白试验。

2. 蔬菜、瓜果及豆类 取可食部分洗净晾干，充分切碎或打碎混匀，称取 10.00~20.00g 置于瓷坩埚中，加 1ml 磷酸（1+10），小火炭化，以下同"1. 谷类"中自"然后移入马弗炉中"起操作。

3. 禽、蛋、水产及乳制品 取可食部分充分混匀，称取 5.00~10.00g 置于瓷坩埚中，小火炭化，以下同"1. 谷类"中自"然后移入马弗炉中"起操作。

4. 乳类 经混匀后，量取 50ml，置于瓷坩埚中，加 1ml 磷酸（1+10），在水浴上蒸干，再小火炭化，以下同"1. 谷类"中自"然后移入马弗炉中"起操作。

（二）测定

吸取 0.00、0.10、0.20、0.40、0.80ml 锌标准使用液，分别置于 50ml 容量瓶中，以 1mol/L 盐酸稀释至刻度，混匀，配制成不同浓度系列的锌标准稀释液（各容量瓶中每毫升分别相当于 0、0.2、0.4、0.8、1.6μg 锌）。

将处理后的样液、试剂空白液和各容量瓶中锌标准稀释液分别导入调至最佳条件的火焰原子化器进行测定。测定条件：灯电流 6mA，波长 213.8nm，狭缝 0.38nm，空气流量 10L/min，乙炔流量 2.3L/min，灯头高度 3mm，氘灯背景校正。

以锌含量对应吸光值，绘制标准曲线或计算直线回归方程。试样吸光值与曲线比较或代入方程求出含量。

【结果计算与数据处理】

试样中锌含量按式 2-12 计算。

$$X = \frac{(A_1 - A_2) \times V \times 1000}{m \times 1000} \tag{2-12}$$

式中：X 为试样中锌的含量，mg/kg 或 mg/L；A_1 为测定用试样液中锌的含量，μg/ml；

A_2 为试剂空白液中锌的含量，$\mu g/ml$；m 为试样质量或体积，g 或 ml；V 为试样处理液的总体积，ml。

计算结果保留两位有效数字。在重复性条件下获得的两次独立测定结果的绝对差值不得超过算术平均值的 10%。

【技术提示】

火焰原子化器测定条件也可根据仪器型号，调至最佳条件。

拓展阅读

双硫腙比色法测定食品中锌含量

双硫腙比色法适用于所有食品中锌含量的测定，检出限为 2.5mg/kg。其原理是：试样经消化后，在 pH 4.0~5.5 时，锌离子与双硫腙形成紫红色络合物，溶于四氯化碳，与标准系列比较定量。本方法灵敏度较高，但必须严格控制 pH，同时所用水应为无锌水，经阴、阳离子交换树脂纯化。器皿使用前要用硝酸溶液洗涤，然后再用无离子水冲洗干净。

双硫腙比色法分为一次提取法与二次提取法。二次提取法操作步骤和耗用试剂较多，但精密度比一次提取法高。

（二）铁含量的测定

铁是人体必需元素，参与体内氧与二氧化碳的转运、交换和组织呼吸过程，还可提高机体免疫力。缺少铁会引起贫血，而摄入过多则会导致急性中毒。

依据 GB/T 5009.90—2003《食品中铁、镁、锰的测定》，食品中铁含量测定方法为原子吸收分光光度法。

实训十 原子吸收分光光度法测定食品中铁含量

【测定原理】

经湿法消化的试样测定液，导入原子吸收分光光度计，经火焰原子化后，吸收波长 248.3nm 的共振线，其吸收量与铁的含量成正比，与标准系列比较定量。

【适用范围】

本方法适用于各种食品中铁含量的测定，最低检出限为 $0.2\mu g/ml$。

【试剂仪器准备】

（一）试剂

（1）混合酸消化液：硝酸-高氯酸（4:1）。

（2）HNO_3 溶液（0.5mol/L）：量取 32ml 硝酸，加去离子水并稀释至 1000ml。

（3）铁标准贮备液：准备称取金属铁（纯度大于 99.99%）1.0000g 或含 1.0000g 铁相对应的氧化物，加硝酸溶解并移入 1000ml 容量瓶中，加 0.5mol/L HNO_3 溶液并稀释至刻度。贮存于聚乙烯瓶内，4℃保存。每毫升相当于 1mg 铁。

（4）铁标准使用液（100μg/ml）：取 10.0ml 铁标准贮备液于 100ml 容量瓶中，用 0.5mol/L 硝酸溶液定容。

（二）仪器

原子吸收分光光度计：带铁空心阴极灯。

【样品测定】

（一）样品消化

同项目二实训六。

（二）测定

分别吸取铁标准使用液（100μg/ml）0.5、1.0、2.0、3.0、4.0ml，用 0.5mol/L HNO_3 定容到 100ml，配制成 0.5、1.0、2.0、3.0、4.0μg/ml 的铁标准稀释液，进行测定。

仪器参考条件的选择：波长 248.3nm，光源为紫外，火焰：空气-乙炔，仪器狭缝、空气及乙炔的流量、灯头的高度、元素灯的电流等均按仪器说明调至最佳状态。

以各浓度系列标准稀释液与对应的吸光度绘制标准曲线。测定用试样液及试剂空白液由标准曲线查出浓度值。

【结果计算与数据处理】

试样中铁含量按式 2-13 计算。

$$X = \frac{(c-c_0) \times V \times f \times 100}{m \times 1000} \tag{2-13}$$

式中：X 为试样的铁含量，mg/100g；c 为测定用试样液中铁的浓度，μg/ml；c_0 为试剂空白液中铁的浓度，μg/ml；m 为试样的质量，g；V 为试样定容体积，ml；f 为稀释倍数。

计算结果保留至小数点后两位。在重复性条件下获得的两次独立测定结果的绝对差值不得超过算术平均值的 10%。

【技术提示】

同项目二实训六。

（三）铜含量的测定

铜是人体健康不可缺少的微量营养素，对于血液、中枢神经和免疫系统、头发、皮肤、骨骼等的发育和功能有重要影响。

依据 GB/T 5009.13—2003《食品中铜的测定》，铜的测定方法有原子吸收光谱法和二乙基二硫代氨基甲酸钠法。

实训十一　原子吸收光谱法测定食品中铜含量

【测定原理】

试样经处理后，导入原子吸收分光光度计中，原子化以后，吸收波长 324.8nm 的共振线，其吸收值与铜含量成正比，与标准系列比较定量。

【适用范围】

本法适用于所有食品中铜含量的测定。火焰原子化法检出限为 1.0mg/kg，石墨炉原子化法为 0.1mg/kg。

【试剂仪器准备】

（一）试剂

（1）硝酸。

（2）石油醚。

（3）硝酸（10%）：取 10ml 硝酸置于适量水中，再稀释至 100ml。

（4）硝酸（0.5%）：取 0.5ml 硝酸置于适量水中，再稀释至 100ml。

（5）硝酸（1+4）。

（6）硝酸（4+6）：量取 40ml 硝酸置于适量水中，再稀释至 100ml。

（7）铜标准溶液：准确称取 1.0000g 金属铜（99.99%），分次加入硝酸（4+6）溶解，总量不超过 37ml，移入 1000ml 容量瓶中，用水稀释至刻度。此溶液每毫升相当于 1.0mg 铜。

（8）铜标准使用液 I：吸取 10.0ml 铜标准溶液，置于 100ml 容量瓶中，用 0.5% 硝酸溶液稀释至刻度，摇匀，如此多次稀释至每毫升相当于 1.0μg 铜。

（9）铜标准使用液 II：吸取 10.0ml 铜标准使用液 I，置于 100ml 容量瓶中，用 0.5% 硝酸溶液稀释至刻度，摇匀，得到每毫升相当于 0.10μg 铜。

（二）仪器

（1）捣碎机。

（2）马弗炉。

（3）原子吸收分光光度计：带铜空心阴极灯。

【样品测定】

（一）样品预处理与称量

1. 谷类、茶叶、咖啡等　谷类（除去外壳）、茶叶、咖啡等磨碎，过 20 目筛，混匀，称取 1.00~5.00g 试样。

2. 蔬菜、水果等　取可食部分，切碎、捣成匀浆，称取 1.00~5.00g 试样。

3. 水产类　取可食部分捣成匀浆，称取 1.00~5.00g 试样。

4. 乳、炼乳、乳粉　称取 2.00g 混匀试样。

5. 油脂类　称取 2.00g 混匀试样，固体油脂先加热融成液体，置于 100ml 分液漏斗中，加 10ml 石油醚，用硝酸（10%）提取 2 次，每次 5ml，振摇 1 分钟。

6. 饮料、酒、醋、酱油等液体试样　可直接取样测定，固体物较多时或仪器灵敏度不足时，可把上述试样浓缩。

（二）样品灰化

将称好的样品置于石英或瓷坩埚中，加 5ml 硝酸，放置 0.5 小时，小火蒸干，继续加热炭化，移入马弗炉中，500℃±25℃灰化 1 小时，取出放冷，再加 1ml 硝酸浸湿灰分，小火蒸干。再移入马弗炉中，500℃灰化 0.5 小时，冷却后取出，以 1ml 硝酸（1+4）溶解 4 次，移入 10.0ml 容量瓶中，用水稀释至刻度，备用。

取与消化试样相同量的硝酸，按同一方法做试剂空白试验。

（三）测定

1. 火焰原子化法　吸取 0.0、1.0、2.0、4.0、6.0、8.0、10.0ml 铜标准使用液 I（1.0μg/ml），分别置于 10ml 容量瓶中，加硝酸（0.5%）稀释至刻度，混匀。容量瓶中每毫升分别相当于 0、0.10、0.20、0.40、0.60、0.80、1.00μg 铜。

将处理后的样液、试剂空白液和各容量瓶中铜标准液分别导入调至最佳条件火焰原子化器进行测定。参考条件：灯电流 3~6mA，波长 324.8nm，光谱通带 0.5nm，空气流量 9L/min，乙炔流量 2L/min，灯高 6mm，氘灯背景校正。以铜标准溶液含量和对应吸光度，绘制标准曲线或计算直线回归方程，试样吸收值与曲线比较或代入方程求得含量。

2. 石墨炉法 吸取 0、1.0、2.0、4.0、6.0、8.0、10.0ml 铜标准使用液 II（0.10μg/ml），分别置于 10ml 容量瓶中，加硝酸（0.5%）稀释至刻度，摇匀。容量瓶中每毫升分别相当于 0、0.01、0.02、0.04、0.06、0.08、0.10μg 铜。

将处理后的样液、试剂空白液和各容量瓶中铜标准液 10~20μl 分别导入调至最佳条件石墨炉原子化器进行测定。

参考条件：灯电流 3~6mA，波长 324.8nm，光谱通带 0.5nm，保护气体 1.5L/min（原子化阶段停气）。操作参数：干燥 90℃，20 秒；灰化 20 秒；升到 800℃，20 秒；原子化 2300℃，4 秒。以铜标准溶液 II 系列含量和对应吸光度，绘制标准曲线或计算直线回归方程，试样吸收值与曲线比较或代入方程求得含量。

氯化钠或其他物质干扰时，可在进样前用硝酸铵（1mg/ml）或磷酸二氢铵稀释或进样后（石墨炉）再加入与试样等量上述物质作为基体改进剂。

【结果计算与数据处理】

（一）火焰法

试样中铜的含量按式 2-14 计算。

$$X = \frac{(A_1 - A_2) \times V \times 1000}{m \times 1000} \tag{2-14}$$

式中：X 为试样的铜含量，mg/kg 或 mg/L；A_1 为测定用试样液中铜的含量，μg/ml；A_2 为试剂空白液中铜的含量，μg/ml；V 为试样处理后总体积，ml；m 为试样质量或体积，g 或 ml。

（二）石墨炉法

试样中铜的含量按式 2-15 计算。

$$X = \frac{(A_1 - A_2) \times V \times 1000}{m \times (V_1 / V_2) \times 1000} \tag{2-15}$$

式中：X 为试样的铜含量，mg/kg 或 mg/L；A_1 为测定用试样液中铜的含量，μg；A_2 为试剂空白液中铜的含量，μg；V_1 为试样消化液总体积，ml；V_2 为测定用试样消化液体积，ml；m 为试样质量或体积，g 或 ml。

计算结果保留两位有效数字。试样含量超过 10mg/kg 时保留三位有效数字。在重复性条件下获得的两次独立测定结果的绝对差值不得超过算术平均值的 10%。

【技术提示】

所用玻璃仪器均以硝酸（10%）浸泡 24 小时以上，用水反复冲洗，最后用去离子水冲洗晾干后，方可使用。

实训十二　二乙基二硫代氨基甲酸钠法测定食品中铜含量

【测定原理】

试样经消化后，在碱性溶液中铜离子与二乙基二硫代氨基甲酸钠生成棕黄色络合物，溶于四氯化碳，与标准系列比较定量。

【适用范围】

本法适用于所有食品中铜含量的测定。本法检出限为 2.5mg/kg。

【试剂仪器准备】

（一）试剂

（1）四氯化碳。

（2）柠檬酸铵、乙二胺四乙酸二钠溶液：称取 20g 柠檬酸铵及 5g 乙二胺四乙酸二钠溶于水中，加水稀释至 100ml。

（3）硫酸（1+17）：量取 20ml 硫酸，倒入 300ml 水中，冷后再加水稀释至 360ml。

（4）氨水（1+1）。

（5）酚红指示剂（1g/L）：称取 0.1g 酚红，用乙醇溶解至 100ml。

（6）铜试剂溶液：二乙基二硫代氨基甲酸钠溶液（1g/L），必要时可过滤，贮存于冰箱中。

（7）硝酸（3+8）：量取 60ml 硝酸，加水稀释至 160ml。

（8）铜标准溶液及标准使用液：同项目二实训十一。

（二）仪器

分光光度计。

【样品测定】

（一）试样消化

1. 湿消解 固体试样称样 1~2.5g，液体试样称样 5~10g（或 ml）置入 50~100ml 锥形瓶中，同时做两份试剂空白，加硝酸 20~40ml，高氯酸 4ml，硫酸 1.25ml，摇匀后放置过夜，置于电热板上加热消解。若消解液处置至 10ml 左右时仍有未分解物质或色泽变深，取下放冷，补加硝酸 5~10ml，再消解至 10ml 左右观察，如此反复两三次，注意避免炭化，如仍不能消解完全，则加入高氯酸 1~2ml，继续加热至消解完全后，再持续蒸发至高氯酸的白烟散尽，硫酸的白烟开始冒出，冷却，加水 25ml，再蒸发至冒硫酸白烟，冷却，用水将内容物转入 25ml 容量瓶或比色管中，补水至刻度并混匀，备测。

2. 干灰化 一般用于固体试样。称取 1~2.5g（精确至小数点后两位）于 50~100ml 坩埚中，同时做两份试剂空白，加 150g/L 硝酸镁 10ml 混匀，低热蒸干，将氧化镁 1g 仔细覆盖在干渣上，于电炉上炭化至无黑烟，移入 550℃ 高温炉灰化 4 小时。取出放冷，小心加入盐酸（1+1）10ml 以中和氧化镁并溶解灰分，转入 25ml 容量瓶或比色管中，另用硫酸（1+9）分次涮洗坩埚后，转出合并，直至 25ml 刻度，混匀备测。

（二）测定

吸取定容后的 10.0ml 溶液和同量的试剂空白液，分别置于 125ml 分液漏斗中，加水稀释至 20ml。

吸取 0、0.50、1.00、1.50、2.00、2.50ml 铜标准使用液（相当于 0、0.5、1.0、1.5、2.0、2.5μg 铜），分别置于 125ml 分液漏斗中，各加硫酸（1+17）至 20ml。

于试样消化液、试剂空白液和铜标准液中，各加 5ml 柠檬酸铵，乙二胺四乙酸二钠溶液和 3 滴酚红指示液，混匀，用氨水（1+1）调至红色。各加 2ml 铜试剂溶液和 10.0ml 四氯化碳，剧烈振摇 2 分钟，静置分层后，四氯化碳层经脱脂棉滤入 2cm 比色杯中，以四氯化碳调节零点，于波长 440nm 处测吸光度，标准各点吸光值减去零管吸光值后，绘制标准曲线或计算直线回归方程，试样吸收值与曲线比较或代入方程求得含量。

【结果计算与数据处理】

方法同项目二实训十一中的"石墨炉法"。

六、微量非金属元素的测定

碘和硒是人体必需的微量非金属元素,它们参与人体的多种生理活动。对维持人体的正常代谢及保持人体健康起着重要作用。

(一)碘含量的测定

碘是人体必需的微量元素,它参与人体甲状腺素的合成,与人的生长发育、新陈代谢密切相关。人体对碘的日需要量约为 $100 \sim 150 \mu g$,摄入过多或过少都会引起疾病。

依据 GB 5413.23—2010《食品安全国家标准 婴幼儿食品和乳品中碘的测定》,食品中碘的测定方法为气相色谱法。

实训十三 气相色谱法测定食品中碘含量

【测定原理】

试样中的碘在硫酸条件下与丁酮反应生成丁酮与碘的衍生物,经气相色谱分离,电子捕获检测器检测,外标法定量。

【适用范围】

本法适用于婴幼儿食品和乳品中碘的测定方法。本法检出限为 $2.0 \mu g/100g$。

【试剂仪器准备】

(一)试剂

除另有规定,本方法所用试剂均为分析纯。

(1)高峰氏(Taka-Diastase)淀粉酶:酶活力≥1.5U/mg。

(2)碘化钾(KI)或碘酸钾(KIO_3):优级纯。

(3)丁酮(C_4H_8O):色谱纯。

(4)硫酸(H_2SO_4):优级纯。

(5)正己烷(C_6H_{14})。

(6)无水硫酸钠(Na_2SO_4)。

(7)过氧化氢(3.5%):吸取11.7ml体积分数为30%的过氧化氢稀释至100ml。

(8)亚铁氰化钾溶液(109g/L):称取109g亚铁氰化钾,用水定容于1000ml容量瓶中。

(9)乙酸锌溶液(219g/L):称取219g乙酸锌,用水定容于1000ml容量瓶中。

(10)碘标准贮备液(1.0mg/ml):称取131mg碘化钾(精确至0.1mg)或168.5mg碘酸钾(精确至0.1mg),用水溶解并定容至100ml,5℃±1℃冷藏保存,一个星期内有效。

(11)碘标准工作液(1.0μg/ml):吸取10ml碘标准贮备液,用水定容至100ml混匀,再吸取1.0ml,用水定容至100ml混匀,临用前配制。

(二)仪器

(1)天平:感量为0.1mg。

(2)气相色谱仪:带电子捕获检测器。

【样品测定】

（一）试样制备

1. 不含淀粉的试样 称取混合均匀的固体试样 5g，液体试样 20g（精确至 0.0001g）于 150ml 三角瓶中，固体试样用 25ml 约 40℃ 的热水溶解。

2. 含淀粉的试样 称取混合均匀的固体试样 5g，液体试样 20g（精确至 0.0001g），于 150ml 三角瓶中，加入 0.2g 高峰氏淀粉酶，固体试样用 25ml 约 40℃ 的热水充分溶解，置于 50~60℃ 恒温箱中酶解 30 分钟，取出冷却。

（二）试样测定液的制备

1. 沉淀 将"（一）试样制备"中处理过的试样溶液转入 100ml 容量瓶中，加入 5ml 亚铁氰化钾溶液（109g/L）和 5ml 乙酸锌溶液（219g/L）后，用水定容至刻度，充分振摇后静止 10 分钟。滤纸过滤后吸取滤液 10ml 于 100ml 分液漏斗中，加 10ml 水。

2. 衍生和提取 向分液漏斗中加入 0.7ml 硫酸，0.5ml 丁酮（色谱纯），2.0ml 过氧化氢（3.5%），充分混匀，室温下保持 20 分钟后加入 20ml 正己烷振荡萃取 2 分钟。静止分层后，将水相移入另一分液漏斗中，再进行第二次萃取。合并有机相，用水洗涤两到三次。通过无水硫酸钠过滤脱水后移入 50ml 容量瓶中用正己烷定容，此为试样测定液。

（三）碘标准测定液的制备

分别吸取 1.0，2.0，4.0，8.0，12.0ml 碘标准工作液（1.0μg/ml），相当于 1.0、2.0、4.0、8.0、12.0μg 的碘，其他分析步骤同"（二）试样测定液的制备"。

（四）测定

1. 参考色谱条件 色谱柱：填料为 5% 氰丙基-甲基聚硅氧烷的毛细管柱（柱长 30m，内径 0.25mm，膜厚 0.25μm）或具同等性能的色谱柱。

进样口温度：260℃；ECD 检测器温度：300℃；分流比：1:1；进样量：1.0μl。程序升温见表 2-2。

表 2-2　程序升温

升温速率（℃/min）	温度（℃）	持续时间（min）
	50	9
30	220	3

2. 标准曲线的制作 将碘标准测定液分别注入到气相色谱仪中得到标准测定液的峰面积（或峰高）。以标准测定液的峰面积（或峰高）为纵坐标，以碘标准工作液中碘的质量为横坐标制作标准曲线。

3. 试样溶液的测定 将试样测定液注入到气相色谱仪中得到峰面积（或峰高），从标准曲线中获得试样中碘的含量（μg）。

【结果计算与数据处理】

试样中碘含量按式 2-16 计算。

$$X = \frac{c_s}{m} \times 100 \tag{2-16}$$

式中：X 为试样中碘含量，μg/100g；c_s 为从标准曲线中获得试样中碘的含量，μg；m 为试样的质量，g。

以重复性条件下获得的两次独立测定结果的算术平均值表示，结果保留至小数点后一位，两次独立测定结果的绝对差值不得超过算术平均值的10%。

拓展阅读

砷铈催化分光光度法

砷铈催化分光光度法是采用碱灰化处理试样，使用碘催化砷铈反应，反应速度与碘含量成定量关系。

$$H_3AsO_3 + 2Ce^{4+} + H_2O \longrightarrow H_3AsO_4 + 2Ce^{3+} + 2H^+$$

反应体系中，Ce^{4+}为黄色，Ce^{3+}为无色，用分光光度计测定剩余Ce^{4+}的吸光度值，依据碘含量与吸光度值的对数线性关系，计算食品中碘的含量。

本方法适用于粮食、蔬菜、水果、豆类及其制品、乳及其制品、肉、鱼、蛋等食品中碘的测定。需特别注意的是试剂三氧化二砷以及由此配置的亚砷酸溶液均为剧毒品，需遵守有关剧毒品操作规程。

（二）硒含量的测定

硒是人体必需微量元素之一，是人体内的抗氧化剂，具有抗突变、抗氧化、抗细胞增殖、增强机体免疫力、防治克山病等多种生理功能，但摄入量过多又会引起中毒。

依据 GB 5009.93—2010《食品安全国家标准　食品中硒的测定》，食品中硒含量的测定方法有氢化物原子荧光光谱法和荧光法。

实训十四　氢化物原子荧光光谱法测定食品中硒含量

【测定原理】

试样经酸加热消化后，在6mol/L盐酸介质中，将试样中的六价硒还原成四价硒，用硼氢化钠或硼氢化钾作还原剂，将四价硒在盐酸介质中还原成硒化氢（H_2Se），由载气（氩气）带入原子化器中进行原子化，在硒空心阴极灯照射下，基态硒原子被激发至高能态，在去活化回到基态时，发射出特征波长的荧光，其荧光强度与硒含量成正比，与标准系列比较定量。

【适用范围】

本方法适用于所有食品中硒的测定。

【试剂仪器准备】

（一）试剂

（1）硝酸：优级纯。

（2）高氯酸：优级纯。

（3）盐酸：优级纯。

（4）混合酸：将硝酸与高氯酸按9:1体积混合。

（5）氢氧化钠：优级纯。

（6）硼氢化钠溶液（8g/L）：称取 8.0g 硼氢化钠（NaBH₄），溶于氢氧化钠溶液（5g/L）中，然后定容至 1000ml，混匀。

（7）铁氰化钾（10g/L）：称取 10.0g 铁氰化钾，溶于 100ml 水中，混匀。

（8）硒标准贮备液：精确称取 100.0mg 硒（光谱纯），溶于少量硝酸中，加 2ml 高氯酸，置沸水浴中加热 3~4 小时，冷却后再加 8.4ml 盐酸，再置沸水浴中煮 2 分钟，准确稀释至 1000ml，其盐酸浓度为 0.1mol/L，此贮备液浓度为每毫升相当于 100μg 硒。

（9）硒标准应用液：取 100μg/ml 硒标准贮备液 1.0ml，定容至 100ml，此应用液浓度为 1μg/ml。

（10）盐酸（6mol/L）：量取 50ml 盐酸缓慢加入 40ml 水中，冷却后定容至 100ml。

（11）过氧化氢（30%）。

（二）仪器

（1）原子荧光光谱仪：带硒空心阴极灯。

（2）电热板。

（3）微波消解系统。

（4）天平：感量为 1mg。

（5）粉碎机。

（6）烘箱。

【样品测定】

（一）试样制备

1. 粮食　试样用水洗三次，于 60℃烘箱中烘干，粉碎，储于塑料瓶内，备用。

2. 蔬菜及其他植物性食物　取可食部分用水洗净后用纱布吸去水滴，打成匀浆后备用。

3. 其他固体试样　粉碎，混匀，备用。

4. 液体试样　混匀，备用。

（二）试样消解

1. 电热板加热消解　称取 0.5~2g（精确至 0.001g）试样，液体试样吸取 1.00~10.00ml，置于消化瓶中，加 10.0ml 混合酸及几粒玻璃珠，盖上表面皿冷消化过夜。次日于电热板上加热，并及时补加硝酸。当溶液变为清亮无色并伴有白烟时，再继续加热至剩余体积 2ml 左右，切不可蒸干。冷却，再加 5.0ml 盐酸（6mol/L），继续加热至溶液变为清亮无色并伴有白烟出现，将六价硒还原成四价硒。冷却，转移至 50ml 容量瓶中定容，混匀备用。同时做空白试验。

2. 微波消解　称取 0.5~2g（精确至 0.001g）试样于消化管中，加 10ml 硝酸、2ml 过氧化氢，振摇混合均匀，于微波消化仪中消化。消化推荐条件见表 2-3（可根据不同的仪器自行设定消解条件）。

表 2-3　微波消化推荐条件

STAGE	POWER		RAMP	℃	HOLD
1	1600W	100%	6：00	120℃	1：00
2	1600W	100%	3：00	150℃	5：00
3	1600W	100%	5：00	200℃	10：00

消解液冷却后转入三角瓶中，加几粒玻璃珠，在电热板上继续加热至近干，切不可蒸

干。再加 5.0ml 盐酸（6mol/L），继续加热至溶液变为清亮无色并伴有白烟出现，将六价硒还原成四价硒。冷却，转移试样消化液于 25ml 容量瓶中定容，混匀备用。同时做空白试验。

吸取 10.0ml 试样消化液于 15ml 离心管中，加盐酸（优级纯）2.0ml，铁氰化钾溶液（100g/L）1.0ml，混匀待测。

（三）硒标准系列溶液的配制

分别取 0.00，0.10，0.20，0.30，0.40，0.50ml 标准应用液于 15ml 离心管中用去离子水定容至 10ml，再分别加盐酸（优级纯）2ml，铁氰化钾溶液（100g/L）1.0ml，混匀，制成硒标准系列溶液，用于标准曲线的制备。

（四）测定

仪器参考条件：负高压，40V；灯电流，100mA；原子化温度，800℃；炉高，8mm；载气流速，500ml/min；屏蔽气流速，1000ml/min；测量方式，标准曲线法；读数方式，峰面积；延迟时间，1 秒；读数时间，15 秒；加液时间，8 秒；进样体积，2ml。

测定：设定好仪器最佳条件，逐步将炉温升至所需温度后，稳定 10~20 分钟后开始测量。连续用标准系列的零管进样，待读数稳定之后，转入标准系列测量，绘制标准曲线。之后转入试样测量，分别测定试样空白和试样消化液，每次测定不同的试样前都应清洗进样器。

【结果计算与数据处理】

试样中硒含量按式 2-17 计算。

$$X = \frac{(c - c_0) \times V \times 1000}{m \times 1000 \times 1000} \tag{2-17}$$

式中：X 为试样中硒的含量，mg/kg 或 mg/L；c 为试样消化液测定浓度，ng/ml；c_0 为试样空白消化液测定浓度，ng/ml；m 为试样质量（体积），g 或 ml；V 为试样消化液总体积，ml。

在重复性条件下获得的两次独立测定结果的绝对差值不得超过算术平均值的 10%。

【技术提示】

（1）除非另有规定，本方法所使用试剂均为分析纯，水为国标规定的三级水。

（2）硒标准应用液：也可购买该元素有证国家标准溶液。

（3）消解条件可根据不同的仪器自行设定。

实训十五　荧光法测定食品中硒含量

【测定原理】

将试样用混合酸消化，使硒化合物氧化为无机硒 Se^{4+}，在酸性条件下 Se^{4+} 与 2,3-二氨基萘（DAN）反应生成 4,5-苯并苯硒脑，然后用环己烷萃取。在激发光波长为 376nm，发射光波长为 520nm 条件下测定荧光强度，从而计算出试样中硒的含量。

【适用范围】

本方法适用于所有食品中硒的测定。

【试剂仪器准备】

（一）试剂

（1）硒标准溶液 准确称取元素硒（光谱纯）100.0mg，溶于少量浓硝酸中，加入 2ml 高氯酸（70%~72%），至沸水浴中加热 3~4 小时，冷却后加入 8.4ml HCl（0.1mol/L）。再置沸水浴中煮 2 分钟。准确稀释至 1000ml，此为贮备液（Se 含量：100μg/ml）。使用时用 0.1mol/L 盐酸将贮备液稀释至每毫升含 0.05μg 硒，于冰箱内保存，两年内有效。

（2）DAN 试剂（1.0g/L） 此试剂在暗室内配制。称取 DAN（纯度 95%~98%）200mg 于一带盖锥形瓶中，加入 0.1mol/L 的盐酸 200ml，振摇约 15 分钟使其全部溶解。加入约 40ml 环己烷，继续振荡 5 分钟。将此液倒入塞有玻璃棉（或脱脂棉）的分液漏斗中，待分层后滤去环己烷层，收集 DAN 溶液层，反复用环己烷纯化直至环己烷中荧光降至最低时为止（约纯化 5~6 次）。将纯化后的 DAN 溶液贮于棕色瓶中，加入约 1cm 厚的环己烷覆盖表层，至冰箱内保存。必要时在使用前再以环己烷纯化一次。

（3）混合酸 将硝酸及高氯酸按 9:1 体积混合。

（4）去硒硫酸 取浓硫酸 200ml 缓慢倒入 200ml 水中，再加入 48% 氢溴酸 30ml，混匀，至沙浴上加热至出现白浓烟，此时体积应为 200ml。

（5）EDTA 混合液 取 EDTA 溶液（0.2mol/L）及盐酸羟胺溶液（100g/L）各 50ml，加甲酚红指示剂（0.2g/L）5ml，用水稀释至 1L，混匀。

EDTA 溶液（0.2mol/L）：称取 EDTA 二钠盐 37g，加水并加热至完全溶解，冷却后稀释至 500ml。

盐酸羟胺溶液（100g/L）：称取 10g 盐酸羟胺溶于水中，稀释至 100ml。

甲酚红指示剂（0.2g/L）：称取甲酚红 50mg 溶于少量水中，加氨水（1+1）1 滴，待完全溶解后加水稀释至 250ml。

（6）氨水（1+1）。

（7）盐酸。

（8）环己烷 需先测试有无荧光杂质，否则重蒸后使用，用过的环己烷可回收，重蒸后再使用。

（9）盐酸（1+9）。

（二）仪器

（1）荧光分光光度计。

（2）天平：感量为 1mg。

（3）烘箱。

（4）粉碎机。

（5）电热板。

（6）水浴锅。

【样品测定】

（一）试样处理

1. 粮食 试样用水洗三次，至 60℃烤箱中烘去表面水分，用粉碎机粉碎，储于塑料瓶内，放一小包樟脑精，盖紧瓶塞保存，备用。

2. 蔬菜及其他植物性食物 取可食部，用蒸馏水冲洗三次后，用纱布吸去水滴，不锈钢刀切碎，取一定量试样在烘箱中于 60℃烤干，称重，计算水分。粉碎，备用。计算时应折合成鲜样重。

3. 其他固体试样　粉碎、混匀试样，备用。

4. 液体试样　混匀试样，备用。

（二）试样的消化

称含硒量约为 $0.01 \sim 0.5\mu g$ 的粮食或蔬菜及动物性试样 $0.5 \sim 2g$（精确至 $0.001g$），液体试样吸取 $1.00 \sim 10.00ml$ 于磨口锥形瓶内，加 5% 去硒硫酸 10ml，待试样湿润后，再加 20ml 混合酸液放置过夜，次日置电热板上逐渐加热。当剧烈反应发生后，溶液呈无色，继续加热至白烟产生，此时溶液逐渐变成淡黄色，即达终点。某些蔬菜试样消化后出现浑浊，以致难以确定终点，这时可注意瓶内出现滚滚白烟，此刻立即取下，溶液冷却后又变为无色。有些含硒较高的蔬菜含有较多的 Se^{6+}，需要在消化完成后再加 10ml 10% 盐酸，继续加热，使再回终点，以将 Se^{6+} 完全还原为 Se^{4+}，否则结果将偏低。

（三）测定

1. 样品测定　上述消化后的试样溶液加入 20.0ml EDTA 混合液，用氨水（1+1）及盐酸（1+9）调至淡红橙色（pH $1.5 \sim 2.0$）。以下步骤在暗室操作：加 DAN 试剂（1g/L）3.0ml，混匀后，置沸水浴中加热 5 分钟，取出冷却后，加环己烷 3.0ml，振摇 4 分钟，将全部溶液移入分液漏斗，待分层后弃去水层，小心将环己烷层由分液漏斗上口倾入带盖试管中，勿使环己烷中混入水滴，于荧光分光光度计上用激发光波长 376nm、发射光波长 520nm 测定 4,5-苯并苯硒脑的荧光强度。

2. 硒标准曲线绘制　准确量取标准硒溶液（$0.05\mu g/ml$）0.00、0.20、1.00、2.00、4.00ml，相当于 0.00、0.01、0.05、0.10、$0.20\mu g$ 硒，加水至 5.0ml 后，按试样测定步骤同时进行测定。

当硒含量在 $0.5\mu g$ 以下时荧光强度与硒含量呈线性关系，在常规测定试样时，每次只需做试剂空白与试样硒含量相近的标准管（双份）即可。

【结果计算与数据处理】

试样中硒含量按式 2-18 进行计算。

$$X = \frac{m_1}{F_1 - F_0} \times \frac{F_2 - F_0}{m} \qquad (2-18)$$

式中：X 为试样中硒的含量，$\mu g/g$ 或 $\mu g/ml$；F_1 为标准硒荧光读数；F_2 为试样荧光读数；F_0 为空白管荧光读数；m 为试样质量，g 或 ml；m_1 为试管中硒质量，μg。

在重复性条件下获得的两次独立测定结果的算术平均值表示，结果保留三位有效数字。在重复性条件下获得的两次独立测定结果的绝对差值不得超过算术平均值的 10%。

【技术提示】

实验中使用的 DAN 试剂有一定毒性，试剂使用人员应有相关工作经验。使用者有责任采取适当的安全和健康措施，并保证符合国家有关规定的条例。

任务三　食品中酸类物质的测定

食品中的酸类物质由有机酸和无机酸组成。有机酸的含量较高，以游离态和结合态存在于食品中；无机酸含量较低，以中性盐的形式存在于食品中。这些酸类物质有的是食品本身具有的，如蔬菜、水果中含有的苹果酸、柠檬酸、酒石酸、醋酸、草酸，鱼肉中含有的少量乳酸等；有的是在食品加工中人为加入的，如饮料中的柠檬酸；还有的是在食品发酵时产生的，如酸奶中的乳酸。食品中常见有机酸类型及含量如表 2-4 所示。

表 2-4　果蔬中主要的有机酸类型及含量

水果	苹果酸（%）	柠檬酸（%）	蔬菜	苹果酸（%）	柠檬酸（%）
苹果	0.27~1.02	0.03	芦笋	0.10	0.11
杏	0.33	1.06	甜菜		0.11
香蕉	0.50	0.15	白菜	0.10	0.14
樱桃	1.45		胡萝卜	0.24	0.09
橙子	0.18	0.92	芹菜	0.17	0.01
梨	0.16	0.42	黄瓜	0.24	0.01
桃	0.69	0.05	菠菜	0.09	0.08
菠萝	0.12	0.77	番茄	0.05	0.47
红梅	0.49	1.59	茄子	0.17	
柚子	0.08	1.33	莴苣	0.17	0.02
葡萄	0.31	0.02	洋葱	0.17	0.22
柠檬	0.29	6.08	豌豆	0.08	0.11
李子	0.92	0.03	土豆		0.15
梅	1.44		南瓜	0.32	0.04
草莓	0.16	1.08	白萝卜	0.23	

注：此表引自无锡轻工业大学、天津轻工业大学合编，食品分析，中国轻工业出版社，2002 年。

食品中的酸类物质不仅可以产生酸味而改变食品的口感及风味，同时也是食品加工、贮存及品质管理的重要指标，其作用包括以下几方面。

酸度可以影响食品的风味、营养及稳定性：水果及制品的口味取决于果糖、果酸的种类、含量和比例。同时水果中的挥发酸含量也给其产生特定的香气，增加人的食欲，促进消化，在维持人体酸碱平衡方面起重要作用。另外，食品中有机酸的含量升高时可降低食品的 pH，能有效减弱微生物在食品中的繁殖能力。当食品 pH<2.5 时，除霉菌外，多数微生物的生长繁殖均可受到抑制，故 pH 是果蔬罐头抑菌条件的重要指标；在水果加工时，控制介质的 pH 还可以抑制水果褐变；降低 pH 还能增加食品中维生素 C 的稳定性，减慢其氧化的速度，保证食品的营养价值。

测定食品的酸度可以判断食品的新鲜程度及质量优劣：测定油脂酸度可判断其新鲜程度，新鲜的油脂通常是中性的，但发生酸败后可产生大量脂肪酸而使 pH 降低；食品中的低挥发酸是判断某些食品腐败的依据，如发酵食品中甲酸的含量过高，则说明该食品已受细菌污染而腐败；挥发酸含量高低还可用于评价果酒制品的质量。

测定食品的酸度可以判断果蔬的成熟度：水果在生长过程中，随成熟度的提高，果酸的含量逐渐下降，而糖类的含量不断提高，故成熟的水果具有良好的糖酸比例、适宜的口感和风味。有机酸在果蔬中的种类与成熟度之间也存在一定关系，如葡萄在未成熟期以苹果酸为主，随着果实的成熟，苹果酸的含量减少，而酒石酸的含量增大，可通过果酸的含量、种类及糖酸的比例判断食品的成熟度。

食品中的酸类物质含量用酸度表示，可分为总酸度（滴定酸度）、有效酸度和挥发酸度。

一、总酸度的测定

总酸度系指食品中酸性物质的总量。它是食品中解离的酸和未解离酸的总和，其含量可用标准碱液滴定后计算，故总酸度又称为可滴定酸度。依据 GB/T 12456—2008《食品中总酸的测定》，总酸度采用酸碱滴定法测定。

实训十六　酸碱滴定法测定食品的总酸度

【测定原理】

根据酸碱中和反应，食品中的有机酸可与氢氧化钠滴定液定量反应生成盐类。以酚酞为指示剂，滴定至终点时溶液显淡红色且30秒不退色，根据氢氧化钠滴定液的浓度和消耗体积，计算出食品中总酸的含量。

【适用范围】

本法适用于果蔬制品、饮料、乳制品、酒精饮料、蜂产品、淀粉制品、谷物制品和调味品等食品中总酸度的测定。

【试剂仪器准备】

（一）试剂

1. 氢氧化钠滴定液（0.1mol/L）　取澄清的氢氧化钠饱和溶液5.6ml，加新煮沸过的冷水使成1000ml，摇匀。

2. 酚酞指示液　称取酚酞1g，溶于60ml乙醇中，加水稀释至100ml，即得。变色范围pH 8.3～10.0（无色→红色）。

3. 氢氧化钠滴定液的标定　取在105℃条件下干燥至恒重的基准邻苯二甲酸氢钾约0.6g，精密称定，加新煮沸的冷水50ml，振摇，使其尽量溶解，加酚酞指示液2滴，用氢氧化钠滴定液滴定，在近终点时，应使邻苯二甲酸氢钾完全溶解，滴定至溶液显微红色，并做一空白试验，每1ml氢氧化钠滴定液（0.1mol/L）相当于20.42mg的邻苯二甲酸氢钾，根据氢氧化钠滴定液的消耗体积，平行测定三次计算平均值，按式2-19计算实际浓度。

$$c = \frac{0.1 \times m}{0.02042 \times (V - V_0)} \tag{2-19}$$

式中：c 为氢氧化钠滴定液的实际浓度，保留至小数点后第四位，mol/L；m 为邻苯二甲酸氢钾的质量，精确至0.0001g，g；V 为氢氧化钠滴定液的消耗体积，ml；V_0 为空白试验消耗氢氧化钠滴定液的体积，ml；0.1 为氢氧化钠滴定液的规定浓度，mol/L；0.02042 为滴定度，指每1ml氢氧化钠滴定液相当于0.02042g邻苯二甲酸氢钾，g/ml。

（二）仪器

（1）组织捣碎机。

（2）水浴锅。

（3）研钵。

（4）冷凝管。

【样品测定】

（一）取样

1. 固体样品 取有代表性的样品至少 200g，置于研钵或组织捣碎机内，加入与样品等量的新煮沸过的冷水，用研钵研碎或用组织捣碎机捣碎，混匀后置于密闭玻璃容器内。

2. 液体样品 不含二氧化碳的样品可充分混合均匀，置于密闭玻璃容器内；含二氧化碳的样品至少取 200g 于 500ml 烧杯中，置于电炉上，边搅拌边加热至沸腾后，保持沸腾 2 分钟，放冷，称量，用新煮沸过的冷水补足所减失的重量，置于密闭玻璃容器内。

3. 固、液体样品 按样品的固、液体比例至少取 200g，用研钵研碎或用组织捣碎机捣碎，混匀后置于密闭玻璃容器内。

（二）试液的制备

1. 总酸含量小于或等于 4g/kg 的试样 将捣碎后的试样用快速滤纸过滤，收集滤液，用于测定。

2. 总酸含量大于 4g/kg 的试样 称取 10.0～50.0g 捣碎后的试样，精确至 0.001g，置于 100ml 烧杯中，用约 80℃煮沸过的冷水将烧杯中的内容物转移至 250ml 容量瓶中（总体积约 150ml）。置于沸水浴中煮沸 30 分钟（振摇 2～3 次，使试样中有机酸全部溶解于溶液中），取出，冷却至室温（约 20℃），用新煮沸的冷水定容至 250ml。用快速滤纸过滤，收集续滤液，用于测定。

（三）样品测定

精密量取滤液 25～50ml，使之含有 0.035～0.070g 的酸类物质，置于 250ml 锥形瓶中，加 40～60ml 水及 0.2ml 酚酞指示液，摇匀，用氢氧化钠滴定液（0.1mol/L）滴定至溶液显微红色且 30 秒不退色，记录氢氧化钠滴定液的消耗体积，以水做空白试验，记录空白试验消耗体积。

【结果计算和数据处理】

食品中总酸的含量以质量分数 X 计，数值以克每千克（g/kg）表示，按式 2-20 计算。

$$X = \frac{c \times (V_1 - V_2) \times K \times F}{m} \times 1000 \qquad (2-20)$$

式中：X 为样品中的总酸含量，g/kg；V_1 为样品消耗氢氧化钠滴定液的体积，ml；V_2 为空白试验消耗氢氧化钠滴定液的体积，ml；K 为有机酸的换算系数，g/ml，参考表 2-5；c 为经标定后的氢氧化钠滴定液实际浓度，mol/L；m 为取样量，g；F 为试液的稀释倍数。

表 2-5　常见有机酸的换算系数

有机酸	换算系数	有机酸	换算系数
苹果酸	0.067	一水合柠檬酸	0.070
乙酸	0.060	乳酸	0.090
酒石酸	0.075	盐酸	0.036
柠檬酸	0.064	磷酸	0.049

根据测定的食品类型选择对应的有机酸换算系数，同时总酸度以有机酸含量最高的那一项表示。如苹果中总酸度的测定，换算系数为 0.067。

计算结果精确至小数点后两位。同一样品，两次测定的结果之差，不得超过两次测定平均值的 2%。

【技术提示】

（1）溶剂试样浸渍、稀释用水应为无 CO_2 的蒸馏水，因为 CO_2 若溶于水中可造成水偏酸性而使测定结果偏高。无 CO_2 的纯化水的制备方法：将纯化水煮沸 20 分钟后用碱石灰保护冷却，或将蒸馏水在使用前煮沸 15 分钟并迅速冷却备用，必要时需经碱液抽真空处理。对含有 CO_2 的饮料、酒类等，测定前应加热煮沸 30 分钟，除去 CO_2。

（2）滴定液的用量：试样浸渍、稀释时的用水量应根据试样中总酸含量来慎重选择，为使误差不超过允许范围，一般要求滴定时消耗的氢氧化钠滴定液（0.1mol/L）不得少于5ml，最好在 10~15ml 之内。

（3）有色溶液的处理：若待测溶液本身具有较深的颜色，可在滴定前用与样液相同体积的新煮沸的冷水稀释或采用试验滴定法，即对有色样液，用新煮沸的冷水稀释，并按100ml 样液加入 0.3ml 酚酞比例加入酚酞指示液，用氢氧化钠滴定液滴定至近终点时，取此溶液 2~3ml 移入盛有 20ml 新煮沸的冷水中，若试验结果表明还未达到终点，将稀释的样液倒回原样液中，继续滴定至终点出现。但颜色过深或浑浊，宜采用电位滴定法指示终点。

二、有效酸度的测定

有效酸度系指被测溶液中的氢离子浓度（活度），反映了已离解酸的浓度，常用 pH 表示。食品的 pH 与总酸度之间没有严格的比例关系，其大小不仅取决于酸的数量和性质，而且还受到食品中缓冲物质的影响。故总酸度高的食品若有效酸度较低，则该食品的口感可能并不酸，在一定的 pH 条件下，味蕾对酸味的感受强度不同，其酸味的强度顺序为醋酸>甲酸>乳酸>草酸>盐酸。

若食品的 pH<3.0 则难以入口；pH<5 为酸性食品；pH 5~6 无酸味。常见食品 pH 如表 2-6 所示。

表 2-6　常见食品的 pH

名称	pH	名称	pH	名称	pH
牛肉	5.1~6.2	苹果	3.0~5.0	甜橙	3.5~4.9
羊肉	5.4~6.7	梨	3.2~4.0	甜樱桃	3.5~4.1
猪肉	5.3~6.9	杏	3.4~4.0	青椒	5.4
鸡肉	6.2~6.4	桃	3.2~3.9	甘蓝	5.2
鱼肉	6.6~6.8	李	2.8~4.1	南瓜	5.0
蟹肉	7.0	葡萄	2.5~4.5	菠菜	5.7
牛乳	6.5~7.0	草莓	3.8~4.4	番茄	4.1~4.8
小虾肉	6.8~7.0	西瓜	6.0~6.4	胡萝卜	5.0
鲜蛋	8.2~8.4	柠檬	2.2~3.5	豌豆	6.1

注：此表引自侯曼玲主编，食品分析，化学工业出版社。

食品的有效酸度测定可采用的方法有 pH 试纸法、标准色管比色法和酸度计法，以酸度计法最为准确。

实训十七　酸度计法测定食品的有效酸度

【测定原理】

以玻璃电极为指示电极，饱和甘汞电极为参比电极，浸入待测溶液中组成原电池，在一定条件下，原电池的电动势 E 与溶液的 pH 呈线性关系。

原电池的电动势与被测溶液 pH 的能斯特方程如式 2-21 所示。

$$E = E_0 + 0.0591pH \tag{2-21}$$

在 25℃时，每相差一个 pH 单位就能产生 59.1mV 的电极电位，故通过测定溶液中 H^+ 的电极电位，即可计算出待测溶液的准确 pH。

【适用范围】

本法适用于各类饮料，果蔬及其制品，肉、蛋类等食品的有效酸度测定，测定结果可精确至 0.01pH 单位。

【试剂仪器准备】

（一）试剂

（1）纯化水。

（2）草酸盐标准缓冲液：精密称取在 54℃±3℃ 条件下干燥 4~5 小时的优级纯草酸三氢钾 12.71g，加水溶解并稀释至 1000ml，摇匀。

（3）邻苯二甲酸氢钾标准缓冲液：精密称取在 115℃±5℃ 条件下干燥 2~3 小时的优级纯邻苯二甲酸氢钾 10.21g，加水溶解并稀释至 1000ml，摇匀。

（4）磷酸盐标准缓冲液：精密称取在 115℃±5℃ 条件下干燥 2~3 小时的优级纯无水磷酸氢二钠 3.55g 与磷酸二氢钾 3.40g，加水溶解并稀释至 1000ml，摇匀。

（5）硼砂标准缓冲液：精密称取优级纯硼砂 3.81g（注意避免风化），加水溶解并稀释至 1000ml，置于聚乙烯塑料瓶中，密塞，避免空气中 CO_2 进入。

标准缓冲液通常能保存 2~3 个月，但若发现有浑浊、发霉或沉淀等现象时，不能继续使用。标准缓冲液的 pH 随温度、浓度而变化，使用时应防止稀释，并准确测定溶液的温度。其 pH 与温度关系如表 2-7 所示。

表 2-7　标准缓冲液的 pH

温度 （℃）	草酸盐标准缓冲液 pH	邻苯二甲酸氢钾 标准缓冲液 pH	磷酸盐标准缓冲液 pH	硼砂标准缓冲液 pH
0	1.67	4.01	6.98	9.64
5	1.67	4.00	6.95	9.40
10	1.67	4.00	6.92	9.33
15	1.67	4.00	6.90	9.28
20	1.68	4.00	6.88	9.23
25	1.68	4.01	6.86	9.18
30	1.68	4.02	6.85	9.14
35	1.69	4.02	6.84	9.10
40	1.69	4.04	6.84	9.07

温度 (℃)	草酸盐标准缓冲液 pH	邻苯二甲酸氢钾 标准缓冲液 pH	磷酸盐标准缓冲液 pH	硼砂标准缓冲液 pH
45	1.70	4.05	6.83	9.04
50	1.71	4.06	6.83	9.01
55	1.72	4.08	6.83	8.99
60	1.72	4.09	6.84	8.96

（二）仪器

（1）酸度计。

（2）复合电极。

（3）组织捣碎机。

【样品测定】

（一）样品处理

1. 果蔬样品 将果蔬样品榨汁后，取其压榨汁直接测定。对于果蔬干制品，可取适量样品，加数倍新煮沸的冷水，在水浴上加热30分钟，再捣碎、过滤，取滤液进行测定。

2. 肉类制品 称10g已除去油脂并绞碎的样品，于250ml锥形瓶中，加入100ml新煮沸的冷水，浸泡15分钟并时时振摇，过滤，取滤液进行测定。

3. 罐头制品（液固混合样品） 将内容物倒入组织捣碎机中，加适量水（以不改变pH为宜）捣碎，过滤，取滤液进行测定。

（二）仪器校正

1. 温度补偿 先测定溶液的实际温度，并根据实际温度设置好温度补偿。

2. 电极清洗 用纯化水冲洗复合电极的玻璃球，用滤纸片将玻璃球附近的水分吸干。

3. 仪器校正 选择两种pH约相差3个pH单位的标准缓冲液，并使供试品溶液的pH处于两者之间（可用pH试纸测试）。取与供试品溶液pH较接近的第一种缓冲液，冲洗复合电极的玻璃球，并将电极浸入缓冲液中，缓缓摇动烧杯，对仪器进行校正（定位），使仪器示值与表2-7的数值一致。仪器定位后，再用第二种标准缓冲液核对仪器示值，误差应小于±0.02pH单位，若大于此偏差，则应小心调节斜率，使示值与第二种标准缓冲液的pH一致，否则需检查仪器或更换电极后，再进行校正至符合要求。

（三）试样测定

用纯化水冲洗电极和烧杯，再用样液洗涤电极和烧杯，将电极浸入样液中，缓缓摇动烧杯使溶液均匀，待读数稳定后，记录样品的准确pH。

【技术提示】

（1）电极的维护：复合电极在使用前，应将其浸泡在纯化水中24小时，使玻璃球表面形成水化凝胶层，使测定结果准确。连续使用的间歇期间也应浸泡在纯化水中，以防止玻璃球表面干燥而使测定结果不准确。长期不用时，可在复合电极的保护套内装满饱和氯化钾溶液，使玻璃球表面湿润，下次使用时若玻璃球仍被氯化钾浸泡而湿润，即可直接使用，若氯化钾溶液水分蒸发而使玻璃球变干，则需再用纯化水处理后方可测定。

（2）仪器定位后，不得再更换电极，否则需要重新定位。长期连续使用也应重新定位以防止仪器或电极参数发生变化。

三、挥发酸的测定

食品中的挥发酸系指甲酸、乙酸、丁酸等低碳链的直链脂肪酸，包括可用水蒸气蒸馏的乳酸、琥珀酸、山梨酸及 CO_2 和 SO_2 等。正常生产的食品，挥发酸的含量较稳定，若在生产中使用了不合格的原料，或违反正常生产操作，可造成食品中的糖发酵而使挥发酸的含量升高，从而降低食品品质，因此挥发酸的测定是食品质量的重要指标。

挥发酸的测定方法包括直接法和间接法。直接法是通过水蒸气蒸馏或溶剂萃取而将挥发酸分离出来，再用标准碱液滴定，直接法具有操作简便的特点，适于挥发酸含量较高的样品测定；间接法是将挥发酸蒸发除去后，用标准碱液滴定不挥发酸，再以总酸度减去不挥发酸，即得挥发酸含量，间接法适于蒸馏液有损失或污染，或挥发酸含量较低的样品测定。本节主要介绍直接法。

实训十八　直接法测定食品中挥发酸含量

【测定原理】

样品经处理后，加入适量磷酸使结合态的挥发酸游离出来，用水蒸气蒸馏法使挥发酸分离，经冷凝、收集后，用氢氧化钠滴定液滴定，根据所消耗滴定液的浓度和体积，计算挥发酸的含量。

【适用范围】

水蒸气蒸馏法适用于各类饮料、果蔬及其制品（如发酵制品、酒类）中挥发酸的含量测定。

【试剂仪器准备】

（一）试剂

1. 氢氧化钠滴定液（0.1mol/L）　同项目二实训十六。

2. 酚酞指示液　同项目二实训十六。

3. 1%磷酸溶液　称取 10.0g 磷酸，用少量新煮沸的冷水溶解并稀释至 100ml。

（二）仪器

水蒸气蒸馏装置，如图 2-2 所示。

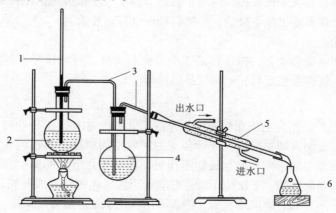

图 2-2　水蒸气蒸馏装置

1. 安全管；2. 水蒸气发生瓶；3. 导气管；4. 蒸馏瓶；5. 冷凝管；6. 接收瓶

【样品测定】

称取 2~3g（视挥发酸含量多少酌情增减）搅碎混匀的样品，用 50ml 新煮沸的纯化水将样品全部转移至 250ml 圆底烧瓶中，加 1% 磷酸溶液 1ml，连接水蒸气蒸馏装置，通入水蒸气使挥发酸蒸馏出来，加热蒸馏至馏出液约 300ml 为止。将馏出液加热至 60~65℃，加入 3 滴酚酞指示液，用氢氧化钠滴定液（0.1mol/L）滴定至溶液显微红色且 30 秒不退色即为终点，同时以水做空白试验。

【结果计算与数据处理】

样品中挥发酸含量按式 2-22 计算。

$$X = \frac{(V - V_0) \times 0.006 \times c}{m} \times 100\% \qquad (2-22)$$

式中：X 为挥发酸的百分含量（以醋酸计），%；V 为样品消耗氢氧化钠滴定液的体积，ml；V_0 为空白试验消耗氢氧化钠滴定液的体积，ml；0.006 为每 1ml 氢氧化钠滴定液（0.1mol/L）换算为醋酸的质量，g/mol；c 为氢氧化钠滴定液的实际浓度，mol/L；m 为供试品的质量，g。

在重复性条件下，连续两次测定结果之差，每 100ml 或 100g 样品中乙酸相差不得超过 12mg。

【技术提示】

（1）样品蒸馏前，蒸气发生器内的水应先煮沸 10 分钟，以排除其中的 CO_2，并用蒸气冲洗整个蒸馏装置。

（2）滴定前应将馏出液加热至 60~65℃，使其终点明显，加快反应速度，减短滴定时间并减少溶液与空气的接触，提高测定的准确性。

（3）在蒸馏过程中，蒸馏瓶内液面要保持恒定，整套装置的各个连接部分应密封，以防挥发酸泄漏。

（4）由于挥发酸包括游离态与结合态，为使测定结果准确，需要加入少量磷酸使结合态的挥发酸游离出来，以便蒸馏。

（5）若试样中含有二氧化硫，需除去它对测定的干扰。方法如下：在已用标准碱液滴定过的蒸馏液中加入 5ml 25% 硫酸酸化，以淀粉为指示剂，用碘滴定液（0.02mol/L）滴定至溶液显蓝色且 10 秒不退色为终点，并从计算结果中扣除此滴定体积。

（6）若试样中含有山梨酸、苯甲酸等，需测出馏出液中防腐剂的量，以校正其滴定结果。

任务四　脂类的测定

食品中的脂类可分为脂肪和类脂。脂肪是脂肪酸和丙三醇酯化产生的一类易溶于有机溶剂而难溶于水的化合物，包括植物性油脂和动物性脂肪；类脂是广泛存在于生物组织中的大分子有机物，包括磷脂、糖脂、脂蛋白、胆固醇及脂溶性维生素等。

一、脂肪的测定

每克脂肪在体内提供的热能超过糖类或蛋白质的两倍，它不仅供给人体必需的脂肪酸和脂溶性维生素，同时还对人体脏器起到润滑、保护及缓冲作用。

在食品的加工过程中，原料、半成品、成品的脂类含量直接影响到产品的外观、风味、口感、组织结构和品质。果蔬中脂肪含量低，但在生产果蔬罐头时，添加适当的脂肪可改善产品的风味；火腿等肉制品，正是具有适当的脂肪含量才使其有独特的口感和风味。

但脂肪性质不稳定，可发生氧化、酸败等变质反应，造成食品的质量下降，故测定食品的脂肪含量，不仅可用来评价食品的品质，衡量食品的营养价值，而且对生产过程的质量管理、工艺监督有着重要的意义。

依据国标 GB/T 5009.6—2003《食品中脂肪的测定》，食品中脂肪的测定方法有索氏抽提法、酸水解法等。测定脂肪含量时，多数采用低沸点有机溶剂提取的重量分析法。常用的溶剂有乙醚、石油醚、三氯甲烷-甲醇的混合溶剂等，提取溶剂应根据被测物质的极性和食品的组成进行选择。

实训十九　索氏抽提法测定食品中脂肪含量

【测定原理】

利用脂肪易溶于有机溶剂而不溶于水的性质，以低沸点的无水乙醚或石油醚，在索氏提取器中将样品中的脂肪提取出来，回收溶剂并烘干，称重，计算脂肪含量。

索氏抽提法除了游离脂肪外，还可将食品中可能含有的磷脂、色素、树脂、蜡、挥发油、糖脂等成分提取出来，故索氏抽提法获得的脂肪也称为粗脂肪。

【适用范围】

本法适用于游离态脂肪含量较高而结合态脂类含量较少、易研细、烘干、不易吸湿结块的食品，如肉制品、豆制品、坚果、谷物、油炸果品、糕点等食品中粗脂肪含量的测定，不适用于乳及乳制品中脂肪的测定。

【试剂仪器准备】

（一）试剂

（1）乙醚：应无水、无过氧化物。

（2）石油醚。

（3）海砂：取用水洗去泥土的海砂或河砂，先用盐酸（1+1）煮沸 0.5 小时，用水洗至中性，再用24%氢氧化钠溶液煮沸 0.5 小时，再用水洗至中性，经 100℃±5℃ 干燥备用。

（二）仪器

（1）电热鼓风干燥箱。

（2）干燥器：内附有效干燥剂。

（3）电子天平：感量 0.1mg。

（4）索氏提取器。

（5）组织捣碎机、研钵或绞肉机。

（6）电热套或水浴箱。

【样品测定】

（一）样品处理

1. 固体样品　取有代表性的样品至少 200g，用研钵捣碎、研细、混合均匀，置于密闭玻璃容器内；不易捣碎、研细的样品，应切（剪）成细粒，置于密闭玻璃容器内。

2. 粉状样品 取有代表性的样品至少200g（如粉粒较大也应用研钵研细），混合均匀，置于密闭玻璃容器内。

3. 糊状样品 取有代表性的样品至少200g，混合均匀，置于密闭玻璃容器内。

4. 固、液体样品 按固液体比例，取有代表性的样品至少200g，用组织捣碎机捣碎，混合均匀，置于密闭玻璃容器内。

5. 肉制品 取可食部分，具有代表性的样品至少200g，用绞肉机至少绞两次，混合均匀，置于密闭玻璃容器内。

（二）仪器准备

1. 索氏提取器的清洗 将索氏提取器（图2-3）各部分充分洗涤并用纯化水清洗、烘干。提脂瓶在103℃±2℃的电热鼓风干燥箱内干燥至恒重（前后两次干燥后的质量相差不超过2mg）。

2. 滤纸筒的准备 取20cm×8cm的滤纸一张，卷在光滑的圆形木棒上，木棒直径比索氏提取器中滤纸筒的直径小1～1.5mm，将一端约3cm纸边摺入，用手捏紧形成袋底并用脱脂棉线捆紧，取出圆木棒，在纸筒底部衬一块脱脂棉，用木棒压紧，在100～105℃条件下烘干至恒重。

（三）称样、干燥

1. 用洁净的称量皿称取约5g试样，精确至0.001g。

2. 含水量40%以上的试样，可加入适量海砂，置于沸水浴上蒸发水分，用玻璃棒不断搅拌，直到松散状；含水量40%以下的试样，加适量海砂，充分搅拌。

3. 将上述拌有海砂的试样全部移入滤纸筒内，用沾有无水乙醚或石油醚的脱脂棉擦净称量皿和玻璃棒，一并放入滤纸筒内，滤纸筒上方塞填少量脱脂棉，以防止回流时样品浮起。

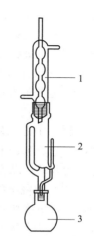

图2-3 索氏提取器
1. 冷凝管；2. 索氏提取器；
3. 提脂瓶

4. 将盛有试样的滤纸筒移入电热鼓风干燥箱内，在103℃±2℃温度下烘干2小时，西式糕点应在90℃±2℃烘干2小时。

（四）提取

将干燥后的盛有试样的滤纸筒放入索氏提取器内，连接已干燥至恒重的提脂瓶，注入无水乙醚或石油醚至虹吸管高度以上，待提取液流净后，再加提取液至虹吸管高度的三分之一处。连接回流冷凝管。将提脂瓶置于水浴锅上加热，用少量脱脂棉塞入冷凝管上口。

水浴温度应控制在每6～8分钟回流一次，肉制品、豆制品、谷物油炸食品、糕点等提取6～12小时，坚果制品提取16小时。提取结束时，用磨砂玻璃或滤纸片接取一滴提取液，若无油斑则表明提取完毕。

（五）回收溶剂、烘干称重

提取完毕后，取下提脂瓶，挥发干溶剂，用脱脂滤纸擦净提脂瓶外部，在103℃±2℃的干燥箱内干燥1小时，取出，置于干燥器内冷却30分钟，称重，重复操作至恒重（连接两次干燥后的重量差异小于2mg）。

【结果计算与数据处理】

试样中的粗脂肪含量按式 2-23 计算。

$$X = \frac{m_2 - m_1}{m} \times 100\% \qquad (2-23)$$

式中：X 为试样中脂肪的含量，%；m 为试样的取样量，g；m_1 为提脂瓶的质量，g；m_2 为提脂瓶与脂肪的质量，g。

计算结果保留至小数点后一位。同一试样的两次测定值之差不得超过两次测定平均值的 5%。

【技术提示】

（1）提取用的乙醚应无水、无过氧化物、无醇且挥发残渣含量低，因为含水乙醚可同时提取出食品中的糖类等亲水成分，含有过氧化物的乙醚在蒸馏或干燥时易发生爆炸。过氧乙醚的检查和处理：取 6ml 乙醚，加 2ml 10% 碘化钾溶液，用力振摇，静置 1 分钟，待分层后，若有过氧化物，可析出碘，使水层出现黄色（或滴加 4 滴 0.5% 淀粉指示剂显蓝色）；处理方法：将乙醚倒入蒸馏瓶中，加一段无锈铁丝或铝丝，收集重蒸馏乙醚。

（2）乙醚或石油醚都是易燃易爆且挥发性强的有机溶剂，在实验过程中应注意实验室通风，禁止使用明火加热，应使用电热套或水浴加热，回收或挥干溶剂时可使用旋转蒸发仪。

（3）样品中的水分会影响溶剂的提取效率，同时造成非脂成分溶出而使测定结果不准，故样品应充分分散、干燥。装样品的滤纸筒松紧要适度，滤纸筒高度不能超过回流弯管，否则超过弯管的样品不能与溶剂接触而使提取不完全。

（4）样品与浸出物在烘箱中干燥时间不能过长，以防止不饱和脂肪酸受热氧化而使重量增加，如重量增加时，以增重前的重量作为恒重。

（5）对含糖及糊精较多的食品，要先以冷水使糖及糊精溶解并过滤除去，将残渣连同滤纸一起烘干，再放入抽提管内。

（6）为防止提取过程中乙醚从冷凝管上端挥发，并防止空气中的水分进入，可在冷凝管的上端连接一个氯化钙管，或塞一团干燥的脱脂棉球，但不能用塞子将冷凝管上端完全堵死。

📝 实训二十　酸水解法测定食品中脂肪含量

【测定原理】

利用强酸破坏蛋白质、纤维素等干扰成分，使结合或包藏在食品组织中的脂肪游离析出，再用乙醚提取，回收溶剂后烘干称重，计算脂肪含量。

【适用范围】

本方法适用于各类食品中总脂肪的测定，包括游离态脂肪和结合态脂肪。特别是对易吸湿、不易烘干，不宜用索氏提取法的试样效果较好。

【试剂仪器准备】

（一）试剂

（1）盐酸。

（2）95% 乙醇。

（3）乙醚。

（4）石油醚（30~60℃沸程）。

（二）仪器

（1）100ml 具塞刻度量筒。

（2）粉碎机。

【样品测定】

（一）取样

1. 固体试样 谷物或干燥的样品用粉碎机粉碎过 40 目筛；肉用绞肉机绞两次；一般食品用组织捣碎机捣碎后，称取 2.00g（可取测定水分后的试样），置于 50ml 大试管中，加 8ml 水，混匀后再加 10ml 盐酸。

2. 液体试样 精密量取 10.00ml，置于 50ml 大试管中，加 10ml 盐酸。

（二）水解

将试管置于 70~80℃水浴中，每隔 5~10 分钟以玻璃棒搅拌一次，至试样消化完全为止，约 40~50 分钟。

（三）提取和测定

取出试管，加入 10ml 乙醇混匀，放冷后将内容物转移至 100ml 具塞量筒中，以 25ml 乙醚分次洗涤试管及玻璃棒，洗液并入具塞量筒中。加塞振摇 1 分钟，小心开塞，放出气体，再塞好后，静置 12 分钟。小心开塞，用石油醚-乙醚（1:1）混合液冲洗塞子及量筒口附着的脂肪，轻轻摇匀，静置 10~20 分钟分层，待上部液体清晰后，用吸管吸取上清液于已恒重的锥形瓶中。再以 5ml 乙醚洗涤具塞量筒内壁，静置分层后，仍将上层乙醚吸出，放入锥形瓶中，将锥形瓶置于水浴上蒸干，置于 100℃±5℃烘箱中干燥 2 小时，取出放干燥器内冷却 0.5 小时后称量，重复以上操作至恒重。

【结果计算与数据处理】

试样中的粗脂肪含量按式 2-24 计算。

$$X = \frac{m_2 - m_1}{m} \times 100\% \qquad (2-24)$$

式中：X 为试样中脂肪的含量,%；m 为试样的取样量，g 或 ml；m_1 为锥形瓶的质量，g；m_2 为锥形瓶与脂肪的质量，g。

计算结果精确至小数点后一位。同一试样的两次测定值之差不得超过两次测定平均值的 10%。

【技术提示】

（1）面包、蛋糕等食品由于内部结构中具有许多空穴，使脂肪结合或包藏在组织内部，造成乙醚不能充分渗入样品颗粒内部，或由于脂类与蛋白质、糖类形成结合脂，故索氏提取法不能将其完全提取出来，此时采用酸水解法可以有效地将蛋白质、糖类水解，使脂肪游离出来，再用有机溶剂提取。

（2）固体样品必需充分研细，增大样品的比表面积；液体样品应充分混匀以便水解。

（3）水解后加入乙醇可使蛋白质沉淀，降低表面张力，促进脂肪球聚合，还能使糖类、有机酸等溶解。用乙醚提取脂肪时，为避免乙醇与乙醚互溶，需加入石油醚与乙醚混合，降低乙醇在乙醚中的溶解度，使乙醇残留物在保留在水层中，使分层清晰。

（4）挥干溶剂后若有黑色焦油状残留物，是分解产物与水混入所致，将使测定值偏高。可用等量乙醚及石油醚溶解后过滤，再次进行挥干溶剂的操作。

拓展阅读

食品中脂肪测定的其他方法

依据食品种类的差异，食品中脂肪的测定可选用的方法还有罗斯-哥特里法、巴布科克法、盖勃法、三氯甲烷-甲醇法、皂化法、三氯甲烷冷浸法、伊尼霍夫氏碱法等化学分析法以及折光法、牛乳脂肪快速分析法及红外光谱分析法。

罗斯-哥特里法为乳及乳制品中脂类测定的国际标准方法，但对已结块的乳粉，用本法测定时结果偏低；巴布科克法适用于鲜乳及稀奶油中脂肪的测定，但不能用于测定乳制品中的磷脂，也不适于巧克力、糖等食品，因为硫酸可使其炭化；盖勃法原理与巴布科克法相似，但较其简单快速，广泛应用于不同乳制品的脂肪测定。

三氯甲烷-甲醇法特别适用于鱼肉、禽肉等磷脂含量较高的脂肪提取。

二、胆固醇的测定

胆固醇又名胆甾醇，是一种具有甾体结构的类脂化合物，其溶解性与脂肪相似，易溶于三氯甲烷、乙醚等非极性溶剂而难溶于水。胆固醇是构成人体细胞膜、维持细胞正常功能及形态的重要物质；它可在人体肝脏中转化为胆汁酸，促进脂类的消化吸收；也可生成7-脱氢胆固醇而受紫外线催化产生维生素 D_3；同时还可受酶的作用产生盐皮质激素及糖皮质激素，影响人体的糖、蛋白质、脂类、水分、盐类的代谢，调节生理功能。

胆固醇虽然是人体必需的类脂化合物，但若在日常生活中摄入过量的胆固醇后，可导致高胆固醇血症，使人体血液中极低密度脂蛋白、低密度脂蛋白的浓度过高而诱发心脑血管疾病，开发低胆固醇食品以保证人们的饮食健康成为当今食品加工与产业研究的热点之一。通过测定食品中的胆固醇含量，对患有高胆固醇血症及心脑血管疾病患者的饮食计划制定和调整具有重要意义。

依据 GB/T 5009.128—2003《食品中胆固醇的测定》，食品中胆固醇的测定方法为硫酸铁铵比色法。

实训二十一　硫酸铁铵比色法测定食品中胆固醇含量

【测定原理】

试样经非极性溶剂三氯甲烷提取、皂化后，再用石油醚提取，提取液在65℃水浴中用氮气吹干，残渣用冰醋酸溶解后，可与硫酸铁铵反应生成蓝紫色产物，其溶液颜色深浅与胆固醇含量成正比，通过分光光度法定量分析。

【适用范围】

本方法适用于各类动物性食品中胆固醇含量的测定。

【试剂仪器准备】

（一）试剂

（1）石油醚。

（2）无水乙醇。

（3）浓硫酸。

（4）冰醋酸：优级纯。

（5）磷酸。

（6）胆固醇标准贮备液（1mg/ml）：精密称取胆固醇标准物质100mg，用冰醋酸定容至100ml，此液至少在2个月内保持稳定。

（7）胆固醇标准使用液（100μg/ml）：精密量取胆固醇标准贮备液10ml，用冰醋酸定容至100ml，此液应临用前配制。

（8）铁矾贮备液：精密称取硫酸铁铵4.463g，以100ml 85%磷酸溶解后，贮存于干燥器内，此液在室温中稳定。

（9）铁矾显色液：精密量取铁矾贮备液10ml，加浓硫酸定容至100ml，贮存于干燥器内防止吸水，可存放2个月。

（10）50%氢氧化钾溶液：称取50g氢氧化钾，加水溶解并稀释至100ml。

（11）5%氯化钠溶液：称取5g氯化钠，加水溶解并稀释至100ml。

（12）瓶装高纯氮气：纯度99.99%。

（二）仪器

（1）分光光度仪。

（2）恒温水浴锅。

（3）具塞试管：体积10ml、25ml。

【样品测定】

（一）标准曲线绘制

精密量取胆固醇标准使用液0.0、0.5、1.0、1.5、2.0ml分别置于10ml具塞试管中，在各管内分别加入冰醋酸至总体积皆达4ml。沿管壁加入2ml铁矾显色液，摇匀，在15~90分钟内，在560~575nm波长下测定其吸光度，以胆固醇标准使用液的浓度为横坐标，吸光度值为纵坐标绘制标准曲线。

（二）脂肪的提取与测定

根据食品种类分别用索氏提取法、研磨浸提法或罗斯-哥特里法提取脂肪，并计算出每100g食品中脂肪的含量。

（三）胆固醇的测定

吸取提取的油脂3~4滴（约含胆固醇300~500μg），置于干燥洁净的25ml试管内，记录其质量，加入无水乙醇4ml，50%氢氧化钾溶液0.5ml，在65℃恒温水浴中皂化1小时，皂化时每隔20~30分钟振摇一次使皂化完全。皂化完毕后，取出试管，冷却。加入5%氯化钠溶液3ml，石油醚10ml，将塞子塞紧后，在旋涡振荡器上振摇2分钟，静置1小时使其分层。

精密量取上层石油醚液2ml，置于10ml具塞试管中，在65℃水浴中用氮气吹干，加入冰醋酸4ml，铁矾显色液2ml，摇匀，静置15分钟后在560~575nm波长下测定吸光度，在标准曲线上查出相应的胆固醇含量。

【结果计算与数据处理】

试样中的胆固醇含量以式 2-25 计算。

$$X = \frac{A \times V_1 \times c}{V_2 \times m \times 1000}$$

(2-25)

式中：X 为试样中胆固醇的含量，mg/100g；A 为测得的吸光度值在胆固醇标准曲线上的胆固醇含量，μg；V_1 为石油醚的总体积，ml；V_2 为取出的石油醚体积，ml；m 为称取食品油脂试样的质量，g；c 为试样中油脂含量，g/100g；1000 为换算为每 100g 试样中胆固醇的毫克量。

在重复性条件下获得的两次独立测定结果的绝对差值不得超过算术平均值的 10%。

【技术提示】

（1）石油醚提取液必须吹干后再加显色剂，否则会出现浑浊。

（2）在皂化反应后加入氯化钠可以不产生乳状，并加强石油醚分层。

拓展阅读

食品中胆固醇测定的其他方法

除国家标准规定的方法外，常用于食品中胆固醇的测定方法还有：磷硫铁比色法（在胆固醇含量为 0~100mg/L 范围内呈良好的线性关系）；邻苯二甲醛比色法；直接皂化比色法以及高效液相色谱法（对胆固醇的最低检出限为 2.6mg/100g）。

任务五　碳水化合物的测定

碳水化合物是人类能量的主要来源，具有许多重要的生理功能。碳水化合物是大多数食品的主要成分之一，其含量是食品营养价值高低的重要标志之一，也赋予食品许多特性，包括容积、形状、黏度、乳化稳定性和起泡性、持水能力、香味等。如食品加工中需控制糖酸比（影响风味和质量）；焦糖化反应可使食品有诱人的色泽与风味，又能影响食品品质。因此，碳水化合物的检测对食品工业的工艺管理、质量管理具有重要的意义。

碳水化合物可分为单糖、低聚糖和多糖。单糖是碳水化合物的最基本组成单位，食品中的单糖主要有葡萄糖、果糖、半乳糖、核糖、阿拉伯糖和木糖。低聚糖又称寡糖，是由 2~10 个分子的单糖通过糖苷键连接形成的直链或支链的有机化合物，主要有蔗糖、乳糖、麦芽糖和低聚糖等。由很多单糖缩合而成的高分子化合物，称为多糖，主要有淀粉、果胶、纤维素。

碳水化合物的测定方法依其种类不同而异，但许多碳水化合物的测定方法都基于还原糖的测定。

一、还原糖的测定

分子结构中含有还原性基团（如游离醛基或游离酮基）的糖，叫还原糖。如葡萄糖分子中含有游离醛基，果糖分子中含有游离酮基，乳糖和麦芽糖分子中含有游离的半缩醛羟基，因它们都具有还原性，所以都属于还原糖。常见的蔗糖、糊精、淀粉等，它们本身不具有还原性但可以通过水解形成具有还原性的单糖，再进行测定，然后换算成相应糖类的含量。所以碳水化合物的测定是以还原糖的测定为基础的。

依据 GB 5009.7—2016《食品安全国家标准　食品中还原糖的测定》，还原糖的测定方法有直接滴定法和高锰酸钾滴定法。

实训二十二　直接滴定法测定食品中还原糖含量

【测定原理】

试样经除去蛋白质后，在加热条件下，以亚甲基蓝作为指示剂，直接滴定标定过的碱性酒石酸铜溶液（用还原糖标准溶液标定），还原糖将溶液中的二价铜还原成氧化亚铜。达到终点时，稍微过量的还原糖将蓝色的亚甲基蓝还原，溶液由蓝色变成无色，即为滴定终点。根据样品液消耗体积计算试样中还原糖含量。

【适用范围】

适用于各类食品中还原糖的测定，是目前最常用的测定还原糖的方法。当称样量为 5.0g 时，直接滴定法的检出限为 0.25g/100g。但对深色的试样（如酱油、深色果汁等）因色素干扰使终点难以判断，从而影响其准确性。

【试剂仪器准备】

（一）试剂

（1）盐酸（HCl）。

（2）硫酸铜（$CuSO_4 \cdot 5H_2O$）。

（3）亚甲基蓝（$C_{16}H_{18}ClN_3S \cdot 3H_2O$）：指示剂。

（4）酒石酸钾钠（$C_4H_4O_6KNa \cdot 4H_2O$）。

（5）氢氧化钠（NaOH）。

（6）乙酸锌[$Zn(CH_3COO)_2 \cdot 2H_2O$]。

（7）冰乙酸（$C_2H_4O_2$）。

（8）亚铁氰化钾[$K_4Fe(CN)_6 \cdot 3H_2O$]。

（9）葡萄糖（$C_6H_{12}O_6$）：CAS：50-99-7，纯度≥99%。

（10）果糖（$C_6H_{12}O_6$）：CAS：57-48-7，纯度≥99%。

（11）乳糖（$C_6H_{12}O_6$）：CAS：5989-81-1，纯度≥99%。

（12）蔗糖（$C_{12}H_{22}O_{11}$）：CAS：57-50-1，纯度≥99%。

（13）碱性酒石酸铜甲液：称取 15g 硫酸铜（$CuSO_4 \cdot 5H_2O$）和 0.05g 亚甲基蓝，溶于水中并稀释至 1000ml。

（14）碱性酒石酸铜乙液：称取 50g 酒石酸钾钠及 75g 氢氧化钠，溶于水中，再加入 4g 亚铁氰化钾，完全溶解后，用水稀释至 1000ml，贮存于橡胶塞玻璃瓶内。

（15）乙酸锌溶液（219g/L）：称取 21.9g 乙酸锌，加 3ml 冰乙酸，加水溶解并稀释至 100ml。

（16）亚铁氰化钾溶液（106g/L）：称取 10.6g 亚铁氰化钾，加水溶解并稀释至 l00ml。

（17）氢氧化钠溶液（40g/L）：称取 4g 氢氧化钠，加水溶解并稀释至 100ml。

（18）盐酸溶液（1+1）：量取 50ml 盐酸，加水稀释至 100ml。

（19）葡萄糖标准溶液（1.0mg/ml）：准确称取 1.0000g 经过 98~100℃ 干燥 2 小时的纯葡萄糖，加水溶解后加入 5ml 盐酸，并以水稀释至 1000ml。

（20）果糖标准溶液（1.0mg/ml）：准确称取 1.0000g 经过 98~100℃ 干燥 2 小时的果糖，加水溶解后加入 5ml 盐酸，并以水稀释至 1000ml。

（21）乳糖标准溶液（1.0mg/ml）：准确称取 1.0000g 经过 96℃±2℃ 干燥 2 小时的乳糖，加水溶解后加入 5ml 盐酸，并以水稀释至 1000ml。

（22）转化糖标准溶液（1.0mg/ml）：准确称取 1.0526g 蔗糖，用 100ml 水溶解，置具塞三角瓶中，加 5ml 盐酸（1+1），在 68~70℃ 水浴中加热 15 分钟，放置至室温，转移至 1000ml 容量瓶中并定容至 1000ml。

（二）仪器

（1）酸式滴定管：25ml。

（2）可调电炉。

（3）水浴锅。

（4）天平。

【样品测定】

（一）试样处理

1. 含淀粉的试样 精确称取 10~20g 粉碎或混匀的试样，精确至 0.01g，置于 250ml 容量瓶中，加 200ml 水，在 45℃ 水浴中加热 1 小时，并时时振摇。冷却后加水至刻度，混匀、静置、沉淀。吸取 200ml 上清液于另一个 250ml 容量瓶中，慢慢加入 5ml 乙酸锌溶液和 5ml 亚铁氰化钾溶液，加水至刻度，混匀，静置 30 分钟，用干燥滤纸过滤，弃去初滤液，取后续滤液备用。

2. 酒精性饮料 称取约 100g 试样，精确至 0.1g，置于蒸发皿中，在水浴上蒸发至原体积的 1/4 后，移入 250ml 容量瓶中，慢慢加入 5ml 乙酸锌溶液混匀放置片刻，加入 5ml 亚铁氰化钾溶液，加水至刻度，混匀，静置 30 分钟，用干燥滤纸过滤，弃去初滤液，滤液备用。

3. 碳酸类饮料 称取约 100g 混匀后的试样，精确至 0.1g，试样置于蒸发皿中，在水浴上微热搅拌除去二氧化碳后，移入 250ml 容量瓶中，并用水洗涤蒸发皿，洗液并入容量瓶中，再加水至刻度，混匀后备用。

4. 其他食品 称取粉碎后的固体试样 2.5~5.0g 或混匀后的液体试样 5~25g，精确至 0.001g，置 250ml 容量瓶中，加 50ml 水，慢慢加入 5ml 乙酸锌溶液和 5ml 亚铁氰化钾溶液，加水至刻度，混匀，静置 30 分钟，用干燥滤纸过滤，弃去初滤液，滤液备用。

（二）标定碱性酒石酸铜溶液

吸取 5.0ml 碱性酒石酸铜甲液及 5.0ml 碱性酒石酸铜乙液，置于 150ml 锥形瓶中，加水 10ml，加入玻璃珠 2 粒，从滴定管滴加约 9ml 葡萄糖标准溶液或其他还原糖标准溶液，控制在 2 分钟内加热至沸腾，趁热以每 2 秒 1 滴的速度继续滴加葡萄糖标准溶液或其他还原糖标准溶液，直至溶液蓝色刚好褪去为终点，记录消耗葡萄糖或其他还原糖标准溶液总体积，同时平行操作 3 份，取其平均值，计算每 10ml（甲、乙各 5ml）碱性酒石酸铜溶液相当于葡萄糖的质量或其他还原糖的质量（mg）。计算公式如式 2-26 所示。

$$m_1 = cV \tag{2-26}$$

式中：m_1 为 10ml 碱性酒石酸铜溶液（甲、乙液各 5ml）相当于葡萄糖或其他还原糖的质量，mg；c 为葡萄糖或其他还原糖标准溶液的浓度，mg/ml；V 为葡萄糖或其他还原糖标准溶液消耗的体积，ml。

（三）试样溶液预测

吸取 5.0ml 碱性酒石酸铜甲液及 5.0ml 碱性酒石酸铜乙液，置于 150ml 锥形瓶中，加水

10ml，加入玻璃珠 2 粒，控制在 2 分钟内加热至沸，保持沸腾，以先快后慢的速度从滴定管中滴加试样溶液，并保持溶液沸腾状态，待溶液颜色变浅时，以每 2 秒 1 滴的速度滴定，直至溶液蓝色刚好褪去为终点，记录消耗样液的体积。当样液中还原糖浓度过高时，应适当稀释再进行正式测定，使每次滴定消耗样液的体积控制在与标定碱性酒石酸铜溶液时消耗的还原糖标准溶液的体积相近，约 10ml。当浓度过低时则采取直接加入 10ml 样液，替代加水 10ml，再用还原糖标准溶液滴定终点，记录消耗的体积与标定时消耗的还原糖标准溶液体积之差相当于 10ml 样液中所含还原糖的量。结果按式 2-26 计算。

（四）试样溶液的测定

吸取 5.0ml 碱性酒石酸铜甲液及 5.0ml 碱性酒石酸铜乙液，置于 150ml 锥形瓶中，加水 10ml，加入玻璃珠 2 粒，从滴定管中加比预测体积少 1ml 的试样溶液至锥形瓶中，使其在 2 分钟内加热至沸，保持沸腾，以每 2 秒 1 滴的速度滴定，直至蓝色刚好褪去为终点。记录消耗样液的体积，同时平行操作 3 份，得出平均消耗体积。

【结果计算与数据处理】

试样中还原糖的含量（以某种还原糖计）按式 2-27 计算。

$$X = \frac{m_1}{m \times \frac{V}{250} \times 1000} \times 100 \qquad (2-27)$$

式中：X 为试样中还原糖的含量（以某种还原糖计），g/100g；m_1 为 10ml 碱性酒石酸铜溶液（甲、乙液各 5ml）相当于某种还原糖的质量，mg；V 为测定时平均消耗试样溶液的体积，ml；m 为试样的质量（或体积），g（ml）；250 为试样制备时的定容体积，ml。

当浓度过低时试样中还原糖的含量（以某种还原糖计）按式 2-28 计算。

$$X = \frac{m_2}{m \times \frac{10}{250} \times 1000} \times 100 \qquad (2-28)$$

式中：X 为试样中还原糖的含量（以某种还原糖计），g/100g；m_2 为标定时消耗的还原糖标准溶液体积与加入样品后消耗的还原糖标准溶液体积之差相当于 10ml 样液中所含某种还原糖的质量，mg；m 为试样质量，g。

还原糖含量 ≥10g/100g 时计算结果保留三位有效数字；还原糖含量 <10g/100g 时，计算结果保留两位有效数字。

【技术提示】

（1）此法具有试剂用量少、操作简单、快速，滴定终点明显等特点。所得的氧化剂碱性酒石酸铜的氧化能力比较强，醛糖和酮糖都能被氧化，所测数据为总还原糖含量。

（2）碱性酒石酸铜甲液和乙液应分别贮存，用时再混合，否则酒石酸钾钠铜络合物长期在碱性条件下会慢慢析出氧化亚铜沉淀，使试剂有效浓度降低。

（3）直接滴定法对糖进行定量的基础是碱性酒石酸铜溶液中的铜的量，因此，样品处理不能采用硫酸铜-氢氧化钠作为澄清剂。

（4）亚甲基蓝本身也是一种氧化剂，其氧化型为蓝色，还原型为无色，但在测定条件下其氧化能力比碱性酒石酸铜弱，还原糖将溶液中碱性酒石酸铜耗尽时，稍微过量一点的还原糖会将亚甲基蓝还原，变为无色，指示滴定终点。此反应是可逆的，当空气中的氧与无色亚甲基蓝结合时，又变为蓝色。因此，滴定时要保持沸腾状态，使上升蒸汽阻止空气侵入溶液中，且不能随意摇动锥形瓶，更不能把锥形瓶从热源上取下来滴定，以防止空气进入反应溶液。

（5）在碱性酒石酸铜乙液中加入少量亚铁氰化钾，可以消除氧化亚铜红色沉淀对滴定终点的观察干扰，亚铁氰化钾可与滴定时生成的氧化亚铜沉淀络合成无色的络合物，使终点变色更明显。

（6）本法对滴定操作条件要求很严格，测定过程中还原糖浓度、滴定速度、热源强度及煮沸时间等都对测定结果有很大影响。还原糖浓度要求与还原糖标准溶液的浓度相近；继续滴定至终点的体积应控制在 0.5 ~ 1ml，保证在 1 分钟以内完成续滴工作；热源强度和煮沸时间应严格按照操作规定执行。

（7）样品溶液必须进行预测。本法对样品溶液中还原糖浓度有一定要求（1mg/ml 左右），测定时样品溶液的消耗体积应与标定时消耗的还原糖标准溶液体积相近，通过预测可了解样品溶液的浓度是否合适，浓度过大或过小应加以调整，使预测时消耗样液量在 10ml 左右。预测定与正式测定的检测条件应一样。

（8）为了提高测定的准确度，用于表示结果的还原糖种类应与标定碱性酒石酸铜溶液的还原糖一致，如用葡萄糖表示结果就用葡萄糖标准溶液标定碱性酒石酸铜溶液。

拓展阅读
食品中的还原糖测定的其他方法

一、高锰酸钾滴定法

高锰酸钾滴定法是 GB 5009.7—2016 中测定还原糖的第二方法。其原理是：将还原糖与一定量过量的碱性酒石酸铜溶液反应，还原糖将二价铜还原为氧化亚铜，经过滤，得到氧化亚铜沉淀，加入过量的酸性硫酸铁溶液将其氧化溶解，而三价铁盐被定量地还原为亚铁盐，用高锰酸钾标准溶液滴定所生成的亚铁盐，根据高锰酸钾溶液消耗量可计算出氧化亚铜的量，再从检索表中查出与氧化亚铜量相当的还原糖量，即可计算出样品中还原糖含量。

本方法适用于各类食品中还原糖的测定，有色样液也不受限制。本方法的准确度高，重现性好，准确度和重现性都优于直接滴定法。但是操作复杂、费时，需使用特制的高锰酸钾法糖类检索表。

二、铁氰化钾法

铁氰化钾法是 GB 5009.7—2016 中测定还原糖的第三法，适用于小麦粉中还原糖含量的测定，其原理是还原糖在碱性溶液中将铁氰化钾还原为亚铁氰化钾，还原糖本身被氧化为相应的糖酸。过量的铁氰化钾在乙酸的存在下，与碘化钾作用下析出碘，析出的碘以硫代硫酸钠标准溶液滴定。通过计算氧化还原糖时所用的铁氰化钾的量，查检索表得试样中还原糖的含量。

三、奥氏试剂滴定法

奥氏试剂滴定法适用于甜菜根中还原糖含量的测定。其原理是在沸腾条件下，还原糖与过量奥氏试剂反应生成相当量的 Cu_2O 沉淀，冷却后加入盐酸使溶液呈酸性，并使 Cu_2O 沉淀溶解。然后加入过量碘溶液进行氧化，用硫代硫酸钠溶液滴定过量的碘，硫代硫酸钠标准溶液空白试验滴定量减去其样品试验滴定量得到一个差值，由此差值便可计算出还原糖的量。

二、蔗糖和总糖的测定

（一）蔗糖的测定

蔗糖生产和应用在人类生活中已有几千年的历史。它普遍存在于具有光合作用的植物中，特别是甜菜、甘蔗和水果中含量极高，是甜性食品中较常见的成分，也是食品工业中最重要的甜味剂。

蔗糖由一分子葡萄糖和一分子果糖缩合而成。蔗糖是非还原性双糖，不能用测定还原糖的方法直接测定，但是在一定条件下可以水解产生具有还原性的葡萄糖和果糖，再采用测定还原糖的方法测定蔗糖含量。一般采用酸水解法测定蔗糖含量，对于纯度高的蔗糖溶液，也可以采用相对密度、折光率、旋光率等物理检验法测定蔗糖含量。

依据 GB/T 5009.8—2008《食品中蔗糖的测定》，蔗糖的测定方法有高效液相色谱法和酸水解法。

实训二十三　高效液相色谱法测定食品中蔗糖含量

【测定原理】

试样经处理后，用高效液相色谱氨基柱（NH_2 柱）分离，用示差折光检测器检测，根据蔗糖的折光指数与浓度成正比，外标单点法定量。

【适用范围】

适用于食品中蔗糖含量的测定。当称样量为 10g 时，检出限为 2.0mg/100g。

【试剂仪器准备】

（一）试剂

除非另有规定，本法中所用试剂均为分析纯。实验用水的电导率（25℃）为 0.01mS/m。

（1）硫酸铜（$CuSO_4 \cdot 5H_2O$）。

（2）氢氧化钠（NaOH）。

（3）乙腈（C_2H_3N）：色谱纯。

（4）蔗糖（$C_{12}H_{22}O_{11}$）。

（5）硫酸铜溶液（70g/L）：称取 7g 硫酸铜，加水溶解并定容至 100ml。

（6）氢氧化钠溶液（40g/L）：称取 4g 氢氧化钠，加水溶解并定容至 100ml。

（7）蔗糖标准溶液（10mg/ml）：准确称取蔗糖标样 1g（精确至 0.0001g）置 100ml 容量瓶内，先加少量水溶解，再加 20ml 乙腈，最后用水定容至刻度。

（二）仪器

高效液相色谱仪：附示差折光检测器。

【样品测定】

1. 样液制备　称取 2~10g 试样，精确至 0.001g，加 30ml 水溶解，移至 100ml 容量瓶中，加硫酸铜溶液 10ml，氢氧化钠 4ml，振摇，加水至刻度，静置 0.5 小时过滤。取 3~7ml 试样置 10ml 容量瓶中，用乙腈定容，通过 0.45μm 滤膜过滤，滤液备用。

2. 高效液相色谱参考条件　色谱柱：氨基柱（4.6mm×250mm，5μm）；柱温：25℃；检测器检测池池温：40℃；流动相：乙腈-水（75:25）；流速：1.0ml/min；进样量：10μl。

【结果计算与数据处理】

试样中蔗糖含量按式 2-29 计算。

$$X = \frac{c \times A}{A' \times \dfrac{m}{100} \times \dfrac{V}{10} \times 1000} \times 100 \qquad\qquad (2-29)$$

式中：X 为试样中蔗糖含量，g/100g；c 为蔗糖标准溶液浓度，mg/ml；A 为试样中蔗糖的峰面积；A' 为标准蔗糖溶液的峰面积；m 为试样的质量，g；V 为取用的过滤液体积，ml；100 为样品制备定容体积，ml；10 为过滤后试样液定容体积，ml。

计算结果保留三位有效数字。在重复性条件下获得的两次独立测定结果的绝对差值不得超过算数平均值的 10%。

实训二十四　酸水解法测定食品中蔗糖含量

【测定原理】

样品经除蛋白质等杂质后，其中蔗糖经盐酸水解转化为还原糖，再按还原糖测定。分别测定水解前后样液中还原糖的含量，两者的差值即为由蔗糖水解产生的还原糖的量，再乘以换算系数 0.95 即为蔗糖的含量。

蔗糖水解反应方程式如下。

$$C_{12}H_{12}O_{11} + H_2O \xrightarrow{HCl} C_6H_{12}O_6 + C_6H_{12}O_6$$

蔗糖的相对分子质量为 342，水解后产生 2 分子单糖，其相对分子质量之和为 360。即 1g 转化糖相当于 0.95g 蔗糖。

【适用范围】

适用于食品中蔗糖含量的测定。当称样量为 5g 时，直接滴定法检出限为 0.24g/100g。

【试剂仪器准备】

（一）试剂

（1）氢氧化钠（NaOH）。

（2）甲基红（$C_{15}H_{15}N_3O_2$）：指示剂。

（3）亚甲基蓝（$C_{16}H_{18}CIN_3S \cdot 3H_2O$）：指示剂。

（4）盐酸（HCl）。

（5）冰乙酸（$C_2H_4O_2$）。

（6）蔗糖（$C_{12}H_{22}O_{11}$）。

（7）盐酸溶液（1+1）：量取 50ml 盐酸，缓慢加入 50ml 水中，冷却后混匀。

（8）氢氧化钠溶液（200g/L）：称取 20g 氢氧化钠加水溶解后，放冷，并定容至 100ml。

（9）甲基红指示剂（1g/L）：称取甲基红 0.1g 用少量乙醇溶解后，定容至 100ml。

其余试剂同项目二实训二十二。

（二）仪器

（1）酸式滴定管：25ml。

（2）可调电炉。

【样品测定】

（一）试样处理

按项目二实训二十二中试样处理方法进行预处理操作。

（二）酸水解

取 2 份 50ml 的试样处理液，分别置于 100ml 容量瓶中。其中 1 份加 5ml 盐酸溶液（1+1），在 68~70℃ 水浴中加热 15min，冷却至室温，加 2 滴甲基红指示液，用氢氧化钠（200g/L）中和至中性，加水至刻度，混匀。另一份直接用水稀释到 100ml，混匀。

（三）测定

按项目二实训二十二分别测定两份试样的还原糖含量。

【结果计算与数据处理】

试样中还原糖的含量（按葡萄糖计）按式 2-30 进行计算。

$$X = \frac{m_1}{m \times \dfrac{V}{250} \times 1000} \times 100 \tag{2-30}$$

式中：X 为试样中还原糖的含量（以葡萄糖计），g/100g；m_1 为 10ml 碱性酒石酸铜溶液（甲、乙液各 5ml）相当于葡萄糖的质量，mg；V 为测定时平均消耗试样溶液的体积，ml；m 为试样的质量（或体积），g（ml）；250 为试样制备的定容体积，ml。

以葡萄糖为标准滴定溶液时，按式 2-31 计算试样中蔗糖含量。

$$X = (R_2 - R_1) \times 0.95 \tag{2-31}$$

式中：X 为试样中蔗糖含量，g/100g；R_2 为经水解后样液中还原糖量，g/100g；R_1 为未经水解的样液中还原糖量，g/100g；0.95 为还原糖换算成蔗糖的系数。

【技术提示】

（1）在本法酸水解条件下，蔗糖可以完全水解，其他还原性双糖不水解，原有的单糖不被破坏。因此必须严格控制水解条件，以保证结果的准确性与重现性。

（2）果糖在酸性溶液中易分解，故水解结束后应立即取出并迅速冷却中和。

（3）用还原糖法测定蔗糖时，为减少误差，测得的还原糖可以以转化糖表示，所以用直接滴定法时，碱性酒石酸铜溶液的标定需采用蔗糖标准溶液按测定条件水解后进行标定。

（二）总糖的测定

食品中的总糖通常是指食品中存在的具有还原性的糖（葡萄糖、果糖、乳糖、麦芽糖等）和在测定条件下能水解为还原性单糖的碳水化合物的总量。应当注意的是此处的总糖与营养学上所指的总糖是有区别的，营养学上总糖是指被人体消化、吸收利用的糖类物质，包括淀粉，而这里讲的总糖不包括淀粉，因为在该条件下，淀粉的水解作用微弱。

总糖是许多食品（如麦乳精、果蔬罐头、巧克力、软饮料等）的重要质量指标，是食品生产中常规的检验项目，总糖含量直接影响食品的质量及成本。它包括原料自有的、生产需要加入的和在生产过程中形成的还原糖。因此在食品分析中总糖的测定具有十分重要的意义。

实训二十五　酸水解-直接滴定法测定食品中总糖含量

【测定原理】

试样经处理除去蛋白质等杂质后，加入稀盐酸在加热条件下使蔗糖水解转化为还原糖，再以直接滴定法测定水解后试样中还原糖的总量。

【适用范围】

适用于所有食品总糖的测定。

【试剂仪器准备】

同项目二实训二十四。

【样品测定】

（一）试样处理

同项目二实训二十四。

（二）测定

按项目二实训二十四的方法水解试样，再按项目二实训二十二的方法测定还原糖含量。

【结果计算与数据处理】

样品中总糖含量按式 2-32 计算。

$$X = \frac{m_1}{m \times \frac{50}{V_1} \times \frac{V_2}{100} \times 1000} \times 100 \tag{2-32}$$

式中：X 为试样中总糖的含量（以转化糖计），g/100g；m_1 为 10ml 碱性酒石酸铜相当于转化糖的质量，mg；V_1 为试样处理液的总体积，ml；V_2 为测定时消耗试样水解液的体积，ml；m 为试样质量，g。

【技术提示】

（1）转化糖即为水解后的蔗糖，因蔗糖的旋光性是右旋的，而水解后所得的葡萄糖和果糖的混合物是左旋的，这种旋光性的变化称转化，因而称水解后的蔗糖为转化糖。

（2）总糖测定结果一般根据产品质量指标要求，以转化糖或葡萄糖计。因此碱性酒石酸铜的标定就用相应的糖的标准溶液来进行标定。即用转化糖表示时，应用标准转化糖溶液标定碱性酒石酸铜溶液，用葡萄糖表示时，应用标准葡萄糖溶液标定。

拓展阅读

蒽酮光度法

除上述规定的方法外，蔗糖和总糖测定的方法还有：蒽酮光度法。糖类遇浓硫酸时，脱水生成糠醛衍生物，后者可与蒽酮缩合成蓝绿色的化合物，当糖量在 20~200mg 范围时，其呈色强度与溶液中糖量成正比，故可比色定量总糖。此法是微量法，适合于含微量糖类的样品，具有灵敏度高、试剂用量少等优点。

三、淀粉的测定

淀粉是植物性食品的重要组成成分，它是一种多糖，是供给人体热量的主要来源。淀粉在食品工业中用途广泛，主要作为食品的原辅料。如制作面包、糕点、饼干时，将淀粉掺进面粉中，调节面筋浓度和胀润度；在冷饮中作为稳定剂；在糖果生产中用淀粉制成糖浆；在肉类罐头中作为增稠剂等。在其他食品中还可作为胶体生成剂、保湿剂、乳化剂、黏合剂等。淀粉含量是某些食品主要的质量指标，也是食品生产管理中的一个常检项目。

淀粉可逐步水解为短链淀粉、糊精、麦芽糖、葡萄糖，可通过测定葡萄糖含量，计算淀粉含量。依据 GB/T 5009.9—2008《食品中淀粉的测定》，淀粉测定常用的方法有两种：酶水解法（比较准确，但是繁琐）和酸水解法。

实训二十六　酶水解法测定食品中淀粉含量

【测定原理】

样品经过除去脂肪及可溶性糖类后，其中的淀粉用淀粉酶分解成小分子糖，再用盐酸水解成单糖，最后按还原糖测定，并折算成淀粉含量。

【适用范围】

适用于多糖含量高的样品。因淀粉酶具有严格的选择性，只水解淀粉不水解其他多糖，故不受半纤维素、多缩戊糖、果胶等多糖的干扰。

【试剂仪器准备】

（一）试剂

（1）碘（I_2）。

（2）碘化钾（KI）。

（3）高峰氏淀粉酶：酶活力大于或等于 1.6U/mg。

（4）无水乙醇（C_2H_5OH）。

（5）石油醚（C_nH_{2n+2}）：沸点范围为 60~90℃。

（6）乙醚（$C_4H_{10}O$）。

（7）甲苯（C_7H_8）。

（8）三氯甲烷（$CHCl_3$）。

（9）盐酸（HCl）。

（10）氢氧化钠（NaOH）。

（11）盐酸溶液（1+1）：量取 50ml 盐酸，与 50ml 水混合。

（12）氢氧化钠溶液（200g/L）：称取 20g 氢氧化钠，加水溶解并定容至 100ml。

（13）淀粉酶溶液（5g/L）：称取高峰氏淀粉酶 0.5g，加 100ml 水溶解，临用现配；也可加入数滴甲苯或三氯甲烷防止长霉，贮于 4℃ 冰箱中。

（14）碘溶液：称取 3.6g 碘化钾溶于 20ml 水中，加入 1.3g 碘，溶解后加水定容至 100ml。

（15）85% 乙醇：取 85ml 无水乙醇，加水定容至 100ml 混匀。

其余试剂同项目二实训二十二。

（二）仪器

水浴锅。

【样品测定】

（一）样品处理

1. 易于粉碎的试样　磨碎过 40 目筛，称取 2.0~5.0g（精确至 0.001g）样品置于放有折叠滤纸的漏斗内，用 50ml 石油醚或乙醚分 5 次洗除脂肪，再用 100ml 85% 乙醇洗去可溶性糖类，滤干乙醇。将残留物移入 250ml 烧杯内，并用 50ml 水洗滤纸及漏斗，洗液并入烧杯内，将烧杯置沸水浴上加热 15 分钟使淀粉糊化，放冷至 60℃ 以下。加 20ml 淀粉酶溶液，在 55~60℃ 保温 1 小时，并时时搅拌，然后取 1 滴此液加 1 滴碘溶液，应不显蓝色，若显蓝色，再加热糊化并加 20ml 淀粉酶溶液，继续保温，直至加碘不显蓝色为止。加热至沸，冷后移入 250ml 容量瓶内，并加水至刻度，混匀，过滤，弃去初滤液 20ml，续滤液供测定用。

2. 其他样品　加适量水在组织捣碎机中捣成匀浆（蔬菜、水果需先洗净、晾干、取可食部分），称取相当于原质量 2.5~5g（精确至 0.001g）的匀浆，以下按"1. 易于粉碎的试样"自"置于放有折叠滤纸的漏斗内"起操作。

（二）测定

取 50ml 滤液置于 250ml 锥形瓶中，加 5ml 盐酸（1+1），装上回流冷凝装置，在沸水浴中回流 1 小时。冷后加 2 滴甲基红指示液，用氢氧化钠溶液（200g/L）中和至中性。将溶液移入 100ml 容量瓶中，洗涤锥形瓶，洗液并入 100ml 容量瓶中，并加水至刻度，混匀备用。按食品中还原糖的测定方法操作，同时量取 50ml 水及与样品处理时相同量的淀粉酶溶液，按同一方法做试剂空白试验。

【结果计算与数据处理】

样品中淀粉的含量（以葡萄糖计）按式 2-33 计算。

$$X = \frac{(A_1 - A_2) \times 0.9}{m \times \dfrac{50}{250} \times \dfrac{V}{100} \times 1000} \times 100 \tag{2-33}$$

式中：X 为样品中淀粉的含量，g/100g；A_1 为测定用样液中还原糖的含量，mg；A_2 为试剂空白中还原糖的含量，mg；0.9 为还原糖（以葡萄糖计）换算成淀粉的换算系数；m 为样品的质量，g；V 为测定用样品处理液的体积，ml。

计算结果保留到小数点后一位。

【技术提示】

（1）淀粉酶能使淀粉分解为麦芽糖，其特点是具有专一性，通常糖化能力为 1:25 或 1:50。当使用温度超过 85℃ 或有酸碱存在时酶失去活性，长期贮存酶的活性降低，配制后的酶溶液活性降低更快，因此酶溶液使用时配制。淀粉酶贮于冰箱保存，使用前应对其糖化能力进行测定，以确定其使用量。

（2）酶活性测定方法：取已知量可溶性淀粉，加不同量的淀粉酶溶液，置 55~60℃ 水浴保温 1 小时后，用碘液检查是否存在淀粉，以确定酶的活力及分解淀粉时所需加入的酶量。

实训二十七　酸水解法测定食品中淀粉含量

【测定原理】

试样经除去脂肪及可溶性糖类后，淀粉用酸水解成具有还原性的单糖，然后按还原糖测定，并折算成淀粉含量。

【适用范围】

该法适用于淀粉含量较高，而其他能被水解为还原糖的多糖含量较少的样品。对于淀粉含量较低而半纤维素、多缩戊糖和果胶含量较高的样品不适宜用该法。

【试剂仪器准备】

（一）试剂

（1）氢氧化钠（NaOH）。

（2）乙酸铅（$PbC_4H_6O_4 \cdot 3H_2O$）。

（3）硫酸钠（Na_2SO_4）。

（4）石油醚（C_nH_{2n+2}）：沸点范围为 $60 \sim 90℃$。

（5）乙醚（$C_4H_{10}O$）。

（6）甲基红指示液（2g/L）：称取甲基红 0.20g，用少量乙醇溶解后，定容至 100ml。

（7）氢氧化钠溶液（400g/L）：称取 40g 氢氧化钠加水溶解后，放冷，并稀释至 100ml。

（8）乙酸铅溶液（200g/L）：称取 20g 乙酸铅，加水溶解并稀释至 100ml。

（9）硫酸钠溶液（100g/L）：称取 10g 硫酸钠，加水溶解并稀释至 100ml。

（10）盐酸溶液（1+1）：量取 50ml 盐酸，与 50ml 水混合。

（11）85%乙醇：取 85ml 无水乙醇，加水定容至 100ml 混匀。

（12）精密 pH 试纸：6.8~7.2。

其余试剂同项目二实训二十二。

（二）仪器

（1）水浴锅。

（2）高速组织捣碎机。

（3）回流装置：附 250ml 锥形瓶。

【样品测定】

（一）试样处理

1. 易于粉碎的试样 称取 2.0~5.0g（精确至 0.001g）磨碎过 40 目筛的试样，置于有慢速滤纸的漏斗中，用 50ml 乙醚分 5 次洗去试样中的脂肪，弃去乙醚。用 150ml 乙醇（85%）分数次洗涤残渣，除去可溶性糖类物质。滤干乙醇溶液，用 100ml 水洗涤漏斗中残渣并转移至 250ml 锥形瓶中。加入 30ml 盐酸（1+1），接好冷凝管，置沸水浴中回流 2 小时。回流完毕后，立即置流水中冷却。待试样水解液冷却后，加入 2 滴甲基红指示液，先以氢氧化钠（400g/L）溶液调至黄色，再以盐酸（1+1）校正至水解液刚变红色为宜。若水解液颜色较深，可用精密 pH 试纸测试，使试样水解液的 pH 约为 7。然后加 20ml 乙酸铅溶液（200g/L），摇匀，放置 10 分钟，再加 20ml 硫酸钠溶液（100g/L），以除去过多的铅。摇匀后将全部溶液及残渣转入 500ml 量瓶中，用水洗涤锥形瓶，洗液合并于容量瓶中，加水稀释至刻度。过滤，弃去初滤液 20ml，续滤液供测定用。

2. 其他样品 加适量水在组织捣碎机中捣成匀浆（蔬菜、水果需先洗净、晾干，取可食部分），称取相当于原样质量 2.5~5g 匀浆（液体试样可直接量取，精确至 0.001g），置于 250ml 锥形瓶中，加 50ml 石油醚或乙醚分 5 次洗去试样中的脂肪，弃去石油醚或乙醚。以下按照"1. 易于粉碎的试样"自"用 150ml 乙醇（85%）"起操作。

（二）测定

按项目二实训二十二中的方法进行操作，同时量取 50ml 水及试样处理时相同体积的盐酸溶液，按同一方法做试剂空白试验。

【结果计算与数据处理】

试样中淀粉含量按式 2-34 计算。

$$X = \frac{(A_1 - A_2) \times 0.9}{m \times \dfrac{V}{500} \times 1000} \times 100 \tag{2-34}$$

式中：X 为试样中淀粉的含量，g/100g；A_1 为测定用试样中水解液中还原糖的质量，mg；A_2 为试剂空白试验中还原糖的质量，mg；m 为称取试样质量，g；V 为测定用试样处理液的体积，ml；500 为试样溶液总体积，ml；0.9 为还原糖（以葡萄糖计）换算成淀粉的换算系数。

计算结果保留到小数点后一位。

【技术提示】

（1）利用盐酸对淀粉的水解，可一次性将淀粉水解成葡萄糖，较为简便易行。但盐酸水解淀粉的专一性较差，可同时将试样中半纤维素水解成一些还原性物质，使还原糖的结果偏高，因此对含有半纤维素高的食品如食物壳皮、高粱等，不宜采用此方法。

（2）样品中加入乙醇溶液后，为防止糊精随可溶性糖一起被洗掉，混合液中乙醇的浓度应在 80% 以上。

（3）水解条件要严格控制，要保证淀粉水解完全，并避免因加热时间过长对葡萄糖产生影响。

拓展阅读

淀粉测定的其他方法

除上述国标规定的方法外，淀粉测定还有以下方法。

一、碘-淀粉光度法

由于淀粉颗粒可与碘生成深蓝色的络合物，故可根据生成络合物颜色的深浅，用分光光度计测定吸光度而计算出淀粉的含量。

二、旋光法

淀粉具有旋光性，在一定条件下旋光度的大小与淀粉的浓度成正比。因此用氯化钙溶液提取淀粉，使之与其他成分分离，用氯化锡沉淀提取液中的蛋白质后，测定旋光度，即可计算出淀粉含量。此法操作简单、快速，适用于淀粉含量较高，而可溶性糖类含量较少的谷类样品，如面粉、米粉等。

四、膳食纤维的测定

膳食纤维（DF）是指不能被人体小肠消化吸收但具有健康意义的，植物中天然存在或通过提取、合成的，聚合度 DP>3 的碳水化合物聚合物。包括纤维素、半纤维素、果胶及其他单体成分等。膳食纤维按溶解性分为可溶性膳食纤维（SDF）和不溶性膳食纤维（IDF）。可溶性膳食纤维是指能溶于水的膳食纤维，包括低聚糖和部分不能消化的多聚糖等。不溶性膳食纤维是指不能溶于水的膳食纤维，包括木质素、纤维素、部分半纤维素等。

膳食纤维虽然在人体内不能被消化，但可促进肠道蠕动，排便通畅。因此，膳食纤维在预防结肠癌、阑尾炎和心脏病等多种疾病方面有一定的作用，是人类食物不可缺少的组成部分。

测定纤维素，可估算出食品中不能消化的部分，以此评定该食品的营养价值及其经济价值。食品成分表中一般提供的是植物性食品的粗纤维含量。

粗纤维的含量是果蔬制品的一项质量指标，用它可以鉴定果蔬的鲜嫩度。例如，青豌豆按其鲜嫩程度分为三级，其粗纤维含量分别为：一级 1.8% 左右；二级 2.2% 左右；三级 2.5% 左右。

依据 GB 5009.88—2014《食品中膳食纤维的测定》，膳食纤维测定方法为酶重量法。

实训二十八　酶重量法测定食品中膳食纤维含量

【测定原理】

干燥试样经热稳定 α-淀粉酶、蛋白酶和葡萄糖苷酶酶解消化去除蛋白质和淀粉后，经乙醇沉淀、抽滤，残渣用乙醇和丙酮洗涤，干燥称量，即为总膳食纤维残渣。另取试样同样酶解，直接抽滤并用热水洗涤，残渣干燥称量，即得不溶性膳食纤维残渣；滤液用 4 倍体积的乙醇沉淀、抽滤、干燥称量，得可溶性膳食纤维残渣。扣除各类膳食纤维残渣中相应的蛋白质、灰分和试剂空白含量，即可计算出试样中总的、不溶性和可溶性膳食纤维含量。

本法测定的总膳食纤维为不能被 α-淀粉酶、蛋白酶和葡萄糖苷酶酶解的碳水化合物聚合物，包括不溶性膳食纤维和能被乙醇沉淀的高分子质量可溶性膳食纤维，如纤维素、半纤维素、木质素、果胶、部分回生淀粉，及其他非淀粉多糖和美拉德反应产物等。

【适用范围】

适用于所有植物性食品及其制品中总的、可溶性和不溶性膳食纤维的测定，但不包括低聚果糖、低聚半乳糖、聚葡萄糖、抗性麦芽糊精、抗性淀粉等膳食纤维组分。

【试剂仪器准备】

（一）试剂

（1）95% 乙醇（CH_3CH_2OH）。

（2）丙酮（CH_3COCH_3）。

（3）石油醚：沸程 30~60℃。

（4）氢氧化钠（NaOH）。

（5）重铬酸钾（$K_2Cr_2O_7$）。

（6）三羟甲基氨基甲烷（$C_4H_{11}NO_3$，TRIS）。

（7）2-(N-吗啉)乙磺酸（$C_6H_{13}NO_4S \cdot H_2O$，MES）。

（8）冰乙酸（$C_2H_4O_2$）。

（9）盐酸（HCl）。

（10）硫酸（H_2SO_4）。

（11）热稳定 α-淀粉酶液：CAS 9000-85-5，IUB 3.2.1.1，10 000U/ml±1 000U/ml，不得含丙三醇稳定剂，于 0~5℃冰箱贮存。

（12）蛋白酶液：CAS 9014-01-1，IUB 3.2.21.14，300U/ml~400U/ml，不得含丙三醇稳定剂，于 0~5℃冰箱贮存。

（13）淀粉葡萄糖苷酶液：CAS 9032-08-0，IUB 3.2.1.3，2000U/ml~3300U/ml，于 0~5℃贮存。

（14）硅藻土：CAS 688 55-54-9。

（二）试剂配制

1. 乙醇溶液（85%，体积分数） 取895ml 95%乙醇，用水稀释并定容至1L，混匀。

2. 乙醇溶液（78%，体积分数） 取821ml 95%乙醇，用水稀释并定容至1L，混匀。

3. 氢氧化钠溶液（6mol/L） 称取24g氢氧化钠，用水溶解至100ml，混匀。

4. 氢氧化钠溶液（1mol/L） 称取4g氢氧化钠，用水溶解至100ml，混匀。

5. 盐酸溶液（1mol/L） 取8.33ml盐酸，用水稀释至100ml，混匀。

6. 盐酸溶液（2mol/L） 取167ml盐酸，用水稀释至1L，混匀。

7. MES-TRIS缓冲液（0.05mol/L） 称取19.52g 2-（N-吗啉）乙磺酸和12.2g三羟甲基氨基甲烷，用1.7L水溶解，根据室温用6mol/L氢氧化钠溶液调pH（20℃时调pH为8.3，24℃时调pH为8.2，28℃时调pH为8.1；20~28℃之间其他室温用插入法校正pH）。加水稀释至2L。

8. 蛋白酶溶液 用0.05mol/L MES-TRIS缓冲液配制浓度为50mg/ml的蛋白酶溶液，使用前现配并于0~5℃暂存。

9. 酸洗硅藻土 取200g硅藻土于600ml的2mol/L盐酸溶液中，浸泡过夜，过滤，用水洗至滤液为中性，置于525℃±5℃马弗炉中灼烧灰分后备用。

10. 重铬酸钾洗液 称取100g重铬酸钾，用200ml水溶解，加入1800ml浓硫酸混合。

11. 乙酸溶液（3mol/L） 取172ml乙酸，加入700ml水，混匀后用水定容至1L。

（三）仪器

1. 高型无导流口烧杯 400ml或600ml。

2. 坩埚 具粗面烧结玻璃板，孔径40~60μm。清洗后的坩埚在马弗炉中525℃±5℃灰化6小时，炉温降至130℃以下取出，于重铬酸钾洗液中室温浸泡2小时，用水冲洗干净，再用15ml丙酮冲洗后风干。用前，加入约1.0g硅藻土，130℃烘干，取出坩埚，在干燥器中冷却约1小时，称量，记录处理后坩埚质量（m_G），精确到0.1mg。

3. 真空抽滤装置 真空泵或有调节装置的抽吸器。备1L抽滤瓶，侧壁有抽滤口，带与抽滤瓶配套的橡胶塞，用于酶解液抽滤。

4. 恒温振荡水浴箱 带自动计时器，控温范围室温5~100℃，温度波动±1℃。

5. 分析天平 感量0.1mg和1mg。

6. 马弗炉 525℃±5℃。

7. 烘箱 130℃±3℃。

8. 干燥器 二氧化硅或同等的干燥剂。干燥剂每两周130℃±3℃烘干过夜一次。

9. pH计 具有温度补偿功能，精度±0.1。用前用pH 4.0、7.0和10.0标准缓冲液校正。

10. 真空干燥箱 70℃±1℃。

11. 筛 筛板孔径0.3~0.5mm。

【样品测定】

（一）样品制备

试样处理根据水分含量、脂肪含量和糖含量进行适当的处理及干燥，并粉碎、混匀过筛。

1. 脂肪含量<10%的试样

（1）若试样水分含量较低（>10%），取试样直接反复粉碎，至完全过筛。混匀，待用。

（2）若试样水分含量较高（>10%），试样混匀后，称取适量试样（m_C，不少于50g），置于70℃±1℃真空干燥箱内干燥至恒重。将干燥后试样转至干燥器中，待试样温度降到室温后称量（m_D）。根据干燥前后试样质量，计算试样质量损失因子（f）。干燥后试样反复粉碎至完全过筛，置于干燥器中待用。

2. 脂肪含量≥10%的试样 试样需经脱脂处理。称取适量试样（m_C，不少于50g）置于漏斗中，按每克试样25ml的比例加入石油醚进行冲洗，连续3次。脱脂后将试样混匀再按"1. 脂肪含量<10%的试样"进行干燥、称量（m_D），记录脱脂、干燥后试样质量损失因子（f）。试样反复粉碎至完全过筛，置于干燥器中待用。

3. 糖含量≥5%的试样 试样需经脱糖处理。称取适量试样（m_C，不少于50g）置于漏斗中，按每克试样10ml的比例用85%乙醇溶液冲洗，弃乙醇溶液，连续3次。脱糖后将试样置于40℃烘箱内干燥过夜，称量（m_D），记录脱糖、干燥后试样质量损失因子（f）。干样反复粉碎至完全过筛，置于干燥器中待用。

（二）酶解

1. 称取试样 准确称取双份试样（m），约1g（精确至0.1mg），双份试样质量差<0.005g。将试样转置于400~600ml高型烧杯中，加入0.05mol/L MES-TRIS缓冲液40ml，用磁力搅拌直至试样完全分散在缓冲液中。同时制备两个空白样液与试样液进行同步操作，用于校正试剂对测定的影响。

2. 热稳定α-淀粉酶酶解 向试样液中分别加入50μl热稳定α-淀粉酶液缓慢搅拌，加盖铝箔，置于95~100℃恒温振荡水浴箱中持续振摇，当温度升至95℃开始计时，通常反应35分钟。将烧杯取出，冷却至60℃，打开铝箔盖，用刮勺轻轻将附着于烧杯内壁的环状物以及烧杯底部的胶状物刮下，用10ml水冲洗烧杯壁和刮勺。

3. 蛋白酶酶解 将试样液置于60℃±1℃水浴中，向每个烧杯加入100μl蛋白酶溶液，盖上铝箔，开始计时，持续振摇，反应30分钟。打开铝箔盖，边搅拌边加入5ml 3mol/L乙酸溶液，控制试样温度保持在60℃±1℃。用1mol/L氢氧化钠溶液或1mol/L盐酸溶液调节试样液pH至4.5±0.2。

4. 淀粉葡糖苷酶酶解 边搅拌边加入100μl淀粉葡萄糖苷酶液，盖上铝箔，继续于60℃±1℃水浴中持续振摇，反应30分钟。

（三）测定

1. 总膳食纤维（TDF）测定

（1）沉淀 向每份试样酶解液中，按乙醇与试样液体积比4:1的比例加入预热至60℃±1℃的95%乙醇（预热后体积约为225ml）取出烧杯，盖上铝箔，于室温条件下沉淀1小时。

（2）抽滤 取已加入硅藻土并干燥称量的坩埚，用15ml 78%乙醇润湿硅藻土并展平，接上真空抽滤装置，抽去乙醇使坩埚中硅藻土平铺于滤板上。将试样乙醇沉淀液转移入坩埚中抽滤，用刮勺和78%乙醇将高型烧杯中所有残渣转至坩埚中。

（3）洗涤 分别用78%乙醇15ml洗涤残渣2次，用95%乙醇15ml洗涤残渣2次，丙酮15ml洗涤残渣2次，抽滤去除洗涤液后，将坩埚连同残渣在105℃烘干过夜。将坩埚置干燥器中冷却1小时，称量（m_{GR}，包括处理后坩埚质量及残渣质量），精确至0.1mg。减去处理后坩埚质量，计算试样残渣质量（m_R）。

（4）蛋白质和灰分的测定 取2份试样残渣中的1份按GB 5009.5—2010测定氮(N)含量，以6.25为换算系数，计算蛋白质质量（m_P）；另1份试样测定灰分，即在525℃灰化5小时，于干燥器中冷却，精确称量坩埚总质量（精确至0.1mg），减去处理后坩埚质量，计算灰分质量（m_A）。

2. 不溶性膳食纤维（IDF）测定

（1）按"（一）样品制备"中的方法称取试样，按"（二）酶解"中的方法进行酶解。

（2）抽滤洗涤　取已处理的坩埚，用 3ml 水润湿硅藻土并展平，抽去水分使坩埚中的硅藻土平铺于滤板上。将试样酶解液全部转移至坩埚中抽滤，残渣用 70℃ 热水 10ml 洗涤 2 次，收集并合并滤液，转移至另一 600ml 高型烧杯中，备测可溶性膳食纤维。残渣按"（三）测定 1. 总膳食纤维（TDF）测定（3）洗涤"中的方法洗涤后，干燥、称量，记录残渣重量。

（3）按"（三）测定 1. 总膳食纤维（TDF）测定中（4）"测定蛋白质和灰分。

3. 可溶性膳食纤维（SDF）测定

（1）计算滤液体积　收集不溶性膳食纤维抽滤产生的滤液，至已预先称量的 600ml 高型烧杯中，通过称量"烧杯+滤液"总质重，扣除烧杯质量的方法估算滤液体积。

（2）沉淀　按滤液体积加入 4 倍量预热至 60℃ 的 95% 乙醇，室温下沉淀 1 小时。以下测定按"1. 总膳食纤维（TDF）测定"中（3）～（4）进行操作。

【结果计算与数据处理】

TDF、IDF、SDF 均按式 2-35～式 2-38 计算。

$$m_B = m_{BR} - m_{BP} - m_{BA} \tag{2-35}$$

式中：m_B 为试剂空白质量，g；m_{BR} 为双份试剂空白残渣质量均值，g；m_{BP} 为试剂空白残渣中蛋白质质量，g；m_{BA} 为试剂空白残渣中灰分质量，g。

$$m_R = m_{GR} - m_G \tag{2-36}$$

$$X = \frac{m_0 - m_P - m_A - m_B}{m \times f} \times 100 \tag{2-37}$$

$$f = \frac{m_C}{m_D} \tag{2-38}$$

式中：m_R 为试样残渣质量，g；m_{GR} 为处理后坩埚质量及残渣质量，g；m_G 处理后坩埚质量，g；X 为试样中膳食纤维的含量，g/100g；m_0 为双份试样残渣质量均值，g；m_P 为试样残渣中蛋白质质量，g；m_A 为试样残渣中灰分质量，g；m_B 为试剂空白质量，g；m 为双份试样取样质量的平均值，g；f 为试样制备时因干燥、脱脂、脱糖导致的质量变化因子；m_C 为试样制备前质量，g；m_D 为试样制备后质量，g。

【技术提示】

（1）为防止团块形成，使试样与酶能充分接触，调节 pH 至 8.2 搅拌直到试样完全分散。酶解时注意搅拌均匀，避免试样结成团块，以防止试样酶解过程中不能与酶充分接触。

（2）用热稳定的淀粉酶进行酶解处理。水浴起始的水浴温度应达到 95℃。如试样中抗性淀粉含量较高（>40%），可延长热稳定 α-淀粉酶酶解时间至 90 分钟，如必要也可另加入 10ml 二甲基亚砜帮助淀粉分散。

（3）用蛋白酶进行酶解处理。开始时的水浴温度应达到 60℃。调最终 pH 为 4.3～4.7。应在 60℃±1℃ 时调 pH，因为温度降低会使 pH 升高。同时注意进行空白样液的 pH 测定，保证空白样液和试样液的 pH 一致。

拓展阅读

膳食纤维测定的其他方法

除上述测定方法外，膳食纤维的其他测定方法还有以下几种。

一、酸碱处理法

该法操作简便、迅速，但由于酸碱处理时纤维成分会发生不同程度的降解，使测得值与纤维的实际含量差别很大。

二、中性洗涤剂法

不溶性膳食纤维可采用中性洗涤剂法测定。本法适用于谷物及其制品、饲料、果蔬等样品。本法设备简单、操作容易、准确度高、重现性好。

三、酸性洗涤剂法

在用酸性洗涤剂所得残留物中包括全部的纤维素和木质素及少量矿物质（灰分），测得结果高于酸碱处理法，但低于中性洗涤剂法，也比较接近于食品中膳食纤维的含量。

五、果胶的测定

果胶物质是复杂的高分子聚合物，分子中有半乳糖醛酸、乳糖、阿拉伯糖、葡萄糖醛酸等，但基本结构是半乳糖醛酸以 $\alpha-1,4$ 苷键聚合形成的聚半乳糖醛酸。果胶物质是一种植物胶，存在于果蔬类植物组织中，如苹果中含量为 $0.7\% \sim 1.5\%$（以湿品计），在蔬菜中以南瓜含量最多（达 $7\% \sim 17\%$），是构成植物细胞的主要成分之一。

果胶在食品工业中用途较广，如利用果胶的水溶液在适当的条件下形成凝胶的特性，可以生产果酱、果冻及高级糖果等食品；利用果胶具有增稠、稳定、乳化等功能，可以在饮料的分层、稳定结构、防止沉淀、改善风味等方面起到重要作用；利用低甲氧基果胶具有络合有害金属的性质，可以用其制成防治某些职业病的保健饮料。

依据 NY/T 2016—2011《水果及其制品中果胶含量的测定　分光光度法》，果胶的测定方法为分光光度法。

实训二十九　分光光度法测定食品中果胶含量

【测定原理】

果胶经水解生成半乳糖醛酸，在硫酸中与咔唑试剂发生缩合反应，生成紫红色化合物，该化合物在 525nm 波长处有最大吸收，其吸收值与果胶含量成正比，以半乳糖为标准物质，标准曲线法定量。

【适用范围】

此法适用于各类水果及其制品中果胶含量的测定。

【试剂仪器准备】

（一）试剂

（1）无水乙醇。

（2）乙醇（67%）：无水乙醇:水＝2:1。

（3）氢氧化钠（40g/L）：称取 4.0g 氢氧化钠，用水溶解并定容至 100ml。

（4）咔唑乙醇溶液（1g/L）：称取化学纯咔唑 0.1000g，溶解于精制乙醇中并定容到 100ml。

（5）半乳糖醛酸标准贮备溶液：准确称取半乳糖醛酸 0.1000g，溶于蒸馏水，加入 0.5ml 氢氧化钠溶液（40g/L），并定容到 100ml，得浓度为 1mg/ml 半乳糖醛酸标准贮备液。

（6）半乳糖醛酸标准使用液：分别准确吸取 0.0、1.0、2.0、3.0、4.0、5.0ml 半乳糖醛酸标准贮备溶液于 50ml 容量瓶中，定容，得一组浓度分别为 0.0、20.0、40.0、60.0、80.0、100.0mg/L 的半乳糖醛酸标准使用液。

（7）硫酸：优级纯。

（二）仪器

（1）分光光度计。

（2）组织捣碎机。

（3）分析天平：感量为 0.0001g。

（4）恒温水浴振荡器。

（5）离心机：4000r/min。

【样品测定】

（一）试样制备

果酱及果汁制品将样品搅拌均匀即可。新鲜水果，取水果可食部分，用自来水和去离子水依次清洗后，用干净纱布轻轻擦去表面水分，苹果、桃等个体比较大的样品采用对角线分割法，取对角可食部分，将其切碎，充分混匀；山楂、葡萄等个体比较小的样品可随机取若干个体切碎混匀。用四分法取样或者直接放入组织捣碎机中制成匀浆。

（二）预处理

称取试样 1.0~5.0g（精确至 0.001g）于 50ml 刻度离心管中，加入少量滤纸屑，再加入 35ml 约 75℃ 的无水乙醇，在 85℃ 水浴中加热 10 分钟，充分振荡。冷却，再加入无水乙醇使总体积接近 50ml，在 4000r/min 的条件下离心 15 分钟，弃去上清液。此步骤反复操作，直至上清液中不在产生糖的穆立虚反应为止（检验方法：取上清液 0.5ml，置于试管中，加入含 5% α-萘酚的乙醇溶液 2~3 滴，充分混匀，再加入硫酸 1ml 混匀，若在两液层界面不产生紫红色色环，证明上清液中不含有糖分）。保留沉淀 A，同时做试剂空白试验。

（三）果胶提取液的制备

1. 酸提取方式　将上述制备出的沉淀 A，用 pH 0.5 的硫酸溶液全部洗入三角瓶中，混匀，在 85℃ 水浴中加热 60 分钟，期间不时振荡，冷却后移入 100ml 容量瓶中，用 pH 0.5 的硫酸溶液定容，过滤，保留滤液 B 供测定用。

2. 碱提取方式　对于香蕉等淀粉含量高的样品应采用碱提取方式。将上述制备出的沉淀 A，用水全部洗入 100ml 容量瓶中，加入 5ml 氢氧化钠溶液，定容，混匀。至少放置 15 分钟，期间应不时振荡，过滤，保留滤液 C 供测定用。

（四）标准工作曲线的绘制

吸取 0.0、20.0、40.0、60.0、80.0、100.0mg/L 的半乳糖醛酸标准使用液各 1.0ml 于 25ml 玻璃试管中，分别加入 0.25ml 咔唑乙醇溶液，产生白色絮状沉淀，不断摇动试管，再快速加入 5.0ml 硫酸，摇匀。立刻将试管放入 85℃ 水浴振荡器内水浴 20 分钟，取出后放冷水中迅速冷却。在1.5小时的时间内，用分光光度计在波长525nm处测定标准溶液的吸光度，以半乳糖醛酸浓度为横坐标，吸光度值为纵坐标，绘制标准曲线。

（五）样品的测定

吸取1.0ml滤液B或滤液C于25ml玻璃试管中，加入0.25ml咔唑乙醇溶液，同标准溶液显色方法进行显色，在1.5小时的时间内，用分光光度计在波长525nm处测定标准溶液的吸光度，根据曲线计算出滤液B或C中果胶含量，以半乳糖醛酸计。按上述方法做空白试验，用空白调零。如果吸光度显示半乳糖醛浓度超过100mg/L时，将滤液B或C稀释后重新测定。

【结果计算与数据处理】

样品中果胶物质的含量按式2-39计算。

$$X = \frac{c \times V}{m \times 1000} \tag{2-39}$$

式中：X 为样品中果胶物质（半乳糖醛酸计）质量分数，g/kg；c 为滤液B或者C中半乳糖醛酸质量浓度，mg/L；V 为果胶沉淀A定容体积，ml；m 为样品质量，g。

【技术提示】

（1）此法操作简便、快速，准确度高，重现性好。但糖分的存在对咔唑的呈色反应影响较大，使结果偏高，故样品处理时应充分洗涤以除去糖分。

（2）硫酸浓度对呈色反应影响较大，故在测定样液和制作标准曲线时，应使用同规格、同批号的浓硫酸，以保证其浓度一致。

拓展阅读

重量法测定果胶

此法先用70%乙醇处理样品，使果胶沉淀，再依次用乙醇、乙醚洗涤沉淀，以除去可溶性糖类、脂肪、色素等物质，残渣分别用酸或用水提取总果胶或水溶性果胶。果胶经皂化生成果胶酸钠，再经醋酸酸化使之生成果胶酸，加入钙盐则生成果胶酸钙沉淀，烘干后称重。

适用于各类食品，方法稳定可靠，但操作较烦琐费时。果胶酸钙沉淀中易夹杂其他胶态物质，使本法选择性较差。

任务六　蛋白质和氨基酸的测定

一、蛋白质的测定

蛋白质是生命的物质基础。在食品加工过程中，蛋白质及其分解产物对食品的色、香、味有极大的影响，是食品的重要组成成分。测定食品中蛋白质含量，对于合理开发利用食品资源、评价食品营养价值、控制食品加工中产品质量等都具有重要意义。

蛋白质是由多种不同的α-氨基酸通过肽链相互连接而成的，所含的主要化学元素为C、H、O、N，其中N是蛋白质区别于其他有机化合物的主要标志。不同的蛋白质其氨基酸构成比例及方式不同，故含氮量也不同。一般蛋白质含氮为 16%，即 1 份氮相当于 6.25 份蛋白质，此数值称为蛋白质换算系数，不同类食品的蛋白质系数有所不同。

依据 GB 5009.5—2010《食品安全国家标准　食品中蛋白质的测定》，食品中蛋白质的测定方法有凯氏定氮法、分光光度法和燃烧法等。

实训三十　凯氏定氮法测定食品中蛋白质含量

【测定原理】

食品中的蛋白质在催化剂催化并加热的条件下被分解，产生的氨与硫酸结合成硫酸铵。碱化蒸馏使氨游离，用硼酸吸收形成硼酸铵，然后以标准盐酸或硫酸溶液滴定。根据标准酸消耗量乘以换算系数，即为蛋白质含量。

【试剂仪器准备】

（一）试剂

（1）硫酸标准溶液 $[c(1/2H_2SO_4) = 0.0500mol/L]$ 或盐酸标准溶液 $[c(HCl) = 0.0500mol/L]$。

（2）浓硫酸（H_2SO_4，密度为 1.84g/L）。

（3）硫酸铜（$CuSO_4 \cdot 5H_2O$）。

（4）硫酸钾（K_2SO_4）。

（5）硼酸溶液（20g/L）：称取 20g 硼酸，加水溶解后并稀释至 1000ml。

（6）氢氧化钠溶液（400g/L）：称取 40g 氢氧化钠加水溶解后，放冷，并稀释至 100ml。

（7）甲基红乙醇溶液（1g/L）：称取 0.1g 甲基红，溶于 95% 乙醇，用 95% 乙醇稀释至 100ml。

（8）亚甲基蓝乙醇溶液（1g/L）：称取 0.1g 亚甲基蓝，溶于 95% 乙醇，用 95% 乙醇稀释至 100ml。

（9）溴甲酚绿乙醇溶液（1g/L）：称取 0.1g 溴甲酚绿，溶于 95% 乙醇，用 95% 乙醇稀释至 100ml。

（10）混合指示液：2 份甲基红乙醇溶液（1g/L）与 1 份亚甲基蓝乙醇溶液（1g/L）临用时混合。也可用 1 份甲基红乙醇溶液（1g/L）与 5 份溴甲酚绿乙醇溶液（1g/L）临用时混合。

（二）仪器

（1）天平：感量为 1mg。

（2）定氮蒸馏装置（图 2-4）或自动凯氏定氮仪。

【样品测定】

（一）凯氏定氮法

1. 试样处理　称取充分混匀的固体试样 0.2~2g、半固体试样 2~5g 或液体试样 10~25g（约相当于 30~40mg 氮），精确至 0.001g，移入干燥的 100ml、250ml 或 500ml 定氮瓶中，加入 0.2g 硫酸铜、6g 硫酸钾及 20ml 硫酸，轻摇后于瓶口放一小漏斗，将瓶以 45° 角斜支于有小孔的石棉网上。小心加热，待内容物全部炭化，泡沫完全停止后，加强火力，并保持瓶内液体微沸，至液体呈蓝绿色并澄清透明后，再继续加热 0.5~1 小时。取下放冷，小心加入 20ml 水。放冷后，移入 100ml 容量瓶中，并用少量水洗定氮瓶，洗液并入容量瓶中，再加水至刻度，混匀备用。同时做试剂空白试验。

2. 蒸馏 按图 2-4 装好定氮蒸馏装置，向水蒸气发生器内装水至 2/3 处，加入数粒玻璃珠，加甲基红乙醇溶液数滴及数毫升硫酸，以保持水呈酸性，加热煮沸水蒸气发生器内的水并保持沸腾。

3. 吸收与滴定 向接收瓶内加入 10.0ml 硼酸溶液及 1~2 滴混合指示液，并使冷凝管的下端插入液面下，根据试样中氮含量，准确吸取 2.0 ~ 10.0ml 试样处理液由小玻杯注入反应室，以 10ml 水洗涤小玻杯并使之流入反应室内，随后塞紧棒状玻塞。将 10.0ml 氢氧化钠溶液倒入小玻杯，提起玻塞使其缓缓流入反应室，立即将玻塞盖紧，并加水于小玻杯以防漏气。夹紧螺旋夹，开始蒸馏。蒸馏 10 分钟后移动蒸馏液接收瓶，液面离开

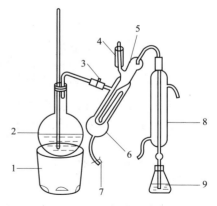

图 2-4 定氮蒸馏装置
1. 电炉；2. 水蒸气发生器；
3. 螺旋夹；4. 小玻杯及棒状玻塞；5. 反应室；
6. 反应室外层；7. 橡皮管及螺旋夹；
8. 冷凝管；9. 蒸馏液接收瓶

冷凝管下端，再蒸馏 1 分钟。然后用少量水冲洗冷凝管下端外部，取下蒸馏液接收瓶。以硫酸或盐酸标准滴定溶液滴定至终点，其中 2 份甲基红乙醇溶液（1g/L）与 1 份亚甲基蓝乙醇溶液的混合指示剂（1g/L），颜色由紫红色变成灰色，pH 5.4；1 份甲基红乙醇溶液（1g/L）与 5 份溴甲酚绿乙醇溶液的混合指示剂（1g/L），颜色由酒红色变成绿色，pH 5.1。同时作试剂空白。

（二）自动凯氏定氮仪法

称取固体试样 0.2 ~ 2g、半固体试样 2 ~ 5g 或液体试样 10 ~ 25g（约相当于 30 ~ 40mg 氮），精确至 0.001g。按照仪器说明书的要求进行检测。

【结果计算与数据处理】

试样中蛋白质含量按式 2-40 计算。

$$X = \frac{(V_1 - V_2) \times c \times 0.0140 \times F}{m \times \frac{V_3}{100}} \times 100 \qquad (2\text{-}40)$$

式中：X 为试样中蛋白质的含量，g/100g；V_1 为试液消耗硫酸或盐酸标准滴定液的体积，ml；V_2 为试剂空白消耗硫酸或盐酸标准滴定液的体积，ml；V_3 为吸取经消化的试样处理液的体积，ml；c 为硫酸或盐酸标准滴定溶液浓度，mol/L；0.0140 为 1.0ml 硫酸 $[c(1/2H_2SO_4) = 1.000\text{mol/L}]$ 或盐酸 $[c(HCl) = 1.000\text{mol/L}]$ 标准滴定溶液相当的氮的质量，g/mmol；m 为试样的质量，g；F 为蛋白质换算系数；100 为试样处理的定容体积，ml。

以重复性条件下获得的两次独立测定结果的算术平均值表示，蛋白质含量 ≥1g/100g 时，结果保留三位有效数字；蛋白质含量 <1g/100g 时，结果保留两位有效数字。

精密度要求：在重复性条件下获得的两次独立测定结果的绝对差值不得超过算术平均值的 10%。

【技术提示】

（1）本法不适用于添加无机含氮物质、有机非蛋白质含氮物质的食品测定。

（2）本法所用试剂溶液应为无氨蒸馏水配制。

（3）消化时注意事项如下。

①消化不要用强火，应保持和缓沸腾，注意不断转动凯氏烧瓶，以便利用冷凝酸液将附在瓶壁上的固体残渣洗下并促进其消化完全。

②样品中若含脂肪或糖较多时，消化过程中易产生大量泡沫，为防止泡沫溢出瓶外，在开始消化时应用小火加热，并不断摇动；或者加入少量辛醇或液状石蜡或硅油消泡剂，并同时注意控制热源强度。

③当样品消化液不易澄清透明时，可将凯氏烧瓶冷却，加入30%过氧化氢2~3ml，再继续加热消化。

④一般消化至呈透明后，继续消化30分钟即可，但对于含有特别难以氨化的氮化合物的样品，如含赖氨酸、组氨酸、色氨酸、酪氨酸或脯氨酸等时，需适当延长消化时间。有机物若分解完全，消化液呈蓝色或浅绿色，但含铁量多时，呈较深绿色。

⑤在消化反应中，为了加速蛋白质的分解，缩短消化时间，常加入硫酸钾和硫酸铜等物质。其中硫酸钾的加入起到提高溶液的沸点，加快有机物分解的作用。硫酸铜起催化剂作用，且可指示消化反应的完成。凯氏定氮法中可用的催化剂种类很多，除硫酸铜外，还有氧化汞、汞、硒粉等，但考虑到效果、价格及环境污染等多种因素，应用最广泛的是硫酸铜。使用时常加入少量过氧化氢、次氯酸钾等作为氧化剂以加速有机物的氧化分解。

（4）蒸馏时注意事项如下。

①蒸馏装置不能漏气。

②蒸馏前若加碱量不足，消化液呈蓝色不生成氢氧化铜沉淀，此时需再增加氢氧化钠用量。

③蒸馏完毕后，应先将冷凝管下端提离液面清洗管口，再蒸1分钟后关掉热源，否则可能造成吸收液倒吸。

④硼酸吸收液的温度不应超过40℃，否则对氨的吸收作用减弱而造成损失，此时可置于冷水浴中使用。

⑤当取样量较大，如干试样超过5g，可按1g试样5ml的比例增加硫酸用量。

⑥混合指示剂在碱性溶液中呈绿色，在中性溶液中呈灰色，在酸性溶液中呈红色。

实训三十一　分光光度法测定食品中蛋白质含量

【测定原理】

食品中的蛋白质在催化加热条件下被分解，分解产生的氨与硫酸结合生成硫酸铵，在pH 4.8的乙酸钠-乙酸缓冲溶液中与乙酰丙酮和甲醛反应生成黄色的3,5-二乙酰-2,6-二甲基-1,4-二氢化吡啶化合物。在波长400nm下测定吸光度值，与标准系列比较定量，结果乘以换算系数，即为蛋白质含量。

【适用范围】

本法适用于各种食品中蛋白质的测定。

【试剂仪器准备】

（一）试剂

（1）硫酸铜（$CuSO_4 \cdot 5H_2O$）。

（2）硫酸钾（K_2SO_4）。

（3）硫酸（H_2SO_4，密度为 1.84g/L）：优级纯。

（4）氢氧化钠（NaOH）。

（5）对硝基苯酚（$C_6H_5NO_3$）。

（6）乙酸钠（$CH_3COONa \cdot 3H_2O$）。

（7）无水乙酸钠（CH_3COONa）。

（8）乙酸（CH_3COOH）：优级纯。

（9）37% 甲醛（HCHO）。

（10）乙酰丙酮（$C_5H_8O_2$）。

（11）氢氧化钠溶液（300g/L）：称取 30g 氢氧化钠加水溶解后，放冷，并稀释至 100ml。

（12）对硝基苯酚指示剂溶液（1g/L）：称取 0.1g 对硝基苯酚指示剂溶于 20ml 95% 乙醇中，加水稀释至 100ml。

（13）乙酸溶液（1mol/L）：量取 5.8ml 乙酸，加水稀释至 100ml。

（14）乙酸钠溶液（1mol/L）：称取 41g 无水乙酸钠或 68g 乙酸钠，加水溶解后并稀释至 500ml。

（15）乙酸钠-乙酸缓冲溶液：量取 60ml 乙酸钠溶液与 40ml 乙酸溶液混合，该溶液 pH 为 4.8。

（16）显色剂：15ml 甲醛与 7.8ml 乙酰丙酮混合，加水稀释至 100ml，剧烈振摇混匀（室温下放置稳定 3 日）。

（17）氨氮标准贮备溶液（以氮计）（1.0g/L）：称取 105℃ 干燥 2 小时的硫酸铵 0.4720g 加水溶解后移于 100ml 容量瓶中，并稀释至刻度，混匀，此溶液每毫升相当于 1.0mg 氮。

（18）氨氮标准使用溶液（0.1g/L）：用移液管吸取 10.00ml 氨氮标准贮备液于 100ml 容量瓶内，加水定容至刻度，混匀，此溶液每毫升相当于 0.1mg 氮。

（二）仪器

（1）分光光度计。

（2）电热恒温水浴锅：100℃ ±0.5℃。

（3）10ml 具塞玻璃比色管。

（4）天平：感量为 1mg。

【样品测定】

1. 试样消解 称取经粉碎混匀过 40 目筛的固体试样 0.1~0.5g（精确至 0.001g）、半固体试样 0.2~1g（精确至 0.001g）或液体试样 1~5g（精确至 0.001g），移入干燥的 100ml 或 250ml 定氮瓶中，加入 0.1g 硫酸铜、1g 硫酸钾及 5ml 硫酸，摇匀后于瓶口放一小漏斗，将定氮瓶以 45°角斜支于有小孔的石棉网上。缓慢加热，待内容物全部炭化，泡沫完全停止后，加强火力，并保持瓶内液体微沸，至液体呈蓝绿色澄清透明后，再继续加热半小时。取下放冷，慢慢加入 20ml 水，放冷后移入 50ml 或 100ml 容量瓶中，并用少量水洗定氮瓶，洗液并入容量瓶中，再加水至刻度，混匀备用。按同一方法做试剂空白试验。

2. 试样溶液的制备 吸取 2.00~5.00ml 试样或试剂空白消化液于 50ml 或 100ml 容量瓶内，加 1~2 滴对硝基苯酚指示剂溶液，摇匀后滴加氢氧化钠溶液中和至黄色，再滴加乙酸溶液至溶液无色，用水稀释至刻度，混匀。

3. 标准曲线的绘制 吸取 0.00、0.05、0.10、0.20、0.40、0.60、0.80、1.00ml 氨氮

标准使用溶液（相当于 0.00、5.00、10.0、20.0、40.0、60.0、80.0、100.0μg 氮），分别置于 10ml 比色管中。加 4.0ml 乙酸钠-乙酸缓冲溶液及 4.0ml 显色剂，加水稀释至刻度，混匀。置于 100℃ 水浴中加热 15 分钟。取出用水冷却至室温后，移入 1cm 比色杯内，以零管为参比，于波长 400nm 处测量吸光度值，根据标准各点吸光度值绘制标准曲线或计算线性回归方程。

4. 试样测定　吸取 0.50~2.00ml（约相当于氮<100μg）试样溶液和同量的试剂空白溶液，分别于 10ml 比色管中。以下按"3. 标准曲线绘制"自"加 4.0ml 乙酸钠-乙酸缓冲溶液及 4.0ml 显色剂"起操作。试样吸光度值与标准曲线比较定量或代入线性回归方程求出含量。

【结果计算与数据处理】

试样中蛋白质含量按式 2-41 计算。

$$X = \frac{c - c_0}{m \times \dfrac{V_2}{V_1} \times \dfrac{V_4}{V_3} \times 1000 \times 1000} \times 100 \times F \qquad (2\text{-}41)$$

式中：X 为试样中蛋白质的含量，g/100g；c 为试样测定液中氮的含量，μg；c_0 为试剂空白测定液中氮的含量，μg；V_1 为试样消化液定容体积，ml；V_2 为制备试样溶液的消化液体积，ml；V_3 为试样溶液总体积，ml；V_4 为测定用试样溶液体积，ml；m 为试样质量，g；F 为蛋白质换算系数。

以重复性条件下获得的两次独立测定结果的算术平均值表示，蛋白质含量 ≥1g/100g 时，结果保留三位有效数字；蛋白质含量 <1g/100g 时，结果保留两位有效数字。

精密度要求：在重复性条件下获得的两次独立测定结果的绝对差值不得超过算术平均值的 10%。

拓展阅读

燃烧法测定食品中蛋白质含量

试样在 900~1200℃ 高温下燃烧，燃烧过程中产生混合气体，其中的碳、硫等干扰气体和盐类被吸收管吸收，氮氧化物被全部还原成氮气，形成的氮气气流通过热导检测仪（TCD）进行检测。本方法适用于蛋白质含量在 10g/100g 以上的粮食、豆类、奶粉、米粉、蛋白质等固体试样的筛选测定。

二、氨基酸态氮的测定

氨基酸是构成蛋白质最基本的物质。分析氨基酸的含量就可以知道蛋白质水解的程度，也可以评价食品的营养价值。氨基酸含量是某些发酵产品（如调味品）的质量指标，也是目前许多保健食品的质量指标之一。食品常有很多种氨基酸同时存在一种食品中，所以需要测定总的氨基酸量；通常它们不以氨基酸百分率来表示，而以氨基酸中所含的氮（氨基酸态氮）的百分率表示。

氨基酸测定方法很多，如酸碱滴定法（双指示剂滴定法、电位滴定法）、茚三酮比色法等。食品中氨基酸含量的测定通常采用酸碱滴定法。近年来出现了多种氨基酸分析仪等，可以快速、准确地测出氨基酸含量。

依据 GB 5009.235—2016《食品安全国家标准　食品中氨基酸态氮的测定》，测定氨基酸态氮含量的方法主要有酸度计法和比色法。

实训三十二　酸度计法测定食品中氨基酸态氮含量

【测定原理】

利用氨基酸的两性作用，加入甲醛以固定氨基的碱性，使羧基显示出酸性，用氢氧化钠标准溶液滴定后定量，以酸度计测定终点。

【适用范围】

此方法适用于以粮食和其副产品豆饼、麸皮等为原料酿造或配制的酱油，以粮食为原料酿造的酱类，以黄豆、小麦粉为原料酿造的豆酱类食品中氨基酸态氮的测定。

【试剂仪器准备】

（一）试剂

（1）甲醛（36%~38%）。

（2）邻苯二甲酸氢钾。

（3）酚酞指示液（10g/L）：称取酚酞 1g，溶于 95% 的乙醇中，用 95% 乙醇稀释至 100ml。

（4）氢氧化钠溶液 [氢氧化钠标准溶液 $c(NaOH) = 0.050mol/L$]：称取 110g 氢氧化钠于 250ml 的烧杯中，加 100ml 的水，振摇使之溶解成饱和溶液，冷却后置于聚乙烯的塑料瓶中，密塞，放置数日，澄清后备用。取上层清液 2.7ml，加适量新煮沸过的冷蒸馏水至 1000ml，摇匀。

氢氧化钠标准溶液的标定：准确称取约 0.36g 在 105~110℃ 干燥至恒重的基准邻苯二甲酸氢钾，加 80ml 新煮沸过的水，使之尽量溶解，加 2 滴酚酞指示液（10g/L），用氢氧化钠溶液滴定至溶液呈微红色，30 秒不退色。记下耗用氢氧化钠溶液毫升数。同时做空白试验。

氢氧化钠标准溶液的浓度按式 2-42 计算。

$$c = \frac{m}{(V_1 - V_2) \times 0.2042} \tag{2-42}$$

式中：c 为氢氧化钠标准溶液的实际浓度，mol/L；m 为基准邻苯二甲酸氢钾的质量，g；V_1 为氢氧化钠标准溶液的用量体积，ml；V_2 为空白实验中氢氧化钠标准溶液的用量体积，ml；0.2042 为与 1.00ml 氢氧化钠标准溶液（1.000mol/L）相当的基准邻苯二甲酸氢钾的质量，g/mmol。

（二）仪器

（1）酸度计。

（2）分析天平：感量 0.1mg。

（3）10ml 微量碱式滴定管。

（4）磁力搅拌器。

【样品测定】

1. 酱油试样　称量 5.0g 试样于 50ml 的烧杯中，用水分数次洗入 100ml 容量瓶中，加水至刻度，混匀后吸取 20.0ml 置于 200ml 烧杯中，加 60ml 水，开动磁力搅拌器，用氢氧化钠标准溶液滴定至酸度计指示 pH 为 8.2，记下消耗氢氧化钠标准溶液的毫升数，可计算总酸含量。加入 10.0ml 甲醛溶液，混匀。再用氢氧化钠标准溶液继续滴定至 pH 为 9.2，记下消耗氢氧化钠标准溶液的毫升数。同时取 80ml 水，先用氢氧化钠标准溶液调节至 pH 为 8.2，再加入 10.0ml 甲醛溶液，用氢氧化钠标准溶液滴定至 pH 为 9.2，做试剂空白试验。

2. 酱及黄豆酱样品 将酱或黄豆酱样品搅拌均匀后，放入研钵中，在 10 分钟内迅速研磨至无肉眼可见颗粒，装入磨口瓶中备用。用已知重量的称量瓶称取搅拌均匀的样品 5.0g，用 50ml 80℃左右的蒸馏水分数次洗入 100ml 烧杯中，冷却后，转入 100ml 容量瓶中，用少量水分次洗涤烧杯，洗液并入容量瓶中，并加水至刻度，混匀后过滤。吸取滤液 10.0ml，置于 200ml 烧杯中，加 60ml 水，开动磁力搅拌器，用氢氧化钠标准溶液（0.050mol/L）滴定至酸度计指示 pH 为 8.2，记下消耗氢氧化钠标准溶液的毫升数，可计算总酸含量。加入 10.0ml 甲醛溶液，混匀。再用氢氧化钠标准溶液继续滴定至 pH 为 9.2，记下消耗氢氧化钠标准溶液的毫升数。同时取 80ml 水，先用氢氧化钠标准溶液（0.050mol/L）调节至 pH 为 8.2，再加入 10.0ml 甲醛溶液，用氢氧化钠标准溶液滴定至 pH 为 9.2，做试剂空白试验。

【结果计算与数据处理】

试样中氨基酸态氮含量按式 2-43 计算。

$$X = \frac{(V_2 - V_1) \times c \times 0.014}{m \times \frac{V_3}{V_4}} \times 100 \qquad (2-43)$$

式中：X 为试样中氨基酸态氮的含量，g/100ml；V_1 为测定用试样稀释液加入甲醛后消耗氢氧化钠标准溶液的体积，ml；V_2 为试剂空白实验加入甲醛后消耗氢氧化钠标准溶液体积，ml；c 为氢氧化钠标准溶液的浓度，mol/L；0.014 为与 1.00ml 氢氧化钠标准溶液相当氮的质量，g；V_3 为试样稀释液的取用量，ml；V_4 为试样稀释液的定容体积，ml；100 为单位换算系数。

计算结果保留两位有效数字。

拓展阅读

比色法测定氨基酸态氮测定

在 pH 为 4.8 的乙酸钠-乙酸缓冲液中，氨基酸态氮与乙酰丙酮和甲醛反应生成黄色的 3,5-二乙酸-2,6-二甲基-1,4 二氢化吡啶氨基酸衍生物。在波长 400nm 处测定吸光度，与标准系列比较定量。

本法为氨基酸态氮测定的第二法，适用于以粮食和其副产品豆饼、麸皮等为原料酿造或配制的酱油中氨基酸态氮的测定。

任务七　维生素的测定

维生素是维持人体正常生命活动所必需的一类天然有机化合物。其种类很多，目前已确认的有 30 余种，其中被认为对维持人体健康和促进发育至关重要的有 20 余种。维生素可通过作为辅酶的成分调节代谢过程，需要量极少；一般在体内不能合成，或合成量不能满足生理需要，必须经常从食物中摄取；长期缺乏任何一种维生素都会导致相应的疾病，但是，摄入量超过生理需要量时，可导致体内积存过多而引起中毒。

按照维生素的溶解性能，习惯上将其分为两大类：脂溶性维生素和水溶性维生素。前者能溶于脂肪或脂溶剂，是在食物中与脂类共存的一类维生素，包括维生素 A、维生素 D、维生素 E、维生素 K 等，其共同特点是摄入后存在于脂肪组织中，不能从尿中排除，大剂量摄入时可能引起中毒；后者溶于水，包括维生素 B、维生素 C 等，其共同特点是多存在于植物性食品中，满足组织需要后能从机体排出。

因此，测定食品中维生素的含量具有十分重要的意义和作用。可用于评价食品的营养价值，开发利用富含维生素的食品资源；指导人们合理调整膳食结构，防止缺乏或中毒；研究维生素在食品加工、贮存等过程中的稳定性，指导制定合理的工艺及贮存条件；监督维生素强化食品的强化剂量等。

一、脂溶性维生素的测定

脂溶性维生素不溶于水，易溶于脂肪、丙酮、三氯甲烷、乙醚、苯、乙醇等有机溶剂。维生素 A、维生素 D 对酸不稳定，对碱稳定；维生素 E 在无氧情况下，对热、酸、碱稳定；维生素 K 对酸、碱都不稳定，对热稳定，但容易被光、氧化剂及醇破坏。

根据上述性质，测定脂溶性维生素时通常先用皂化法处理样品，水洗去除类脂物，然后用有机溶剂提取脂溶性维生素（不皂化物），浓缩后溶于适当的溶剂中测定。在皂化和浓缩时，为防止维生素的氧化分解，常加入抗氧化剂（如焦性没食子酸、抗坏血酸等）。对于某些含脂肪量低、脂溶性维生素含量较高的样品，可以先用有机溶剂抽提，然后皂化，再提取。对于对光敏感的维生素，分析操作一般需要在避光条件下进行。

依据 GB 5413.9—2010《食品安全国家标准 婴幼儿食品和乳品中维生素 A、D、E 的测定》、GB/T 5009.82—2003《食品中维生素 A 和维生素 E 的测定》，维生素 A、D、E 的测定方法主要有高效液相色谱法和比色法。

实训三十三　婴幼儿食品和乳品中维生素 A、D、E 的测定

【测定原理】

试样皂化后，经石油醚萃取，维生素 A、E 用反相色谱法分离，外标法定量；维生素 D 用正相色谱法净化后，反相色谱法分离，外标法定量。

【适用范围】

本方法适用于婴幼儿食品和乳品中维生素 A、D、E 的测定。方法检出限：维生素 D 为 0.20μg/100g、维生素 A 为 1μg/100g，维生素 E 为 10.00μg/100g。

【试剂仪器准备】

（一）试剂

（1）α-淀粉酶：酶活力≥1.5U/mg。

（2）无水硫酸钠。

（3）异丙醇：色谱纯。

（4）乙醇：色谱纯。

（5）氢氧化钾水溶液：称取固体氢氧化钾 250g，加入 200ml 水溶解。

（6）石油醚：沸程 30~60℃。

（7）甲醇：色谱纯。

（8）正己烷：色谱纯。

（9）环己烷：色谱纯。

（10）维生素 C 的乙醇溶液（15g/L）。

（11）维生素 A 标准贮备液（视黄醇）（100μg/ml）：精确称取 10mg 的维生素 A 标准品，用乙醇（色谱纯）溶解并定容于 100ml 棕色容量瓶中。

（12）维生素 E 标准贮备液（α-生育酚）（500μg/ml）：精确称取 50mg 的维生素 E 标准品，用乙醇（色谱纯）溶解并定容于 100ml 棕色容量瓶中。

（13）维生素 D 标准贮备液（100μg/ml）：精确称取 10mg 的维生素 D 标准品，用乙醇（色谱纯）溶解并定容于 100ml 棕色容量瓶中。

注：维生素 A、D、E 标准贮备液均须-10℃以下避光贮存。标准工作液临用前配制。

（二）仪器

（1）高效液相色谱仪：带紫外检测器。

（2）旋转蒸发器。

（3）恒温磁力搅拌器：20~80℃。

（4）氮吹仪。

（5）离心机：转速≥5000 转/分钟。

（6）培养箱：60℃±2℃。

（7）天平：感量为 0.1mg。

【样品测定】

（一）样品处理

1. 含淀粉的试样 称取混合均匀的固体试样约 5g 或液体试样约 50g（精确到 0.1mg）于 250ml 三角瓶中，加入 1g α-淀粉酶，固体试样需用约 50ml 45~50℃的水使其溶解，混合均匀后充氮，盖上瓶塞，置于 60℃±2℃培养箱内培养 30 分钟。

2. 不含淀粉的试样 称取混合均匀的固体试样约 10g 或液体试样约 50g（精确到 0.1mg）于 250ml 三角瓶中，固体试样需用约 50ml 45~50℃水使其溶解，混合均匀。

（二）待测液的制备

1. 皂化 于上述处理的试样溶液中加入约 100ml 维生素 C 的乙醇溶液，充分混匀后加 25ml 氢氧化钾水溶液混匀，放入磁力搅拌棒，充氮排出空气，盖上胶塞。1000ml 的烧杯中加入约 300ml 的水，将烧杯放在恒温磁力搅拌器上，当水温控制在 53℃±2℃时，将三角瓶放入烧杯中，磁力搅拌皂化约 45 分钟后，取出立刻冷却到室温。

2. 提取 用少量的水将皂化液全部转入 500ml 分液漏斗中，加入 100ml 石油醚，轻轻摇动，排气后盖好瓶塞，室温下振荡约 10 分钟后静置分层，将水相转入另一 500ml 分液漏斗中，按上述方法进行第二次萃取。合并醚液，用水洗至近中性。醚液通过无水硫酸钠过滤脱水，滤液收入 500ml 圆底烧瓶中，于旋转蒸发器上在 40℃±2℃充氮条件下蒸至近干（绝不允许蒸干）。残渣用石油醚转移至 10ml 容量瓶中，定容。

从上述容量瓶中准确移取 2.0ml 石油醚溶液放入试管 A 中，再准确移取 7.0ml 石油醚溶液放入另一试管 B 中，将试管置于 40℃±2℃的氮吹仪中，将试管 A 和 B 中的石油醚吹干。向试管 A 中加 5.0ml 甲醇，振荡溶解残渣。向试管 B 中加 2.0ml 正己烷，振荡溶解残渣。再将试管 A 和试管 B 以不低于 5000 转/分钟的速度离心 10 分钟，取出静置至室温后待测。A 管用来测定维生素 A、E，B 管用来测定维生素 D。

（三）测定样品中的维生素 D

1. 维生素 D 待测液的净化 色谱参考条件如下：硅胶柱，150mm×4.6mm，或具同等性能的色谱柱；流动相：环己烷与正己烷按体积比 1∶1 混合，并按体积分数 0.8% 加入异丙醇；流速：1ml/min；波长：264nm；柱温：35℃±1℃；进样体积：500μl。

取约 0.5ml 维生素 D 标准贮备液于 10ml 具塞试管中，在 40℃±2℃ 的氮吹仪上吹干。残渣用 5ml 正己烷振荡溶解。取该溶液 50μl 注入液相色谱仪中测定，确定维生素 D 保留时间。然后将 500μl 待测液（B 管）注入液相色谱仪中，根据维生素 D 标准溶液保留时间收集维生素 D 馏分于试管 C 中。将试管 C 置于 40℃±2℃ 条件下的氮吹仪中吹干，取出准确加入 1.0ml 甲醇，残渣振荡溶解，即为维生素 D 测定液。

2. 维生素 D 测定的参考色谱条件 色谱柱：C_{18} 柱，250mm×4.6mm，5μm，或具同等性能的色谱柱；流动相：甲醇（色谱纯）；流速：1ml/min；检测波长：264nm；柱温：35℃±1℃；进样量：100μl。

3. 标准曲线的绘制 分别准确吸取维生素 D_2（或 D_3）标准贮备液 0.20、0.40、0.60、0.80、1.00ml 于 100ml 棕色容量瓶中，用乙醇定容至刻度混匀。此标准系列工作液浓度分别为 0.200、0.400、0.600、0.800、1.000。分别将维生素 D_2（或 D_3）标准工作液注入液相色谱仪中，得到峰高（或峰面积）。以峰高（或峰面积）为纵坐标，以维生素 D_2（或 D_3）标准工作液浓度为横坐标分别绘制标准曲线。

4. 维生素 D 试样的测定 吸取维生素 D 测定液（C 管）100μl 注入液相色谱仪中，得到峰高（或峰面积），根据标准曲线得到维生素 D 测定液中维生素 D_2（或 D_3）的浓度。维生素 D 回收率测定结果记为回收率校正因子 f，代入测定结果计算公式，对维生素 D 含量测定结果进行校正。

（四）维生素 A、E 的测定

1. 色谱参考条件 色谱柱：C_{18} 柱，250mm×4.6mm，5μm，或具同等性能的色谱柱；流动相：甲醇（色谱纯）；流速：1.0ml/min；检测波长：维生素 A（325nm），维生素 E（294nm）；柱温：35℃±1℃；进样量：20μl。

2. 维生素 A、E 标准曲线的绘制 分别准确吸取维生素 A 标准贮备液 0.50、1.00、1.50、2.00、2.50ml 于 50ml 棕色容量瓶中，用乙醇定容至刻度混匀。此标准系列工作液浓度分别为 1.00、2.00、3.00、4.00、5.00μg/ml。

分别准确吸取维生素 E 标准贮备液 1.00、2.00、3.00、4.00、5.00ml 于 50ml 棕色容量瓶中，用乙醇定容至刻度混匀。此标准系列工作液浓度分别为 10.0、20.0、30.0、40.0、50.0μg/ml。

分别将维生素 A、E 标准工作液注入液相色谱仪中，得到峰高（或峰面积）。以峰高（或峰面积）为纵坐标，以维生素 A、E 标准工作液浓度为横坐标分别绘制维生素 A、E 标准曲线。

3. 维生素 A、E 试样的测定 将"（二）待测液的制备 2. 提取"中制备的 A 管待测液注入液相色谱仪中，得到峰高（或峰面积），根据各自标准曲线得到待测溶液中维生素 A、E 的浓度。

【结果计算与数据处理】

（一）维生素 A 含量

维生素 A 含量按式 2-44 计算。

$$X = \frac{c_s \times 10/2 \times 5 \times 100}{m} \tag{2-44}$$

式中：X 为试样中维生素 A 的含量，$\mu g/100g$；c_s 为从标准曲线得到的维生素 A 待测液的浓度，$\mu g/ml$；m 为试样的质量，g。

注：$1\mu g$ 视黄醇 = 3.11IU 维生素 A。

以重复性条件下获得的两次独立测定结果的算术平均值表示，结果保留三位有效数字。

（二）维生素 D 含量

维生素 D 含量按式 2-45 计算。

$$X=\frac{c_s\times10/7\times2\times2\times100}{m\times f}\tag{2-45}$$

式中：X 为试样中维生素 D_2（或 D_3）的含量，$\mu g/100g$；c_s 为从标准曲线得到的维生素 D_2（或 D_3）待测液的浓度，$\mu g/ml$；m 为试样的质量，g；f 为回收率校正因子。

以重复性条件下获得的两次独立测定结果的算术平均值表示，结果保留三位有效数字。

（三）维生素 E 含量

维生素 E 含量按式 2-46 计算。

$$X=\frac{c_s\times10/2\times5\times100}{m\times1000}\tag{2-46}$$

式中：X 为试样中维生素 E（α-生育酚）的含量，$mg/100g$；c_s 为从标准曲线得到的维生素 E 待测液的浓度，$\mu g/ml$；m 为试样的质量，g。

以重复性条件下获得的两次独立测定结果的算术平均值表示，结果保留三位有效数字。

【技术提示】

测定维生素 D 的试样需要同时做回收率实验。试样中维生素 D 的含量以维生素 D_2 和 D_3 的含量总和计。在重复性条件下获得的两次独立测定结果的绝对差值，维生素 A、E 不得超过算术平均值的 5%，维生素 D 不得超过算术平均值的 10%。

实训三十四　高效液相色谱法测定食品中维生素 A 和维生素 E 含量

【测定原理】

试样中的维生素 A 及维生素 E 经皂化提取处理后，将其从不可皂化部分提取至有机溶剂中。用高效液相色谱法 C_{18} 反相柱将维生素 A 和维生素 E 分离，经紫外检测器检测，用内标法定量测定。

【适用范围】

本方法适用于各种食品中维生素 A 和维生素 E 的同时测定。

最小检出限分别为维生素 A 0.8ng、α-生育酚 91.8ng、γ-生育酚 36.6ng、δ-生育酚 20.6ng。

【试剂仪器准备】

（一）试剂

（1）无水乙醚：不含过氧化物。过氧化物检查方法：用 5ml 乙醚加 1ml 10% 碘化钾溶液，振摇 1 分钟，如有过氧化物则放出游离碘，水层呈黄色，或加 4 滴 0.5% 淀粉溶液，水层呈蓝色。该乙醚需处理后使用。去除过氧化物的方法：重蒸乙醚时，瓶中放入纯铁丝或铁末少许。弃去 10% 初馏液和 10% 残馏液。

（2）无水乙醇：不得含有醛类物质。检查方法：取 2ml 银氨溶液于试管中，加入少量乙醇，摇匀，再加入氢氧化钠溶液，加热，放置冷却后，若有银镜反应则表示乙醇中有醛。脱醛方法：取2g硝酸银溶于少量水中。取4g氢氧化钠溶于温乙醇中。将两者倾入1L乙醇中，振摇后，放置暗处两天（不时摇动，促进反应），经过滤，置蒸馏瓶中蒸馏，弃去初蒸出的50ml，当乙醇中含醛较多时，硝酸银用量适当增加。

（3）无水硫酸钠。

（4）甲醇：重蒸后使用。

（5）重蒸水：水中加少量高锰酸钾，临用前蒸馏。

（6）抗坏血酸溶液（100g/L）：临用前配制。

（7）氢氧化钾溶液（1+1）。

（8）氢氧化钠溶液（100g/L）。

（9）硝酸银溶液（50g/L）。

（10）银氨溶液：加氨水至硝酸银溶液（50g/L）中，直至生成的沉淀重新溶解为止，再加氢氧化钠溶液（100g/L）数滴，如发生沉淀，再加氨水直至溶解。

（11）维生素A标准液，视黄醇（纯度85%）或视黄醇乙酸酯（纯度90%）经皂化处理后使用。用脱醛乙醇溶解维生素A标准品，使其浓度大约为1ml相当于1mg视黄醇，临用前用紫外分光光度法标定其准确浓度。

（12）维生素E标准液：α-生育酚（纯度95%），γ-生育酚（95%），δ-生育酚（纯度95%）。用脱醛乙醇分别溶解以上三种维生素E标准品，使其浓度大约为1ml相当于1mg。临用前用紫外分光光度计分别标定此三种维生素E溶液的准确浓度。

（13）内标溶液：称取苯并[e]芘（纯度98%），用脱醛乙醇配制成每1ml相当10μg苯并[e]芘的内标溶液。

（14）pH 1～14试纸。

（二）仪器

（1）实验室常用仪器。

（2）高效液相色谱仪：带紫外分光检测器。

（3）旋转蒸发器。

（4）高速离心机。小离心管：具塑料盖1.5～3.0ml塑料离心管（与高速离心机配套）。

（5）高纯氮气。

（6）恒温水浴锅。

（7）紫外分光光度计。

【样品测定】

（一）样品处理

1. 皂化 准确称取1～10g试样（含维生素A约3μg，维生素E各异构体约为40μg）于皂化瓶中，加30ml无水乙醇，进行搅拌，直到颗粒物分散均匀为止。加入10%抗坏血酸5ml，2.00ml苯并[e]芘标准溶液（5μg/L，内标用），混匀，加10ml氢氧化钾溶液（1+1），混匀，于沸水浴回流30分钟使皂化完全，皂化后立即放入冰水中冷却。

2. 提取 将皂化后的样品移入分液漏斗中，用50ml水分2～3次洗皂化瓶，洗液并入分液漏斗中。用约100ml无水乙醚分两次洗皂化瓶及残渣，乙醚液并入分液漏斗中。如有残渣，可将此液通过有少许脱脂棉的漏斗滤入分液漏斗。轻轻振摇分液漏斗2分钟，静置分层，弃去水层。

3. 洗涤 用约50ml水分液漏斗中的乙醚层，用pH试纸检验直至水层不显碱性（最初水洗轻摇，逐次振摇强度可增加）。

4. 浓缩 将乙醚提取液经无水硫酸钠（约5g）滤入与旋转蒸发器配套的250~300ml 球形蒸发瓶内，用约100ml 乙醚冲洗分液漏斗及无水硫酸钠3次，并入蒸发瓶内，并将其接至旋转蒸发器上，于55℃水浴中减压蒸馏并回收乙醚，待瓶中剩下约2ml 乙醚时，取下蒸发瓶，立即用氮气吹掉乙醚，立即加入2.00ml 乙醇，充分混合，溶解提取物。将乙醇液移入一小塑料离心管中，于离心机上离心5分钟（5000r/min），上清液供色谱分析。如果试样中维生素含量过少，可用氮气将乙醇液吹干后，再用乙醇重新定容。并记下体积比。

（二）液相色谱分析

色谱参考条件：预柱：ultrasphere ODS 10μm，4mm×4.5cm；分析柱：ultrasphere ODS 5μm，4.6mm×25cm；流动相：甲醇-水（98:2），混匀，临用前脱气；紫外检测器波长：300nm，量程0.02；进样量：20μl；流速：1.70ml/min。

【结果计算与数据处理】

试样中维生素含量按式2-47计算。

$$X = \frac{c}{m} \times V \times \frac{100}{1000} \tag{2-47}$$

式中：X 为试样中维生素含量，mg/100g；c 为由标准曲线上查到某种维生素含量，μg/ml；V 为试样浓缩定容体积，ml；m 为试样质量，g。

计算结果保留三位有效数字。

【技术提示】

（1）定性方法采用标准物色谱图的保留时间定性，定量方法采用内标两点法进行定量计算。先制备标准曲线，根据色谱图求出某种维生素峰面积与内标物峰面积的比值，以此值在标准曲线上查到其含量，或用回归方程求出其含量。

（2）实验操作应在微弱光线下进行，或用棕色玻璃仪器，避免维生素的破坏。

（3）本法不能将 β-生育酚和 γ-生育酚分开，故 γ-生育酚峰中含有 β-生育酚峰。

二、水溶性维生素的测定

水溶性维生素广泛存在于动植物组织中，在食物中常以多种辅酶形式存在。水溶性维生素都易溶于水，而不溶于苯、乙醚、三氯甲烷等大多数有机溶剂。在酸性介质中很稳定，即使加热也不破坏；但在碱性介质中不稳定，如果同时加热，更易于破坏或分解。它们易受空气、光、热、酶、金属离子等的影响。维生素 B_2 对光特别是紫外线敏感，易被光线破坏；维生素 C 对氧、铜离子敏感，易被氧化。维生素 C 既具有有机酸的性质，也具有还原剂的性质。

根据上述性质，测定水溶性维生素时，一般多在酸性溶液中进行前处理如维生素 B_1、维生素 B_2 通常采用盐酸水解，或再经淀粉酶、木瓜蛋白酶等酶解作用，使结合态维生素游离出来，再进行提取。维生素 C 通常用草酸、草酸-乙醇、偏磷酸-乙醇溶液直接提取。

测定水溶性维生素常用高效液相色谱法、荧光比色法、比色法和微生物法等。

（一）维生素 B_1 的测定

维生素 B_1 是由一个嘧啶环和一个噻唑环所组成的化合物，又称硫胺素，其分子中既含有氮（N），又含有硫（S）。硫胺素常以盐酸盐的形式出现，为白色结晶，溶于水，微溶于乙醇，不易被氧化，比较耐热，在碱性介质中对热极不稳定，在酸性介质中相当稳定。亚硫酸盐在中、碱性介质中能加速硫胺素的分解和破坏。

　　硫胺素在碱性介质中可被铁氰化钾氧化产生噻嘧色素，在紫外光照射下产生蓝色荧光，可借此以荧光比色法定量。硫胺素能与多种重氮盐偶合呈现各种不同颜色，借此可用比色法测定。荧光比色法和高效液相色谱法灵敏度很高，是目前常用的方法。比色法灵敏度较低，准确度也稍差，适用于硫胺素含量高的样品。依据 GB 5009.84—2016《食品安全国家标准　食品中维生素 B_1 的测定》，测定食品中的维生素 B_1 的方法有高效液相色谱法和荧光分光光度法。

实训三十五　高效液相色谱法测定食品中维生素 B_1 含量

【测定原理】

　　样品在稀盐酸介质中恒温水解、中和、再酶解，水解液用碱性铁氰化钾溶液衍生，正丁醇萃取后，经 C_{18} 反相色谱柱分离，用高效液相色谱-荧光检测器检测，外标法定量。

【适用范围】

　　本方法适用于食品中维生素 B_1 含量的测定。当称样量为 10.0g 时，按照本方法的定容体积，食品中维生素 B_1 的检出限为 0.03mg/100g，定量限为 0.10mg/100g。

【试剂仪器准备】

（一）试剂

（1）正丁醇（$CH_3CH_2CH_2CH_2OH$）。

（2）铁氰化钾 $[K_3Fe(CN)_6]$。

（3）氢氧化钠（NaOH）。

（4）盐酸（HCl）。

（5）乙酸钠（$CH_3COONa \cdot 3H_2O$）。

（6）冰乙酸（CH_3COOH）。

（7）甲醇（CH_3OH）：色谱纯。

（8）五氧化二磷（P_2O_5）或者氯化钙（$CaCl_2$）。

（9）木瓜蛋白酶：应不含维生素 B_1，酶活力 ≥800U（活力单位）/mg。

（10）淀粉酶：应不含维生素 B_1，酶活力 ≥3700U/g。

（11）维生素 B_1 标准品：盐酸硫胺素（$C_{12}H_{17}ClN_4OS \cdot HCl$），CAS：67-03-8，纯度 ≥99.0%。

（二）试剂配制

1. 铁氰化钾溶液（20g/L）　称取 2g 铁氰化钾，用水溶解并定容至 100ml，摇匀。临用前配制。

2. 氢氧化钠溶液（100g/L）　称取 25g 氢氧化钠，用水溶解并定容至 250ml，摇匀。

3. 碱性铁氰化钾溶液　将 5ml 铁氰化钾溶液与 200ml 氢氧化钠溶液混合，摇匀。临用前配制。

4. 盐酸溶液（0.1mol/L）　移取 8.5ml 盐酸，加水稀释至 1000ml，摇匀。

5. 盐酸溶液（0.01mol/L）　量取 0.1mol/L 盐酸溶液 50ml，用水稀释并定容至 500ml，摇匀。

6. 乙酸钠溶液（0.05mol/L）　称取 6.80g 乙酸钠，加 900ml 水溶解，用冰乙酸调 pH

为 4.0~5.0 之间，加水定容至 1000ml。经 0.45μm 微孔滤膜过滤后使用。

7. 乙酸钠溶液（2.0mol/L） 称取 27.2g 乙酸钠，用水溶解并定容至 100ml，摇匀。

8. 混合酶溶液 称取 1.76g 木瓜蛋白酶、1.27g 淀粉酶，加水定容至 50ml，涡旋震荡，使呈混悬状液体，冷藏保存。临用前再次摇匀后使用。

9. 维生素 B$_1$ 标准贮备液（500μg/ml） 准确称取经五氧化二磷或者氯化钙干燥 24 小时的盐酸硫胺素标准品 56.1mg（精确至 0.1mg），相当于 50mg 硫胺素，用盐酸溶液（0.01mol/L）溶解并定容至 100ml，摇匀。置于 0~4℃ 冰箱中，保存期为 3 个月。

10. 维生素 B$_1$ 标准中间液（10.0μg/ml） 准确移取 2.00ml 标准贮备液，用水稀释并定容至 100ml，摇匀。临用前配制。

11. 维生素 B$_1$ 标准系列工作液 吸取维生素 B$_1$ 标准中间液 0、50.0、100、200、400、800、1000μl，用水定容至 10ml，标准系列工作液中维生素 B$_1$ 的浓度分别为 0、0.050、0.100、0.200、0.400、0.800、1.00μg/ml。临用时配制。

（三）仪器

（1）高效液相色谱仪：配置荧光检测器。

（2）分析天平：感量为 0.01g 和 0.1mg。

（3）离心机：转速 ≥4000r/min。

（4）pH 计：精度 0.01。

（5）组织捣碎机：最大转速不低于 10000r/min。

（6）电热恒温干燥箱或高压灭菌锅。

【样品测定】

（一）试样的制备

1. 液体或固体粉末样品 将样品混合均匀后，立即测定或于冰箱中冷藏。

2. 新鲜水果、蔬菜和肉类 取 500g 左右样品（肉类取 250g），用匀浆机或者粉碎机将样品均质后，制得均匀性一致的匀浆，立即测定或者于冰箱中冷冻保存。

3. 其他含水量较低的固体样品 如含水量在 15% 左右的谷物，取约 100g 样品，用粉碎机将样品粉碎后，制得均匀性一致的粉末，立即测定或者于冰箱中冷藏保存。

（二）试样溶液的制备

1. 试液提取 称取 3~5g（精确至 0.01g）固体试样或者 10~20g 液体试样于 100ml 锥形瓶中（带有软质塞子），加 60ml 0.1mol/L 盐酸溶液，充分摇匀，塞上软质塞子，高压灭菌锅中 121℃ 保持 30 分钟。水解结束待冷却至 40℃ 以下取出，轻摇数次；用 pH 计指示，用 2.0mol/L 乙酸钠溶液调节 pH 至 4.0 左右，加入 2.0ml（可根据酶活力不同适当调整用量）混合酶溶液，摇匀后，置于培养箱中 37℃ 过夜（约 16 小时）；将酶解液全部转移至 100ml 容量瓶中，用水定容至刻度，摇匀，离心或者过滤，取上清液备用。

2. 试液衍生化 准确移取上述上清液或者滤液 2.0ml 于 10ml 试管中，加入 1.0ml 碱性铁氰化钾溶液，涡旋混匀后，准确加入 2.0ml 正丁醇，再次涡旋混匀 1.5 分钟后静置约 10 分钟或者离心，待充分分层后，吸取正丁醇相（上层）经 0.45μm 有机微孔滤膜过滤，取滤液于 2ml 棕色进样瓶中，供分析用。若试液中维生素 B$_1$ 浓度超出线性范围的最高浓度值，应取上清液稀释适宜倍数后，重新衍生后进样。

另取 2.0ml 标准系列工作液，与试液同步进行衍生化。

注：（1）室温条件下衍生产物在 4 小时内稳定。

（2）试液提取和试液衍生化操作过程应在避免强光照射的环境下进行。

（3）辣椒干等样品，提取液直接衍生后测定时，维生素 B_1 的回收率偏低。提取液经人造沸石净化后，再衍生时维生素 B_1 的回收率满足要求。故对于个别特殊样品，当回收率偏低时，样品提取液应净化后再衍生，具体操作步骤见荧光分光光度法。

（三）仪器参考条件

色谱柱：C_{18} 反相色谱柱（粒径 5μm，250mm×4.6mm）或相当者。流动相：0.05mol/L 乙酸钠溶液－甲醇（65:35）。流速：0.8ml/min。检测波长：激发波长 375nm，发射波长 435nm。进样量：20μl。

（四）标准曲线的制作

将标准系列工作液衍生物注入高效液相色谱仪中，测定相应的维生素 B_1 峰面积，以标准工作液的浓度（μg/ml）为横坐标，以峰面积为纵坐标，绘制标准曲线。

（五）试样溶液的测定

按照上述色谱条件，将试样衍生物溶液注入高效液相色谱仪中，得到维生素 B_1 的峰面积，根据标准曲线计算得到待测液中维生素 B_1 的浓度。

【结果计算与数据处理】

试样中维生素 B_1（以硫胺素计）含量按式 2-48 计算。

$$X = \frac{c \times V \times f}{m \times 1000} \times 100 \qquad (2-48)$$

式中：X 为试样中维生素 B_1（以硫胺素计）的含量，mg/100g；c 为由标准曲线计算得到的试液（提取液）中维生素 B_1 的浓度，μg/ml；V 为试液（提取液）的定容体积，ml；f 为试液（上清液）衍生前的稀释倍数；m 为试样的质量，g。

注：试样中测定的硫胺素含量乘以换算系数 1.121，即得盐酸硫胺素的含量。

计算结果以重复性条件下获得的两次独立测定结果的算术平均值表示，结果保留三位有效数字。在重复性条件下获得的两次独立测定结果的绝对差值不得超过算术平均值的 10%。

实训三十六　荧光分光光度法测定食品中维生素 B_1 含量

【测定原理】

硫胺素在碱性铁氰化钾溶液中被氧化成噻嘧色素，在紫外线照射下，噻嘧色素发出荧光。在给定的条件下，以及没有其他荧光物质干扰时，其荧光之强度与噻嘧色素的含量成正比，即与溶液中硫胺素量成正比，与标准比较进行定量。如试样中含杂质过多，应经过离子交换剂处理，使硫胺素与杂质分离，然后以所得溶液用于测定。

【适用范围】

本方法适用于各类食品中硫胺素的测定，但不适用于有吸附硫胺素能力的物质和含有影响噻嘧色素荧光物质的样品。本方法检出限为 0.04mg/100g，定量限为 0.12mg/100g。

【试剂仪器准备】

（一）试剂

（1）正丁醇：需经重蒸馏后使用。

（2）无水硫酸钠：560℃烘烤 6 小时后使用。

（3）铁氰化钾。

（4）氢氧化钠。

（5）盐酸。

（6）乙酸钠。

（7）冰乙酸。

（8）人造沸石。

（9）硝酸银。

（10）溴甲酚绿。

（11）五氧化二磷或者氯化钙。

（12）氯化钾。

（13）淀粉酶：不含维生素 B_1，酶活力 $\geq 3700U/g$。

（14）木瓜蛋白酶：不含维生素 B_1，酶活力 $\geq 800U$（活力单位）$/g$。

（15）维生素 B_1 标准品：盐酸硫胺素（$C_{12}H_{17}ClN_4OS \cdot HCl$），CAS：67-03-8，纯度 $\geq 99.0\%$。

（二）试剂配制

1. 盐酸溶液（0.1mol/L） 移取 8.5ml 浓盐酸（相对密度 1.19 或 1.20）用水稀释至 1000ml，摇匀。

2. 盐酸溶液（0.01mol/L） 量取 0.1mol/L 盐酸溶液 50ml，用水稀释并定容至 500ml，摇匀。

3. 乙酸钠溶液（2mol/L） 称取 272g 乙酸钠，用水溶解并定容至 1000ml，摇匀。

4. 混合酶溶液 称取 1.76g 木瓜蛋白酶、1.27g 淀粉酶，加水定容至 50ml，涡旋，使呈混悬状液体，冷藏保存。临用前再次摇匀后使用。

5. 氯化钾溶液（250g/L） 称取 250g 氯化钾，用水溶解并定容至 1000ml，摇匀。

6. 酸性氯化钾溶液（250g/L） 移取 8.5ml 浓盐酸，用 250g/L 氯化钾溶液稀释至 1000ml，摇匀。

7. 氢氧化钠溶液（150g/L） 称取 150g 氢氧化钠，用水溶解并定容至 1000ml，摇匀。

8. 铁氰化钾溶液（10g/L） 称取 1g 铁氰化钾溶，用水溶解并定容至 100ml，摇匀，于棕色瓶内保存。

9. 碱性铁氰化钾溶液 移取 4ml 10g/L 铁氰化钾溶液，用 150g/L 氢氧化钠溶液稀释至 60ml，摇匀。用时现配，避光使用。

10. 乙酸溶液 量取 30ml 冰乙酸，用水稀释并定容至 1000ml，摇匀。

11. 硝酸银溶液（0.01mol/L） 称取 0.17g 硝酸银，用 100ml 水溶解后，于棕色瓶中保存。

12. 氢氧化钠溶液（0.1mol/L） 称取 0.4g 氢氧化钠，用水溶解并定容至 100ml，摇匀。

13. 溴甲酚绿溶液（0.4g/L） 称取 0.1g 溴甲酚绿，置于小研钵中，加入 1.4ml 0.1mol/L 氢氧化钠溶液研磨片刻，再加入少许水继续研磨至完全溶解，用水稀释至 250ml。

14. 活性人造浮石 称取 200g 40~60 目的人造浮石于 2000ml 试剂瓶中，加入 10 倍于其体积的接近沸腾的热乙酸溶液，振荡 10 分钟，静置后，弃去上清液，再加入热乙酸溶液，重复一次；再加入 5 倍于其体积的接近沸腾的热 250g/L 氯化钾溶液，振荡 15min，倒出上清液；再加入乙酸溶液，振荡 10 分钟，倒出上清液；反复洗涤，最后用水洗直至不含氯离子。

氯离子的定性鉴别方法：取 1ml 上述上清液（洗涤液）于 5ml 试管中，加入几滴

0.01mol/L 硝酸银溶液，振荡，观察是否有浑浊产生，如果有浑浊说明还含有氯离子，继续用水洗涤，直至不含氯离子为止。将此活性人造沸石于水中冷藏保存备用。使用时，倒入适量于铺有滤纸的漏斗中，沥干水后称取约 8.0g 倒入充满水的层析柱中。

15. 维生素 B₁ 标准贮备液（100μg/ml） 准确称取经氯化钙或者五氧化二磷干燥 24 小时的盐酸硫胺素 112.1mg（精确至 0.1mg），相当于硫胺素为 100mg，用 0.01mol/L 盐酸溶液溶解，并稀释至 1000ml，摇匀。于 0~4℃ 冰箱避光保存，保存期为 3 个月。

16. 维生素 B₁ 标准中间液（10.0μg/ml） 将标准贮备液用 0.01mol/L 盐酸溶液稀释 10 倍，摇匀，在冰箱中避光保存。

17. 维生素 B₁ 标准使用液（0.100μg/ml） 准确移取维生素 B₁ 标准中间液 1.00ml，用水稀释、定容至 100ml，摇匀。临用前配制。

（三）仪器

（1）电热恒温培养箱。

（2）荧光分光光度计。

（3）离心机：转速≥4000r/min。

（4）pH 计：精度 0.01。

（5）盐基交换管或层析柱：60ml，300mm×10mm 内径。

（6）天平：感量为 0.01g 和 0.01mg。

【样品测定】

（一）样品处理

1. 试样预处理 用匀浆机将样品均质成匀浆，于冰箱中冷冻保存，用时将其解冻混匀使用。干燥试样取不少于 150g，将其全部充分粉碎后备用。

2. 提取 准确称取适量试样（估计其硫胺素含量约为 10~30μg，一般称取 2~10g 试样），置于 100ml 三角瓶中，加入 50ml 0.1mol/L 盐酸溶液，使得样品分散开，将样品放入恒温箱中于 121℃ 水解 30 分钟，结束后，凉至室温后取出。用 2mol/L 乙酸钠溶液调 pH 值为 4.0~5.0 或者用 0.4g/L 溴甲酚绿溶液为指示剂，滴定至溶液由黄色转变为蓝绿色。

酶解：于水解液中加入 2ml 混合酶液，于 45~50℃ 温箱保温过夜（约 16 小时）。待溶液凉至室温后，转移至 100ml 容量瓶中，用水定容至刻度，混匀、过滤，即得提取液。

3. 净化 装柱：根据待测样品的数量，取适量处理好的活性人造沸石，经滤纸过滤后，放在烧杯中。用少许脱脂棉铺于盐基交换管柱（或层析柱）的底部，加水将棉纤维中的气泡排出，关闭柱塞，加入约 20ml 水，再加入约 8.0g（以湿重计，相当于干重 1.0~1.2g）经预先处理的活性人造沸石，要求保持盐基交换管中液面始终高过活性人造沸石。活性人造沸石柱床的高度对维生素 B₁ 测定结果有影响，高度不低于 45mm。

样品提取液的净化：准确加入 20ml 上述提取液于上述盐基交换管柱（或层析柱）中，使通过活性人造沸石的硫胺素总量约为 2~5μg，流速约为 1 滴/秒。加入 10ml 近沸腾的热水冲洗盐基交换柱，流速约为 1 滴/秒，弃去淋洗液，如此重复三次。于交换管下放置 25ml 刻度试管用于收集洗脱液，分两次加入 20ml 温度约为 90℃ 的酸性氯化钾溶液，每次 10ml，流速为 1 滴/秒。待洗脱液凉至室温后，用 250g/L 酸性氯化钾定容，摇匀，即为试样净化液。

标准溶液的处理：重复上述操作，取 20ml 维生素 B₁ 标准使用液（0.1μg/ml）代替试样提取液，同上用盐基交换管（或层析柱）净化，即得到标准净化液。

4. 氧化　将 5ml 试样净化液分别加入 A、B 两支已标记的 50ml 离心管中。在避光条件下将 3ml 150g/L 氢氧化钠溶液加入离心管 A，将 3ml 碱性铁氰化钾溶液加入离心管 B，涡旋 15 秒，然后各加入 10ml 正丁醇，将 A、B 管同时涡旋 90 秒。静置分层后吸取上层有机相于另一套离心管中，加入 2~3g 无水硫酸钠，涡旋 20 秒，使溶液充分脱水，待测定。

用标准的净化液代替试样净化液重复 4 的操作。

（二）测定

1. 荧光测定条件　激发波长：365nm；发射波长：435nm；狭缝宽度：5nm。

2. 依次测定下列荧光强度　①试样空白荧光强度（试样反应管 A）；②标准空白荧光强度（标准反应管 A）；③试样荧光强度（试样反应管 B）；④标准荧光强度（标准反应管 B）。

【结果计算与数据处理】

试样中维生素 B_1（以硫胺素计）含量按式 2-49 计算。

$$X = (U - U_b) \times \frac{c \times V}{S - S_b} \times \frac{V_1}{V_2} \times \frac{f}{m} \times \frac{100}{1000} \tag{2-49}$$

式中：X 为试样中维生素 B_1（以硫胺素计）的含量，mg/100g；U 为试样荧光强度；U_b 为试样空白荧光值；S 为标准荧光强度；S_b 为标准空白荧光值；c 为硫胺素标准应用液质量浓度，μg/ml；V 为用于净化的硫胺素标准应用液体积，ml；V_1 为试样水解后定容的体积，ml；V_2 为试样用于净化的提取液体积，ml；f 为试样提取液的稀释倍数；m 为样品质量，g；$\frac{100}{1000}$ 为试样含量由 μg/g 换算成 mg/100g 的系数。

注：试样中测定的硫胺素含量乘以换算系数 1.121，即得盐酸硫胺素的含量。维生素 B_1 标准在 0.2~10μg 之间呈线性关系，可以用单点法计算结果，否则用标准工作曲线法。

以重复性条件下获得的两次独立测定结果的算术平均值表示，结果保留三位有效数字。在重复性条件下获得的两次独立测定结果的绝对差值不得超过算术平均值的 10%。

【技术提示】

噻嗪色素在紫外线照射下会被破坏，故硫胺素氧化后，反应瓶宜用黑布遮盖或在暗室中进行氧化和荧光测定。

（二）维生素 B_2 的测定

维生素 B_2 又名核黄素，是由核糖醇与异咯嗪连接而成的化合物。维生素 B_2 能溶于水，水溶液呈现强的黄绿色荧光，对空气、热稳定，在中性和酸性溶液中即使短时间高压加热亦不至于破坏，在 120℃ 条件下加热 6 小时仅有少量破坏，但在碱性溶液中较易被破坏。游离核黄素对光敏感，特别是紫外线，可产生不可逆分解。在碱性溶液中受光线照射很快转化为光黄素，有较强的荧光强度。

测定核黄素常用的方法有荧光法和高效液相色谱法。荧光法又分为测定自身荧光的核黄素荧光法和测定光分解产物荧光的光黄素荧光法，前者分析精度不高，只适合于测定比较纯的试样，后者的灵敏度、精密度都较高，且只要提取完全，可省去将结合型核黄素转变为游离型的操作。高效液相色谱法具有简便、快速的特点。

依据 GB/T 5009.85—2003《食品中核黄素的测定》，食品中维生素 B_2 的测定方法为荧光法。

实训三十七　荧光法测定食品中维生素 B₂ 含量

【测定原理】

核黄素在 440~500nm 波长光照射下产生黄绿色荧光。在稀溶液中，荧光强度与核黄素的浓度成正比。在波长 525nm 下测定其荧光强度。试液再加入低亚硫酸钠（$Na_2S_2O_4$，也叫连二亚硫酸钠），将核黄素还原为无荧光的物质，然后再测定试液中残余荧光杂质的荧光强度，两者差值即为食品中核黄素所产生的荧光强度。

【适用范围】

本法适用于食品中核黄素的含量测定。

【试剂仪器准备】

（一）试剂

（1）硅镁吸附剂：60~100 目。

（2）2.5mol/L 乙酸钠溶液。

（3）木瓜蛋白酶（100g/L）：用 2.5mol/L 乙酸钠溶液配制。使用时现配制。

（4）淀粉酶（100g/L）：用 2.5mol/L 乙酸钠溶液配制。使用时现配制。

（5）0.1mol/L 盐酸。

（6）1mol/L 氢氧化钠。

（7）0.1mol/L 氢氧化钠。

（8）低亚硫酸钠溶液（200g/L）：此液用时现配。保存在冰水浴中，4 小时内有效。

（9）洗脱液：丙酮-冰乙酸-水（5:2:9）。

（10）溴甲酚绿指示剂（0.4g/L）。

（11）高锰酸钾溶液（30g/L）。

（12）过氧化氢溶液（3%）。

（13）核黄素标准贮备液（25μg/ml）：将标准品核黄素粉状结晶置于真空干燥器或盛有硫酸的干燥器中。经过 24h 后，准确称取 50mg，置于 2L 容量瓶中，加入 2.4ml 冰乙酸和 1.5L 水。将容量瓶置于温水中摇动，待其溶解，冷至室温，稀释至 2L，移至棕色瓶内，加少许甲苯盖于溶液表面，于冰箱中保存。

（14）核黄素标准使用液：准确吸取 2.00ml 核黄素标准贮备液，置于 50ml 棕色容量瓶中，用水稀释至刻度。避光，置于 4℃ 冰箱可保存一周。此溶液每毫升相当于 1.00μg 核黄素。

（二）仪器

（1）实验室常用设备。

（2）高压消毒锅。

（3）电热恒温培养箱。

（4）核黄素吸附柱。

（5）荧光分光光度计。

【样品测定】

（一）试样提取

1. 试样水解　准确称取 2~10g 样品（约含 10~200μg 核黄素）于 100ml 三角瓶中，加 50ml 0.1mol/L 盐酸，搅拌直到颗粒物分散均匀。用 40ml 瓷坩埚为盖扣住瓶口，置于高压锅内高压水解，$10.3×10^4$Pa 30 分钟。水解液冷却后，滴加 1mol/L 氢氧化钠，取少许水解液，用 0.4g/L 溴甲酚绿检验呈草绿色，pH 为 4.5。

2. 试样的酶解　含有淀粉的水解液：加入 10g/L 淀粉酶溶液 3ml，于 37~40℃ 保温约 16 小时。含高蛋白的水解液：加 10g/L 木瓜蛋白酶溶液 3ml，于 37~40℃ 保温约 16 小时。

3. 试样过滤　上述酶解液定容至 100.0ml，用干滤纸过滤。此提取液在 4℃ 冰箱中可保存一周。

（二）氧化去杂质

视试样中核黄素的含量取一定体积的试样提取液及核黄素标准使用液（约含 1~10μg 核黄素）分别于 20ml 的带盖刻度试管中，加水至 15ml。各管加 0.5ml 冰乙酸，混匀。加 30g/L 高锰酸钾溶液 0.5ml，混匀，放置 2 分钟，使氧化去杂质，滴加 3% 过氧化氢溶液数滴，直至高锰酸钾的颜色退掉。剧烈振摇此管，使多余的氧气逸出。

（三）核黄素的吸附和洗脱

1. 核黄素吸附柱　硅镁吸附剂 1g 用湿法装入柱，占柱长 1/2~2/3（约 5cm）为宜（吸附柱下端用一小团脱脂棉垫上），勿使柱内产生气泡，调节流速约为 60 滴/min。

2. 过柱与洗脱　将全部氧化后的样液及标准液通过吸附柱后，用约 20ml 热水洗去样液中的杂质。然后用 5.00ml 洗脱液将试样中核黄素洗脱并收集于一带盖 10ml 刻度试管中。再用水洗吸附柱，收集洗出之液体并定容至 10ml，混匀后待测荧光。

（四）标准曲线的制备

分别精确吸取核黄素标准使用液 0.3，0.6，0.9，1.25，2.5，5.0，10.0，20.0ml（相当于 0.3，0.6，0.9，1.25，2.5，5.0，10.0，20.0μg 核黄素）或取与试样含量相近的单点标准按核黄素的吸附和洗脱步骤操作。

（五）测定

于激发光波长 440nm，发射光波长 525nm，测量试样管及标准管的荧光值。待试样及标准的荧光值测量后，在各管的剩余液（约 5~7ml）中加 0.1ml 20% 低亚硫酸钠溶液，立即混匀，在 20 秒内测出各管的荧光值，作各自的空白值。

【结果计算与数据处理】

试样中核黄素的含量按式 2-50 计算。

$$X = \frac{(A-B) \times S}{(C-D) \times m} \times f \times \frac{100}{1000} \tag{2-50}$$

式中：X 为试样中核黄素的含量，mg/100g；A 为试样管荧光值；B 为试样管空白荧光值；C 为标准管荧光值；D 为标准管空白荧光值；f 为稀释倍数；m 为试样质量，g；S 为标准管中核黄素质量，μg；$\frac{100}{1000}$ 为将试样中核黄素含量由 μg/g 换算成 mg/100g 的系数。

计算结果表示到小数点后两位。精密度重复性条件下获得的两次独立测定结果的绝对差值不得超过算术平均值的 10%。

（三）维生素 C 的测定

维生素 C，又称抗坏血酸，广泛存在于植物组织中，新鲜的水果、蔬菜中含量都很丰富。维生素 C 具有较强的还原性，对光敏感，氧化后的产物称为脱氢抗坏血酸，仍然具有生理活性，进一步水解则生成 2,3-二酮古乐糖酸，失去生理作用。食品分析中的所谓总抗坏血酸是指抗坏血酸和脱氢抗坏血酸二者的总量，不包括 2,3-二酮古乐糖酸和进一步的氧化产物。

根据 GB 5413.18—2010《食品安全国家标准　婴幼儿食品和乳品中维生素 C 的测定》、GB 5009.86—2016《食品安全国家标准　食品中抗坏血酸的测定》，维生素 C 的测定方法为高效液相色谱法、荧光法和 2,6-二氯靛酚滴定法。

✍️ 实训三十八　荧光法测定食品中维生素 C 含量

【测定原理】

维生素 C（抗坏血酸）在活性炭存在下氧化成脱氢抗坏血酸，它与邻苯二胺反应生成荧光物质喹喔啉，其荧光强度与维生素 C 的浓度在一定条件下成正比，以此测定维生素 C 的总量。

【适用范围】

本方法适用于婴幼儿食品和乳品、蔬菜和水果及其制品中维生素 C 的测定。

【试剂仪器准备】

（一）试剂

1. 淀粉酶　酶活力 1.5U/mg，根据活力单位大小调整用量。

2. 偏磷酸-乙酸溶液 A　称取 15g 偏磷酸及 40ml 乙酸（36%）于 200ml 水中，溶解后稀释至 500ml 备用。

3. 偏磷酸-乙酸溶液 B　称取 15g 偏磷酸及 40ml 乙酸（36%）于 100ml 水中，溶解后稀释至 250ml 备用。

4. 酸性活性炭　称取粉状活性炭（化学纯，80~200 目）约 200g，加入 1L 体积分数为 10% 的盐酸，加热至沸腾，真空过滤，用水清洗至滤液中无铁离子为止，在 110~120℃ 烘箱中干燥约 10 小时后使用。

检验铁离子的方法：普鲁士蓝反应。将 20g/L 亚铁氰化钾与体积分数为 1% 的盐酸等量混合，将上述洗出滤液滴入，如有铁离子则产生蓝色沉淀。

5. 乙酸钠溶液　用水溶解 500g 三水乙酸钠，并稀释至 1L。

6. 硼酸-乙酸钠溶液　称取 3.0g 硼酸，用乙酸钠溶液溶解并稀释至 100ml，临用前配制。

7. 邻苯二胺溶液（400mg/L）　称取 40mg 邻苯二胺，用水溶解并稀释至 100ml，临用前配制。

8. 维生素 C 标准溶液（100μg/ml）　称取 0.050g 维生素 C 标准品，用偏磷酸-乙酸溶液 A 溶解并定容至 50ml，再准确吸取 10.0ml 该溶液用偏磷酸-乙酸溶液 A 稀释并定容至 100ml，临用前配制。

（二）仪器

（1）荧光分光光度计。

（2）天平：感量为 0.1mg。

（3）烘箱：温度可调。

（4）培养箱：45℃±1℃。

【样品测定】

（一）试样处理

1. 含淀粉的试样　称取约 5g（精确至 0.0001g）混合均匀的固体试样或约 20g（精确至 0.0001g）液体试样（含维生素 C 约 2mg）于 150ml 三角瓶中，加入 0.1g 淀粉酶，固体试样加入 50ml 45~50℃ 的蒸馏水，液体试样加入 30ml 45~50℃ 的蒸馏水，混合均匀后，用氮气排除瓶中空气，盖上瓶塞，置于 45℃±1℃ 培养箱内 30 分钟，取出冷却至室温，用偏磷酸-乙酸溶液 B 转至 100ml 容量瓶中定容。

2. 不含淀粉的试样　称取混合均匀的固体试样约 5g（精确至 0.0001g），用偏磷酸-乙酸溶液 A 溶解，定容至 100ml。或称取混合均匀的液体试样约 50g（精确至 0.0001g），用偏磷酸-乙酸溶液 B 溶解，定容至 100ml。

（二）待测液的制备

1. 将上述试样及维生素 C 标准溶液转至放有约 2g 酸性活性炭的 250ml 三角瓶中，剧烈振动，过滤（弃去约 5ml 最初滤液），即为试样及标准溶液的滤液。然后准确吸取 5.0ml 试样及标准溶液的滤液分别置于 25ml 及 50ml 放有 5.0ml 硼酸-乙酸钠溶液的容量瓶中，静置 30 分钟后，用蒸馏水定容。以此作为试样及标准溶液的空白溶液。

2. 在此 30 分钟内，再准确吸取 5.0ml 试样及标准溶液的滤液于另外的 25ml 及 50ml 放有 5.0ml 乙酸钠溶液和约 15ml 水的容量瓶中，用水稀释至刻度。以此作为试样溶液及标准溶液。

3. 试样待测液：分别准确吸取上述 2.0ml 试样溶液及试样的空白溶液于 10.0ml 试管中，向每支试管中准确加入 5.0ml 邻苯二胺溶液，摇匀，在避光条件下放置 60 分钟后待测。

4. 标准系列待测液：准确吸取上述标准溶液 0.5、1.0、1.5 和 2.0ml，分别置 10ml 试管中，再用水补充至 2.0ml。同时准确吸取标准溶液的空白溶液 2.0ml 于 10ml 管中。向每支试管中准确加入 5.0ml 邻苯二胺溶液，摇匀，在避光条件下放置 60 分钟后待测。

（三）测定

1. 标准曲线的绘制　将标准系列待测液立刻移入荧光分光光度计的石英杯中，于激发波长 350nm，发射波长 430nm 条件下测定其荧光值。以标准系列荧光值分别减去标准空白荧光值为纵坐标，对应的维生素 C 质量浓度为横坐标，绘制标准曲线。

2. 试样待测液的测定　将试样待测液按上述方法分别测其荧光值，试样溶液荧光值减去试样空白溶液荧光值后在标准曲线上查得对应的维生素 C 质量浓度。

【结果计算与数据处理】

试样中维生素 C 的含量按式 2-51 计算。

$$X = \frac{c \times V \times f}{m} \times \frac{100}{1000} \qquad (2-51)$$

式中：X 为试样中维生素 C 的含量，mg/100g；V 为试样的定容体积，ml；c 为由标准曲线查得的试样测定液中维生素 C 的质量浓度，μg/ml；m 为试样的质量，g；f 为试样稀释倍数。

实训三十九　2,6-二氯靛酚法测定食品中维生素 C 含量

【测定原理】

用蓝色的碱性染料 2,6-二氯靛酚标准溶液对 L(+)-含抗坏血酸的试样酸性浸出液

进行氧化还原滴定，2,6-二氯靛酚被还原为无色，当到达滴定终点时，多余的2,6-二氯靛酚在酸性介质中显浅红色，由2,6-二氯靛酚的消耗量计算样品中L(+)-抗坏血酸的含量。

【适用范围】

本方法适用于果品、蔬菜及其加工制品中还原型抗坏血酸的测定（不含二价铁、二价锡、一价铜、二氧化硫、亚硫酸盐或硫代硫酸盐），不适用于深色样品。

【试剂仪器准备】

（一）试剂

1. 浸提剂

（1）偏磷酸溶液（20g/L）：称取20g偏磷酸，用水溶解并定容至1L。

（2）草酸溶液（20g/L）：称取20g草酸，用水溶解并定容至1L。

2. 抗坏血酸标准溶液（1mg/ml） 称取100mg（准确至0.1mg）抗坏血酸，溶于浸提剂中并稀释至100ml。该溶液在2~8℃避光条件下可保存一周。

3. 2,6-二氯靛酚（2,6-二氯靛酚钠盐）溶液 称取碳酸氢钠52mg溶解在200ml热蒸馏水中，然后称取2,6-二氯靛酚50mg溶解在上述碳酸氢钠溶液中。冷却定容至250ml，过滤至棕色瓶内，保存在冰箱中。每次使用前，用标准抗坏血酸标定其滴定度。即吸取1ml抗坏血酸标准溶液于50ml锥形瓶中，加入10ml浸提剂，摇匀，用2,6-二氯靛酚溶液滴定至溶液呈粉红色15秒不退色为止。同时，另取10ml浸提剂做空白试验。

滴定度按式2-52计算。

$$T = \frac{c \times V}{V_1 - V_2} \tag{2-52}$$

式中：T为每毫升2,6-二氯靛酚溶液相当于抗坏血酸的毫克数，mg/ml；c为抗坏血酸的质量浓度，mg/ml；V为吸取抗坏血酸标准溶液的体积，ml；V_1为滴定抗坏血酸溶液所消耗2,6-二氯靛酚溶液的体积，ml；V_2为滴定空白溶液所用2,6-二氯靛酚溶液的体积，ml。

4. 白陶土（或称高岭土） 对维生素C无吸附性。

（二）仪器

（1）高速组织捣碎机：8000~12000r/min。

（2）分析天平。

（3）滴定管：25ml、10ml。

（4）容量瓶：100ml。

（5）锥形瓶：100ml、50ml。

（6）吸管：10ml、5ml、2ml、1ml。

（7）烧杯：250ml、50ml。

（8）漏斗。

【样品测定】

（一）样液制备

称取具有代表性样品的可食部分100g，放入组织捣碎机中，加100ml浸提剂，迅速捣成匀浆。称10~40g浆状样品，用浸提剂将样品移入100ml容量瓶，并稀释至刻度，摇匀过滤。若滤液有色，可按每克样品加0.4g白陶土脱色后再过滤。

（二）测定

准确吸取 10ml 滤液放入 50ml 锥形瓶中，用已标定过的 2,6-二氯靛酚溶液滴定，直至溶液呈粉红色 15 秒不退色为止。同时做空白试验。

【结果计算与数据处理】

试样中 L(+)-抗坏血酸含量按式 2-53 计算。

$$X = \frac{(V-V_0) \times T \times A}{m} \times 100 \tag{2-53}$$

式中：X 为试样中 L(+)-抗坏血酸含量，mg/100g；V 为滴定样液时消耗染料溶液的体积，ml；V_0 为滴定空白时消耗染料溶液的体积，ml；T 为 2,6-二氯靛酚染料滴定度，mg/ml；A 为稀释倍数；m 为样品重量，g。

平行测定的结果，用算术平均值表示，取三位有效数字，含量低的保留小数点后两位数字。平行测定结果的相对偏差，在试样中 L(+)-抗坏血酸含量大于 20mg/100g 时，不得超过 2%，小于 20mg/100g 时，不得超过 5%。

【技术提示】

样品中如含还原性的铁离子、铜离子或亚锡离子等物质时，会使结果偏高。在提取过程中，可加入 EDTA 等络合剂。

📊 岗位对接

本项目是食品质量与安全、食品检测技术、食品营养与检测等专业学生必须掌握的内容，为成为合格的食品检测人员打下坚实的基础。

本项目对接食品检验工的资格考试和职业技能标准，按照《中华人民共和国食品安全法》《食品安全国家标准》要求，食品生产经营企业应当加强食品检验工作，对原料检验、半成品检验、成品出厂检验等进行检验控制；食品生产企业可以自行对所生产的食品进行检验，也可以委托符合本法规定的食品检验机构进行检验。从事食品检验岗位的工作人员均应掌握以下相关的知识和技能要求。

1. 能按照国家标准，正确规范测定各类食品中的水分、灰分、矿物质、酸类物质、脂类、碳水化合物、蛋白质、氨基酸和维生素的含量。

2. 会根据检验结果进行食品品质的判定。

3. 熟练使用紫外分光光度计、原子吸收分光光度计、气相色谱仪、高效液相色谱仪、荧光分光光度计等分析仪器。

4. 具有相关实验室安全知识和实验室管理能力。

📊 重点小结

本项目主要依据国家标准介绍了食品中水分、灰分、矿物质、酸类物质、脂类、碳水化合物、蛋白质、维生素和矿物质等常见成分的检测方法。具体总结如下。

成分	分类		国家标准	方法
水分	水分		GB 5009.3—2016 GB/T 20980—2007	直接干燥法 减压干燥法 蒸馏法 卡尔·费休法 红外线快速测定法
	水分活度		GB 5009.238—2016	康卫氏皿扩散法 水分活度仪扩散法
灰分	总灰分 水溶性充分和水不溶性灰分 酸溶性灰分和酸不溶性灰分		GB 5009.4—2016	直接灰化法
矿物质	常量元素	镁	GB/T 5009.90—2003	原子吸收分光光度法
		钙	GB/T 5009.92—2003	原子吸收分光光度法 EDTA 络合滴定法
	微量金属元素	锌	GB/T 5009.14—2003	原子吸收光谱法
		铁	GB/T 5009.90—2003	原子吸收分光光度法
		铜	GB/T 5009.13—2003	原子吸收光谱法 二乙基二硫代氨基甲酸钠法
	微量非金属元素	碘	GB 5413.23—2010	气相色谱法
		硒	GB 5009.93—2010	氢化物原子荧光光谱法 荧光法
酸类物质	总酸		GB/T 12456—2008	酸碱滴定法
	有效酸度			酸度计法
	挥发酸			直接法
脂类	脂肪		GB/T 5009.6—2003	索氏抽提法 酸水解法
	胆固醇		GB/T 5009.128—2003	硫酸铁铵比色法
碳水化合物	还原糖		GB 5009.7—2016	直接滴定法
	蔗糖		GB/T 5009.8—2008	高效液相色谱法 酸水解法
	总糖			酸水解-直接滴定法
	淀粉		GB/T 5009.9—2008	酶水解法 酸水解法
	纤维素		GB 5009.88—2014	酶重量法
	果胶		NY/T 2016—2011	分光光度法

续表

成分	分类		国家标准	方法
蛋白质和氨基酸	蛋白质		GB 5009.5—2010	凯氏定氮法 分光光度法
	氨基酸态氮		GB 5009.235—2016	酸度计法
维生素	脂溶性维生素	维生素 A 维生素 D 维生素 E	GB 5413.9—2010 GB/T 5009.82—2003	高效液相色谱法
	水溶性维生素	维生素 B_1	GB 5009.84—2016	高效液相色谱法 荧光分光光度法
		维生素 B_2	GB/T 5009.85—2003	荧光法
		维生素 C	GB 5413.18—2010 GB 5009.86—2016	荧光法 2,6-二氯靛酚法

目标检测

一、选择题

1. 常压干燥法一般使用的温度是（　　　）。
   A. 101~105℃　　　B. 120~130℃　　　　C. 500~600℃　　　　D. 300~400℃

2. 为使食品中的挥发酸游离出来，在测定前需加入少量（　　　）。
   A. 硫酸　　　　　　B. 磷酸　　　　　　　C. 氢氧化钾　　　　D. 盐酸

二、判断题

1. 测定样品中钙含量时，需先将样品用石磨研碎。（　　　）
2. 直接滴定法测定还原糖含量滴定时不能随意摇动锥形瓶，更不能把锥形瓶从热源上取下来滴定。（　　　）

三、填空题

1. 凯氏定氮法消化过程中 H_2SO_4 的作用是_____；$CuSO_4$ 的作用是_____。
2. 用直接滴定法测定食品还原糖含量时，所用的碱式酒石酸铜标准液由甲乙两种溶液组成，一般用_____标准溶液对其进行标定。滴定时所用的指示剂是_____，掩蔽 Cu_2O 的试剂是_____，滴定终点为_____。

四、计算题

索氏提取法测定核桃中脂肪的含量：取可食部分，用干燥洁净的研钵将其研细，置于103℃±2℃烘箱中干燥2小时后，称取 2.8095g 试样于滤纸筒中，置于索氏提取器中提取，回收溶剂，干燥至恒重，称量提取物及底瓶总重为 31.2084g，已知底瓶质量为 30.1045g，试试算核桃中的脂肪含量？（g/100g）

五、简答题

1. 简述食品中有机酸的种类及其特点？

2. 食品中脂肪测定的方法有哪些？分别适用于什么样品？

3. 测定水溶性维生素时，从样品中提取浓缩可采用哪些方法？

（田艳花　江文杰　卫　琳　薛香菊　谭小蓉）

项目三

食品添加剂的检验

学习目标

知识要求　**1. 掌握**　各种食品添加剂的测定原理和方法。
　　　　　2. 熟悉　食品加添加剂的类型及测定意义。
　　　　　3. 了解　食品添加剂的用途。
技能要求　1. 能根据食品的类型及性质选择适当的分析方法。
　　　　　2. 能采用规定方法测定食品中常见添加剂。

案例导入

案例： 2014 年 4 月，云南省昆明市质量技术监督局、食药监局和西山公安分局联合对某处生产米线的黑作坊进行了突查，发现生产现场堆积大量焦亚硫酸钠、三聚磷酸钠、复配水分保持剂、面粉增筋剂和特精粉添加剂。而长期食用含有非法或超量的添加剂的食品，会对人体造成严重毒害。

讨论： 1. 我国允许使用的食品添加剂有哪些？
　　　　2. 如何正确检测食品中的添加剂含量？

　　食品添加剂是指为改善食品品质和色、香、味以及为防腐、保鲜和加工工艺的需要而加入食品中的化学物质和天然物质。

　　食品添加剂按其来源可分为天然食品添加剂与人工合成食品添加剂两大类：天然食品添加剂是利用动植物或微生物的代谢产物为原料，经提取所获得的天然物质，如甜菜红、姜黄素、辣椒红素、柠檬酸、红曲色素等；人工合成的食品添加剂是将化学原料通过化学反应而合成获得的物质，如苯甲酸钠、山梨酸钾、胭脂红、亚硫酸钠、甜蜜素等；食品加工中使用的添加剂大多数属于化学合成食品添加剂。

　　我国商品分类中的食品添加剂种类共有 35 类，包括增味剂、消泡剂、膨松剂、着色剂、防腐剂等。含添加剂的食品达万种以上。其中，《食品安全国家标准　食品添加剂使用标准》GB 2760—2014 和卫生部公告允许使用的添加剂按功能和用途分为 23 类，共 2400 多种。包括酸度调节剂、抗结剂、消泡剂、抗氧化剂、漂白剂、膨松剂、胶基糖果中基础剂物质、着色剂、护色剂、乳化剂、酶制剂、增味剂、面粉处理剂、被膜剂、水分保持剂、营养强化剂、防腐剂、稳定剂和凝固剂、甜味剂、增稠剂、食品用香料、食品工业用加工助剂、其他类添加剂。

　　食品添加剂促进了现代食品工业的发展，虽然它的含量在食品中仅占有 0.01 ～ 0.1%，但它能明显改善食品的品质，提高食品的质量与稳定性，满足不同人群对食品风味、色泽、口感的需求；也能使食品加工制造更加合理、卫生、便捷，利于食品生产的机械化、自动化，形成特色产业；还能节约食品资源、降低生产成本，提升食品品质和档次的同时，增加经济与社会效益。例如：在食品加工中使用消泡剂、助滤剂、稳定剂和凝固剂等，有利于食品的生产加工操作；食品中加入防腐剂，可防止由微生物引起的食品腐败变质，延长食品的贮存期；食品加工过程中添加天然营养强化剂，可以提高食品的营养价值；无糖食品可用甜味剂代替蔗糖产生甜味，满足糖尿病患者的感官需求。

虽然食品添加剂在食品生产加工中的作用非常重要，但添加剂并不是人体饮食必需的营养成分，若长期食用含有过量甚至非法添加剂的食品，对人体的健康将造成极大损害。且随着人们对食品添加剂的研究方法不断改进和发展，原来认为无害的食品添加剂，近年来发现可能存在慢性毒性、致癌作用、致畸作用及致突变作用等各种潜在的危害，特别是食、药两用的天然添加剂，在生产保健食品时更应对其严格管理。

我国目前以《中华人民共和国食品安全法》和《食品安全国家标准 食品添加剂使用标准》（GB 2760—2014）为准，对食品添加剂制订了严格的安全管理办法，以确保其使用安全。

任务一 甜味剂的测定

甜味剂是一类能赋予食品甜味的食品添加剂。按其营养价值可分为营养性甜味剂和非营养性甜味剂；按其甜度分为低甜度甜味剂与高甜度甜味剂；按其来源可分为天然甜味剂与人工合成甜味剂。

人工合成的甜味剂由于具有安全性高、甜度高、用量少、热量少、多数不被人体利用等特点，故又称为非营养性或低热量甜味剂。对于患有肥胖、高血压、糖尿病、龋齿等人群，甜味剂又能代替糖类满足其感官需求，加之又具有高效、经济等优点，因此在食品特别是软饮料工业中被广泛应用。

我国《食品安全国家标准 食品添加剂使用标准》（GB 2760—2014）中允许使用的甜味剂共 19 种。由于糖精钠和甜蜜素的价格便宜、甜度大，食品中糖精钠、甜蜜素超标的现象较严重，故本节内容主要介绍糖精钠与甜蜜素的测定。

一、糖精钠的测定

糖精钠又名邻苯甲酰磺酰亚胺钠，为无色结晶或白色结晶性粉末，无臭或微有香气，味浓甜带苦，甜度约为蔗糖的 300~500 倍，无营养价值，不被人体利用，若食品中添加过量会出现苦味。

我国《食品安全国家标准 食品添加剂使用标准》（GB 2760—2014）规定糖精钠用于食品的种类及其用量如表 3-1 所示。

表 3-1 糖精钠在不同食品中的最大使用量（以糖精计）

食品名称	最大使用量（g/kg）	食品名称	最大使用量（g/kg）
水果干类（仅限芒果干、无花果干）	5.0	新型豆制品（大豆蛋白及其膨化食品、大豆素肉）	1.0
冷冻饮品（食用冰除外）	0.15	熟制豆类	1.0
果酱	0.2	带壳熟制坚果与籽类	1.2

续表

食品名称	最大使用量（g/kg）	食品名称	最大使用量（g/kg）
蜜饯凉果	1.0	脱壳熟制坚果与籽类	1.0
凉果类	5.0	复合调味料	0.15
话梅类	5.0	配制酒	0.15
果糕类	5.0		

我国《食品中糖精钠的测定》（GB/T 5009.28—2003）收载的食品中糖精钠的测定方法包括高效液相色谱法、薄层色谱法、离子选择电极测定法。

实训一　高效液相色谱法测定食品中糖精钠含量

【测定原理】

试样经加温除去二氧化碳和乙醇，调 pH 至近中性，经微孔滤膜过滤后注入高效液相色谱仪，经反相色谱分离后，根据保留时间定性，以峰面积按外标法定量计算。

【适用范围】

本方法适用于食品中糖精钠的测定。高效液相色谱法取样量为 10g，进样量为 $10\mu l$ 时最低检出量为 1.5ng。

【试剂仪器准备】

（一）试剂

1. 甲醇　经 $0.5\mu m$ 滤膜过滤。

2. 氨水（1+1）　氨水与等体积水混合。

3. 乙酸铵溶液（0.02mol/L）　称取 1.54g 乙酸铵，加水溶解并定容至 1000ml，经 $0.45\mu m$ 滤膜过滤。

4. 糖精钠标准贮备液（1mg/ml）　精密称取 0.0851g 经 120℃烘干 4 小时的糖精钠，置于 100ml 量瓶中，加水溶解并稀释至刻度。

5. 糖精钠标准使用液（0.1mg/ml）　精密量取糖精钠标准贮备液 10ml，置于 100ml 量瓶中，加水稀释至刻度，摇匀，经 $0.45\mu m$ 滤膜过滤。

（二）仪器

（1）高效液相色谱仪：配有紫外检测器或二极管阵列检测器。

（2）超声波清洗机。

（3）微孔滤膜及过滤器。

【样品测定】

（一）样品处理

1. 汽水　称取 5.00~10.00g，置于小烧杯中，微温搅拌除去二氧化碳，用氨水（1+1）调 pH 约 7.0，加水定容至 10~20ml，经 $0.45\mu m$ 滤膜过滤。

2. 果汁　称取 5.00~10.00g，用氨水（1+1）调 pH 约 7.0，加水定容至 10~20ml，离心沉淀，上清液经 $0.45\mu m$ 滤膜过滤。

3. 配制酒类　称取 10.00g，置于小烧杯中，水浴加热除去乙醇，用氨水（1+1）调 pH

约 7.0，加水定容至 20ml，经 0.45μm 滤膜过滤。

（二）色谱条件

1. 色谱柱 YWG-C$_{18}$ 4.6mm×250mm，10μm 不锈钢柱。

2. 流动相 0.02mol/L 乙酸铵溶液-甲醇（95:5）。

3. 流速 1ml/min。

4. 检测器 紫外检测器，波长 230nm。

5. 灵敏度 0.2AUFS。

6. 进样量 10μl。

（三）样品测定

分别精密量取试样处理液与糖精钠标准使用液各 10μl 注入高效液相色谱仪进行分离，以其标准溶液峰的保留时间为依据进行定性，按外标法以峰面积计算，即得。在该色谱条件下可同时分离测定苯甲酸、山梨酸和糖精钠。

【结果计算与数据处理】

试样中糖精钠的含量按式 3-1 计算。

$$X = \frac{A \times 1000}{m \times \dfrac{V_2}{V_1} \times 1000} \tag{3-1}$$

式中：X 为试样中糖精钠的含量，g/kg；A 为进样体积中糖精钠的质量，mg；V_2 为进样体积，ml；V_1 为试样稀释液总体积，ml；m 为试样质量，g。

计算结果保留三位有效数字。在重复性条件下获得的两次独立测定结果的绝对差值不得超过算术平均值的 10%。

【技术提示】

（1）国家标准中仅收载汽水、果汁和配制酒的处理方法，没有收载固体样品的前处理方法。对于月饼、蜜饯、糕点等含蛋白质、脂肪较多的食品，将食品捣碎，加溶剂混匀后，加入乙酸锌和亚铁氰化钾反应后形成氰亚铁酸锌沉淀，可将蛋白质、脂肪包裹在沉淀中过滤除去（效果最好）；也可加入硫酸铜溶液和氢氧化钠溶液沉淀干扰成分并过滤除去。

（2）标准溶液应临用前配制，不可放置过久。

（3）样品前处理的提取方法对测定结果影响较大，可采用水浴加热、超声波提取、振荡提取等方法，其中以超声波和水浴加热的效果较好。

实训二　薄层色谱法测定食品中糖精钠含量

【测定原理】

食品中的糖精钠在酸性条件下用乙醚提取、浓缩、薄层色谱分离、显色后，与标准比较，根据样品斑点与标准品斑点的比移值定性，以颜色深浅进行半定量分析。

【适用范围】

本方法测定糖精钠简便快速，但属于半定量分析方法，不如高效液相色谱法测定结果准确。

【试剂仪器准备】

（一）试剂

（1）乙醚：不含过氧化物。

（2）无水硫酸钠。

（3）无水乙醇或95%乙醇。

（4）聚酰胺粉：200目。

（5）盐酸（1+1）：取100ml盐酸，加水稀释至200ml。

（6）展开剂：正丁醇-氨水-无水乙醇（7:1:2）；异丙醇-氨水-无水乙醇（7:1:2）。

（7）溴甲酚紫溶液（0.4g/L）：称取0.04g溴甲酚紫，加适量50%乙醇使其溶解，加0.4%氢氧化钠溶液1.1ml调pH至8.0，定容为100ml。

（8）硫酸铜溶液（10%）：称取10g硫酸铜，加水溶解并稀释至100ml。

（9）氢氧化钠溶液（0.4%）：称取氢氧化钠0.4g，加水溶解并稀释至100ml。

（10）糖精钠标准溶液（1mg/ml）：精密称取0.0851g经120℃干燥4小时后的糖精钠，置于100ml量瓶中，加乙醇溶解并稀释至刻度，摇匀。

（二）仪器

（1）玻璃纸：生物制品透析纸袋或不含增白剂的市售玻璃纸。

（2）喷雾器。

（3）微量注射器。

（4）紫外灯：波长254nm。

（5）薄层板：10cm×20cm或20cm×20cm。

（6）展开槽。

【样品测定】

（一）样品处理

1. 饮料、冰棍、汽水　精密量取10ml均匀试样（如试样中含有二氧化碳，先加热除去，如试样中含有酒精，加4%氢氧化钠溶液使其呈碱性，在沸水浴中加热除去），置于100ml分液漏斗中，加盐酸（1+1）2ml，用30、20、20ml乙醚提取三次，合并乙醚提取液，用5ml盐酸酸化的水洗涤一次，弃去水层。乙醚层通过无水硫酸钠脱水后，挥发乙醚，加乙醚2ml溶解残留物，密塞保存，备用。

2. 酱油、果汁、果酱等　精密称取20g或精密量取20ml均匀试样，置于100ml量瓶中，加水至约60ml，加10%硫酸铜溶液20ml，混匀，再加4%氢氧化钠溶液4.4ml，加水至刻度，混匀，静置30分钟，过滤，精密量取滤液50ml于150ml分液漏斗中，以下按"1.饮料、冰棍、汽水"自"加盐酸（1+1）2ml"起操作。

3. 固体果汁粉等　精密称取20g研细的均匀试样，置于200ml量瓶中，加100ml水，加热使其溶解，放冷，以下按"2.酱油、果汁、果酱"自"加10%硫酸铜溶液20ml"起操作。

4. 糕点、饼干等蛋白质、脂肪、淀粉含量高的食品　精密称取25g均匀试样，置于透析用玻璃纸中，放入大小适当的烧杯内，加0.08%氢氧化钠溶液50ml。调成糊状，将玻璃纸口扎紧，放入盛有0.08%氢氧化钠溶液200ml的烧杯中，盖上表面皿，透析过夜。

量取125ml透析液（相当于12.5g试样），加约0.4ml盐酸（1+1）使成中性，加10%硫酸铜溶液20ml，混匀，再加0.4%氢氧化钠溶液4.4ml，混匀，静置30分钟，过滤。取120ml（相当于10g试样），置于250ml分液漏斗中，以下按"1.饮料、冰棍、汽水"自"加盐酸（1+1）2ml"起操作。

（二）薄层板的制备

称取1.6g聚酰胺粉，加0.4g可溶性淀粉，加水7ml，研磨3~5分钟，立即涂成0.25~

0.30mm 厚的 10cm×20cm 的薄层板，室温干燥后，在 80℃ 干燥 1 小时，置于干燥器中保存。

（三）点样

在薄层板下端 2cm 处，用微量注射器点 10μl 和 20μl 的样液两个点，同时点 3.0、5.0、7.0、10.0μl 糖精钠标准溶液，各点间距 1.5cm。

（四）展开与显色

将点好的薄层板放入盛有展开剂的展开槽中，展开剂液层约 0.5cm，并预先已达到饱和状态。展开至 10cm，取出薄层板，挥干，喷以 0.04% 溴甲酚紫溶液，斑点出现黄色后，根据试样点和标准点的比移值进行定性，根据斑点颜色深浅进行半定量测定。

【结果计算与数据处理】

试样中糖精钠的含量按式 3-2 计算。

$$X = \frac{A \times 1000}{m \times \dfrac{V_2}{V_1} \times 1000} \tag{3-2}$$

式中：X 为试样中糖精钠的含量，g/kg 或 g/L；A 为测定用样液中糖精钠的质量，mg；m 为试样质量或体积，g 或 ml；V_1 为试样提取液残留物加入乙醇的体积，ml；V_2 为点板液体积，ml。

【技术提示】

（1）样品酸化可将糖精钠转化为糖精，利用糖精难溶于水而易溶于乙醚的性质进行提取。再用盐酸酸化水洗，即可将溶液中水溶性杂质洗去，同时在酸性条件下可防止糖精损失。

（2）对于富含蛋白质、脂肪、淀粉的食品提取，可利用其溶解特性，先在碱性条件下加水溶解、浸取，用透析法除去大部分蛋白质、脂肪、淀粉等干扰成分，使分子质量较小的糖精钠渗透入溶液中，再在酸性条件下用乙醚萃取糖精，然后挥干乙醚。

（3）显色剂的 pH 应控制在 8.0，过高或过低都会使斑点显色不明显或不显色。

（4）聚酰胺板的烘干温度不能超过 80℃，否则聚酰胺板会变色，放置时间不宜过长，否则吸水后易脱落，需要重新活化后点样。

拓展阅读

食品中糖精钠的测定方法除了高效液相色谱法、薄层色谱法之外，还有离子选择电极测定方法。糖精选择电极是以季铵盐所制 PVC 薄膜为感应膜的电极，它和作为参比电极的饱和甘汞电极配合使用以测定食品中糖精钠的含量。当测定温度、溶液总离子强度和溶液接界电位条件一致时，测得的电位遵守能斯特方程，电位差随溶液中糖精离子的活度改变而变化。被测溶液中糖精钠的含量在 0.02～1mg/ml 范围内，电极值与糖精离子浓度的负对数成直线关系。

本法对苯甲酸钠的浓度在 0.2～1g/kg 时无干扰；山梨酸的浓度在 0.05～0.5g/kg，糖精钠含量在 0.1～0.15g/kg 范围内，约有 3%～10% 的正误差；水杨酸及对羟基苯甲酸酯等对本法的测定有严重干扰。

二、甜蜜素的测定

环己基氨基磺酸钠，又名甜蜜素，为白色针状、片状结晶或结晶性粉末，无臭，味甜。甜蜜素为酱菜类、调味汁、糕点、配制酒和饮料中常用的一种非营养性甜味剂，甜度约为蔗糖的 30~50 倍，它具有风味良好、不带异味、还能掩盖糖精钠等添加剂的苦涩味的优点。

我国《食品安全国家标准　食品添加剂使用标准》（GB 2760—2014）对甜蜜素的用量有明确规定，其最大使用量以环己基氨基磺酸计，如表 3-2 所示。

表 3-2　甜蜜素在不同食品中的最大使用量（以环己基氨基磺酸计）

食品名称	最大使用量（g/kg）	食品名称	最大使用量（g/kg）
冰冻饮品（食用冰除外）	0.65	带壳熟制坚果与籽类	6.0
水果罐头	0.65	脱壳熟制坚果与籽类	1.2
果酱	1.0	面包	1.6
蜜饯凉果	1.0	糕点	1.6
凉果类	8.0	饼干	0.65
话梅类	8.0	复合调味料	0.65
果糕类	8.0	饮料类（饮用水除外）	0.65
腌渍蔬菜	1.0	配制酒	0.65
熟制豆类	1.0	果冻	0.65
腐乳类	0.65		

甜蜜素是国内超标较严重的甜味剂之一，若消费者经常食用甜蜜素含量超标的食品，就会因摄入过量而对人体肝脏和神经系统造成毒害，对老人、小孩及孕妇的危害更明显。

我国《食品安全国家标准　食品中环己基氨基磺酸钠的测定》（GB 5009.97—2016）中收载的甜蜜素测定方法包括气相色谱法、高效液相色谱法和液相色谱-质谱/质谱法。

实训三　气相色谱法测定食品中甜蜜素含量

【测定原理】

食品中的环己基氨基磺酸钠用水提取，在硫酸介质中环己基氨基磺酸钠与亚硝酸反应，生成环己基醇亚硝酸酯，利用气相色谱氢火焰离子化检测器进行分离及分析，以保留时间定性，外标法定量。

【适用范围】

气相色谱法适用于饮料类、蜜饯凉果、果丹类、话梅类、带壳及脱壳熟制坚果与籽类、水果罐头、果酱、糕点、面包、饼干、冷冻饮品、果冻、复合调味料、腌渍的蔬菜、腐乳食品中环己基氨基磺酸钠的测定。

取样量为 5g 时，本方法检出限为 0.010g/kg，定量限为 0.030g/kg。

【试剂仪器准备】

（一）试剂

（1）正庚烷。

（2）氯化钠。

（3）石油醚：沸程为 30~60℃。

（4）氢氧化钠溶液（40g/L）：称取 20g 氢氧化钠，溶于水并稀释至 500ml，混匀。

（5）硫酸溶液（200g/L）：量取 54ml 硫酸，小心缓缓加入 400ml 水中，加水至 500ml，混匀。

（6）亚铁氰化钾溶液（150g/L）：称取折合 15g 亚铁氰化钾｛$K_4[Fe(CN)_6]\cdot 3H_2O$｝的试剂，溶于水稀释至 100ml，混匀。

（7）硫酸锌溶液（300g/L）：称取折合 30g 硫酸锌（$ZnSO_4\cdot 7H_2O$）的试剂，溶于水并稀释至 100ml，混匀。

（8）亚硝酸钠（50g/L）：称取 25g 亚硝酸钠，溶于水并稀释至 500ml，混匀。

（9）环己基氨基磺酸标准贮备液（5.00mg/ml）：精密称取 0.5612g 环己基氨基磺酸钠标准品（纯度≥99%），用水溶解并定容至 100ml，混匀，此溶液 1.00ml 相当于环己基氨基磺酸钠 5.00mg（环己基氨基磺酸钠与环己基氨基磺酸的换算系数为 0.8909）。置于冰箱中 1~4℃条件下保存，可保存 12 个月。

（10）环己基氨基磺酸标准使用液（1.00mg/ml）：精密量取 20.00ml 环己基氨基磺酸标准贮备液，加水稀释并定容至 100ml，混匀。置于冰箱中 1~4℃条件下保存，可保存 6 个月。

（二）仪器

（1）气相色谱仪：配有氢火焰离子化检测器（FID）。

（2）涡旋混合器。

（3）离心机：转速≥4000r/min。

（4）样品粉碎机。

（5）恒温水浴锅。

（6）电子天平：感量 1mg、0.1mg。

（7）10μl 微量注射器。

【样品测定】

（一）试样制备

1. 普通液体试样　称取 25.0g 摇匀后的试样（如需要可过滤），加水定容至 50ml，备用。

2. 含二氧化碳的试样　称取 25.0g 试样于烧杯中，60℃水浴加热 30 分钟以除去二氧化碳，放冷，用水定容至 250ml，备用。

3. 含酒精的试样　称取 25.0g 试样于烧杯中，用氢氧化钠溶液调 pH 至 7~8，60℃水浴加热 30 分钟以除去酒精，放冷，用水定容至 50ml，备用。

4. 低脂、低蛋白样品（果酱、果冻、水果罐头、果丹类、蜜饯凉果、浓缩果汁、面包、糕点、饼干、复合调味料、带壳熟制坚果和籽类、腌渍的蔬菜等）　称取打碎、混匀的样品 3.00 ~ 5.00g 于 50ml 离心管中，加 30ml 水，振摇，超声提取 20 分钟，混匀，离心（3000r/min）10 分钟，过滤，用水分次洗涤残渣，收集滤液并定容至 50ml，混匀备用。

5. 高蛋白样品（酸乳、雪糕、冰淇淋等奶制品及豆制品、腐乳等） 冰棒、雪糕、冰淇淋等分别放置于 250ml 烧杯中，待融化后搅匀称取；称取样品 3.00 ~ 5.00g 于 50ml 离心管中，加 30ml 水，超声提取 20 分钟，加 2ml 亚铁氰化钾溶液，混匀，再加入 2ml 硫酸锌溶液，混匀，离心（3000r/min）10 分钟，过滤，用水分次洗涤残渣，收集滤液并定容至 50ml，混匀备用。

6. 高脂样品（奶油制品、海鱼罐头、熟肉制品等） 称取打碎、混匀的样品 3.00 ~ 5.00g 于 50ml 离心管中，加入 25ml 石油醚，振摇，超声提取 3 分钟，再混匀，离心（1000r/min 以上）10 分钟，弃去石油醚，再用 25ml 石油醚提取一次，弃去石油醚，60℃水浴挥发除去石油醚，残渣加 30ml 水，混匀，超声提取 20 分钟，加 2ml 亚铁氰化钾溶液，混匀，再加入 2ml 硫酸锌溶液，混匀，离心（3000r/min）10 分钟，过滤，用水洗涤残渣，收集滤液并定容至 50ml，混匀备用。

（二）衍生化

精密量取经处理的试样溶液 10.00ml 于 50ml 具塞离心管中，将离心管置于冰浴上 5 分钟后，精密量取并加入 5.00ml 正庚烷，加入 2.5ml 亚硝酸钠溶液，2.5ml 硫酸溶液，盖紧离心管盖，摇匀，在冰浴中放置 30 分钟，期间振摇 3 ~ 5 次；加入 2.5g 氯化钠，盖上盖后置于涡旋混合器上振动 1 分钟（或振摇 60 ~ 80 次），低温离心（3000r/min）10 分钟分层或低温静置 20 分钟至澄清分层后取上清液放置于冰箱中 1 ~ 4℃条件下冷藏保存以备进样用。

（三）标准溶液系列的制备及衍生化

精密量取 1.00mg/ml 环己基氨基磺酸钠标准溶液 0.50、1.00、2.50、5.00、10.00、25.00ml 置于 50ml 容量瓶中，加水定容，制成标准溶液系列浓度为：0.01、0.02、0.05、0.10、0.20、0.50mg/ml。临用时配制以备衍生化用。

精密量取标准系列溶液 10.00ml 同法衍生化。

（四）试样测定

1. 色谱条件

（1）色谱柱：弱极性石英毛细管柱（内涂 5% 苯基甲基聚硅氧烷，30m×0.53mm×10μm）或等效柱。

（2）温度程序：初温 55℃保持 3 分钟，10℃/min 升温至 90℃保持 0.5 分钟，20℃/min 升温至 200℃保持 3 分钟。

（3）进样口：温度 230℃；进样量 1μl，不分流/分流进样，分流比 1:5（分流比及方式可根据色谱仪器调整）。

（4）检测器：氢火焰离子化检测器（FID），温度 260℃。

（5）载气：高纯氮气，流量 12.0ml/min，尾吹 20ml/min。

（6）氢气：30ml/min；空气 330ml/min（载气、氢气、空气流量大小可根据仪器条件进行调整）。

2. 色谱分析 按分别吸取 1μl 经衍生化处理后的标准系列各浓度溶液的上清液，注入气相色谱仪中，可测得不同浓度被测物的响应值峰面积，以浓度为横坐标，以环己醇亚硝酸酯和环己醇两峰面积之和为纵坐标，绘制标准曲线。

在完全相同的条件下进样 $1\mu l$ 经衍生化处理的试样待测液上清液，以保留时间定性，测得峰面积，根据标准曲线得到样液中的组分浓度；试样上清液响应值若超出线性范围，应用正庚烷稀释后再进样分析。平行测定次数不少于两次。

【结果计算与数据处理】

试样中环己基氨基磺酸含量按式 3-3 计算。

$$X = \frac{c \times V}{m} \qquad (3-3)$$

式中：X 为试样中环己基氨基磺酸的含量，g/kg；c 为标准曲线计算出定容样液中环己基氨基磺酸的浓度，mg/ml；m 为试样质量，g；V 为试样最后的定容体积，ml。

计算结果以重复性条件下获得的两次独立测定结果的算术平均值表示，结果保留三位有效数字。在重复性条件下获得的两次独立测定结果的绝对差值不得超过算术平均值的 10%。

实训四　高效液相色谱法测定食品中甜蜜素含量

【测定原理】

食品中的环己基氨基磺酸钠用水提取后，在强酸性溶液中与次氯酸钠反应，生成 N,N-二氯环己胺，用正庚烷萃取后，利用高效液相色谱法检测，以保留时间定性，外标法定量。

【适用范围】

高效液相色谱法适用于饮料类、蜜饯凉果、果丹类、话梅类、带壳及脱壳熟制坚果及籽类、配制酒、水果罐头、果酱、糕点、面包、饼干、冷冻饮品、果冻、复合调味料、腌渍的蔬菜、腐乳食品中环己基氨基磺酸钠的测定。

取样量为 5g 时，本方法检出限为 0.010g/kg，定量限为 0.030g/kg。

【试剂仪器准备】

（一）试剂

1. 正庚烷　色谱纯。

2. 乙腈　色谱纯。

3. 石油醚　沸程 30~60℃。

4. 硫酸溶液（1:1）　50ml 硫酸小心缓缓加入 50ml 水中，混匀。

5. 次氯酸钠溶液　用次氯酸钠稀释，保存于棕色瓶中，保持有效氯含量 50g/L 以上，混匀，市售产品需及时标定，临用前配制。

6. 碳酸氢钠溶液（50g/L）　称取 5g 碳酸氢钠，加水溶解并稀释至 100ml，混匀。

7. 硫酸锌溶液（300g/L）　称取折合 30g 硫酸锌（$ZnSO_4 \cdot 7H_2O$）的试剂，溶于水并稀释至 100ml，混匀。

8. 亚铁氰化钾溶液（150g/L）　称取折合 15g 亚铁氰化钾 $\{K_4[Fe(CN)_6] \cdot 3H_2O\}$ 的试剂，溶于水并稀释至 100ml，混匀。

9. 环己基氨基磺酸标准贮备液（5.00mg/ml）　同项目三实训三。

10. 环己基氨基磺酸标准使用液（1.00mg/ml）　同项目三实训三。

11. 环己基氨基磺酸标准曲线系列工作液 分别精密量取标准中间液 0.50、1.00、2.50、5.00、10.00ml 至 50ml 容量瓶中，加水定容。该标准系列溶液浓度分别为 10.0、20.0、50.0、100、200μg/ml，临用前现配。

（二）仪器

（1）高效液相色谱仪：配有紫外检测器或二极管阵列检测器。

（2）超声波振荡器。

（3）离心机：转速≥4000r/min。

（4）样品粉碎机。

（5）恒温水浴锅。

（6）电子天平：感量 1mg、0.1mg。

【样品测定】

（一）样品处理

1. 固体类和半固体类试样 称取均质后试样 5.00g 于 50ml 离心管中，加水 30ml，混匀，超声提取 20 分钟，离心（3000r/min）20 分钟，将上清液移出，用水洗涤残渣并定容至 50ml 备用。含高蛋白类样品可在超声提取时加入 2.0ml 硫酸锌溶液和 2.0ml 亚铁氰化钾溶液。含高脂质类样品可在提取前先加入 25ml 石油醚振摇后弃去石油醚层以除去脂类。

2. 液体类试样处理

（1）普通液体试样 称取摇匀后的样品 25.0g，加水定容至 50ml，备用（如需要可过滤）。

（2）含二氧化碳的试样 称取 25.0g 试样于烧杯中，60℃ 水浴加热 30 分钟以除去二氧化碳，放冷，加水定容至 50ml，备用。

（3）含酒精的试样 称取 25.0g 试样于烧杯中，用氢氧化钠溶液调 pH 至 7～8，在 60℃ 水浴中加热 30 分钟以除去酒精，放冷，用水定容至 50ml，备用。

（4）含乳类饮料 称取试样 25.0g 于 50ml 离心管中，加入 3.0ml 硫酸锌溶液和 3.0ml 亚铁氰化钾溶液，混匀，离心分层后，将上清液吸出，用水洗涤残渣并定容至 50ml，备用。

（二）衍生化

精密量取 10ml 已制备好的试样溶液，加入 2.0ml 硫酸溶液、5.0ml 正庚烷和 1.0ml 次氯酸钠溶液，剧烈振荡 1 分钟，静置分层，除去水层后在正庚烷层中加入 5ml 碳酸氢钠溶液，振荡 1 分钟，静置分层后，取上层有机相，经 0.45μm 微孔有机相滤膜过滤，滤液备进样用。

（三）试样测定

1. 色谱条件

（1）色谱柱：C_{18} 柱，5μm，150mm×3.9mm，或等效柱。

（2）流动相：乙腈-水（70:30）。

（3）流速：0.8ml/min。

（4）进样量：10μl。

（5）柱温：40℃。

（6）检测器：紫外检测器或二极管阵列检测器。

（7）检测波长：314nm。

2. 标准曲线的绘制 精密量取 10ml 环己基氨基磺酸标准系列工作液进行衍生化。吸取经过 0.45μm 微孔有机相滤膜过滤后的溶液 10μl，分别注入高效液相色谱仪中，测定相应的峰面积，以标准工作溶液的浓度为横坐标，以环己基氨基磺酸钠衍生化产物 N,N-二氯环己胺的峰面积为纵坐标，绘制标准曲线。

3. 分析测定　将衍生化后的试样溶液 10μl 注入高效液相色谱仪中，以保留时间定性，测定峰面积，根据标准曲线得到试样定容溶液中环己基氨基磺酸的浓度，平行测定次数不得少于两次。

【结果计算与数据处理】

试样中环己基氨基磺酸的含量按式 3-4 计算。

$$X = \frac{c \times V}{m \times 1000} \tag{3-4}$$

式中：X 为试样中环己基氨基磺酸的含量，g/kg；c 为标准曲线计算出试样定容溶液中环己基氨基磺酸的浓度，μg/ml；V 为试样的最后定容体积，ml；m 为试样的质量，g；1000 为由 μg/g 换算为 g/kg 的换算因子。

计算结果以重复性条件下获得的两次独立测定结果的算术平均值表示，结果保留三位有效数字。在重复性条件下获得的两次独立测定结果的绝对差值不得超过算术平均值的 10%。

拓展阅读

　　甜蜜素的测定方法除了气相色谱法、高效液相色谱法之外，还可用液相-质谱/质谱法。该法适用于白酒、葡萄酒、黄酒、料酒中环己基氨基磺酸钠的测定，其原理为酒类经水浴加热除去乙醇后加水定容，用液相-质谱/质谱仪测定其中的环己基氨基磺酸钠，以外标法定量计算。

任务二　防腐剂的测定

防腐剂是指能防止食品腐败变质，抑制食品中微生物繁殖，延长食品保存期的食品添加剂。它们作为重要的添加剂之一，在食品工业中被广泛使用。我国《食品安全国家标准 食品添加剂使用标准》（GB 2760—2014）中收载的防腐剂共有 26 类，按其来源可将其分为天然防腐剂与人工合成防腐剂两大类。

天然防腐剂是由微生物体内或代谢产物中发现的一种具有防腐作用的物质，如 ε-聚赖氨酸、纳他霉素、溶菌酶及乳酸链球菌素，它们具有对人体健康危害小、防腐能力弱、易降解、生产成本高的特点；而人工合成防腐剂与其相比由于具有防腐能力强、性质稳定、生产成本低、纯度高、使用方便等优点，因此在正确的使用范围和用量内，人工合成防腐剂的应用更广泛。

目前我国食品加工中多使用苯甲酸及其钠盐和山梨酸及其钾盐作为食品防腐剂，故本节主要介绍这两种防腐剂的测定方法。

一、苯甲酸（钠）的测定

苯甲酸又名安息香酸，为白色有丝光的鳞片或针状结晶或结晶性粉末，质轻，无臭或微臭，具有升华性；易溶于乙醇、三氯甲烷或乙醚，在沸水中溶解，在水中微溶。其钠盐为白色颗粒，无臭或微臭，味微甜，易溶于水。苯甲酸钠为酸性防腐剂，在碱性介质中无抑菌作用，但在 pH 2.5~4.0 时对多数微生物具有抑制作用，故常用于饮料、果汁、蜜饯、果酒、酱油等酸性食品的防腐。

我国《食品安全国家标准　食品添加剂使用标准》（GB 2760—2014）中对苯甲酸及其钠盐的最大使用量作出明确规定，其用量以苯甲酸计，如表3-3所示。

表3-3　苯甲酸钠在不同食品中的最大使用量（以苯甲酸计）

食品名称	最大使用量（g/kg）	食品名称	最大使用量（g/kg）
风味冰、冰棍类	1.0	半固体复合调味料	1.0
果酱（罐头除外）	1.0	液体复合调味料	1.0
蜜饯凉果	0.5	浓缩果蔬汁（浆）	2.0
腌渍蔬菜	1.0	果蔬汁类饮料	1.0
胶基糖果	1.5	蛋白饮料	1.0
其他糖果	0.8	碳酸饮料	0.2
调味糖浆	1.0	茶、咖啡、植物饮料	1.0
醋	1.0	特殊用途饮料	0.2
酱油	1.0	风味饮料	1.0
酱及酱制品	1.0	配制酒	0.4
复合调味料	0.6	果酒	0.8

我国食品安全国家标准《食品中山梨酸苯甲酸的测定》（GB/T 5009.29—2003）中收载的苯甲酸钠的测定方法包括气相色谱法、高效液相色谱法与薄层色谱法，并收载了禁用防腐剂的定性试验。

实训五　气相色谱法测定食品中苯甲酸（钠）含量

【测定原理】

苯甲酸钠加盐酸酸化生成苯甲酸，用乙醚提取苯甲酸制成试样，注入气相色谱仪进行分离，以标准系列比较定量。

【适用范围】

本方法适用于酱油、水果汁、果酱等食品中苯甲酸钠的含量测定。最低检出量为 1μg，用于色谱分析的试样为 1g 时，最低检出浓度为 1mg/kg。

【试剂仪器准备】

（一）试剂

（1）乙醚：不含过氧化物。

（2）石油醚：沸程 30℃~60℃。

（3）盐酸。

（4）无水硫酸钠。

（5）盐酸（1+1）：取 100ml 盐酸，加水稀释至 200ml。

（6）4%氯化钠酸性溶液：于4%氯化钠溶液中加少量盐酸（1+1）酸化。

（7）苯甲酸标准溶液：精密称取苯甲酸0.2000g，置于100ml量瓶中，用石油醚-乙醚（3:1）混合溶剂溶解并稀释至刻度。此溶液每1ml相当于2.0mg苯甲酸。

（8）苯甲酸标准使用液：精密量取苯甲酸标准溶液适量，以石油醚-乙醚（3:1）混合溶剂稀释至每1ml相当于50、100、150、200、250μg苯甲酸。

（二）仪器

气相色谱仪：配有氢火焰离子化检测器（FID）。

【样品测定】

（一）试样提取

精密称取2.5g预先混合均匀的试样，置于25ml具塞量筒中，加盐酸（1+1）0.5ml酸化溶液，用15ml、10ml乙醚提取两次，每次振摇1分钟，小心开塞放气后，将上层乙醚提取液吸入另一个25ml具塞量筒中，合并乙醚提取液。用4%氯化钠酸性溶液3ml洗涤两次，静置15分钟，用滴管将乙醚层通过无水硫酸钠滤入25ml量瓶中，加乙醚至刻度，混匀。精密量取乙醚提取液5ml于具塞刻度试管中，置于40℃水浴上蒸干，加入石油醚-乙醚（3:1）混合溶剂2ml溶解残渣，备用。

（二）色谱条件

1. 色谱柱 玻璃柱，长2m，内径2mm，内装涂有5%DEGS和1%磷酸固定液的60~80目Chromosorb WAW。

2. 气体流速 载气为氮气，50ml/min（氮气和空气、氢气之比按各仪器型号不同选择各自的最佳比例条件）。

3. 温度 柱温170℃；进样口230℃；检测器230℃。

（三）试样测定

精密量取标准系列中各浓度标准使用液2μl，注入气相色谱仪中，测得不同浓度下苯甲酸的峰高（或峰面积），以浓度为横坐标，相应的峰高（或峰面积）为纵坐标，绘制标准曲线。

另精密量取试样溶液2μl，相同方法操作，测得峰高（或峰面积）与标准曲线比较定量。

【结果计算与数据处理】

试样中苯甲酸钠的含量按式3-5计算。

$$X = \frac{A \times 1000}{m \times \frac{5}{25} \times \frac{V_2}{V_1} \times 1000} \tag{3-5}$$

式中：X为试样中苯甲酸的含量，g/kg；A为测定用试样液中苯甲酸的质量，μg；V_1为加入石油醚-乙醚（3:1）混合溶剂的体积，ml；V_2为测定时进样的体积，μl；m为试样的质量，g；5为测定时吸取乙醚提取液的体积，ml；25为试样乙醚提取液的体积，ml。

由测得苯甲酸的量乘以1.18，即为试样中苯甲酸钠的含量。

计算结果保留两位有效数字。在重复性条件下获得的两次独立测定结果的绝对差值不得超过算术平均值的10%。

【技术提示】

（1）加盐酸酸化可使苯甲酸钠生成苯甲酸，苯甲酸在100℃时升华，通过气相色谱仪分离测定，苯甲酸的保留时间约为 6 分 8 秒。本方法可同时测定山梨酸，其保留时间约为 2 分 53 秒。

（2）对于含有蛋白质、脂肪、淀粉的样品，可采用透析处理。在 0.02mol/L 氢氧化钠溶液中透析过夜，透析液用盐酸调至中性，硫酸铜和氢氧化钠沉淀蛋白质，然后盐酸酸化处理，乙醚提取并浓缩。

（3）苯甲酸的相对分子质量为 122，苯甲酸钠的相对分子质量为 145，两者的比值为 1.18，故测定结果乘以 1.18 即为食品中苯甲酸钠的含量。

实训六　高效液相色谱法测定食品中苯甲酸（钠）含量

【测定原理】

试样加温除去二氧化碳和乙醇，调 pH 至近中性，过滤后注入高效液相色谱仪，经反相色谱分离后，根据保留时间定性，按外标法以峰面积定量。

【适用范围】

本方法适用于酱油、水果汁、果酱等食品中苯甲酸钠的含量测定。以高效液相色谱法测定苯甲酸具有简单、快速、灵敏、精确的优点，最低检出量为 1.5ng。本方法可同时测定山梨酸、糖精钠的含量。

【试剂仪器准备】

（一）试剂

（1）甲醇：经 0.5μm 微孔滤膜过滤。

（2）稀氨水（1+1），氨水加水等体积混合。

（3）乙酸铵溶液（0.02mol/L）：称取 1.54g 乙酸铵，加水至 1000ml 溶解，经 0.45μm 微孔滤膜过滤。

（4）碳酸氢钠溶液（2%）：称取 2g 优级纯碳酸氢钠，加水至 100ml，振摇溶解。

（5）苯甲酸标准贮备溶液：精密称取苯甲酸 0.1000g，置于 100ml 量瓶中，加 2% 碳酸氢钠溶液 5ml，加水适量超声溶解并稀释至刻度，摇匀。苯甲酸含量为 1mg/ml，作为贮备溶液。

（6）苯甲酸标准使用溶液：精密量取苯甲酸标准贮备溶液 10ml，置于 100ml 量瓶中，加水至刻度，经 0.45μm 微孔滤膜过滤，此溶液含苯甲酸 0.1mg/ml（同时测定糖精钠时可加 GB/T 5009.28—2003 中糖精钠标准贮备溶液）。

（二）仪器

（1）高效液相色谱仪：配有紫外检测器或二极管阵列检测器。

（2）溶剂过滤器。

（3）超声波振荡器。

【样品测定】

（一）试样处理

1. 汽水　精密称取 5.00～10.00g 试样于小烧杯中，微温搅拌除去二氧化碳，用氨水（1+1）调 pH 约为 7，加水定容至 10～20ml，经 0.45μm 微孔滤膜过滤。

2. 果汁类　精密称取 5.00～10.00g 试样，用氨水（1+1）调 pH 约为 7，加水定容至 10～20ml，离心沉淀，上清液经 0.45μm 微孔滤膜过滤。

3. 配制酒类 精密称取 10g 试样于小烧杯中，水浴加热除去乙醇，用氨水（1+1）调 pH 约为 7，加水定容至适当体积，经 0.45μm 微孔滤膜过滤。

（二）色谱条件

1. 色谱柱 YWG-C$_{18}$ 4.6mm×250mm，10μm 不锈钢柱。

2. 流动相 0.02mol/L 乙酸铵-甲醇（95:5）。

3. 流速 1ml/min。

4. 进样量 10μl。

5. 检测器 紫外检测器，检测波长 230nm。

6. 灵敏度 0.2AUFS。

（三）试样测定

分别精密量取试样处理液与苯甲酸标准使用溶液各 10μl，注入高效液相色谱仪，记录色谱图，以保留时间定性，按外标法以峰面积定量计算，即得。

【结果计算与数据处理】

试样中苯甲酸的含量按式 3-6 计算。

$$X = \frac{A \times 1000}{m \times \dfrac{V_2}{V_1} \times 1000} \tag{3-6}$$

式中：X 为试样中苯甲酸的含量，g/kg；A 为进样体积中苯甲酸的质量，mg；V_2 为进样体积，ml；V_1 为试样稀释液总体积，ml；m 为试样的质量，g。

计算结果保留两位有效数字；在重复性条件下获得的两次独立测定结果的绝对差值不得超过算术平均值的 10%。

【技术提示】

（1）国家标准中只收载了汽水、果汁、配制酒的前处理方法而没有收载固体样品的前处理方法。对于月饼、蜜饯、糕点等富含蛋白质、脂肪的样品，可使用金属盐类沉淀蛋白质、去除脂肪，以亚铁氰化钾和乙酸锌溶液效果最好。

（2）样品前处理的提取方式对测定结果的影响较大，可采用超声提取、水浴加热及振荡提取，以超声提取和水浴加热效果最好。

二、山梨酸（钾）的测定

山梨酸又名花楸酸，化学名为 2，4-己二烯酸，为白色或微黄色结晶性粉末，其钾盐山梨酸钾是无色至白色鳞片状结晶或结晶性粉末，无臭或有微臭，有吸湿性。与苯甲酸钠相比，山梨酸钾的抑菌作用更强、使用更安全，对人体毒性更小，是 FAO/WHO 推荐使用的高效安全的防腐剂，因此是食品工业中广泛应用的食品防腐剂。

我国《食品安全国家标准 食品添加剂使用标准》（GB 2760—2014）中对山梨酸及其钾盐的使用量作出明确规定，它可在酱油、醋、配制酒、果冻等食品中使用，其最大使用量因产品而异，约为 0.075~2.0g/kg。

我国食品安全国家标准《食品中山梨酸、苯甲酸的测定》（GB/T 5009.29—2003）中收载的山梨酸钾的测定方法包括气相色谱法、高效液相色谱法与薄层色谱法，可与苯甲酸钠同时测定。

实训七　气相色谱法测定食品中山梨酸（钾）含量

【测定原理】

山梨酸钾加盐酸酸化生成山梨酸，用乙醚提取山梨酸并制成试样，注入气相色谱仪进行分离，以标准系列比较定量。

【适用范围】

本方法适用于酱油、水果汁、果酱等食品中山梨酸钾的含量测定。最低检出量为 1μg，用于色谱分析的试样为 1g 时，最低检出浓度为 1mg/kg。

【试剂仪器准备】

（一）试剂

1. 山梨酸标准溶液　精密称取山梨酸 0.2000g，置于 100ml 量瓶中，用石油醚-乙醚（3:1）混合溶剂溶解并稀释至刻度，摇匀。此溶液每 1ml 相当于 2.0mg 山梨酸。

2. 山梨酸标准使用液　精密量取山梨酸标准溶液适量，以石油醚-乙醚（3:1）混合溶剂稀释至每 1ml 相当于 50、100、150、200、250μg 山梨酸。

3. 其他试剂　乙醚、石油醚、盐酸、无水硫酸钠、盐酸（1+1）、4% 氯化钠酸性溶液与苯甲酸钠测定相同。

（二）仪器

气相色谱仪：配有氢火焰离子化检测器（FID）。

【样品测定】

（一）色谱条件

1. 色谱柱　玻璃柱，长 2m，内径 2mm，内装涂有 5% DEGS 和 1% 磷酸固定液的 60~80 目 Chromosorb WAW。

2. 气体流速　载气为氮气，50ml/min（氮气和空气、氢气之比按各仪器型号不同选择各自的最佳比例条件）。

3. 温度　柱温 170℃；进样口 230℃；检测器 230℃。

（二）试样测定

同项目三实训五。

【结果计算与数据处理】

试样中山梨酸的含量按式 3-7 计算。

$$X = \frac{A \times 1000}{m \times \dfrac{5}{25} \times \dfrac{V_2}{V_1} \times 1000} \tag{3-7}$$

式中：X 为试样中山梨酸的含量，g/kg；A 为测定用试样液中山梨酸的质量，μg；V_1 为加入石油醚-乙醚（3:1）混合溶剂的体积，ml；V_2 为测定时进样的体积，μl；m 为试样的质量，g；5 为测定时吸取乙醚提取液的体积，ml；25 为试样乙醚提取液的体积，ml。

计算结果保留两位有效数字。在重复性条件下获得的两次独立测定结果的绝对差值不得超过算术平均值的 10%。

实训八　高效液相色谱法测定食品中山梨酸（钾）含量

【测定原理】

试样加温除去二氧化碳和乙醇，调 pH 至近中性，过滤后注入高效液相色谱仪，经反相色谱分离后，根据保留时间定性，按外标法以峰面积定量。

【适用范围】

本方法适用于酱油、水果汁、果酱等食品中山梨酸的含量测定。以高效液相色谱法测定苯甲酸具有简单、快速、灵敏、精确的优点，最低检出量为 1.5ng。本方法可同时测定山梨酸、糖精钠的含量。

【试剂仪器准备】

（一）试剂

（1）甲醇：经 0.5μm 微孔滤膜过滤。

（2）稀氨水（1+1）：氨水加水等体积混合。

（3）乙酸铵溶液（0.02mol/L）：称取 1.54g 乙酸铵，加水至 1000ml 溶解，经 0.45μm 微孔滤膜过滤。

（4）2% 碳酸氢钠溶液：称取 2g 优级纯碳酸氢钠，加水至 100ml，振摇溶解。

（5）山梨酸标准贮备溶液：精密称取山梨酸 0.1000g，置于 100ml 量瓶中，加 2% 碳酸氢钠溶液 5ml，加水适量超声溶解并稀释至刻度，摇匀。山梨酸浓度为 1mg/ml，作为贮备溶液。

（6）山梨酸标准使用溶液：精密量取山梨酸标准贮备溶液 10ml，置于 100ml 量瓶中，加水至刻度，经 0.45μm 微孔滤膜过滤，此溶液含山梨酸 0.1mg/ml（同时测定糖精钠时可加 GB/T 5009.28—2003 中糖精钠标准贮备溶液）。

（二）仪器

（1）高效液相色谱仪：配有紫外检测器或二极管阵列检测器。

（2）溶剂过滤器。

（3）超声波振荡器。

【样品测定】

（一）色谱条件

1. 色谱柱　YWG-C$_{18}$ 4.6mm×250mm；10μm 不锈钢柱。

2. 流动相　0.02mol/L 乙酸铵-甲醇（95:5）。

3. 流速　1ml/min。

4. 进样量　10μl。

5. 检测器　紫外检测器，检测波长 230nm。

6. 灵敏度　0.2AUFS。

（二）试样测定

同项目三实训六。

【结果计算与数据处理】

试样中山梨酸的含量按式 3-8 计算。

$$X = \frac{A \times 1000}{m \times \dfrac{V_2}{V_1} \times 1000} \tag{3-8}$$

式中：X 为试样中山梨酸的含量，g/kg；A 为进样体积中山梨酸的质量，mg；V_2 为进样体积，ml；V_1 为试样稀释液总体积，ml；m 为试样的质量，g。

计算结果保留两位有效数字；在重复性条件下获得的两次独立测定结果的绝对差值不得超过算术平均值的 10%。

拓展阅读

苯甲酸钠和山梨酸钾的其他测定方法

食品中的苯甲酸钠、山梨酸钾的测定除了气相色谱法与高效液相色谱法以外，还可用薄层色谱法、酸碱滴定法、紫外分光光度法、比色法来测定含量。

薄层色谱法为 GB/T 5009.29—2003 中收载的第三法，试样中所含苯甲酸、山梨酸的量与标准斑点比较定量（山梨酸、苯甲酸的比移值分别为 0.82、0.73）。

硫代巴比妥酸比色法适用于酱油、果汁、果酱等食品中的山梨酸及其盐类的测定。

任务三　护色剂的测定

护色剂也称发色剂或呈色剂，是本身不具有颜色，但能与食品中某些成分发生作用，使食品的色泽保持稳定或得到改善的一类食品添加剂。

我国允许使用的护色剂有硝酸钠、硝酸钾、亚硝酸钠、亚硝酸钾和异抗坏血酸及其钠盐等。硝酸盐和亚硝酸盐主要用于动物性食品中，异抗坏血酸及其钠盐多用于果蔬制品中。

在肉制品加工过程中添加亚硝酸钠作护色剂，其在酸性条件下会产生游离的亚硝酸，并进一步分解产生亚硝基。亚硝基与肉类中的肌红蛋白反应，生成稳定的、鲜艳亮红色的亚硝基肌红蛋白，从而赋予肉制品鲜艳的红色。亚硝酸钠不仅是良好的发色剂，还具有较好的防腐作用和增强肉制品风味的作用。但亚硝酸钠过量使用会对人体产生毒害作用，另外亚硝酸盐还是形成亚硝胺的前体物，研究证明人体内和食物中的亚硝酸盐只要与胺类或酰胺类物质同时存在，就可能形成致癌性物质。硝酸盐在胃肠里会被还原为亚硝酸盐继而产生上述作用。

《食品安全国家标准　食品添加剂使用标准》（GB 2760—2014）规定硝酸钠的最大用量为 0.5g/kg，亚硝酸钠的最大用量为 0.15g/kg；肉制品中的残留量，以 $NaNO_2$ 计不得超过 0.03g/kg。

《食品安全国家标准　食品中亚硝酸盐与硝酸盐的测定》（GB 5009.33—2010）规定食品中硝酸盐和亚硝酸盐的测定有三种方法，离子色谱法、分光光度法、乳及乳制品中亚硝酸盐与硝酸盐的测定。

实训九　离子色谱法测定食品中亚硝酸盐与硝酸盐含量

【测定原理】

试样经沉淀蛋白质、除去脂肪后，采用相应的方法提取和净化，以氢氧化钾溶液为淋洗液，阴离子交换柱分离，电导检测器检测，以保留时间定性，外标法定量。

【试剂仪器准备】

（一）试剂

（1）超纯水：电阻率>18.2MΩ·cm。

（2）乙酸（CH_3COOH）：分析纯。

（3）氢氧化钾（KOH）：分析纯。

（4）乙酸溶液（3%）：量取乙酸3ml于100ml容量瓶中，以水稀释至刻度，混匀。

（5）亚硝酸根离子（NO_2^-）标准溶液（100mg/L）。

（6）硝酸根离子（NO_3^-）标准溶液（1000mg/L）。

（7）亚硝酸盐和硝酸盐混合标准使用液：准确移取亚硝酸根离子（NO_2^-）和硝酸根离子（NO_3^-）的标准溶液各1.0ml于100ml容量瓶中，用水稀释至刻度，此溶液每1L含亚硝酸根离子1.0mg和硝酸根离子10.0mg。

（二）仪器

（1）离子色谱仪：包括电导检测器，配有抑制器，高容量阴离子交换柱，50μl定量环。

（2）食物粉碎机。

（3）超声波清洗器。

（4）天平：感量为0.1mg和1mg。

（5）离心机：转速≥10000r/min，配5ml或10ml离心管。

（6）0.22μm水性滤膜针头滤器。

（7）净化柱：包括C_{18}柱、Ag柱和Na柱或等效柱。

（8）注射器：1.0ml和2.5ml。

注：所有玻璃器皿使用前均需依次用2mol/L氢氧化钾和水分别浸泡4小时，然后用水冲洗3~5次，晾干备用。

【样品测定】

（一）试样预处理

1. 新鲜蔬菜、水果　将试样用去离子水洗净，晾干后，取可食部分切碎混匀。将切碎的样品用四分法取适量，用食物粉碎机制成匀浆备用。如需加水应记录加水量。

2. 肉类、蛋、水产及其制品　用四分法取适量或取全部，用食物粉碎机制成匀浆备用。

3. 乳粉、豆奶粉、婴儿配方粉等固态乳制品（不包括干酪）　将试样装入能够容纳两倍试样体积的带盖容器中，通过反复摇晃和颠倒容器使样品充分混匀直到试样均一化。

4. 乳、发酵乳、炼乳及其他液体乳制品　通过搅拌或反复摇晃和颠倒容器使试样充分混匀。

5. 干酪　取适量的样品研磨成均匀的泥浆状。为避免水分损失，研磨过程中应避免产生过多的热量。

（二）提取

1. 水果、蔬菜、鱼类、肉类、蛋类及其制品等　称取试样匀浆5g（精确至0.01g，可适当调整试样的取样量，以下相同），以80ml水洗入100ml容量瓶中，超声提取30分钟，每隔5分钟振摇一次，保持固相完全分散。于75℃水浴中放置5分钟，取出放置至室温，加水稀释至刻度。溶液经滤纸过滤后，取部分溶液于 10000r/min 离心 15 分钟，取上清液备用。

2. 腌鱼类、腌肉类及其他腌制品 称取试样匀浆 2g（精确至 0.01g），以 80ml 水洗入 100ml 容量瓶中，超声提取 30 分钟，每 5 分钟振摇一次，保持固相完全分散。于 75℃ 水浴中放置 5 分钟，取出放置至室温，加水稀释至刻度。溶液经滤纸过滤后，取部分溶液于 10000r/min 离心 15 分钟，取上清液备用。

3. 乳 称取试样 10g（精确至 0.01g），置于 100ml 容量瓶中，加水 80ml，摇匀，超声 30 分钟，加入 3% 乙酸溶液 2ml，于 4℃ 放置 20 分钟，取出放置至室温，加水稀释至刻度。溶液经滤纸过滤，取上清液备用。

4. 乳粉 称取试样 2.5g（精确至 0.01g），置于 100ml 容量瓶中，加水 80ml，摇匀，超声 30 分钟，加入 3% 乙酸溶液 2ml，于 4℃ 放置 20 分钟，取出放置至室温，加水稀释至刻度。溶液经滤纸过滤，取上清液备用。

取上述上清液约 15ml，通过 0.22μm 水性滤膜针头滤器、C_{18} 柱，弃去前面 3ml（如果氯离子浓度大于 100mg/L，则需要依次通过针头滤器、C_{18} 柱、Ag 柱和 Na 柱，弃去前面 7ml），收集后面洗脱液待测。

固相萃取柱使用前需进行活化，如使用 OnGuard Ⅱ RP 柱（1.0ml）、OnGuard Ⅱ Ag 柱（1.0ml）和 OnGuard Ⅱ Na 柱（1.0ml），其活化过程为：OnGuard Ⅱ RP 柱（1.0ml）使用前依次用 10ml 甲醇、15ml 水通过，静置活化 30 分钟。OnGuard Ⅱ Ag 柱（1.0ml）和 OnGuard Ⅱ Na 柱（1.0ml）用 10ml 水通过，静置活化 30 分钟。

（三）参考色谱条件

1. 色谱柱 氢氧化物选择性，可兼容梯度洗脱的高容量阴离子交换柱，如 Dionex IonPac AS11-HC 4mm×250mm（带 IonPac AG11-HC 型保护柱 4mm×50mm）或性能相当的离子色谱柱。

2. 淋洗液

（1）一般试样：氢氧化钾溶液，浓度 6～70mmol/L；洗脱梯度为 6mmol/L 30 分钟，70mmol/L 5 分钟，6mmol/L 5 分钟；流速 1.0ml/分钟。

（2）粉状婴幼儿配方食品：氢氧化钾溶液，浓度为 5～50mmol/L；洗脱梯度为 5mmol/L 33 分钟，50mmol/L 5 分钟，5mmol/L 5 分钟；流速 1.3ml/分钟。

（3）抑制器：连续自动再生膜阴离子抑制器或等效抑制装置。

（4）检测器：电导检测器，检测池温度为 35℃。

（5）进样体积：50μl（可根据试样中被测离子含量进行调整）。

（四）测定

1. 标准曲线 移取亚硝酸盐和硝酸盐混合标准使用液，加水稀释，制成系列标准溶液，含亚硝酸根离子浓度为 0.00、0.02、0.04、0.06、0.08、0.10、0.15、0.20mg/L，硝酸根离子浓度为 0.0、0.2、0.4、0.6、0.8、1.0、1.5、2.0mg/L 从低到高浓度依次进样。以亚硝酸根离子或硝酸根离子的浓度（mg/L）为横坐标，以峰高（μS）或峰面积为纵坐标，绘制标准曲线或计算线性回归方程。

2. 样品测定 分别吸取空白和试样溶液 50μl，在相同工作条件下，依次注入离子色谱仪中，记录色谱图。根据保留时间定性，分别测量空白和样品的峰高（μS）或峰面积。

【结果计算与数据处理】

试样中亚硝酸盐（以 NO_2^- 计）或硝酸盐（以 NO_3^- 计）含量按 3-9 式计算。

$$X = \frac{(c - c_0) \times V \times f \times 1000}{m \times 1000} \qquad (3-9)$$

式中：X 为试样中亚硝酸根离子或硝酸根离子的含量，mg/kg；c 为测定用试样溶液中的亚硝酸根离子或硝酸根离子的浓度，mg/L；c_0 为试剂空白液中亚硝酸根离子或硝酸根离子的浓度，mg/L；V 为试样溶液体积，ml；f 为试样溶液稀释倍数；m 为试样取样量，g。

说明：试样中测得的亚硝酸根离子含量乘以换算系数 1.5，即得亚硝酸盐（按亚硝酸钠计）含量。

以重复性条件下获得的两次独立测定结果的算术平均值表示，结果保留两位有效数字。

精密度要求：在重复性条件下获得的两次独立测定结果的绝对值差不得超过算术平均值的 10%。

实训十　分光光度法测定食品中亚硝酸盐与硝酸盐含量

【测定原理】

亚硝酸盐采用盐酸萘乙二胺法测定，硝酸盐采用镉柱还原法测定。

试样经沉淀蛋白质、除去脂肪后，在弱酸条件下亚硝酸盐与对氨基苯磺酸重氮化后，再与盐酸萘乙二胺偶合形成紫红色染料，其最大吸收波长为 538nm。外标法测得亚硝酸盐含量。采用镉柱将硝酸盐还原成亚硝酸盐，测得亚硝酸盐总量，由此总量减去亚硝酸盐含量，即得试样中硝酸盐含量。

【试剂与仪器准备】

（一）试剂

(1) 亚铁氰化钾[$K_4Fe(CN)_6 \cdot 3H_2O$]。

(2) 乙酸锌[$Zn(CH_3COO)_2 \cdot 2H_2O$]。

(3) 冰醋酸（CH_3COOH）。

(4) 硼酸钠（$Na_2B_4O_7 \cdot 10H_2O$）。

(5) 盐酸（密度为 1.19g/ml）。

(6) 氨水（25%）。

(7) 对氨基苯磺酸（$C_6H_7NO_3S$）。

(8) 盐酸萘乙二胺（$C_{12}H_{14}N_2 \cdot 2HCl$）。

(9) 亚硝酸钠（$NaNO_2$）。

(10) 硝酸钠（$NaNO_3$）。

(11) 锌皮或锌棒。

(12) 硫酸镉。

(13) 亚铁氰化钾溶液（106g/L）：称取 106.0g 亚铁氰化钾，用水溶解，并稀释至 1000ml。

(14) 乙酸锌溶液（220g/L）：称取 220.0g 乙酸锌，先加 30ml 冰醋酸溶解，用水稀释至 1000ml。

(15) 饱和硼砂溶液（50g/L）：称取 5.0g 硼酸钠，溶于 100ml 热水中，冷却后备用。

(16) 氨缓冲溶液（pH 9.6~9.7）：量取 30ml 盐酸，加 100ml 水，混匀后加 65ml 氨水，

再加水稀释至 1000ml，混匀。调节 pH 至 9.6～9.7。

（17）氨缓冲液的稀释液：量取 50ml 氨缓冲溶液，加水稀释至 500ml，混匀。

（18）盐酸（0.1mol/L）：量取 5ml 盐酸，用水稀释至 600ml。

（19）对氨基苯磺酸溶液（4g/L）：称取 0.4g 对氨基苯磺酸，溶于 100ml 20%（V/V）盐酸中，置棕色瓶中混匀，避光保存。

（20）盐酸萘乙二胺溶液（2g/L）：称取 0.2g 盐酸萘乙二胺，溶于 100ml 水中，混匀后，置棕色瓶中，避光保存。

（21）亚硝酸钠标准溶液（200μg/ml）：准确称取 0.1000g 于 110～120℃ 干燥恒重的亚硝酸钠，加水溶解移入 500ml 容量瓶中，加水稀释至刻度，混匀。

（22）亚硝酸钠标准使用液（5.0μg/ml）：临用前，吸取亚硝酸钠标准溶液 5.00ml，置于 200ml 容量瓶中，加水稀释至刻度。

（23）硝酸钠标准溶液（200μg/ml，以亚硝酸钠计）：准确称取 0.1232g 于 110～120℃ 干燥恒重的硝酸钠，加水溶解，移入 500ml 容量瓶中，并稀释至刻度。

（24）硝酸钠标准使用液（5μg/ml）：临用时吸取硝酸钠标准溶液 2.50ml，置于 100ml 容量瓶中，加水稀释至刻度。

（二）仪器

（1）天平：感量为 0.1mg 和 1mg。

（2）组织捣碎机。

（3）超声波清洗器。

（4）恒温干燥箱。

（5）分光光度计。

（6）镉柱。

①海绵状镉的制备：投入足够的锌皮或锌棒于 500ml 硫酸镉溶液（200g/L）中，经过 3～4 小时，当其中的镉全部被锌置换后，用玻璃棒轻轻刮下，取出残余锌棒，使镉沉底，倾去上层清液，以水用倾泻法多次洗涤，然后移入组织捣碎机中，加 500ml 水，捣碎约 2 秒，用水将金属细粒洗至标准筛上，取 20～40 目之间的部分。

②镉柱的装填：如图 3-1 所示。用水装满镉柱玻璃管，并装入 2cm 高的玻璃棉垫底，将玻璃棉压向柱时，应将其中所包含的空气全部排出，在轻轻敲击下加入海绵状镉至 8～10cm 高，上面用 1cm 高的玻璃棉覆盖，上置一贮液漏斗，末端要穿过橡皮塞与镉柱玻璃管紧密连接。如无上述镉柱玻璃管时，可以 25ml 酸式滴定管代用，但过柱时要注意始终保持液面在镉层之上。

当镉柱填装好后，先用 25ml 盐酸（0.1mol/L）洗涤，再以水洗两次，每次 25ml，镉柱不用时用水封盖，随时都要保持水平面在镉层之上，不得使镉层夹有气泡。

③镉柱每次使用完毕后，应先以 25ml 盐酸（0.1mol/L）洗涤，再以水洗两次，每次 25ml，后用水覆盖镉柱。

④镉柱还原效率的测定：吸取 20ml 硝酸钠标准使用液，加入 5ml 氨缓冲液的稀释液，混匀后注入贮液漏斗，使流经镉柱还原，以原烧杯收集流出液，当贮液漏斗中的样液流完后，再加 5ml 水置换柱内留存的样液。取 10.0ml 还原后的溶液（相当 10μg 亚硝酸钠）于 50ml 比色管中，以下按下文"三、样品测定（四）亚硝酸盐的测定"自"吸取 0.00、0.20、0.40、0.60、0.80、1.00、1.50、2.00、2.50ml"起操作，根据标准曲线计算测得结果，与加入量一致，还原效率应大于 98% 为符合要求。

还原效率按式 3-10 计算。

$$X = \frac{A}{10} \times 100\% \tag{3-10}$$

式中：X 为还原效率，%，A 为测得亚硝酸钠的含量，μg；10 为测定用溶液相当亚硝酸钠的含量，μg。

【样品测定】

（一）试样的预处理

同项目三实训九。

（二）提取

称取 5g（精确至 0.01g）制成匀浆的试样（如制备过程中加水，应按加水量折算），置于 50ml 烧杯中，加 12.5ml 饱和硼砂溶液，搅拌均匀，以 70℃ 左右的水约 300ml 将试样洗入 500ml 容量瓶中，于沸水浴中加热 15 分钟，取出置冷水浴中冷却，并放置至室温。

（三）提取液净化

在振荡上述提取液时加入 5ml 亚铁氰化钾溶液，摇匀，再加入 5ml 乙酸锌溶液，以沉淀蛋白质。加水至刻度，摇匀，放置 30 分钟，除去上层脂肪，上清液用滤纸过滤，弃去初滤液 30ml，滤液备用。

（四）亚硝酸盐的测定

吸取 40.0ml 上述滤液于 50ml 带塞比色管中，另吸取 0.00、0.20、0.40、0.60、0.80、1.00、1.50、2.00、2.50ml 亚硝酸钠标准使用液（相当于 0.0、1.0、2.0、3.0、4.0、5.0、7.5、10.0、12.5μg 亚硝酸钠），分别置于 50ml 带塞比色管中。于标准管与试样管中分别加入 2ml 对氨基苯磺酸溶液，混匀，静置 3~5 分钟后各加入 1ml 盐酸萘乙二胺溶液，加水至刻度，混匀，静置 15 分钟，用 2cm 比色杯，以零管调节零点，于波长 538nm 处测吸光度，绘制标准曲线比较。同时做试剂空白。

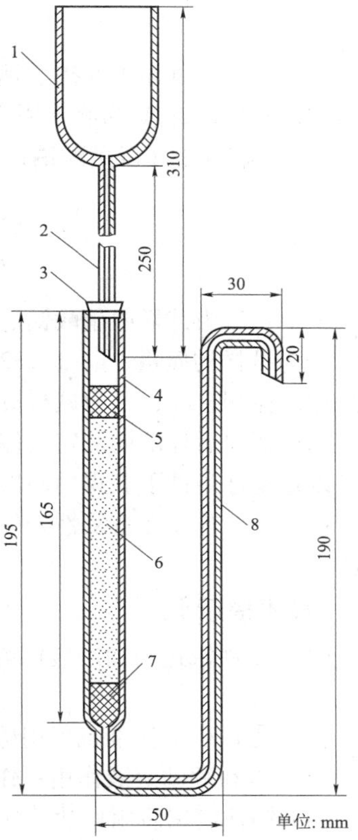

（五）硝酸盐的测定

1. 镉柱还原

（1）先以 25ml 稀氨缓冲液冲洗镉柱，流速控制在 3~5ml/min（以滴定管代替的可控制在 2~3ml/min）。

（2）吸取 20ml 滤液于 50ml 烧杯中，加 5ml 氨缓冲溶液，混合后注入贮液漏斗，使流经镉柱还原，以原烧杯收集流出液，当贮液漏斗中的样液流尽后，再加 5ml 水置换柱内留存的样液。

（3）将全部收集液如前述步骤再经镉柱还原一次，第二次流出液收集于 100ml 容量瓶中，继续以水流经镉柱洗涤三次，每次 20ml，洗液一并收集于同一容量瓶中，加水至刻度，混匀。

2. 亚硝酸钠总量的测定 吸取 10~20ml 还原后的样液于 50ml 比色管中。以下按"（四）亚硝酸盐的测定"自"吸取 0.00、0.20、0.40、0.60、0.80、1.00、1.50、2.00、2.50ml"起操作。

图 3-1 镉柱示意图

1. 贮液漏斗，内径 35mm，外径 37mm；2. 进液毛细管，内径 0.4mm，外径 6mm；3. 橡皮塞；4. 镉柱玻璃管，内径 12mm，外径 16mm；5~7. 玻璃棉；8. 出液毛细管，内径 2mm，外径 8mm

单位：mm

【结果计算与数据处理】

（一）亚硝酸盐（以亚硝酸钠计）的含量按式 3-11 计算。

$$X_1 = \frac{A_1 \times 1000}{m \times \dfrac{V_1}{V_0} \times 1000} \tag{3-11}$$

式中：X_1 为试样中亚硝酸钠的含量，mg/kg；A_1 为测定用样液中亚硝酸钠的质量，μg；m 为试样质量，g；V_1 为测定用样液体积，ml；V_0 为试样处理液总体积，ml。

（二）硝酸盐（以硝酸钠计）的含量按 3-12 式计算。

$$X_2 = \left[\frac{A_2 \times 1000}{m \times \dfrac{V_2}{V_0} \times \dfrac{V_4}{V_3} \times 1000} - X_1 \right] \times 1.232 \tag{3-12}$$

式中：X_2 为试样中硝酸钠的含量，mg/kg；A_2 为经镉粉还原后测得总亚硝酸钠的质量，μg；m 为试样的质量，g；1.232 为亚硝酸钠换算成硝酸钠的系数；V_2 为测总亚硝酸钠的测定用样液体积，ml；V_0 为试样处理液总体积，ml；V_3 为经镉柱还原后样液总体积，ml；V_4 为经镉柱还原后样液的测定用体积，ml；X_1 为计算出的试样中亚硝酸钠的含量，mg/kg。

以重复性条件下获得的两次独立测定结果的算术平均值表示，结果保留两位有效数字。

精密度要求：在重复性条件下获得的两次独立测定结果的绝对差值不得超过算术平均值的 10%。

【技术提示】

（1）亚铁氰化钾和乙酸锌溶液作为蛋白质沉淀剂，使产生的亚铁氰化锌与蛋白质产生沉淀。

（2）蛋白质沉淀剂也可用硫酸锌（30%）溶液。

（3）饱和硼砂溶液作用：作为亚硝酸盐提取剂，同时可做蛋白质沉淀剂。

（4）镉柱使用后用稀盐酸除去表面的氧化镉可重新使用。

（5）制取海绵状镉和装填镉柱时最好在水中进行，勿使镉粒暴露在空气中以免氧化。

（6）为保硝酸盐测定结果准确，镉柱还原效率应常检查。

（7）镉有致癌作用，注意安全。

任务四　漂白剂的测定

漂白剂是指可使食品中有色物质经化学作用转变成为无色物质，或使其退色的一类食品添加剂。漂白剂可分为还原型和氧化型两大类，常用的还原型漂白剂有二氧化硫、亚硫酸钠、亚硫酸氢钠、低亚硫酸钠、焦亚硫酸钠等。氧化型漂白剂有过氧化氢、次氯酸等。

食品中常用的漂白剂大都属于亚硫酸及其盐类，通过其所产生的二氧化硫的还原作用而使食品漂白，同时还有抑菌防腐和抗氧化等作用。使用亚硫酸及其盐漂白，难免会在食品中留有二氧化硫残存。食用二氧化硫残存量过高的食品会对人体产生不良影响，因而须对亚硫酸及其盐类漂白剂的使用量加以严格控制。

我国食品安全卫生标准规定，亚硫酸钠、低亚硫酸钠、焦硫酸钠或亚硫酸氢钠可以用于蜜饯类、饼干、罐头、葡萄糖、食糖、冰糖、饴糖、糖果等食品的漂白；最大使用量分别为 0.6、0.4、0.45g/kg；硫磺仅限于熏蒸蜜饯类、干果、干菜及粉条；二氧化硫通入葡糖酒的最大通入量不超过 0.25g/kg，在发酵酒中二氧化硫残留量不得超过 0.05g/kg（以 SO_2 计）。

按照 GB 5009.34—2016《食品安全国家标准　食品中二氧化硫的测定》，用滴定法测定食品中的二氧化硫含量。

实训十一　滴定法测定食品中二氧化硫含量

【测定原理】

在密闭容器中对样品进行酸化、蒸馏，蒸馏物用乙酸铅溶液吸收。吸收后的溶液用盐酸酸化，碘标准溶液滴定，根据所消耗的碘标准溶液量计算出样品中的二氧化硫含量。

【适用范围】

适用于果脯、干菜、米粉类、粉条、砂糖、食用菌和葡萄酒等食品中总二氧化硫的测定。

当取 5g 固体样品时，方法的检出限为 3.0mg/kg，定量限为 10.0mg/kg；当取 10ml 液体样品时，方法的检出限为 1.5mg/L，定量限为 5.0mg/L。

【试剂仪器准备】

（一）试剂

（1）盐酸（18%）：量取 50ml 盐酸，缓缓倾入 50ml 水中，边加边搅拌。

（2）硫酸（9.8%）：量取 10ml 硫酸，缓缓倾入 90ml 水中，边加边搅拌。

（3）淀粉指示剂：称取 1g 可溶性淀粉，用少许水调成糊状，缓缓倾入 100ml 沸水中，边加边搅拌，煮沸 2 分钟，放冷备用，临用现配。

（4）氢氧化钠。

（5）碳酸钠。

（6）乙酸铅：称取 2g 乙酸铅，溶于少量水中并稀释至 100ml。

（7）硫代硫酸钠标准溶液（0.1mol/L）：称取 25g 含结晶水的硫代硫酸钠或 16g 无水硫代硫酸钠溶于 1000ml 新煮沸放冷的水中，加入 0.4g 氢氧化钠或 0.2g 碳酸钠，混匀，贮存于棕色瓶内，放置两周后过滤，用重铬酸钾标准溶液标定其准确浓度。或购买有证书的硫代硫酸钠标准溶液。

（8）重铬酸钾标准溶液（0.1000mol/L）：准确称取 4.9031g 已于 120℃±2℃ 电烘箱中干燥至恒重的重铬酸钾，溶于水并转移至 1000ml 量瓶中，定容至刻度。或购买有证书的重铬酸钾标准溶液。

（9）碘化钾。

（10）碘标准溶液 $[c(1/2I_2) = 0.10mol/L]$：称取 13g 碘和 35g 碘化钾，加水约 100ml，溶解后加入 3 滴盐酸，用水稀释至 1000ml，过滤后转入棕色瓶。使用前用硫代硫酸钠标准溶液标定。

（11）碘标准溶液 $[c(1/2I_2) = 0.01000mol/L]$：将 0.1000mol/L 碘标准溶液用水稀释 10 倍。

（二）仪器

（1）全玻璃蒸馏器：500ml，或等效的蒸馏设备。

（2）酸式滴定管：25ml 或 50ml。

（3）剪切式粉碎机。

（4）碘量瓶：500ml。

【样品测定】

（一）样品制备

果脯、干菜、米粉类、粉条和食用菌适当剪成小块，再用剪切式粉碎机剪碎，搅均匀，备用。

（二）样品蒸馏

称取5g均匀样品（精确至0.001g，取样量可视含量高低而定），液体样品可直接吸取5.00~10.00ml样品，置于蒸馏烧瓶中。加入250ml水，装上冷凝装置，冷凝管下端插入预先备有25ml乙酸铅吸收液的碘量瓶的液面下，然后在蒸馏瓶中加入10ml盐酸溶液，立即盖塞，加热蒸馏。当蒸馏液约200ml时，使冷凝管下端离开液面，再蒸馏1分钟。用少量蒸馏水冲洗插入乙酸铅溶液的装置部分。同时做空白试验。

（三）滴定

向取下的碘量瓶中依次加入10ml盐酸、1ml淀粉指示液，摇匀之后用碘标准溶液滴定至溶液颜色变蓝且30秒内不退色为止，记录消耗的碘标准滴定溶液体积。

【结果计算与数据处理】

试样中二氧化硫的含量按式3-13进行计算。

$$X = \frac{(V - V_0) \times 0.032 \times c \times 1000}{m} \tag{3-13}$$

式中：X为样品中二氧化硫的含量，g/kg或g/L；m为试样质量，g；V为滴定样品所用的碘标准溶液体积，ml；V_0空白试验所用的碘标准溶液体积，ml；c为碘标准溶液浓度，mol/L；0.032为1ml碘标准溶液$[c(1/2I_2) = 0.10mol/L]$相当于二氧化硫的质量，g/mmol。

计算结果以重复性条件下获得的两次独立测定结果的算术平均值表示，当二氧化硫含量≥1g/kg（L）时，结果保留三位有效数字；当二氧化硫含量<1g/kg（L）时，结果保留两位有效数字。

在重复性条件下获得的两次独立测试结果的绝对差值不得超过算术平均值的10%。

任务五　抗氧化剂的测定

食品变质除了由微生物引起之外，另一重要原因就是氧化。氧化作用可导致食品油脂酸败、食品退色、褐变等。抗氧化剂是防止、抑制或延缓食品成分氧化变质的添加剂，主要用于阻止和延迟含油脂的食品的氧化过程，以达到提高食品的稳定性和延长储存期的目的。

抗氧化剂按其溶解性可分为油溶性抗氧化剂和水溶性抗氧化剂。油性抗氧化剂主要有丁基羟基茴香醚（BHA）、二丁基羟基甲苯（BHT）、没食子酸丙酯（PG）、维生素E等；水溶性抗氧化剂主要有抗坏血酸及其盐类、异抗坏血酸及其盐类、EDTA二钠盐、植酸、茶多酚等。

根据GB/T 23373—2009《食品中抗氧化剂丁基羟基茴香醚（BHA）、二丁基羟基甲苯（BHT）与特丁基对苯二酚（TBHQ）的测定》规定，食品中抗氧化剂的测定方法为气相色谱法。

📋 实训十二　气相色谱法测定食品中抗氧化剂含量

【测定原理】

样品中的抗氧化剂用有机溶剂提取，经凝胶渗透色谱净化系统（GPC）净化后，用气相色谱氢火焰离子化检测器检验，以保留时间定性，外标法定量。

【试剂仪器准备】

（一）试剂

（1）环己烷。

（2）乙酸乙酯。

（3）石油醚：沸程 $30 \sim 60 ℃$。

（4）乙腈。

（5）丙酮。

（6）BHA（丁基羟基茴香醚）、BHT（二丁基羟基甲苯）、TBHQ（特丁基对苯二酚）混合标准贮备液（1.0mg/ml）：准确称取 BHA、BHT、TBHQ（纯度99%）各 50mg（精确至 0.1mg），用乙酸乙酯-环己烷（1:1）定容至 50ml，配制成 1mg/ml 的贮备液，于 4℃ 冰箱避光保存。

（7）BHA、BHT、TBHQ 混合标准使用液：分别吸取标准贮备液 0.1、0.5、1.0、2.0、3.0、4.0、5.0ml，于一组 10ml 容量瓶中，乙酸乙酯-环己烷（1:1）定容，此标准系列的浓度为 0.01、0.05、0.1、0.2、0.3、0.4、0.5mg/ml，现用现配。

（二）主要仪器

（1）气相色谱仪：附氢火焰离子化检测器。

（2）凝胶渗透色谱净化系统（GPC），或可进行脱脂的等效分离装置。

【样品测定】

（一）样品制备

取同一批次 3 个完整独立包装样品（固体样品不少于 200g，液体样品不少于 200ml），固体或半固体样品粉碎混匀，液体样品混合均匀，然后用对角线法取四分之一或六分之二，或根据试样情况取有代表性的试样，放置广口瓶内保存待用。

（二）试样处理

1. 油脂样品　混合均匀的油脂样品，过 $0.45\mu m$ 滤膜备用。

2. 油脂含量较高或中等的样品（油脂含量 15% 以上的样品）　根据样品中油脂的实际含量，称取 50～100g 混合均匀的样品，置于 250ml 具塞锥形瓶中，加适量石油醚（沸程为 30～60℃），使样品完全浸没，放置过夜，用快速滤纸过滤后，减压回收溶剂，得到的油脂试样过 $0.45\mu m$ 滤膜备用。

3. 油脂含量少的样品（油脂含量 15% 以下的样品）和不含油脂的样品（如口香糖等）　称取约 1～2g 粉碎并混合均匀的样品，加入 10ml 乙腈，涡旋混合 2 分钟，过滤，如此重复三次，收集滤液，旋转蒸发至干，用乙腈定容 2ml，过 $0.45\mu m$ 滤膜，直接进气相色谱仪分析。

（三）净化

准确称取备用的油脂试样 0.5g（精确至 0.1mg），用乙酸乙酯-环己烷（1:1，体积比）

准确定容至 10.0ml，涡旋混合 2 分钟，经凝胶渗透色谱装置净化，收集流出液，旋转蒸发浓缩至干，用乙酸乙酯-环己烷（1:1）定容至 2ml，进气相色谱仪分析。

（四）测定

1. 色谱条件参考 色谱柱：（14% 氰苯基-苯基）二甲基聚硅氧烷毛细管柱（30mm×0.25mm），膜厚 0.25μm（或相当型号色谱柱）。进样口温度：230℃。升温程序：初始柱温 80℃，保持 1 分钟，以 10℃/min 升温至 250℃ 保持 5 分钟。检测器温度：250℃。进样量：1μl。进样方式：不分流进样。载气：氮气，纯度≥99.999%，流速 1ml/min。

2. 定量分析 在上述色谱条件下，试样待测液和 BHA、BHT、TBHQ 三种标准品在相同保留时间处出峰，可定性 BHA、BHT、TBHQ 三种抗氧化剂，以标准样品浓度为横坐标，峰面积为纵坐标，作线性回归方程，从标准曲线图中查出试样溶液中抗氧化剂的相应含量。

【结果计算与数据处理】

试样中抗氧化剂（BHA、BHT、TBHQ）的含量按式 3-14 计算。

$$X = c \times \frac{V \times 1000}{m \times 1000} \tag{3-14}$$

式中：X 为试样中抗氧化剂含量，mg/kg 或 mg/L；c 为从标准工作曲线上查出的试样溶液中抗氧化剂的浓度，μg/ml；V 为试样最终定容体积，ml；m 为试样质量，g 或 ml。

计算结果保留至小数点后三位。

任务六　着色剂的测定

着色剂又称食用色素，是赋予食品色泽和改善食品色泽的一类食品添加剂，按其来源和性质可分为食品天然着色剂和食品合成着色剂两大类。食品天然着色剂主要来自三类天然色素：植物色素、动物色素和微生物类色素；食品合成着色剂主要是依据某些特殊的化学基团或生色基团而合成的，按其化学结构可分为偶氮色素类和非偶氮色素类。

目前，国内外使用的食用色素绝大多数都是合成色素。中国允许使用的合成色素有苋菜红、胭脂红、诱惑红、新红、柠檬黄、日落黄、靛蓝、亮蓝、赤藓红等。国内外对食品着色剂的使用与标识均有明确、严格的规定。按照《食品安全国家标准　预包装食品标识通则》（GB 7718—2011）的规定，只要在食品中使用了着色剂就必须在食品标签上进行标识。

GB 5009.35—2016《食品安全国家标准　食品中合成着色剂的测定》规定食品中着色剂测定方法为高效液相色谱法。

实训十三　高效液相色谱法测定食品中着色剂含量

【测定原理】

食品中人工合成着色剂用聚酰胺吸附法或液-液分配法提取，制成水溶液，注入高效液相色谱仪，经反相色谱分离，根据保留时间定性，峰面积与标准品比较进行定量。

本方法最小检出量：新红 5ng、柠檬黄 4ng、苋菜红 6ng、胭脂红 8ng、日落黄 7ng、赤藓红 18ng、亮蓝 26ng。当进样量为 0.025g 时最低检出浓度分别为 0.2mg/kg、0.16mg/kg、

0.24mg/kg、0.32mg/kg、0.28mg/kg、0.72mg/kg、1.04mg/kg。

【试剂仪器准备】

（一）试剂

（1）正己烷。

（2）盐酸。

（3）冰醋酸。

（4）甲醇：色谱纯。

（5）聚酰胺粉（尼龙6）：过200目筛。

（6）乙酸铵溶液（0.02mol/L）：称取1.54g乙酸铵，加水溶解，定容至1000ml，经滤膜（0.45μm）过滤。

（7）氨水：量取氨水2ml，加水至100ml，混匀。

（8）甲醇-甲酸溶液：量取甲醇60ml，甲酸40ml，混匀。

（9）柠檬酸溶液：称取20g柠檬酸，加水至100ml，振摇溶解。

（10）无水乙醇-氨水-水溶液：量取无水乙醇70ml，氨水20ml，水10ml，混匀。

（11）三正辛胺正丁醇溶液：量取三正辛胺5ml，加正丁醇至100ml，混匀。

（12）饱和硫酸钠溶液。

（13）pH 4 的水：水加柠檬酸溶液调pH到4。

（14）pH 6 的水：水加柠檬酸溶液调pH到6。

（15）正丁醇。

（16）三正辛胺。

（17）合成着色剂标准溶液（1mg/ml）：准确称取按其纯度折算为100%质量的柠檬黄、日落黄、苋菜红、胭脂红、新红、赤藓红、亮蓝、靛蓝各0.1g（精确至0.0001g），置100ml容量瓶中，加pH为6的水至刻度。

（18）合成着色剂标准使用液（50μg/ml）：临用时将合成着色剂标准溶液加水稀释20倍，经滤膜（0.45μm）过滤。配成每毫升相当50.0μg的合成着色剂。

（二）仪器

（1）高效液相色谱仪：带二极管阵列或紫外检测器。

（2）天平：感量为0.001g和0.0001g。

（3）恒温水浴锅。

（4）G3垂熔漏斗。

【样品测定】

（一）样品处理

1. 果汁饮料、果汁及果味碳酸饮料等 称取20~40g（精确至0.001g），放入100ml烧杯中。含二氧化碳样品加热或超声去除二氧化碳。

2. 配制酒类 取20~40g（精确至0.001g），放100ml烧杯中，加小碎瓷片数片，加热去除乙醇。

3. 硬糖、蜜饯类、淀粉软糖等 称取粉碎样品5~10g（精确至0.001g），放入100ml小烧杯中，加水30ml，温热溶解，若样品溶液pH较高，用柠檬酸溶液调pH至6左右。

4. 巧克力豆及着色糖衣制品 称取5~10g（精确至0.001g），放入100ml小烧杯中，用水反复洗涤色素，到巧克力豆无色素为止，合并色素漂洗液为样品溶液。

（二）色素提取

1. 聚酰胺吸附法　样品溶液加柠檬酸溶液调 pH 至 6，加热至 60℃，将聚酰胺粉 1g 加少许水调成粥状，倒入样品溶液中，搅拌片刻，以 G3 垂熔漏斗抽滤，用 60℃ pH 4 的水洗涤 3~5 次，然后用甲醇-甲酸混合溶液洗涤 3~5 次（含赤藓红的样品用液-液法处理），再用水洗至中性，用乙醇-氨水-水混合溶液解吸 3~5 次，直至色素完全解吸，收集解吸液，加乙酸中和，蒸发至近干，加水溶解，定容至 5ml，经 0.45μm 滤膜过滤，进高效液相色谱仪。

2. 液-液分配法（适用于含赤藓红的样品）　将制备好的样品溶液放入分液漏斗中，加盐酸 2ml、5% 三正辛胺正丁醇溶液 10~20ml，振摇提取，分取有机相，重复提取，直到有机相无色；合并有机相，用饱和硫酸钠溶液洗 2 次，每次 10ml，分取有机相，放蒸发皿中，水浴加热浓缩至 10ml，转移至分液漏斗中；加正己烷 60ml，混匀，加氨水提取 2~3 次，每次 5ml，合并氨水溶液层（含水溶性酸性色素），用正己烷洗 2 次，氨水层加乙酸调成中性，水浴加热蒸发至近干，加水定容至 5ml，经 0.45μm 滤膜过滤，取 10μl 进高效液相色谱仪。

（三）高效液相色谱参考条件

1. 柱　C_{18}柱，5μm 不锈钢柱，4.6mm（内径）×250mm。

2. 进样量　10μl。

3. 柱温　35℃。

4. 二极管阵列检测器　波长范围：400~800nm，或紫外检测器检测波长：254nm。

5. 梯度洗脱表　见表 3-4。

表 3-4　梯度洗脱表

时间（min）	流速（ml/min）	0.2mol/L 乙酸铵溶液（%）	甲醇（%）
0	1.0	95	5
3	1.0	65	35
7	1.0	0	100
10	1.0	0	100
10.1	1.0	95	5
21	1.0	95	5

（四）测定

将样品提取液和合成着色剂标准使用液分别注入高效液相色谱仪，根据保留时间定性，外标峰面积法定量。

【结果计算与数据处理】

试样中着色剂的含量按式 3-15 计算。

$$X = \frac{c \times V \times 1000}{m \times 1000 \times 1000} \tag{3-15}$$

式中：X 为样品中着色剂的含量，g/kg；V 为样品稀释总体积，ml；c 为进样液中着色剂的浓度，μg/ml；m 为样品质量，g；1000 为换算系数。

计算结果以重复性条件下获得的两次独立测定结果的算术平均值表示，结果保留两位有效数字。在重复性条件下获得的两次独立测定结果的绝对差值不得超过算术平均值的 10%。

岗位对接

本项目是食品质量与安全、食品检测技术、食品营养与检测等专业学生必须掌握的内容，为成为合格的食品检测人员打下坚实的基础。

本项目对接食品检验工的资格考试和职业技能标准，按照《中华人民共和国食品安全法》《食品安全国家标准》《食品添加剂使用标准》要求，食品生产经营企业应当加强食品添加剂检验工作；食品生产企业可以自行对所生产的食品进行检验，也可委托符合本法规定的食品检验机构进行检验。从事食品检验岗位的工作人员应掌握以下相关的知识和技能要求。

1. 能按照国家标准，正确规范地检测食品中的甜味剂、防腐剂、护色剂、漂白剂、抗氧化剂、着色剂等食品添加剂。

2. 能根据检验结果进行正确的计算及食品质量的评价与判定。

3. 能熟悉使用紫外/可见分光光度仪、高效液相色谱仪、气相色谱仪、离子色谱仪等分析仪器测定食品中的添加剂。

4. 具备相关实验室安全知识和实验室管理能力。

重点小结

本项目主要依据国家标准介绍了食品中的甜味剂、防腐剂、护色剂、漂白剂、抗氧化剂、着色剂等食品添加剂的检测方法，具体总结如下。

添加剂	分类	国家标准	方法
甜味剂	糖精钠	GB/T 5009.28—2003	高效液相色谱法
			薄层色谱法
			离子选择电极测定法
	甜蜜素	GB 5009.97—2016	气相色谱法
			高效液相色谱法
			液相色谱-质谱/质谱法
防腐剂	苯甲酸钠、山梨酸钾	GB/T 5009.29—2003	气相色谱法
			高效液相色谱法
			薄层色谱法
护色剂	亚硝酸盐、硝酸盐	GB 5009.33—2010	离子色谱法
			分光光度法
漂白剂	二氧化硫	GB 5009.34—2016	滴定法

续表

添加剂	分类	国家标准	方法
抗氧化剂	BHA、BHT、TBHQ	GB/T 23373—2009	气相色谱法
着色剂	柠檬黄、新红、苋菜红、胭脂红、日落黄、亮蓝、赤藓红	GB 5009. 35—2016	高效液相色谱法

目标检测

一、选择题

1. 在测定亚硝酸盐含量时，在样品液中加入饱和硼砂溶液的作用是（　　）。
   A. 提取亚硝酸盐　　　B. 沉淀蛋白质　　　C. 便于过滤　　　D. 还原硝酸盐
2. 以亚硝酸钠含量转化为硝酸钠含量的计算系数为（　　）。
   A. 0.232　　　　　　B. 1.0　　　　　　C. 6.25　　　　　D. 1.232
3. 气相色谱法测定苯甲酸钠含量时，将苯甲酸换算为苯甲酸钠的系数为（　　）。
   A. 1.10　　　　　　B. 1.18　　　　　　C. 1.20　　　　　D. 1.33
4. 下列哪项不是食品安全国家标准中对苯甲酸钠含量测定的方法。（　　）
   A. 气相色谱法　　　　　　　　　　B. 分光光度法
   C. 高效液相色谱法　　　　　　　　D. 薄层色谱法
5. 下列哪个不是漂白剂。（　　）
   A. 亚硫酸氢钠　　　B. 焦亚硫酸钠　　　C. 硫酸钠　　　D. 亚硫酸钠
6. 在气相色谱法中，可用作定量的参数是（　　）。
   A. 保留时间　　　　B. 保留值　　　　C. 半峰宽　　　　D. 峰面积

二、判断题

1. 为使馒头变得更白，在加工过程中可以使用硫磺熏蒸的方法。（　　）
2. 食品添加剂主要用于掩盖食品本身的质量缺陷。（　　）
3. 亚硝酸盐转化为亚硝胺而对人体产生致癌作用。（　　）
4. 为延长婴幼儿奶粉的保质期，可以向其中添加苯甲酸钠。（　　）
5. 我国食品添加剂使用标准中规定，在达到预期效果的前提下尽可能降低食品添加剂的使用。（　　）

三、填空题

1. 食品添加剂按来源可分为_____和_____。
2. 我国食品添加剂使用标准中收载的添加剂可为_____类。
3. 用比色法测定食品中硝酸钠含量，应先用镉柱将 $NaNO_3$ 还原为再进行测定。镉柱使用前，应先用洗涤，不用时用封盖，并保持水平面在镉层之上，不得使镉柱有气泡，目的是_____。
4. 样品经沉淀蛋白质、除去脂肪后，在_____（弱酸性、强碱性、中性）条件下，亚硝酸盐与对氨基苯磺酸_____（重氮化、耦合、氧化），与耦合试剂盐酸萘乙二胺耦合形成_____（红色、紫红色）染料，其最大吸收波长为_____。

四、名词解释

1. 食品添加剂
2. 护色剂
3. 着色剂
4. 防腐剂
5. 抗氧化剂

五、计算题

1. 芬达中苯甲酸钠的测定：准确称取本品 11.60g，置于小烧杯中，微温除去 CO_2 后，用氨水调至中性，置于 25ml 量瓶中，加水定容并过滤。精密量取本品 10μl，注入高效液相色谱仪，记录色谱图，苯甲酸钠的峰面积为 9870。另取苯甲酸钠对照品，加水溶解并稀释为 1mg/ml 溶液，作为对照品溶液，同法测定得峰面积为 111993。食品添加剂使用标准规定，碳酸饮料中苯甲酸钠的最大使用量为 0.2g/kg，已知苯甲酸钠的换算系数为 1.18，试计算本品含苯甲酸钠是否符合规定？

2. 配制酒中糖精钠的测定：准确称取本品 6.24g，置于小烧杯中，微温搅拌除去二氧化碳，用氨水（1:1）调 pH 约 7.0，加水定容至 20ml，经 0.45μm 滤膜过滤。精密量取续滤液 10μl，注入高效液相色谱仪，记录得峰面积为 18280；另取浓度 0.1041mg/ml 的糖精钠标准使用溶液 10μl，相同方法测定得峰面积为 96723。食品添加剂使用标准规定，配制酒中糖精钠以糖精计，最大使用量为 0.15g/kg，试计算本品含糖精钠是否符合规定？

六、简答题

1. 简述食品添加剂检测的意义。
2. 简述气相色谱法测定苯甲酸钠的原理。
3. 简述气相色谱法测定环己基氨基磺酸钠的原理。
4. 简述护色剂产生作用的原理？
5. 简述护色剂的种类、使用范围及其鉴别方法。
6. 简述食品中硝酸盐、亚硝酸盐的测定原理及方法。
7. 简述漂白剂在食品中的应用及其测定意义。
8. 简述食品中 SO_2 的测定方法及原理。
9. 简述抗氧化剂的种类。
10. 如何检测食品中的抗氧化剂？
11. 食用合成色素的测定方法是什么？简述方法原理及特点。

（江文杰　薛香菊）

项目四

食品中有毒有害物质的检验

学习目标

知识要求　**1. 掌握**　食品中常见有毒有害物质检测的原理和方法。

　　　　　2. 熟悉　食品中常见有毒有害物质的性质及其检测意义。

　　　　　3. 了解　食品中常见有毒有害物质的种类和来源。

技能要求　1. 能根据食品样品合理选择检验方法。

　　　　　2. 能熟练规范测定食品中常见的有毒有害物质。

在食品生产（烹调）、包装、储藏、运输、食用过程中，由于各种原因可能产生某些有害物质而使食品受到污染，而某些食品本身也可能含有一些有毒有害物质。食品中常见的有毒有害物质包括：农药残留（有机氯、有机磷等）、动植物毒素、氰化物、亚硝胺类物质、黄曲霉毒素及有害金属元素等。分析检测食品中存在的有毒有害物质，有助于加强食品的卫生监督管理，促进食品安全，保障人民的健康。

任务一　农药及兽药残留量的测定

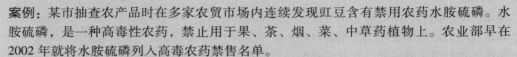

案例导入

案例：某市抽查农产品时在多家农贸市场内连续发现豇豆含有禁用农药水胺硫磷。水胺硫磷，是一种高毒性农药，禁止用于果、茶、烟、菜、中草药植物上。农业部早在2002年就将水胺硫磷列入高毒农药禁售名单。

讨论：1. 相对于禁用农药，有哪些农药被允许用于食品？

　　　　2. 如何正确检测出食品中的农药及兽药残留？

一、农药残留量的测定

农药施用后，残存在生物体、农副产品和环境中的微量农药原体，有毒代谢产物、降解物和杂质总称为农药残留。

食品中农药残留的来源有：农田施用农药药剂后对农作物的直接污染；因水质的污染进一步污染水产品；土壤中沉积的农药通过农作物的根系吸收到作物组织内部造成污染；大气中漂浮的农药随风向、雨水对地面作物、水生生物产生影响；饲料中残留的农药转入禽畜体内，造成此类加工食品的污染；通过食物链污染产品；粮库内使用熏蒸剂、禽畜饲养场所及禽畜身上施用农药等。

农药主要用于防止、破坏、引诱、排拒、控制昆虫、病菌及有毒的动植物，或控制动物的外寄生虫，其种类繁多。根据用途、来源、化学结构等不同有多种分类方式，残留的农药按用途可分为4种。

1. 杀虫剂 主要有有机氯类、有机磷类、拟除虫菊酯类、氨基甲酸酯类、杀蚕毒素类等。

2. 杀菌剂 主要有有机汞类、苯并咪唑类、有机氯类等。

3. 除草剂 主要有麦田除草剂、玉米除草剂、豆除草剂、棉田除草剂等。

4. 熏蒸剂 主要有磷化氢、溴甲烷、二硫化碳等。

摄入残留农药或长时间反复暴露于残留农药会让人、畜产生急性或慢性中毒，损害神经系统和肝肾等实质性脏器。不合理使用农药，还可能导致药害事故频发。农药残留还影响到进出口贸易。世界各国特别是发达国家以农残限量作为技术壁垒，限制农副产品进口，保护本国的农业生产。如 2000 年，欧共体将氰戊菊酯在茶叶中的残留限量从 10mg/kg 降低到 0.1mg/kg，使当年我国茶叶出口面临严峻的挑战。

依据 GB/T 5009.19—2008《食品中有机氯农药多组分残留量的测定》，采用毛细管柱气相色谱-电子捕获测定器法测定食品中的农药残留。依据 GB/T 5009.20—2003《食品中有机磷农药残留量的测定》，采用气相色谱法测定食品中的有机磷农药残留量。

实训一 毛细管柱气相色谱-电子捕获检测器法测定食品中的有机氯农药残留

【测定原理】

试样中有机氯农药组分经有机溶剂提取、凝胶色谱层析净化，用毛细管柱气相色谱分离，电子捕获检测器检测，以保留时间定性，外标法定量。

【适用范围】

本法规定了食品中六六六（HCH）、滴滴涕（DDT）、六氯苯、灭蚁灵、七氯、氯丹、艾氏剂、狄氏剂、异狄氏剂、硫丹、五氯硝基苯的测定方法。

本法适用于肉类、蛋类、乳类动物性食品和植物（含油脂）中 α-HCH、六氯苯、β-HCH、γ-HCH、五氯硝基苯、δ-HCH、五氯苯胺、七氯、五氯苯基硫醚、艾氏剂、氧氯丹、环氧七氯、反式氯丹、α-硫丹、顺式氯丹、p,p'-滴滴伊（DDE）、狄氏剂、异狄氏剂、产硫丹、p,p'-DDD、o,p'-DDT、异狄氏剂醛、硫丹硫酸盐、p,p'-DDT、异狄氏剂酮、灭蚁灵的分析。

【试剂及仪器准备】

（一）试剂

1. 丙酮（CH$_3$COCH$_3$） 分析纯，重蒸。

2. 石油醚 沸程 30~60℃，分析纯，重蒸。

3. 乙酸乙酯（CH$_3$COOC$_2$H$_5$） 分析纯，重蒸。

4. 环己烷（C$_6$H$_{12}$） 分析纯，重蒸。

5. 正己烷（n-C$_6$H$_{14}$） 分析纯，重蒸。

6. 氯化钠（NaCl） 分析纯。

7. 无水硫酸钠（Na$_2$SO$_4$） 分析纯，将无水硫酸钠置干燥箱中，于 120℃干燥 4 小时，冷却后，密闭保存。

8. 聚苯乙烯凝胶（Bio-Beads S-X3） 200~400 目，或同类产品。

9. 农药标准品 α-六六六（α-HCH）、六氯苯（HCB）、β-六六六（β-HCH）、γ-六

六六（γ-HCH）、五氯硝基苯（PCNB）、δ-六六六（δ-HCH）、五氯苯胺（PCA）、七氯（Heptachlor）、五氯苯基硫醚（PCPs）、艾氏剂（Aldrin）、氧氯丹（Oxychlordane）、环氧七氯（Heptachlor epoxide）、反氯丹（trans-chlordane）、α-硫丹（α-endosulfan）、顺氯丹（cis-chlordane）、p,p'-滴滴伊（p,p'-DDE）、狄氏剂（Dieldrin）、异狄氏剂（Endrin）、β-硫丹（β-endosulfan）、p,p'-滴滴滴（p,p'-DDD）、o,p'-滴滴涕（o,p'-DDT）、异狄氏剂醛（Endrin aldehyde）、硫丹硫酸盐（Endosulfan sulfate）、p,p'-滴滴涕（p,p'-DDT）、异狄氏剂酮（Endrinketone）、灭蚁灵（Mirex），纯度均应不低于98%。

10. 标准溶液的配制 分别准确称取或量取上述农药标准品适量，用少量苯溶解，再用正己烷稀释成一定浓度的标准贮备溶液。量取适量标准贮备溶液，用正己烷稀释为系列混合标准溶液。

（二）仪器

（1）气相色谱仪（GC）：配有电子捕获检测器（ECD）。

（2）凝胶净化柱：长30cm，内径2.3~2.5cm具活塞玻璃层析柱，柱底垫少许玻璃棉。用洗脱剂乙酸乙酯-环己烷（1:1）浸泡的凝胶，以湿法装入柱中，柱床高约26cm，凝胶始终保持在洗脱剂中。

（3）全自动凝胶色谱系统：带有固定波长（254nm）紫外检测器，供选择使用。

（4）旋转蒸发仪。

（5）组织匀浆器。

（6）振荡器。

（7）氮气浓缩器。

【样品测定】

（一）试样制备

蛋品去壳，制成匀浆；肉品去筋后，切成小块，制成肉糜；乳品混匀待用。

（二）提取与分离

1. 蛋类 称取试样20g（精确到0.01g）于200ml具塞三角瓶中，加水5ml（视试样水分含量加水，使总水量约为20g。通常鲜蛋水分含量约75%，加水5ml即可），再加入40ml丙酮，振摇30分钟后，加入氯化钠6g，充分摇匀，再加入30ml石油醚，振摇30分钟。静置分层后，将有机相全部转移至100ml具塞三角瓶中经无水硫酸钠干燥，并量取35ml于旋转蒸发瓶中，浓缩至约1ml，加入2ml乙酸乙酯-环己烷（1:1）溶液再浓缩，如此重复3次，浓缩至约1ml，供凝胶色谱层析净化使用，或将浓缩液转移至全自动凝胶渗透色谱系统配套的进样试管中，用乙酸乙酯-环己烷（1:1）溶液洗涤旋转蒸发瓶数次，将洗涤液合并至试管中，定容至10ml。

2. 肉类 称取试样20g（精确到0.01g），加水15ml（视试样水分含量加水，使总水量约20g）。加40ml丙酮，振摇30分钟，以下按照蛋类试样的提取与分离步骤处理。

3. 乳类 称取试样20g（精确到0.01g），鲜乳不需加水，直接加丙酮提取。以下按照蛋类试样的提取与分离步骤处理。

4. 大豆油 称取试样1g（精确到0.01g），直接加入30ml石油醚，振摇30分钟后，将有机相全部转移至旋转蒸发瓶中，浓缩至约1ml，加2ml乙酸乙酯-环己烷（1:1）溶液再浓缩，如此重复3次，浓缩至约1ml，供凝胶色谱层析净化使用，或将浓缩液转移至全自动凝胶渗透色谱系统配套的进样试管中，用乙酸乙酯-环己烷（1:1）溶液洗涤旋转蒸发瓶数次，将洗涤液合并至试管中，定容至10ml。

5. 植物类 称取试样匀浆 20g，加水 5ml（视其水分含量加水，使总水量约 20ml），加丙酮 40ml，振荡 30 分钟，加氯化钠 6g，摇匀。加石油醚 30ml，再振荡 30 分钟，以下按照蛋类试样的提取与分离步骤处理。

（三）净化

选择手动或全自动净化方法的任何一种进行。

1. 手动凝胶色谱柱净化 将试样浓缩液经凝胶柱以乙酸乙酯-环己烷（1:1）溶液洗脱，弃去 0~35ml 流分，收集 35~70ml 流分。将其旋转蒸发浓缩至约 1ml，再经凝胶柱净化收集 35~70ml 流分，蒸发浓缩，用氮气吹除溶剂，用正己烷定容至 1ml，留待分析。

2. 全自动凝胶渗透色谱系统净化

试样由 5ml 试样环注入凝胶渗透色谱（GPC）柱，泵流速 5.0ml/min，以乙酸乙酯-环己烷（1:1）溶液洗脱，弃去 0~7.5 分钟流分，收集 7.5~15 分钟流分，15~20 分钟冲洗 GPC 柱。将收集的流分旋转蒸发浓缩至约 1ml，用氮气吹至近干，用正己烷定容至 1ml，留待分析。

（四）测定

1. 气相色谱参考条件

（1）色谱柱：DM-5 石英弹性毛细管柱，长 30m、内径 0.32mm、膜厚 0.25μm；或等效柱。

（2）柱温：程序升温。

$$90℃ （1 分钟） \xrightarrow{40℃/min} 170℃ \xrightarrow{2.3℃/min} 230℃ （17 分钟） \xrightarrow{40℃/min} 280℃ （5 分钟）$$

（3）进样口温度：280℃。不分流进样，进样量 1μl。

（4）检测器：电子捕获检测器（ECD），温度 300℃。

（5）载气流速：氮气（N_2），流速 1ml/min；尾吹，25ml/min。

（6）柱前压：0.5MPa。

2. 色谱分析 分别吸取 1μl 混合标准液及试样净化液注入气相色谱仪中，记录色谱图，以保留时间定性，以试样和标准的峰高或峰面积比较定量。

3. 色谱图 出峰顺序为：α-六六六、六氯苯、β-六六六、γ-六六六、五氯硝基苯、δ-六六六、五氯苯胺、七氯、五氯苯基硫醚、艾氏剂、氧氯丹、环氧七氯、反氯丹、α-硫丹、顺氯丹、p,p'-滴滴伊、狄氏剂、异狄氏剂、β-硫丹、p,p'-滴滴滴、o,p'-滴滴涕、异狄氏剂醛、硫丹硫酸盐、p,p'-滴滴涕、异狄氏剂酮、灭蚁灵。

【结果计算与数据处理】

试样中各农药含量按式 4-1 计算。

$$X = \frac{m_1 \times V_1 \times f \times 1000}{m \times V_2 \times 1000} \tag{4-1}$$

式中：X 为试样中各农药的含量，mg/kg；m_1 为被测样液中各农药的含量，ng；V_2 为样液进样体积，μl；f 为稀释因子；m 为试样质量，g；V_1 为样液最后定容体积，ml。

计算结果保留两位有效数字。精密度要求：在重复性条件下获得的两次独立测定结果的绝对差值不得超过算术平均值的 20%。

实训二　气相色谱法测定食品中的有机磷农药残留

【测定原理】

含有机磷的试样在检测器中的富氢焰上燃烧时，以 HPO 碎片的形式，发出 526nm

波长的特色光，通过滤光片选择后由光电倍增器接收，转换成电信号，经微电流放大器放大后被记录下来。通过试样的峰面积或峰高与标准品的峰面积或峰高进行比较定量。

【适用范围】

适用于粮食、蔬菜、食用油等食品中敌敌畏、乐果、马拉硫磷、对硫磷、甲拌磷、稻瘟净、杀螟硫磷、倍硫磷及虫螨磷的测定。

【试剂仪器准备】

（一）仪器

（1）气相色谱仪：附有火焰光度检测器（FPD）。

（2）电动振荡器。

（3）组织捣碎机。

（4）旋转蒸发仪。

（二）试剂

（1）二氯甲烷。

（2）丙酮。

（3）无水硫酸钠：在700℃灼烧4小时后备用。

（4）中性氧化铝：在550℃灼烧4小时。

（5）硫酸钠溶液。

（6）有机磷农药标准贮备液：分别准确称取有机磷农药标准品敌敌畏、乐果、马拉硫磷、对硫磷、甲拌磷、稻瘟净、倍硫磷、杀螟硫磷及虫螨磷各10.0mg，用苯（或三氯甲烷）溶解并稀释至100ml，放在冰箱中保存。

（7）有机磷农药标准使用液：临用时用二氯甲烷将标准贮备液稀释为使用液，使其浓度为敌敌畏、乐果、马拉硫磷、对硫磷、甲拌磷每毫升各相当于1.0μg，稻瘟净、倍硫磷、杀螟硫磷及虫螨磷每毫升各相当于2.0μg。

【样品测定】

（一）样品处理

1. 蔬菜 取适量蔬菜擦净，去掉不可食部分后称取蔬菜试样，将蔬菜切碎混匀。称取10.0g混匀的试样，置于250ml具塞锥形瓶中，加30～100g无水硫酸钠脱水，剧烈振摇后如有固体硫酸钠存在，说明所加无水硫酸钠已够。加0.2～0.8g活性炭脱色。加70ml二氯甲烷，在振荡器上振摇0.5小时，经滤纸过滤。量取35ml滤液，在通风柜中室温下自然挥发至近干，用二氯甲烷少量多次研洗残渣，移入10ml具塞刻度试管中，并定容至2ml，备用。

2. 谷物 将样品磨粉（稻谷先脱壳），过20目筛，混匀。称取10g置于具塞锥形瓶中，加入0.5g中性氧化铝（小麦、玉米再加0.2g活性炭）及20ml二氯甲烷，振摇0.5小时，过滤，滤液直接进样。若农药残留过低，则加30ml二氯甲烷，振摇过滤，量取15ml滤液浓缩，并定容至2ml进样。

3. 植物油 称取5.0g混匀的试样，用50ml丙酮分次溶解并洗入分液漏斗中，摇匀后，加10ml水，轻轻旋转振摇1分钟，静置1小时以上，弃去下层析出的油层，上层溶液自分液漏斗上口倾入另一分液漏斗中，当心尽量不使剩余的油滴倒入（如乳化严重，分层不清，则放入 50ml 离心管中，于 2500r/min 转速下离心 0.5 小时，用滴管吸出上层清夜）。加 30ml 二氯甲烷，100ml 50g/L 硫酸钠溶液，振摇 1 分钟。静置分层后，将二氯甲烷提取液移至蒸发皿中。丙酮水溶液再用 10ml 二氯甲烷提取一次，分层后，合并至蒸发皿中。自然挥发后，如无水，可用二氯甲烷少量多次研洗蒸发皿中残液移入具塞量筒中，并定容至 5ml。加 2g 无水硫酸钠振摇脱水，再加 1g 中性氧化铝、0.2g 活性炭（毛油可加 0.5g）振荡脱油和脱色，过滤，滤液直接进样。如自然挥发后尚有少量水，则需反复抽提后再如上操作。

（二）色谱条件

1. 色谱柱 玻璃柱，内径 3mm，长 1.5~2.0m。

（1）分离测定敌敌畏、乐果、马拉硫磷和对硫磷的色谱柱。

①内装涂以 2.5% SE-30 和 3% QF-1 混合固定液的 60~80 目 Chromosorb WAW DMCS；②内装涂以 1.5% OV-17 和 2% QF-1 混合固定液的 60~80 目 Chromosorb WAW DMCS；③内装涂以 2% OV-101 和 2% QF-1 混合固定液的 60~80 目 Chromosorb WAW DMCS。

（2）分离测定甲拌磷、稻瘟净、倍硫磷、杀螟硫磷及虫螨磷的色谱柱。

①内装涂以 3% PEGA 和 5% QF-1 混合固定液的 60~80 目 Chromosorb WAW DMCS；②内装涂以 2% NPGA 和 3% QF-1 混合固定液的 60~80 目 Chromosorb WAW DMCS。

2. 气流速度 载气为氮气 80ml/min；空气 50ml/min；氢气 180ml/min（氮气、空气和氢气之比按各仪器型号不同选择各自的最佳比例条件）。

3. 温度 进样口：220℃；检测器：240℃；柱温：180℃，但测定敌敌畏为 130℃。

（三）测定

将有机磷农药标准使用液 2~5μl 分别注入气相色谱仪中，可测得不同浓度有机磷标准溶液的峰高，分别绘制有机磷农药质量-峰高标准曲线。同时取试样溶液 2~5μl 注入气相色谱仪中，测得峰高，从标准曲线图中查出相应的含量。

【**结果计算与数据处理**】

试样中有机磷农药残留量含量按式 4-2 计算。

$$X = \frac{A}{m \times 1000} \tag{4-2}$$

式中：X 为试样中有机磷农药的含量，mg/kg；A 为进样体积中有机磷农药的质量，由标准曲线中查得，ng；m 为与进样体积（μl）相当的试样质量，g。

计算结果保留两位有效数字。

精密度要求：敌敌畏、甲拌磷、倍硫磷、杀螟硫磷在重复性条件下获得的两次独立测定结果的绝对差值不得超过算术平均值的 10%。乐果、马拉硫磷、对硫磷、稻瘟净在重复性条件下获得的两次独立测定结果的绝对差值不得超过算术平均值的 15%。

【**技术提示**】

本法采用价格较为便宜的二氯甲烷作为提取试剂，国际上多用乙腈作为有机磷农药的提取试剂及分配净化试剂。

有些稳定性差的有机磷农药如敌敌畏因稳定性差且易被色谱柱中的担体吸附，故本法采用降低操作温度来予以克服。另外，也可采用缩短色谱柱至 1~1.3 米或减少固定液涂渍的厚度等措施来克服。

拓展阅读

常用农药残留的快速检测方法

酶抑制法：目前应用较为广泛的是乙酰胆碱酯酶抑制法，用于测定有机磷和氨基甲酸酯类农药。我国已将其列入国家标准《GB/T 5009.199—2003 蔬菜中有机磷和氨基甲酸酯类农药残留量的快速检测》中作为农产品中农药残留的快速检测方法。

免疫分析法：最为常用的是酶联免疫法（ELISA 法），它具有专一性强、灵敏度高、快速、操作简单等优点，试剂盒可广泛用于现场样品和大量样品的快速检测，可准确定性和定量。

化学法-速测灵法：主要针对的是有机磷农药如甲胺磷、对硫磷等较高毒性的有机磷农药残留的定性检测。该方法避免了通常所使用生化方法（酶法）的缺点，灵敏度也达到一定的要求。

二、兽药残留量的测定

兽药残留是动物性产品的任何可食部分含有的兽药及配体化合物或其代谢物的总称。

在动物养殖过程中，使用预防和治疗禽畜疾病的药物、作为饲料添加剂的药物、作为动物食品保鲜用的药物，以及人为无意或有意加入的药物均可能使兽药残留在动物性食品中。

目前，兽药按照用途可分为 7 类：抗生素类、驱肠虫药类、生长促进剂类、抗原虫药类、灭锥虫药类、镇静剂类以及 β-肾上腺素能受体阻断剂。食品中常见的残留兽药有抗生素类、磺胺类、呋喃类、抗寄生虫类和激素类药物，也是食品检验中常见项目。

食用兽药残留超标的食品可能会对人体健康产生危害：当体内蓄积的药物浓度达到一定量时会对人体产生多种急慢性中毒；产生药物抵抗，使得一些药物的疗效下降甚至失去疗效；一些药物具有致癌、致畸、致突变作用；抗菌药物残留的动物源食品可能对人类胃肠的正常菌群产生不良的影响，引起人体内菌群的平衡失调；此外，兽药进入动物机体还会随粪便、尿液等排泄物排出，部分残留的药物可能会对土壤微生物及其昆虫造成影响，长期滥用兽药会制约着畜牧业的健康持续发展。因此，兽药残留的检测意义非常重要。

依据 GB 29694—2013《食品安全国家标准　动物性食品中 13 种磺胺类药物多残留的测定　高效液相色谱法》，采用高效液相色谱法检测动物性食物中的磺胺类药物残留量。

实训三　高效液相色谱法测定食品中的磺胺类药物残留

【测定原理】

试料中残留的磺胺类药物，用乙酸乙酯提取，0.1mol/L 盐酸溶液转换溶剂，正己烷除脂，MCX 柱净化，高效液相色谱–紫外检测法测定，外标法定量。

【适用范围】

本法规定了动物性食品中磺胺类药物残留量检测的制样和高效液相色谱测定方法。

本法适用于猪和鸡的肌肉和肝脏组织中的磺胺醋酰、磺胺吡啶、磺胺噁唑、磺胺甲基嘧啶、磺胺二甲基嘧啶、磺胺甲氧哒嗪、苯酰磺胺、磺胺间甲氧嘧啶、磺胺氯哒嗪、磺胺甲噁唑、磺胺异噁唑、磺胺二甲氧哒嗪和磺胺吡唑单个或多个药物残留量的检测。

本方法猪和鸡的肌肉组织的检测限为 5μg/kg，定量限为 10μg/kg；猪和鸡的肝脏组织的检测限为 12μg/kg，定量限为 25μg/kg。

本方法肌肉组织在 10~200μg/kg、肝脏组织在 25~200μg/kg 浓度添加水平上的回收率为 60~120%。

本方法的批内相对标准偏差≤15%，批间相对标准偏差≤20%。

【试剂仪器准备】

（一）试剂

（1）磺胺醋酰、磺胺吡啶、磺胺甲氧哒嗪、苯酰磺胺、磺胺间甲氧嘧啶、磺胺氯哒嗪、磺胺甲噁唑、磺胺异噁唑、磺胺二甲氧哒嗪、磺胺吡唑对照品：纯度≥99%；磺胺噁唑、磺胺甲基嘧啶、磺胺二甲基嘧啶：纯度≥98%。

（2）乙酸乙酯：色谱纯。

（3）乙腈：色谱纯。

（4）甲醇：色谱纯。

（5）盐酸。

（6）正己烷。

（7）甲酸：色谱纯。

（8）氨水。

（9）MCX 柱：60mg/3ml，或相当者。

（10）甲酸溶液（0.1%）：取甲酸 1ml，用水溶解并稀释至 1000ml。

（11）甲酸乙腈溶液（0.1%）：取 0.1% 甲酸 830ml，用乙腈溶解并稀释至 1000ml。

（12）洗脱液：取氨水 5ml，用甲醇溶解并稀释至 100ml。

（13）盐酸溶液（0.1mol/L）：取盐酸 0.83ml，用水溶解并稀释至 100ml。

（14）甲醇乙腈溶液（50%）：取甲醇 50ml，用乙腈溶解并稀释至 100ml。

（15）磺胺类药物混合标准贮备液（100μg/ml）：精密称取磺胺类药物标准品各 10mg，100ml 量瓶中，用乙腈溶解并稀释至刻度，配制成浓度为 100μg/ml 的磺胺类药物混合标准贮备液。-20℃ 以下保存，有效期 6 个月。

（16）磺胺类药物混合标准工作液（10μg/ml）：精密量取 100μg/ml 磺胺类药物混合标准贮备液 5.0ml，于 50ml 量瓶中，用乙腈稀释至刻度，配制成浓度为 10μg/ml 的磺胺类药物混合标准工作液。-20℃ 以下保存，有效期 6 个月。

以上所用试剂，除特殊注明外均为分析纯试剂，水为符合 GB/T 6682—2008 规定的一级水。

（二）仪器和设备

（1）高效液相色谱仪：配紫外检测器或二极管阵列检测器。

（2）分析天平：感量0.00001g。

（3）天平：感量0.01g。

（4）涡动仪。

（5）离心机。

（6）均质机。

（7）旋转蒸发仪。

（8）氮吹仪。

（9）固相萃取装置。

（10）鸡心瓶：100ml。

（11）聚四氟乙烯离心管：50ml。

（12）滤膜：有机相，0.22μm。

【样品测定】

（一）试料的制备与保存

1. 试样的制备　取适量新鲜或解冻的空白或试样组织，绞碎，并使均质。

取均质后的试样组织，作为试样；取均质后的空白样品，作为空白试样；取均质后的空白样品，添加适宜浓度的标准工作液，作为空白添加试样。

2. 试样的保存　−20℃以下保存。

（二）测定步骤

1. 提取　称取试样5g±0.05g，于50ml聚四氟乙烯离心管中，加乙酸乙酯20ml，涡动2分钟，4000r/min离心5分钟，取上清液于100ml鸡心瓶中，残渣中加乙酸乙酯20ml，重复提取一次，合并两次提取液。

2. 净化　鸡心瓶中加0.1mol/L盐酸溶液4ml，于40℃条件下旋转蒸发浓缩至少于3ml，转至10ml离心管中。用0.1mol/L盐酸溶液2ml洗鸡心瓶，转至同一离心管中。再用正己烷3ml洗鸡心瓶，将正己烷转至同一离心管中，涡旋混合3秒，3000r/min离心5分钟，弃正己烷。再次用正己烷3ml洗鸡心瓶，转至同一离心管中，涡旋混合3秒，3000r/min离心5分钟，弃正己烷，取下层液备用。

MCX柱依次用甲醇2ml和0.1mol/L盐酸溶液2ml活化，取备用液过柱，控制流速1ml/min。依次用0.1mol/L盐酸溶液1ml和50%甲醇乙腈溶液2ml淋洗，用洗脱液4ml洗脱，收集洗脱液，于40℃氮气吹干，加0.1%甲酸乙腈溶液1.0ml溶解残余物，滤膜过滤，供高效液相色谱测定。

3. 标准曲线制备　精密量取10μg/ml磺胺类药物混合标准工作液适量，用0.1%甲酸乙腈溶液稀释，配制成浓度为10、50、100、250、500、2500和5000μg/L的系列混合标准溶液，供高效液相色谱测定。以测得峰面积为纵坐标，对应的标准溶液浓度为横坐标，绘制标准曲线。求回归方程和相关系数。

4. 测定　液相色谱参考条件：色谱柱：ODS-3 C$_{18}$（250×4.5mm，粒径5μm），或相当者。流动相：0.1%甲酸乙腈溶液，梯度洗脱见表4-1。流速：1ml/min。柱温：30℃。检测波长：270nm。进样体积：100μl。

表4-1　流动相梯度洗脱条件

时间（分钟）	0.1%甲酸（%）	乙腈（%）
0.0	83	17
5.0	83	17
10.0	80	20
22.3	60	40
22.4	10	90
30.0	10	90
31.0	83	17
48.0	83	17

取试样溶液和相应的对照溶液，作单点或多点校准，按外标法，以峰面积计算。对照溶液及试样溶液中磺胺类药物响应值应在仪器检测的线性范围之内。在上述色谱条件下，对照溶液和试样溶液的高效液相色谱图。

5. 空白试验

除不加试样外，采用完全相同的步骤进行平行操作。

【结果计算与数据处理】

试样中磺胺类药物的残留量按式4-3计算。

$$X = \frac{c \times V}{m} \tag{4-3}$$

式中：X 为试样中相应的磺胺类药物的残留量，μg/kg；c 为试样溶液中相应的磺胺类药物浓度，μg/L；V 为溶解残余物所用0.1%甲酸乙腈溶液体积，ml；m 为试样质量，g。

注：计算结果需扣除空白值，测定结果用平行测定后的算术平均值表示，保留三位有效数字。

拓展阅读

食品中兽药残留的其他检测方法

液相色谱-质谱联用技术应用于兽药残留检验，具有准确、灵敏、检出限低等优点；蛋白芯片兽药残留检测试剂盒可实现多种食物中残留的多种兽药并行半定量检测；生物传感器分析仪可应用于牛奶中抗微生物药物残留分析的研究上；还有各种标记免疫分析技术包括放射免疫分析、酶免疫分析、荧光免疫分析、化学发光免疫分析、胶体金标记免疫分析等应用于兽药残留的分析。

任务二　有害元素的测定

案例导入

案例： 2016 年 9 月 25 日，新华社南宁专电报道，广西壮族自治区食品药品监督管理局通报部分食用农产品重金属超标（"湖南姜"铅超标，"沙姜"镉和铅超标）。2015 年 7 月 28 日，山东省青岛市食品药品监督管理局进行市场抽检：油条、烤鸡翅、贝类重金属超标，抽检 41 批次不合格产品中，涉及铝超标的 20 批次，铅超标的 4 批次，镉超标的 4 批次，其中大部分是早餐食品中铝超标，烧烤食品铅超标，贝类产品镉超标。

讨论： 1. 食品中重金属从何而来，对人体会造成哪些危害？
　　　　2. 如何正确检测出食品中的重金属？

食品中的有害元素指镉、铅、汞和砷等对机体产生危害的元素。

一、镉的测定

镉是一种灰白色的金属，自然界中主要以二价形式存在，进入人体的镉主要蓄积于肾脏和肝脏（分别约占全身蓄积量的 1/2 和 1/6），损害肾、肝、骨骼和消化系统，特别是对肾小管的损害，使再吸收发生障碍，可出现蛋白尿、氨基酸尿和糖尿；镉对体内巯基酶有较强的抑制作用；镉还可使骨钙析出，使钙从尿排出，引起负钙平衡，导致骨质疏松；有研究表明，镉及其化合物对动物和人有一定的致癌、致畸和致突变的作用。

依据 GB 5009.15—2014《食品安全国家标准　食品中镉的测定》，采用石墨炉原子吸收光谱法测定食品中的镉。

实训四　石墨炉原子吸收光谱法测定食品中的镉

【测定原理】

试样经灰化或酸消解后，注入一定量样品消化液于原子吸收分光光度计石墨炉中，原子化后吸收波长 228.8mm 共振线，在一定浓度范围内，其吸光度值与镉含量成正比，采用标准曲线法定量。

【适用范围】

适用于各类食品中镉的测定。方法检出限为 0.001mg/kg，定量限为 0.003mg/kg。

【试剂仪器准备】

（一）试剂

（1）硝酸（HNO_3）：优级纯。

（2）盐酸（HCl）：优级纯。

（3）高氯酸（$HClO_4$）：优级纯。

（4）过氧化氢（H_2O_2，30%）。

（5）磷酸二氢铵（$NH_4H_2PO_4$）。

（6）硝酸溶液（1%）：取 10.0ml 硝酸加入 100ml 水中，稀释至 1000ml。

（7）盐酸溶液（1+1）：取50ml盐酸慢慢加入50ml水中。

（8）硝酸-高氯酸混合溶液（9:1），取9份硝酸与1份高氯酸混合。

（9）磷酸二氢铵溶液（10g/L）：称取10.0g磷酸二氢铵，用100ml硝酸溶液（1%）溶解后定量移入1000ml容量瓶，用硝酸溶液（1%）定容至刻度。

（10）金属镉（Cd）标准品：纯度为99.99%或经国家认证并授予标准物质证书的标准物质。

（11）镉标准储备液（1000mg/L）：准确称取1g金属镉标准品（精确至0.0001g）于小烧杯中，分次加20ml盐酸溶液（1+1）溶解，加2滴硝酸，移入1000ml容量瓶中，用水定容至刻度，混匀；或购买经国家认证并授予标准物质证书的标准物质。

（12）镉标准使用液（100ng/ml）：吸取镉标准储备液10.0ml于100ml容量瓶中，用硝酸溶液（1%）定容至刻度，如此经多次稀释成每毫升含100.0ng镉的标准使用液。

（13）镉标准曲线工作液：准确吸取镉标准使用液0、0.50、1.0、1.5、2.0、3.0ml于100ml容量瓶中，用硝酸溶液（1%）定容至刻度，即得到含镉量分别为0、0.50、1.0、1.5、2.0、3.0ng/ml的标准系列溶液。

（二）仪器

（1）原子吸收分光光度计：附石墨炉。

（2）镉空心阴极灯。

（3）电子天平：感量为0.1mg和1mg。

（4）可调温式电热板、可调温式电炉。

（5）马弗炉。

（6）恒温干燥箱。

（7）压力消解器、压力消解罐。

（8）微波消解系统：附聚四氟乙烯或其他合适的压力罐。

【样品测定】

（一）试样制备

1. 干试样　粮食、豆类，去除杂质；坚果类去杂质、去壳；磨碎成均匀的样品，颗粒度不大于0.425mm。储于洁净的塑料瓶中，并标明标记，于室温下或按样品保存条件下保存备用。

2. 鲜（湿）试样　蔬菜、水果、肉类、鱼类及蛋类等，用食品加工机打成匀浆或碾磨成匀浆，储于洁净的塑料瓶中，并标明标记，于−18～−16℃冰箱中保存备用。

3. 液态试样　按样品保存条件保存备用。含气样品使用前应除气。

（二）试样消解

可根据实验室条件选用以下任何一种方法消解，称量时应保证样品的均匀性。

1. 压力消解罐消解法　称取干试样0.3～0.5g（精确至0.0001g）、鲜（湿）试样1～2g（精确到0.001g）于聚四氟乙烯内罐，加硝酸5ml浸泡过夜。再加过氧化氢溶液（30%）2～3ml（总量不能超过罐容积的1/3）。盖好内盖，旋紧不锈钢外套，放入恒温干燥箱，120～160℃保持4～6小时，在箱内自然冷却至室温，打开后加热赶酸至近干，将消化液洗入10ml或25ml容量瓶中，用少量硝酸溶液（1%）洗涤内罐和内盖3次，洗液合并于容量瓶中并用硝酸溶液（1%）定容至刻度，混匀备用；同时做试剂空白试验。

2. 微波消解　称取干试样0.3～0.5g（精确至0.0001g）、鲜（湿）试样1～2g（精确到0.001g）置于微波消解罐中，加5ml硝酸和2ml过氧化氢。微波消化程序可以根据仪器型号调至最佳条件。消解完毕，待消解罐冷却后打开，消化液呈无色或淡黄色，加热赶酸至近干，用少量硝酸溶液（1%）冲洗消解罐3次，将溶液转移至10ml或25ml容量瓶中，并用硝酸溶液（1%）定容至刻度，混匀备用；同时做试剂空白试验。

3. 湿式消解法 称取干试样0.3～0.5g（精确至0.0001g）、鲜（湿）试样1～2g（精确到0.001g）于锥形瓶中，放数粒玻璃珠，加10ml硝酸-高氯酸混合溶液（9:1），加盖浸泡过夜，加一小漏斗在电热板上消化，若变棕黑色，再加硝酸，直至冒白烟，消化液呈无色透明或略带微黄色，放冷后将消化液洗入10～25ml容量瓶中，用少量硝酸溶液（1%）洗涤锥形瓶3次，洗液合并于容量瓶中并用硝酸溶液（1%）定容至刻度，混匀备用；同时做试剂空白试验。

4. 干法灰化 称取0.3～0.5g（精确至0.0001g）、鲜（湿）试样1～2g（精确到0.001g）、液态试样1～2g（精确到0.001g）于瓷坩埚中，先小火在可调式电炉上炭化至无烟，移入马弗炉500℃灰化6～8小时，冷却。若个别试样灰化不彻底，加1ml混合酸在可调式电炉上小火加热，将混合酸蒸干后，再转入马弗炉中500℃继续灰化1～2小时，直至试样消化完全，呈灰白色或浅灰色。放冷，用硝酸溶液（1%）将灰分溶解，将试样消化液移入10ml或25ml容量瓶中，用少量硝酸溶液（1%）洗涤瓷坩埚3次，洗液合并于容量瓶中并用硝酸溶液（1%）定容至刻度，混匀备用；同时做试剂空白试验。

（三）仪器参考条件

根据所用仪器型号将仪器调至最佳状态。原子吸收分光光度计（附石墨炉及镉空心阴极灯）测定参考条件：波长228.8mm，狭缝0.2～1.0nm，灯电流2～10mA，干燥温度105℃，干燥时间20秒；灰化温度400～700℃，灰化时间20～40秒；原子化温度1300～2300℃，原子化时间3～5秒；背景校正为氘灯或塞曼效应。

（四）标准曲线的制作

将标准曲线工作液按浓度由低到高的顺序各取20μl注入石墨炉，测其吸光度值，以标准曲线工作液的浓度为横坐标，相应的吸光度值为纵坐标，绘制标准曲线并求出吸光度值与浓度关系的一元线性回归方程。

标准系列溶液应不少于5个点的不同浓度的镉标准溶液，相关系数不应小于0.995。如果有自动进样装置，也可用程序稀释来配制标准系列。

（五）试样溶液的测定

于测定标准曲线工作液相同的实验条件下，吸取样品消化液20μl（可根据使用仪器选择最佳进样量），注入石墨炉，测其吸光度值。代入标准系列的一元线性回归方程中求样品消化液中镉的含量，平行测定次数不少于两次。若测定结果超出标准曲线范围，用硝酸溶液（1%）稀释后再行测定。

（六）基体改进剂的使用

对有干扰的试样，和样品消化液一起注入石墨炉5μl基体改进剂磷酸二氢铵溶液（10g/L），绘制标准曲线时也要加入与试样测定时等量的基体改进剂。

【结果计算与数据处理】

试样中镉含量按式4-4计算。

$$X = \frac{(c_1 - c_0) \times V}{m \times 1000} \tag{4-4}$$

式中：X 为试样中镉含量，mg/kg或mg/L；c_1 为试样消化液中镉含量，ng/ml；c_0 为空白液中镉含量，ng/ml；V 为试样消化液定容总体积，ml；m 为试样质量或体积，g或ml；

1000 为换算系数。

以重复性条件下获得的两次独立测定结果的算术平均值表示，结果保留两位有效数字。在重复性条件下获得的两次独立测定结果的绝对差值不得超过算术平均值的 20%。

【技术提示】

（1）除非另有说明，本方法所用试剂均为分析纯，水为 GB/T 6682—2008 规定的二级水。

（2）所用玻璃仪器均需以硝酸溶液（1+4）浸泡 24 小时以上，用水反复冲洗，最后用去离子水冲洗干净。

（3）实验要在通风良好的通风橱内进行。对含油脂的样品，尽量避免用湿式消解法消化，最好采用干法消化，如果必须采用湿式消解法消化，样品的取样量最大不能超过 1g。

二、总汞及有机汞的测定

汞以单质和化合物两种形态存在。单质汞（Hg）即元素汞亦称金属汞。汞的化合物又可分为无机汞化合物和有机汞化合物两大类。

金属汞中毒常以汞蒸气的形式引起，因为其具有高度的扩散性和较大的脂溶性，通过呼吸道进入肺泡，经血液循环运至全身。血液中的金属汞进入脑组织后，被氧化成汞离子，逐渐在脑组织中积累，达到一定量时即对脑组织造成损害。另外一部分汞离子转移到肾脏。所以，慢性汞中毒主要是以神经系统症状为临床表现，如头痛、头晕、肢体麻木和疼痛、肌肉震颤、运动失调等。

甲基汞（CH_3Hg）在人体肠道内极易被吸收并分布到全身，大部分蓄积在肝和肾中，分布于脑组织中的甲基汞约占 15%，但脑组织受损害先于其他各组织，主要损害部位为大脑皮层、小脑和末梢神经。

依据 GB 5009.17—2014《食品安全国家标准　食品中总汞及有机汞的测定》，采用原子荧光光谱分析法、冷原子吸收光谱法、液相色谱-原子荧光光谱联用方法测定食品中的汞。

实训五　原子荧光光谱分析法测定食品中的总汞

【测定原理】

试样经酸加热消解后，在酸性介质中，试样中的汞被硼氢化钾或硼氢化钠还原成原子态汞，由载气（氩气）带入原子化器中，在汞空心阴极灯照射下，基态汞原子被激发至高能态，在由高能态回到基态时，发射出特征波长的荧光，其荧光强度与汞含量成正比，与标准系列溶液比较定量。

【适用范围】

称样量为 0.5g，定容体积为 25ml 时，方法检出限为 0.003mg/kg，方法定量限为 0.010mg/kg。

【试剂仪器准备】

（一）试剂

（1）硝酸（HNO_3）。

（2）过氧化氢（H_2O_2）。

（3）硫酸（H_2SO_4）。

（4）氢氧化钾（KOH）。

（5）硼氢化钾（KBH_4）：分析纯。

（6）硝酸溶液（1+9）：量取50ml硝酸，缓缓加入450ml水中。

（7）硝酸溶液（5+95）：量取5ml硝酸，缓缓加入95ml水中。

（8）氢氧化钾溶液（5g/L）：称取5.0g氢氧化钾，纯水溶解并定容至1000ml混匀。

（9）硼氢化钾溶液（5g/L）：称取5.0g硼氢化钾，用5g/L的氢氧化钾溶液溶解并定容至1000ml，混匀，现用现配。

（10）重铬酸钾的硝酸溶液（0.5g/L）：称取0.05g重铬酸钾溶于100ml硝酸溶液（5+95）中。

（11）硝酸-高氯酸混合溶液（5:1）：量取500ml硝酸，100ml高氯酸，混匀。

（12）氯化汞（$HgCl_2$）标准品：纯度≥99%。

（13）汞标准贮备液（1.00mg/ml）：准确称取0.1354g经干燥过的氯化汞，用重铬酸钾的硝酸溶液（0.5g/L）溶解并转移至100ml容量瓶中，稀释至刻度，混匀。此溶液浓度为1.00mg/ml。于4℃冰箱中避光保存，可保存2年。或购买经国家认证并授予标准物质证书的标准溶液物质。

（14）汞标准中间液（10μg/ml）：吸取1.00ml汞标准贮备液（1.00mg/ml）于100ml容量瓶中，用重铬酸钾的硝酸溶液（0.5g/L）稀释至刻度，混匀，此溶液浓度10μg/ml。于4℃冰箱中避光保存，可保存2年。

（15）汞标准使用液（50ng/ml）：吸取0.50ml汞标准中间液（10μg/ml）于100ml容量瓶中，用0.5g/L重铬酸钾的硝酸溶液稀释至刻度混匀，此溶液浓度为50ng/ml，现用现配。

（二）仪器

（1）原子荧光光谱仪。

（2）天平：感量为0.1mg和1mg。

（3）微波消解系统。

（4）压力消解器。

（5）恒温干燥箱（50~300℃）。

（6）控温电热板（50~200℃）。

（7）超声水浴箱。

【样品测定】

（一）试样预处理

（1）在采样和制备过程中，应注意不使试样污染。

（2）粮食、豆类等样品去杂物后粉碎均匀，装入洁净聚乙烯瓶中，密封保存备用。

（3）蔬菜、水果、鱼类、肉类及蛋类等新鲜样品，洗净晾干取可食部分匀浆，装入洁净聚乙烯瓶中，密封，于4℃冰箱冷藏备用。

（二）试样消解

1. 压力罐消解法 称取固体试样0.2~1.0g（精确到0.001g），新鲜样品0.5~2.0g或液体试样吸取1~5ml称量（精确到0.001g），置于消解内罐中，加入5ml硝酸浸泡过夜，盖好内盖，旋紧不锈钢外套，放入恒温干燥箱，140~160℃保持4~5小时，在箱内自然冷却至室温，然后缓慢旋松不锈钢外套，将消解内罐取出，用少量水冲洗内盖，放在控温电热板上或超声水浴箱中，于80℃或超声脱气2~5分钟赶去棕色气体。取出消解内罐，将消化液转移至 25ml 容量瓶中，用少量水分 3 次洗涤内罐，洗涤液合并于容量瓶中并定容至刻度，混匀备用。同时作空白试验。

2. 微波消解法 称取固体试样 0.2~0.5g（精确到 0.001g）、新鲜样品 0.2~0.8g 或液体试样 1~3ml 于消解罐中，加入 5~8ml 硝酸，加盖放置过夜，旋紧罐盖按照微波消解仪的标准操作步骤进行消解（消解参考条件见表 4-2，表 4-3）。冷却后取出，缓慢打开罐盖排气，用少量水冲洗内盖，将消解罐放在控温电热板上或超声水浴箱中，于 80℃ 加热或超声脱气 2~5 分钟，赶去棕色气体，取出消解内罐将消化液转移至 25ml 塑料容量瓶中，用少量水分 3 次洗涤内罐，洗涤液合并于容量瓶中并定容至刻度，混匀备用；同时作空白试验。

表 4-2 粮食、蔬菜、鱼肉类试样微波消解参考条件

步骤	功率（1600W）变化（%）	温度（℃）	升温时间（分钟）	保温时间（分钟）
1	50	80	30	5
2	80	120	30	7
3	100	160	30	5

表 4-3 油脂、糖类试样微波消解参考条件

步骤	功率（1600W）变化（%）	温度（℃）	升温时间（分钟）	保温时间（分钟）
1	50	50	30	5
2	70	75	30	5
3	80	100	30	5
4	100	140	30	7
5	100	180	30	5

3. 回流消解法

（1）粮食 称取 1.0~2.0g（精确到 0.001g）试样，置于消化装置锥形瓶中，加玻璃珠数粒，加 45ml 硝酸、10ml 硫酸，转动锥形瓶防止局部炭化。装上冷凝管后，小火加热，待开始发泡即停止加热，发泡停止后，加热回流 2 小时。如加热过程中溶液变棕色，再加 5ml 硝酸，继续回流 2 小时，消解至样品完全溶解一般呈淡黄色或无色，放冷后从冷凝管上端小心加 20ml 水，继续加热回流 10 分钟放冷，用适量水冲洗冷凝管，冲洗液并入消化液中，将消化液经玻璃棉过滤于 100ml 容量瓶内，用少量水洗涤锥形瓶、滤器，洗涤液并入容量瓶内，加水至刻度，混匀。同时做空白试验。

（2）植物油及动物油脂 称取 1.0~2.0g（精确到 0.001g）试样，置于消化装置锥形瓶中，加玻璃珠数枚，加入 7ml 硫酸，小心混匀至溶液颜色变为棕色，然后加 40ml 硝酸。以下按粮食试样的回流消解自"装上冷凝管后小火加热"起操作。

（3）薯类、豆制品 称取 1.0~2.0g（精确到 0.001g），置于消化装置锥形瓶中，加玻璃珠数粒及 30ml 硝酸，5ml 硫酸，转动锥形瓶防止局部炭化。以下按粮食试样的回流消解自"装上冷凝管后小火加热"起操作。

（4）肉、蛋类 称取 0.5~2.0g（精确到 0.001g）置于消化装置锥形瓶中，加玻璃珠数粒及 30ml 硝酸，5ml 硫酸，转动锥形瓶防止局部炭化。以下按粮食试样的回流消解自"装上冷凝管后小火加热"起操作。

（5）乳及乳制品　称取 1.0~2.0g（精确到 0.001g）乳或乳制品，置于消化装置锥形瓶中，加玻璃珠数粒及 30ml 硝酸，乳加 10ml 硫酸，乳制品加 5ml 硫酸，转动锥形瓶防止局部炭化。以下按粮食试样的回流消解自"装上冷凝管后小火加热"起操作。

（三）测定

1. 标准曲线制作　分别吸取 50ng/ml 汞标准使用液 0.00、0.20、0.50、1.00、1.50、2.00、2.50ml 于 50ml 容量瓶中，用硝酸溶液（1+9）稀释至刻度，混匀。各自相当于汞浓度为 0.00、0.20、0.50、1.00、1.50、2.00、2.50ng/ml。

2. 试样溶液的测定　设定好仪器最佳条件，连续用硝酸溶液（1+9）进样，待读数稳定之后，转入标准系列测量，绘制标准曲线。转入试样测量，先用硝酸溶液（1+9）进样，使读数基本回零，再分别测量试样空白和试样消化液，每测不同的试样前都应清洗进样器。试样测定结果按式计算。

3. 仪器参考条件　光电倍增管负高压：240V；汞空心阴极灯电流：30mA。原子化器温度：300℃，载气流速：500ml/min；屏蔽气流速：1000ml/min。

【结果计算与数据处理】

试样中总汞含量按式 4-5 计算。

$$X = \frac{(c - c_0) \times V \times 1000}{m \times 1000 \times 1000} \tag{4-5}$$

式中：X 为试样中汞的含量，mg/kg 或 mg/L；c 为试样消化液中汞的测定浓度，ng/ml；c_0 为试样空白消化液中砷的测定浓度，ng/ml；V 为试样消化液总体积，ml；m 为试样质量，g 或 ml；1000 为换算系数。

计算结果保留两位有效数字。在重复性条件下获得的两次独立测定结果的绝对差值不得超过算术平均值的 20%

【技术提示】

（1）参照仪器操作说明书选择最佳测试条件。

（2）所用玻璃仪器均需以硝酸溶液（1+4）浸泡 24 小时以上，用水反复冲洗，最后用去离子水冲洗干净。

实训六　冷原子吸收光谱法测定食品中的总汞

【测定原理】

汞蒸气对波长 251.7nm 的共振线具有强烈的吸收作用。试样经过酸消解或催化消解使汞转为离子状态，在强酸性介质中以氯化亚锡还原成元素汞，载气将元素汞吹入汞测定仪，进行冷原子吸收测定，在一定浓度范围其吸收值与汞含量成正比，外标法定量。

【适用范围】

称样量为 0.5g，定容体积为 25ml 时，方法检出限为 0.002mg/kg，方法定量限为 0.007mg/kg。

【试剂仪器准备】

（一）试剂

（1）硝酸（HNO_3）。

（2）盐酸（HCl）。

（3）过氧化氢（H_2O_2）（30%）。

（4）无水氯化钙（$CaCl_2$）：分析纯。

（5）高锰酸钾（$KMnO_4$）：分析纯。

（6）重铬酸钾（$K_2Cr_2O_7$）：分析纯。

（7）氯化亚锡（$SnCl_2 \cdot 2H_2O$）：分析纯。

（8）高锰酸钾溶液（50g/L）：称取 5.0g 高锰酸钾于 100ml 棕色瓶内，用水溶解并稀释至 100ml。

（9）硝酸溶液（5+95）：量取 5ml 硝酸，缓缓倒入 95ml 水中，混匀。

（10）重铬酸钾的硝酸溶液（0.5g/L）：称取 0.05g 重铬酸钾溶于 100ml 硝酸溶液（5+95）中。

（11）氯化亚锡溶液（100g/L）：称取 10g 氯化亚锡溶于 20ml 盐酸中，90℃ 水浴中加热，轻微振荡，待氯化亚锡溶解成透明状后。冷却，纯水稀释定容至 100ml，加入几粒金属锡，置阴凉、避光处保存。一经发现浑浊应重新配制。

（12）硝酸溶液（1+9）：量取 50ml 硝酸缓缓加入 450ml 水中。

（13）氯化汞（$HgCl_2$）标准差：纯度 ≥99%。

（14）汞标准贮备液（1.00mg/ml）：准确称取 0.1354g 经干燥过的氯化汞，用重铬酸钾的硝酸溶液（0.5g/L）溶解并转移至 100ml 容量瓶中，稀释至刻度，混匀。此溶液浓度为 1.00mg/ml。于 4℃ 冰箱中避光保存，可保存 2 年。或购买经国家认证并授予标准物质证书的标准溶液物质。

（15）汞标准中间液（10μg/ml）：吸取 1.00ml 汞标准贮备液（1.00mg/ml）于 100ml 容量瓶中，用重铬酸钾的硝酸溶液（0.5g/L）稀释至刻度，混匀，此溶液浓度为 10μg/ml。于 4℃ 冰箱中避光保存，可保存 2 年。

（16）汞标准使用液（50ng/ml）：吸取 0.50ml 汞标准中间液（10μg/ml）于 100ml 容量瓶中，用 0.5g/L 重铬酸钾的硝酸溶液稀释至刻度混匀，此溶液浓度为 50ng/ml，现用现配。

（二）仪器

（1）测汞仪：附气体循环泵、气体干燥装置、汞蒸气发生装置及汞蒸气吸收瓶，或全自动测汞仪。

（2）天平：感量为 0.1mg 和 1mg。

（3）微波消解系统。

（4）压力消解器。

（5）恒温干燥箱（50~300℃）。

（6）控温电热板（50~200℃）。

（7）超声水浴箱。

【样品测定】

（一）试样预处理

同项目四实训五。

（二）试样消解

同项目四实训五。

（三）仪器准备

打开测汞仪，预热 1 小时，并将仪器性能调至最佳状态。

（四）标准曲线制作

分别吸取汞标准使用液（50ng/ml）0.00、0.20、0.50、1.00、1.50、2.00、2.50ml 于 50ml 容量瓶中，用硝酸溶液（1+9）稀释至刻度，混匀。各自相当于汞浓度为 0.00、0.20、0.50、1.00、1.50、2.00、2.50ng/ml。将标准系列溶液分别置于测汞仪的汞蒸气发生器中，连接抽气装置，沿壁迅速加入 1.0ml 还原剂氯化亚锡（100g/L）。迅速盖紧瓶塞，随后有气泡产生，立即通过流速为 1.0L/min 的氮气或经活性炭处理的空气，使汞蒸气经过氯化钙干燥管进入测汞仪中，从仪器读数显示的最高点测得其吸收值。然后，打开吸收瓶上的三通阀将产生的剩余汞蒸气吸收于高锰酸钾溶液（50g/L）中，待测汞仪上的读数达到零点时进行下一次测定。同时做空白试验。求得吸光度值与汞质量关系的一元线性回归方程。

（五）试样溶液的测定

分别吸取样液和试剂空白液各 5.0ml 置于测汞仪的汞蒸气发生器的还原瓶中，以下按照（四）标准曲线制作中步骤，进行操作，同时做空白试验。将所测得吸光度值，代入标准系列溶液的一元线性回归方程中求得试样溶液中汞质量。

【结果计算与数据处理】

试样中总汞含量按式 4-6 计算。

$$X = \frac{(m_1 - m_2) \times V_1 \times 1000}{m \times V_2 \times 1000 \times 1000} \tag{4-6}$$

式中：X 为试样中总汞含量，mg/kg 或 mg/L；m_1 为测定样液中汞质量，ng；m_2 为空白液中汞质量，ng；V_1 为试样消化液定容总体积，ml；1000 为换算系数；m 为试样质量，g 或 ml；V_2 为测定样液体积，ml。

计算结果保留两位有效数字。

在重复性条件下获得的两次独立测定结果的绝对差值不得超过算术平均值的 20%。

【技术提示】

（1）参照仪器操作说明书选择最佳测试条件。

（2）除非另有说明，本方法所用试剂均为优级纯，水为 GB/T 6682—2008 规定的一级水。

（3）所用玻璃仪器均需以硝酸溶液（1+4）浸泡 24 小时以上，用水反复冲洗，最后用去离子水冲洗干净。

实训七　液相色谱−原子荧光光谱联用方法测定食品中的甲基汞

【测定原理】

食品中甲基汞经超声波辅助 5mol/L 盐酸溶液提取后，使用 C_{18} 反相色谱柱分离，色谱流出液进入紫外消解系统，在紫外光照射下与强氧化剂过硫酸钾反应，甲基汞转变为无机汞。酸性环境下，无机汞与硼氢化钾在线反应生成汞蒸气，由原子荧光光谱仪测定。由保留时间定性，外标法峰面积定量。

【适用范围】

称样量为 1g，定容体积为 10ml 时，方法检出限为 0.008mg/kg，方法定量限为 0.025mg/kg。

【试剂仪器准备】

（一）试剂

（1）甲醇（CH_3OH）：色谱纯。

（2）氢氧化钠（NaOH）。

（3）氢氧化钾（KOH）。

（4）硼氢化钾（KBH_4）：分析纯。

（5）过硫酸钾（$K_2S_2O_8$）：分析纯。

（6）乙酸铵（CH_3COONH_4）：分析纯。

（7）盐酸（HCl）。

（8）氨水（$NH_3 \cdot H_2O$）。

（9）L-半胱氨酸［$L-HSCH_2CH(NH_2)COOH$］：分析纯。

（10）流动相（5%甲醇+0.06mol/L乙酸铵+0.1% L-半胱氨酸）：称取0.5g L-半胱氨酸，2.2g乙酸铵，置于500ml容量瓶中，用水溶解，再加入25ml甲醇，最后用水定容至500ml。经0.45μm有机系滤膜过滤后，于超声水浴中超声脱气30分钟，现用现配。

（11）盐酸溶液（5mol/L）：量取208ml盐酸，溶于水并稀释至500ml。

（12）盐酸溶液（10%体积比）：量取100ml盐酸，溶于水并稀释至1000ml。

（13）氢氧化钾溶液（5g/L）：称取5.0g氢氧化钾，溶于水并稀释至1000ml。

（14）氢氧化钠溶液（6mol/L）：称取24g氢氧化钠，溶于水并稀释至100ml。

（15）硼氢化钾溶液（2g/L）：称取2.0g硼氢化钾，用氢氧化钾溶液（5g/L）溶解并稀释至1000ml。现配现用。

（16）过硫酸钾溶液（2g/L）：称取1.0g过硫酸钾，用氢氧化钾溶液（5g/L）溶解并稀释至500ml。现配现用。

（17）L-半胱氨酸（10g/L）：称取L-半胱氨酸，溶于10ml水中。现配现用。

（18）甲醇溶液（1+1）：量取甲醇100ml，加入100ml水中，混匀。

（19）氯化汞（$HgCl_2$）和氯化甲基汞（$HgCH_3Cl$）标准品，纯度≥99%。

（20）氯化汞标准贮备液（200μg/ml，以Hg计）：准确称取0.0270g氯化汞，用0.5g/L重铬酸钾的硝酸溶液溶解，并稀释、定容至100ml。于4℃冰箱中避光保存，可保存两年。或购买经国家认证并授予标准物质证书的标准溶液物质。

（21）甲基汞标准贮备液（200μg/ml，以Hg计）：准确称取0.0250g氯化甲基汞，加少量甲醇溶解用甲醇溶液（1+1）稀释并定容至100ml。于4℃冰箱中避光保存，可保存两年。或购买经国家认证并授予标准物质证书的标准溶液物质。

（22）混合标准使用液（1.00μg/ml，以Hg计）：准确移取0.50ml甲基汞标准贮备液和0.50ml氯化汞标准贮备液，置于100ml容量瓶中，以流动相稀释至刻度，摇匀。此混合标准使用液中，两种汞化合物的浓度均为1.00μg/ml，现用现配。

（二）仪器

（1）液相色谱-原子荧光光谱联用仪（LC-AFS）：由液相色谱仪（包括液相色谱泵和手动进样阀）、在线紫外消解系统及原子荧光光谱仪组成。

（2）组织匀浆器。

（3）高速粉碎机。

（4）冷冻干燥机。

（5）离心机：最大转速10000r/min。

（6）天平：感量为 0.1mg 和 1mg。

（7）超声清洗器。

【样品测定】

（一）试样预处理

同项目四实训五。

（二）试样提取

称取样品 0.50~2.0g（精确至 0.001g），置于 15ml 塑料离心管中，加入 10ml 的盐酸溶液（5mol/L），放置过夜。室温下超声水浴提取 60 分钟，期间振摇数次。4℃条件下以 8000r/min 转速离心 15 分钟，准确吸取 2.0ml 上清液至 5ml 容量瓶或刻度试管中，逐滴加入氢氧化钠溶液（6mol/L），使样液 pH 为 2~7。加入 0.1ml 的 L-半胱氨酸溶液（10g/L），最后用水定容至刻度。0.45μm 有机系滤膜过滤，待测。同时做空白试验。

（三）仪器参考条件

1. 液相色谱参考条件

色谱柱：C_{18} 分析柱：柱长 150mm，内径 2.6mm，粒径 5μm；C_{18} 预柱：柱长 10mm，内径 2.6mm，粒径 5μm。流速：1.0ml/min；进样体积：100μl。

2. 原子荧光检测参考条件

负高压：300V；汞灯电流：30mA；原子化方式：冷原子；载液：10%盐酸溶液，载液流速：2.0ml/min；还原剂：2g/L 氢氧化钾溶液，还原剂流速：2.0ml/min；氧化剂：2g/L 过硫酸钾溶液，氧化剂流速：1.6ml/min；载气流速：500ml/min；辅助气流速：600ml/min。

（四）标准曲线制作

取 5 支 10ml 容量瓶，分别准确加入混合标准使用液（1.00μg/ml）0.00、0.010、0.020、0.040、0.060、0.10ml。用流动相稀释至刻度。此标准系列溶液的浓度分别为 0.0、1.0、2.0、4.0、6.0、10.0ng/ml，吸取标准系列溶液 100μl 进样，以标准系列溶液中目标化合物的浓度为横坐标，以色谱峰面积为纵坐标，绘制标准曲线。

（五）试样溶液的测定

将试样溶液 100μl 注入液相色谱-原子荧光光谱联用仪中，得到色谱图，以保留时间定性。以外标法峰面积定量。平行测定次数不少于两次。

【结果计算与数据处理】

试样中甲基汞含量按式 4-7 计算。

$$X = \frac{f \times (c - c_0) \times V \times 1000}{m \times 1000 \times 1000} \tag{4-7}$$

式中：X 为试样中甲基汞的含量，mg/kg；f 为稀释因子；c 为经标准曲线得到的测定液中甲基汞的浓度，ng/ml；c_0 为经标准曲线得到的空白溶液中甲基汞的浓度，ng/ml；V 为加入提取试剂的体积，ml；m 为试样称样量，g；1000 为换算系数。

计算结果保留两位有效数字。在重复性条件下获得的两次独立测定结果的绝对差值不得超过算术平均值的 20%。

【技术提示】

试样提取时，滴加氢氧化钠溶液（6mol/L）时应缓慢逐滴加入，避免酸碱中和产生的热量来不及扩散，使温度很快升高，导致汞化合物挥发，造成测定值偏低。

三、铅的测定

在日常生活中，长期食用含铅食品，经常接触含铅的材料、药物等，都会对人体健康造成慢性危害。铅能直接伤害人的神经细胞，特别是胎儿的神经系统，可造成先天智力低下；对老年人会造成痴呆等。另外还有致癌、致突变作用。慢性铅中毒表现为贫血、神经衰弱、神经炎、头昏、头痛、乏力和消化系统症状，如腹痛、腹泻或便秘等。儿童较成人敏感，过量铅可影响生长发育，导致智力低下。铅还可干扰免疫系统功能。

依据 GB 5009.12—2010《食品安全国家标准 食品中铅的测定》，采用石墨炉原子吸收光谱法、氢化物原子荧光光谱法和火焰原子吸收光谱法测定食品中的铅。

实训八 石墨炉原子吸收光谱法测定食品中的铅

【测定原理】

试样经灰化或酸消解后，注入原子吸收分光光度计石墨炉中，电热原子化后吸收波长283.3nm 共振线，在一定浓度范围，其吸收值与铅含量成正比，与标准系列比较定量。

【适用范围】

适用于食品中的铅含量测定。本标准检出限为 0.005mg/kg。

【试剂仪器准备】

（一）试剂

（1）硝酸：优级纯。

（2）过硫酸铵。

（3）过氧化氢（30%）。

（4）高氯酸：优级纯。

（5）硝酸（1+1）：取 50ml 硝酸慢慢加入 50ml 水中。

（6）硝酸（0.5mol/L）：取 3.2ml 硝酸加入 50ml 水中，稀释至 100ml。

（7）硝酸（1mol/L）：取 6.4ml 硝酸加入 50ml 水中，稀释至 100ml。

（8）磷酸二氢铵溶液（20g/L）：称取 2.0g 磷酸二氢铵，以水溶解稀释至 100ml。

（9）混合酸：硝酸-高氯酸（9:1），取 9 份硝酸与 1 份高氯酸混合。

（10）铅标准贮备液：准确称取 1.000g 金属铅（99.99%），分次加少量硝酸（1+1），加热溶解，总量不超过 37ml，移入 1000ml 容量瓶，加水至刻度。混匀。此溶液每毫升含1.0mg 铅。

（11）铅标准使用液：每次吸取铅标准贮备液 1.0ml 于 100ml 容量瓶中，加硝酸（0.5mol/L）至刻度。如此经多次稀释成每毫升含 10.0、20.0、40.0、60.0、80.0ng 铅的标准使用液。

（二）仪器

（1）原子吸收光谱仪：附石墨炉及铅空心阴极灯。

（2）马弗炉。

（3）天平：感量为 1mg。

（4）干燥恒温箱。

（5）瓷坩埚。

（6）压力消解器、压力消解罐或压力溶弹。

（7）可调式电热板、可调式电炉。

【样品测定】

（一）试样预处理

（1）在采样和制备过程中，应注意不使试样污染。

（2）粮食、豆类去杂物后，磨碎，过20目筛，储于塑料瓶中，保存备用。

（3）蔬菜、水果、鱼类、肉类及蛋类等水分含量高的鲜样，用食品加工机或匀浆机打成匀浆，储于塑料瓶中，保存备用。

（二）试样消解（可根据实验室条件选用以下任何一种方法消解）

1. 压力消解罐消解法　称取1~2g试样（精确到0.001g，干样、含脂肪高的试样<1g，鲜样<2g或按压力消解罐使用说明书称取试样）于聚四氟乙烯内罐，加硝酸（优级纯）2~4ml浸泡过夜。再加过氧化氢（30%）2~3ml（总量不能超过罐容积的1/3）。盖好内盖，旋紧不锈钢外套，放入恒温干燥箱，120~140℃保持3~4小时，在箱内自然冷却至室温，用滴管将消化液洗入或过滤入（视消化后试样的盐分而定）10~25ml容量瓶中，用水少量多次洗涤罐，洗液合并于容量瓶中并定容至刻度，混匀备用；同时作试剂空白。

2. 干法灰化　称取1~5g试样（精确到0.001g，根据铅含量而定）于瓷坩埚中，先小火在可调式电热板上炭化至无烟，移入马弗炉500℃±25℃灰化6~8小时，冷却。若个别试样灰化不彻底，则加1ml混合酸在可调式电炉上小火加热，反复多次直到消化完全，放冷，用硝酸（0.5mol/L）将灰分溶解，用滴管将试样消化液洗入或过滤入（视消化后试样的盐分而定）10~25ml容量瓶中，用水少量多次洗涤瓷坩埚，洗液合并于容量瓶中并定容至刻度，混匀备用；同时作试剂空白。

3. 过硫酸铵灰化法　称取1~5g试样（精确到0.001g）于瓷坩埚中，加2~4ml硝酸（优级纯）浸泡1小时以上，先小火炭化，冷却后加2.00~3.00g过硫酸铵盖于上面，继续炭化至不冒烟，转入马弗炉，500℃±25℃恒温2小时，再升至800℃，保持20分钟，冷却。加2~3ml硝酸（1mol/L），用滴管将试样消化液洗入或过滤入（视消化后试样的盐分而定）10~25ml容量瓶中，用水少量多次洗涤瓷坩埚，洗液合并于容量瓶中并定容至刻度，混匀备用；同时作试剂空白。

4. 湿式消解法　称取试样1~5g（精确到0.001g）于锥形瓶或高脚烧杯中，放数粒玻璃珠，加10ml混合酸，加盖浸泡过夜，加一小漏斗于电炉上消解，若变棕黑色，再加混合酸，直至冒白烟，消化液呈无色透明或略带黄色，放冷，用滴管将试样消化液洗入或过滤入（视消化后试样的盐分而定）10~25ml容量瓶中，用水少量多次洗涤锥形瓶或高脚烧杯，洗液合并于容量瓶中并定容至刻度，混匀备用；同时作试剂空白。

（三）测定

1. 仪器条件　根据各自仪器性能调至最佳状态。参考条件为波长283.3nm，狭缝0.2~1.0nm，灯电流5~7mA，干燥温度120℃，20秒；灰化温度450℃，持续15~20秒，原子化温度：1700~2300℃，持续4~5秒，背景校正为氘灯或塞曼效应。

2. 标准曲线绘制　吸取上面配制的铅标准使用液10.0、20.0、40.0、60.0、80.0ng/ml（或μg/L）各10μl，注入石墨炉，测得其吸光值并求得吸光值与浓度关系的一元线性回归方程。

3. 试样测定　分别吸取样液和试剂空白液各10μl，注入石墨炉，测得其吸光值，代入标准系列的一元线性回归方程中求得样液中铅含量。

4. 基体改进剂的使用　对有干扰试样，则注入适量的基体改进剂磷酸二氢铵溶液（20g/L）（一般为 5µl 或与试样同量）消除干扰。绘制铅标准曲线时也要加入与试样测定时等量的基体改进剂磷酸二氢铵溶液。

【结果计算与数据处理】

试样中铅含量按式 4-8 计算。

$$X = \frac{(c - c_0) \times V \times 1000}{m \times 1000 \times 1000} \tag{4-8}$$

式中：X 为试样中铅含量，mg/kg 或 mg/L；c_1 为测定样液中铅含量，ng/ml；c_0 为空白液中铅含量，ng/ml；V 为试样消化液定量总体积，ml；m 为试样质量或体积，g 或 ml。

以重复性条件下获得的两次独立测定结果的算术平均值表示，结果保留两位有效数字。在重复性条件下获得的两次独立测定结果的绝对差值不得超过算术平均值的 20 %。

实训九　氢化物原子荧光光谱法测定食品中的铅

【测定原理】

试样经酸热消化后，在酸性介质中，试样中的铅与硼氢化钠（$NaBH_4$）或硼氢化钾（KBH_4）反应生成挥发性铅的氢化物（PbH_4）。以氩气为载气，将氢化物导入电热石英原子化器中原子化，在特制铅空心阴极灯照射下，基态铅原子被激发至高能态；在去活化回到基态时，发射出特征波长的荧光，其荧光强度与铅含量成正比，根据标准系列进行定量。

【适用范围】

本标准检出限：固体试样为 0.005mg/kg，液体试样为 0.001mg/kg。

【试剂仪器准备】

（一）试剂

（1）硝酸-高氯酸混合酸（9:1）：分别量取硝酸 900ml，高氯酸 100ml，混匀。

（2）盐酸（1+1）：量取 250ml 盐酸倒入 250ml 水中，混匀。

（3）草酸溶液（10g/L）：称取 1.0g 草酸，加入溶解至 100ml，混匀。

（4）铁氰化钾 $[K_3Fe(CN)_6]$ 溶液（100g/L）：称取 10g 铁氰化钾，加水溶解并稀释至 100ml，混匀。

（5）氢氧化钠溶液（2g/L）：称取 2.0g 氢氧化钠，溶于 1L 水中，混匀。

（6）硼氢化钠（$NaBH_4$）溶液（10g/L）：称取 5.0g 硼氢化钠溶于 500ml 氢氧化钠溶液（2g/L）中，混匀，临用前配制。

（7）铅标准贮备液（1.0mg/ml）。

（8）铅标准使用液（1.0µg/ml）：精确吸取铅标准贮备液，逐级稀释至 1.0µg/ml。

（二）仪器

（1）原子荧光光度计。

（2）铅空心阴极灯。

（3）电热板。

（4）天平：感量为 1mg。

【样品测定】

(一) 试样消化

湿消解：称取固体试样 0.2~2g 或液体试样 2.00~10.00g（或 ml）（均精确到 0.001g），置于 50~100ml 消化容器中（锥形瓶），然后加入硝酸-高氯酸混合酸 5~10ml 摇匀浸泡，放置过夜。次日置于电热板上加热消解，至消化液呈淡黄色或无色（如消解过程色泽较深，稍冷补加少量硝酸，继续消解），稍冷加入 20ml 水再继续加热赶酸，至消解液 0.5~1.0ml 止，冷却后用少量水转入 25ml 容量瓶中，并加入盐酸（1+1）0.5ml，草酸溶液（10g/L）0.5ml，摇匀，再加入铁氰化钾溶液（100g/L）1.00ml，用水准确稀释定容至 25ml，摇匀，放置 30 分钟后测定。同时做试剂空白。

(二) 标准系列制备

在 25ml 容量瓶中，依次准确加入铅标准使用液 0.00、0.125、0.25、0.50、0.75、1.00、1.25ml（各相当于铅浓度 0.0、5.0、10.0、20.0、30.0、40.0、50.0ng/ml），用少量水稀释后，加入 0.5ml 盐酸（1+1）和 0.5ml 草酸溶液（10g/L）摇匀，再加入铁氰化钾溶液（100g/L）1.0ml，用水稀释至刻度，摇匀。放置 30 分钟后待测。

(三) 测定

1. 仪器参考条件

负高压：323V；铅空心阴极灯灯电流：75mA；原子化器：炉温 750~800℃，炉高 8mm；氩气流速：载气 800ml/min；屏蔽气：1000ml/min；加还原剂时间：7.0 秒；读数时间：15.0 秒；延迟时间：0.0 秒；测量方式：标准曲线法；读数方式：峰面积；进样体积：2.0ml。

2. 测量方式

设定好仪器的最佳条件，逐步将炉温升至所需温度，稳定 10~20 分钟后开始测量，连续用标准系列的零管进样，待读数稳定之后，转入标准系列的测量，绘制标准曲线，转入试样测量，分别测定试样空白和试样消化液，试样测定结果按以下公式计算。

【结果计算与数据处理】

试样中铅含量按式 4-9 计算。

$$X = \frac{(c - c_0) \times V \times 1000}{m \times 1000 \times 1000} \qquad (4-9)$$

式中：X 为试样中铅含量，mg/kg 或 mg/L；c_1 为试样消化液测定浓度，ng/ml；c_0 为试剂空白液测定浓度，ng/ml；V 为试样消化液定量总体积，ml；m 为试样质量或体积，g 或 ml。

以重复性条件下获得的两次独立测定结果的算术平均值表示，结果保留两位有效数字。在重复性条件下获得的两次独立测定结果的绝对差值不得超过算术平均值的 10%。

实训十　火焰原子吸收光谱法测定食品中的铅

【测定原理】

试样经处理后，铅离子在一定 pH 条件下与二乙基二硫代氨基甲酸钠（DDTC）形成络合物，经 4-甲基-2-戊酮萃取分离，导入原子吸收光谱仪中，火焰原子化后，吸收波长

283.3nm 共振线，其吸收量与铅含量成正比，与标准系列比较定量。

【适用范围】

本标准检出限为 0.1mg/kg。

【试剂仪器准备】

（一）试剂

（1）混合酸：硝酸-高氯酸（9∶1）。

（2）硫酸铵溶液（300g/L）：称取 30g 硫酸铵 $[(NH_4)_2SO_4]$，用水溶解并稀释至 100ml。

（3）柠檬酸铵溶液（250g/L）：称取 25g 柠檬酸铵，用水溶解并稀释至 100ml。

（4）溴百里酚蓝水溶液（1g/L）。

（5）二乙基二硫代氨基甲酸钠（DDTC）溶液（50g/L）：称取 5g 二乙基二硫代氨基甲酸钠，用水溶解并加水至 100ml。

（6）氨水（1+1）。

（7）4-甲基-2-戊酮（MLBK）。

（8）铅标准溶液：操作同项目四实训九，配制铅标准使用液为 10μg/ml。

（9）盐酸（1+11）：取 10ml 盐酸加入 110ml 水中，混匀。

（10）磷酸溶液（1+10）：取 10ml 磷酸加入 100ml 水中，混匀。

（二）仪器

（1）原子吸收光谱仪：附火焰原子化器。

（2）天平：感量为 1mg。

【样品测定】

（一）试样处理

1. 饮品及酒类　取均匀试样 10~20g（精确到 0.01g）于烧杯中（酒类应先在水浴上蒸去酒精），于电热板上先蒸发至一定体积后，加入混合酸消化完全后，转移、定容于 50ml 容量瓶中。

2. 包装材料　浸泡液可直接吸取测定。

3. 谷类　去除其中杂物及尘土，必要时除去外壳，碾碎，过 30 目筛，混匀。称取 5~10g 试样（精确到 0.01g），置于 50ml 瓷坩埚中，小火炭化，然后移入马弗炉中，500℃以下灰化 16 小时后，取出坩埚，放冷后再加少量混合酸，小火加热，不使干涸，必要时再加少许混合酸，如此反复处理，直至残渣中无炭粒，待坩埚稍冷，加 10ml 盐酸（1+11），溶解残渣并移入 50ml 容量瓶中，再用水反复洗涤坩埚，洗液并入容量瓶中，并稀释至刻度，混匀备用。取与试样相同量的混合酸和盐酸（1+11），按同一操作方法作试剂空白试验。

4. 蔬菜、瓜果及豆类　取可食部分洗净晾干，充分切碎混匀。称取 10~20g（精确到 0.01g）于瓷坩埚中，加 1ml 磷酸溶液（1+10），小火炭化，以下按 3. 谷类自"然后移入马弗炉中"起操作。

5. 禽、蛋、水产及乳制品　取可食部分充分混匀。称取 5~10g（精确到 0.01g）于瓷坩埚中，小火炭化，以下按 3. 谷类自"然后移入马弗炉中"起依法操作。乳类经混匀后，量取 50.0ml，置于瓷坩埚中，加磷酸（1+10），在水浴上蒸干，再加小火炭化，以下按 3. 谷类自"然后移入马弗炉中"起操作。

（二）萃取分离

视试样情况，吸取 25.0~50.0ml 上述制备的样液及试剂空白液，分别置于 125ml 分液漏斗中，补加水至 60ml。加 2ml 柠檬酸铵溶液，溴百里酚蓝水溶液 3~5 滴，用氨水（1+1）调 pH 至溶液由黄变蓝，加硫酸铵溶液 1.0ml，DDTC 溶液 10ml，摇匀。放置 5 分钟左右，加入 1.0ml MLBK，剧烈振摇提取 1 分钟，静置分层后，弃去水层，将 MLBK 层放入 10ml 带塞刻度管中，备用。

分别吸取铅标准使用液 0.00、0.25、0.50、1.00、1.50、2.00ml（相当 0.0、2.5、5.0、10.0、15.0、20.0μg 铅）于 125ml 分液漏斗中。与试样相同方法萃取。

（三）测定

（1）饮品、酒类及包装材料浸泡液可经萃取直接进样测定。

（2）萃取液进样，可适当减小乙炔气的流量。

（3）仪器参考条件：空心阴极灯电流 8mA；共振线波长 283.3nm；狭缝 0.4nm；空气流量 8L/min；燃烧器高度 6mm。

【结果计算与数据处理】

试样中铅含量按式 4-10 计算。

$$X = \frac{(c_1 - c_0) \times V_1 \times 1000}{m \times \dfrac{V_3}{V_2} \times 1000} \tag{4-10}$$

式中：X 为试样中铅的含量，mg/kg 或 mg/L；c_1 为测定用试样中铅的含量，μg/ml；c_0 为试剂空白液中铅的含量，μg/ml；m 为试样质量或体积，g 或 ml；V_1 为试样萃取液体积，ml；V_2 为试样处理液的总体积，ml；V_3 为测定用试样处理液的总体积，ml。

以重复性条件下获得的两次独立测定结果的算术平均值表示，结果保留两位有效数字。在重复性条件下获得的两次独立测定结果的绝对差值不得超过算术平均值的 20%。

四、总砷及无机砷的测定

砷（As），是广泛分布于自然界的非金属元素，主要以硫化物矿形式存在，一般可通过水、大气和食物等途径进入人体，造成危害。

砷可与细胞中含巯基的酶结合，抑制细胞氧化过程，还能麻痹血管运动中枢，使毛细血管麻痹、扩张及通透性增高。砷矿冶炼以及三氧化二砷生产工人以及因大气、饮水因长期受砷污染、长期服用砷剂等可发生慢性砷中毒。突出表现为皮肤色素沉着、角化过度或疣状增生，也可表现为白细胞减少或者贫血。急性砷化物中毒多见于砷化物污染食品或饮水。临床表现以急性肠胃炎较多。重症可出现休克，肝脏损害，甚至死于中毒性心肌损害。

依据 GB 5009.11—2014《食品安全国家标准　食品中总砷及无机砷的测定》，采用电感耦合等离子体质谱法、氢化物发生原子荧光光谱法和银盐法测定食品中的砷。

实训十一　电感耦合等离子体质谱法测定食品中的砷

【测定原理】

样品经酸消解处理为样品溶液，样品溶液经雾化由载气送入 ICP 炬管中，经过蒸发、解离、原子化和离子化等过程，转化为带电荷的离子，经离子采集系统进入质谱仪，质谱仪根据质荷比进行分离。对于一定的质荷比，质谱的信号强度与进入质谱仪的离子数成正比，即样品浓度与质谱信号强度成正比，通过测量质谱的信号强度对试样溶液中的砷含量进行定量。

【适用范围】

适用于食品中的砷测定。称样量为 1g，定容体积为 25ml 时，方法检出限为 0.003mg/kg，方法定量限为 0.010mg/kg。

【试剂仪器准备】

（一）试剂

（1）硝酸（HNO_3）：MOS 级（电子工业专用高纯化学品），BV（Ⅲ）级。

（2）过氧化氢（H_2O_2）。

（3）质谱调谐液：Li、Y、Ce、Ti、Co，推荐使用浓度为 10ng/ml。

（4）内标贮备液：Gc 浓度为 100μg/ml。

（5）硝酸溶液（2+98）：量取 20ml 硝酸，缓缓倒入 980ml 水中，混匀。

（6）内标溶液 Ge 或 Y（1.0μg/ml）：取 1.0ml 内标溶液，用硝酸溶液（2+98）稀释并定容至 100ml。

（7）氢氧化钠溶液（100g/L）：称取 10.0g 氢氧化钠，用水溶解和定容至 100ml。

（8）三氧化二砷（As_2O_3）标准品：纯度≥99.5%。

（9）砷标准贮备液（100mg/L 按 As 计）：准确称取于 100℃ 干燥 2 小时的三氧化二砷 0.0132g，加 1ml 氢氧化钠溶液（100g/L）和少量水溶解，转入 100ml 容量瓶中，加入适量盐酸调整其酸度近中性用水稀释至刻度；4℃ 避光保存，保存期一年。或购买经国家认证并授予标准物质证书的标准溶液物质。

（10）砷标准使用液（1.00mg/L，按 As 计）：准确吸取 1.00ml 砷标准贮备液（100mg/L）于 100ml 容量瓶中，用硝酸溶液（2+98）稀释定容至刻度。现用现配。

（二）仪器

（1）电感耦合等离子体质谱仪（ICP-MS）。

（2）微波消解系统。

（3）压力消解器。

（4）恒温干燥箱（50~300℃）。

（5）控温电热板（50~200℃）。

（6）超声水浴箱。

（7）天平：感量为 0.1mg 和 1mg。

【样品测定】

（一）采样和制备

1. 粮食、豆类等样品　去杂物后粉碎均匀，装入洁净聚乙烯瓶中，密封保存备用。

2. 蔬菜、水果、鱼类、肉类及蛋类等新鲜样品　洗净晾干，取可食部分匀浆，装入洁净聚乙烯瓶中，密封，于 4℃ 冰箱冷藏备用。

（二）试样消解

1. 微波消解法

蔬菜、水果等含水分高的样品，称取 2.0~4.0g（精确至 0.001g）样品于消解罐中，加入 5ml 硝酸，放置 30 分钟；粮食、肉类、鱼类等样品，称取 0.2~0.5g（精确至 0.001g）样品于消解罐中，加入 5ml 硝酸，放置 30 分钟。

盖好安全阀，将消解罐放入微波消解系统中，根据不同类型的样品。设置适宜的微波消解程序（表 4-4~表 4-6），按相关步骤进行消解。消解完全后赶酸，将消化液转移至 25ml 容量瓶或比色管中，用少量水洗涤内罐 3 次，合并洗涤液并定容至刻度，混匀。同时作空白试验。

表 4-4　蔬菜、水果类试样微波消解参考条件

步骤	功率		升温时间（min）	控制温度（℃）	保持时间（min）
1	1200W	100%	5	120	6
2	1200W	100%	5	160	6
3	1200W	100%	5	190	20

表 4-5　乳制品、肉类、鱼类试样微波消解参考条件

步骤	功率		升温时间（min）	控制温度（℃）	保持时间（min）
1	1200W	100%	5	120	6
2	1200W	100%	5	180	10
3	1200W	100%	5	190	15

表 4-6　油脂、糖类试样微波消解参考条件

步骤	功率（%）	温度（℃）	升温时间（min）	保温时间（min）
1	50	50	30	5
2	70	75	30	5
3	80	100	30	5
4	100	140	30	7
5	100	180	30	5

2. 高压密闭消解法　称取固体试样 0.20~1.0g（精确至 0.001g），湿样 1.0~5.0g（精确至 0.001g）或取液体试样 2.00~5.00ml 于消解内罐中，加入 5ml 硝酸浸泡过夜。盖好内盖，旋紧不锈钢外套，放入恒温干燥箱，140~160℃保持 3~4 小时，自然冷却至室温，然后缓慢旋松不锈钢外套，将消解内罐取出，用少量水冲洗内盖，放在控温电热板上于 120℃赶去棕色气体。取出消解内罐，将消化液转移至 25ml 容量瓶或比色管中，用少量水洗涤内罐 3 次，合并洗涤液并定容至刻度，混匀。同时作空白试验。

（三）仪器参考条件

RF 功率：1550W；载气流速：1.14L/min；采样深度：7mm；雾化室温度：2℃；Ni 采样锥；Ni 截取锥。

质谱干扰主要来源于同量异位素、多原子、双电荷离子等，可采用最优化仪器条件、干扰校正方程校正或采用碰撞池、动态反应池技术方法消除干扰。砷的干扰校正方程为：$^{75}As = {}^{75}As - {}^{77}M\ (3.127) + {}^{82}M\ (2.733) - {}^{83}M\ (2.757)$；采用内标校正、稀释样品等方法校正非质谱干扰。砷的 m/z 为 75，选 ^{72}Ge 为内标元素。

推荐使用碰撞/反应池技术，在没有碰撞/反应池技术的情况下使用干扰方程消除干扰的影响。

（四）标准曲线的制作

吸取适量砷标准使用液（1.00mg/L）用硝酸溶液（2+98）配制砷浓度分别为 0.00、1.0、5.0、10、50、100ng/ml 的标准系列溶液。

当仪器真空度达到要求时，用调谐液调整仪器灵敏度、氧化物、双电荷、分辨率等各项指标，当仪器各项指标达到测定要求，编辑测定方法、选择相关消除干扰方法、引入内标，观测内标灵敏度、脉冲与模拟模式的线性拟合，符合要求后，将标准系列引入仪器。进行相关数据处理，绘制标准曲线、计算回归方程。

（五）试样溶液的测定

相同条件下将试剂空白、样品溶液分别引入仪器进行测定。根据回归方程计算出样品中砷的浓度。

【结果计算与数据处理】

试样中砷含量按式 4-11 计算。

$$X = \frac{(c - c_0) \times V \times 1000}{m \times 1000 \times 1000} \tag{4-11}$$

式中：X 为试样中砷的含量，mg/kg 或 mg/L；c 为试样消化液中砷的测定浓度，ng/ml；c_0 为试样空白消化液中砷的测定浓度，ng/ml；V 为试样消化液总体积，ml；m 为试样质量或体积，g 或 ml；1000 为换算系数。

计算结果保留两位有效数字。在重复性条件下获得的两次独立测定结果的绝对差值不得超过算术平均值的 20%

实训十二　氢化物发生原子荧光光谱法测定食品中的砷

【测定原理】

食品试样经湿法消解或干灰化法处理后，加入硫脲使五价砷预还原为三价砷，再加入硼氢化钠或硼氢化钾使还原生成砷化氢，由氢气载入石英原子化器中分解为原子态砷，在高强度砷空心阴极灯的发射光激发下产生原子荧光，其荧光强度在固定条件下与被测液中的砷浓度成正比，与标准系列比较定量。

【适用范围】

适用于食品中的砷测定。称样量为 1g，定容体积为 25ml 时，方法检出限为 0.010mg/kg，方法定量限为 0.040mg/kg。

【试剂仪器准备】

（一）试剂

（1）硼氢化钾（KBH_4）：分析纯。

（2）硫脲（$CH_4N_2O_2S$）：分析纯。

（3）硝酸（HNO_3）。

（4）硫酸（H_2SO_4）。

（5）高氯酸（$HClO_4$）。

（6）硝酸镁〔$Mg(NO_3)_2 \cdot 6H_2O$〕：分析纯。

（7）氧化镁（MgO）：分析纯。

（8）抗坏血酸（$C_6H_8O_6$）。

（9）氢氧化钾溶液（5g/L）：称取 5.0g 氢氧化钾，溶于水并稀释至 1000ml。

（10）硼氢化钾溶液（20g/L）：称取硼氢化钾 20.0g，溶于 1000ml 5g/L 氢氧化钾溶液中，混匀。

（11）硫脲-抗坏血酸溶液：称取 10.0g 硫脲，加约 80ml 水，加热溶解，待冷却后加入 10.0g 抗坏血酸，稀释至 100ml。现配现用。

（12）氢氧化钠溶液（100g/L）：称取 10.0g 氢氧化钠，溶于水并稀释至 100ml。

（13）硝酸镁溶液（150g/L）：称取 15.0g 硝酸镁，溶于水并稀释至 100ml。

（14）盐酸溶液（1+1）：量取盐酸 100ml，缓缓倒入 100ml 水中，混匀。

（15）硫酸溶液（1+9）：量取硫酸 100ml，缓缓倒入 900ml 水中，混匀。

（16）硝酸溶液（2+98）：量取硝酸 20ml，缓缓倒入 980ml 水中，混匀。

（17）三氧化二砷（As_2O_3）标准品：纯度≥99.5%。

（18）砷标准贮备液（100mg/L，按 As 计）：准确称取于 100℃ 干燥 2 小时的三氧化二砷 0.0132g，加 100g/L 氢氧化钠溶液 1ml 和少量水溶解，转入 100ml 容量瓶中，加入适量盐酸调整其酸度近中性，加水稀释至刻度。4℃ 避光保存，保存期一年。或购买经国家认证并授予标准物质证书的标准溶液物质。

（19）砷标准使用液（1.00mg/L，按 As 计）：准确吸取 1.00ml 砷标准贮备液（100mg/L）于 100ml 容量瓶中，用硝酸溶液（2+98）稀释至刻度。现用现配。

（二）仪器

（1）原子荧光光谱仪。

（2）天平：感量为 0.1mg 和 1mg。

（3）组织匀浆器。

（4）高速粉碎机。

（5）控温电热板：50~200℃。

（6）马弗炉。

【样品测定】

（一）试样预处理

同项目四实训十一。

（二）试样消解

1. 湿法消解　固体试样称取 1.0~2.5g、液体试样称取 5.0~10.0g 或 ml（精确至 0.001g），置于 50~100ml 锥形瓶中，同时做两份试剂空白。加硝酸 20ml，高氯酸 1ml，硫酸 1.25ml，放置过夜。次日置于电热板上加热消解。若消解液处理至 1ml 左右时仍有未分解物质或色泽变深，取下放冷，补加硝酸 5~10ml，再消解至 2ml 左右，如此反复两三次，注意避免炭化。继续加热至消解完全后，再持续蒸发至高氯酸的白烟散尽。硫酸的白烟开始冒出，冷却，加水 25ml，再蒸发至冒硫酸白烟。冷却，用水将内容物转入 25ml 容量瓶或比色管中，加入硫脲-抗坏血酸溶液 2ml，补加水至刻度，混匀，放置 30 分钟，待测。按同一操作方法作空白试验。

2. 干灰化法　固体试样称取 1.0~2.5g，液体试样取 4.00ml 或 g（精确至 0.001g，置于 50~100ml 坩埚中，同时做两份试剂空白。加 150g/L 硝酸镁 10ml 混匀，低热蒸干，将 1g 氧化镁覆盖在干渣上，于电炉上炭化至无黑烟，移入 550℃ 马弗炉灰化 1 小时。取出放冷，小心加入盐酸溶液（1+1）10ml 以中和氧化镁并溶解灰分，转入 25ml 容量瓶或比色管，向容量瓶或比色管中加入硫脲-抗坏血酸溶液 2ml，另用硫酸溶液（1+9）分次洗涤坩埚后合并洗涤液至 25ml 刻度，混匀，放置 30 分钟，待测。按同一操作方法作空白试验。

（三）仪器参考条件

负高压：260V；砷空心阴极灯电流：50~80mA；载气：氢气；载气流速：500ml/min；屏蔽气流速：800ml/min；测量方式：荧光强度；读数方式：峰面积。

（四）标准曲线制作

取 25ml 容量瓶或比色管 6 支，依次准确加入 1.00μg/ml 砷标准使用液 0.00、0.10、0.25、0.50、1.5、3.0ml（分别相当于砷浓度 0.0、4.0、10、20、60、120ng/ml），各加硫酸溶液（1+9）12.5ml，硫脲-抗坏血酸溶液 2ml，补加水至刻度，混匀后放置 30 分钟后测定。

仪器预热稳定后，将试剂空白、标准系列溶液依次引入仪器进行原子荧光强度的测定。以原子荧光强度为纵坐标，砷浓度为横坐标绘制标准曲线，得到回归方程。

（五）试样溶液的测定

相同条件下，将样品溶液分别引入仪器进行测定。根据回归方程计算出样品中砷元素的浓度。

【结果计算与数据处理】

试样中总砷含量按式 4-12 计算。

$$X = \frac{(c - c_0) \times V \times 1000}{m \times 1000 \times 1000} \tag{4-12}$$

式中：X 为试样中砷的含量，mg/kg 或 mg/L；c 为试样消化液中砷的测定浓度，ng/ml；c_0 为试样空白消化液中砷的测定浓度，ng/ml；V 为试样消化液总体积，ml；m 为试样质量或体积，g 或 ml；1000 为换算系数。

计算结果保留两位有效数字。在重复性条件下获得的两次独立测定结果的绝对差值不得超过算术平均值的 20%。

📝 实训十三　银盐法测定食品中的砷

【测定原理】

试样经消化后，以碘化钾、氯化亚锡将高价砷还原为三价砷，然后与锌粒和酸产生的新生态氢生成砷化氢，经银盐溶液吸收后，形成红色胶态物，与标准系列比较定量。

【适用范围】

称样量为 1g，定容体积为 25ml 时，方法检出限为 0.2mg/kg，方法定量限为 0.7mg/kg。

【试剂仪器准备】

（一）试剂

（1）硝酸（HNO_3）。

（2）硫酸（H_2SO_4）。

（3）盐酸（HCl）。

（4）三氯甲烷（$CHCl_3$）：分析纯。

（5）二乙基二硫代氨基甲酸银 $[(C_2H_5)_2NCS_2Ag]$：分析纯。

（6）氯化亚锡（$SnCl_2$）：分析纯。

（7）硝酸镁 $[Mg(NO_3)_2 \cdot 6H_2O]$：分析纯。

（8）碘化钾（KI）：分析纯。

（9）氧化镁（MgO）：分析纯。

（10）乙酸铅（$C_4H_6O_4Pb \cdot 3H_2O$）：分析纯。

（11）三乙醇胺（$C_6H_{15}NO_3$）：分析纯。

（12）无砷锌粒：分析纯。

（13）乙酸。

（14）硝酸-高氯酸混合溶液（4:1）：量取 80ml 硝酸，加入 20ml 高氯酸，混匀。

（15）硝酸镁溶液（150g/L）：称取 15g 硝酸镁，加水溶解并稀释定容至 100ml。

（16）碘化钾溶液（150g/L）：称取 15g 碘化钾，加水溶解并稀释定容至 100ml，贮存于棕色瓶中。

（17）酸性氯化亚锡溶液：称取 40g 氯化亚锡，加盐酸溶解并稀释至 100ml，加入数颗金属锡粒。

（18）盐酸溶液（1+1）：量取 100ml 盐酸，缓缓倒入 100ml 水中，混匀。

（19）乙酸铅溶液（100g/L）：称取 2.8g 乙酸铅，用水溶解，加入 1~2 滴乙酸，用水稀释定容至 100ml。

（20）乙酸铅棉花：用乙酸铅溶液（100g/L）浸透脱脂棉后，压除多余溶液，并使之疏松，在 100℃ 以下干燥后，贮存于玻璃瓶中。

（21）氢氧化钠溶液（200g/L）：称取 20g 氢氧化钠，溶于水并稀释至 100ml。

（22）硫酸溶液（6+94）：量取 6.0ml 硫酸，慢慢加入 80ml 水中，冷却后再加水稀释至 100ml。

（23）二乙基二硫代氨基甲酸银-三乙醇胺-三氯甲烷溶液：称取 0.25g 二乙基二硫代氨基甲酸银置于乳钵中，加少量三氯甲烷研磨，移入 100ml 量筒中，加入 1.8ml 三乙醇胺，再用三氯甲烷分次洗涤乳钵，洗涤液一并移入量筒中，用三氯甲烷稀释至 100ml，放置过夜。滤入棕色瓶中贮存。

（24）三氧化二砷（As_2O_3）标准品：纯度≥99.5%。

（25）砷标准贮备液（100mg/L，按 As 计）：准确称取于 100℃ 干燥 2 小时的三氧化二砷 0.1320g，加 5ml，氢氧化钠溶液（200g/L），溶解后加 25ml 硫酸溶液（6+94），移入 1000ml 容量瓶中，加新煮沸冷却的水稀释至刻度，贮存于棕色玻塞瓶。4℃ 避光保存，保存期一年，或购买经国家认证并授予标准物质证书的标准物质。

（26）砷标准使用液（1.00mg/L，按 As 计）：吸取 1.00ml 砷标准贮备液（100mg/L）于 100ml 容量瓶中，加 1ml 硫酸溶液（6+94），加水稀释至刻度。现用现配。

注：除非另有说明，本方法所用试剂均为优级纯，水为 GB/T 6682—2008 规定的一级水

（二）仪器

（1）分光光度计。

（2）测砷装置 100ml~150ml 锥形瓶：19 号标准口。导气管：管口 19 号标准口或经碱处理后洗净的橡皮塞与锥形瓶密合时不应漏气，管的另一端管径为 1.0mm。吸收管：10ml 刻度离心管作吸收管用。

【样品测定】

（一）试样预处理

同项目四实训十一。

（二）试样溶液制备

1. 硝酸-高氯酸-硫酸法

（1）粮食、粉丝、粉条、豆干制品、糕点、茶叶等及其他含水分少的固体食品　称取 5.0～10.0g 试样（精确至 0.001g），置于 250～500ml 定氮瓶中，先加少许水湿润，加数粒玻璃珠、10～15ml 硝酸-高氯酸混合液，放置片刻，小火缓缓加热，待作用缓和，放冷。沿瓶壁加入 5ml 或 10ml 硫酸，再加热，至瓶中液体开始变成棕色时，不断沿瓶壁滴加硝酸-高氯酸混合液至有机质分解完全。加大火力，至产生白烟，待瓶口白烟冒净后，瓶内液体再产生白烟为消化完全，该溶液应澄清透明无色或微带黄色，放冷。（在操作过程中应注意防止爆沸或爆炸）加 20ml 水煮沸，除去残余的硝酸至产生白烟为止，如此处理两次，放冷。将冷后的溶液移入 50ml 或 100ml 容量瓶中，用水洗涤定氮瓶，洗涤液并入容量瓶中，放冷。加水至刻度，混匀。定容后的溶液每 10ml 相当于 1g 试样，相当加入硫酸量 1ml。取与消化试样相同量的硝酸-高氯酸混合液和硫酸，按同一方法作空白试验。

（2）蔬菜、水果　称取 25.0～50.0g（精确至 0.001g）试样，置于 250～500ml 定氮瓶中，加数粒玻璃珠、10～15ml 硝酸-高氯酸混合液，以下按"（1）粮食、粉丝、粉条、豆干制品、糕点、茶叶等及其他含水分少的固体食品"自"放置片刻"起操作，但定容后的溶液每 10ml 相当于 5g 试样，相当于加入硫酸 1ml，按同一操作方法作空白试验。

（3）酱、酱油、醋、冷饮、豆腐、腐乳、酱腌菜等　称取 10.0～20.0g 试样（精确至 0.001g），或吸取 10.0～20.0ml 液体试样，置于 250～500ml 定氮瓶中，加数粒玻璃珠、5～15ml 硝酸-高氯酸混合液。以下按"（1）粮食、粉丝、粉条、豆干制品、糕点、茶叶等及其他含水分少的固体食品"自"放置片刻"起操作，但定容后的溶液每 10ml 相当于 2g 或 2ml 试样。按同一操作方法作空白试验。

（4）含酒精性饮料或含二氧化碳饮料　吸取 10.00～20.00ml 试样，置于 250～500ml 定氮瓶中，加数粒玻璃珠，先用小火加热除去乙醇或二氧化碳，再加 5～10ml 硝酸-高氯酸混合液，混匀后，以下按"（1）粮食、粉丝、粉条、豆干制品、糕点、茶叶等及其他含水分少的固体食品"自"放置片刻"起操作，但定容后的溶液每 10ml 相当于 2ml 试样。按同一操作方法作空白试验。

（5）含糖量高的食品　称取 5.0～10.0g 试样（精确至 0.001g），置于 250～500ml 定氮瓶中，先加少许水使湿润，加数粒玻璃珠、5～10ml 硝酸-高氯酸混合后，摇匀。缓缓加入 5ml 或 10ml 硫酸，待作用缓和停止起泡沫后，先用小火缓缓加热（糖易炭化），不断沿瓶壁补加硝酸-高氯酸混合液，待泡沫全部消失后，再加大火力，至有机质分解完全，发生白烟，溶液应澄明无色或微带黄色，放冷。以下按"（1）粮食、粉丝、粉条、豆干制品、糕点、茶叶等及其他含水分少的固体食品"自"加 20ml 水煮沸"起操作，按同一操作方法作空白试验。

（6）水产品　称取试样 5.0～10.0（精确至 0.001g）（海产藻类、贝类可适当减少取样量），置于 250~500ml 定氮瓶中，加数粒玻璃珠，5~10ml 硝酸-高氯酸混合液，混匀后，以下按"（1）粮食、粉丝、粉条、豆干制品、糕点、茶叶等及其他含水分少的固体食品"自"沿瓶壁加入 5ml 或 10ml 硫酸"起操作。按同一操作方法作空白试验。

2. 硝酸-硫酸法　以硝酸代替硝酸-高氯酸混合液进行操作。

3. 灰化法

（1）粮食、茶叶及其他含水分少的食品　称取试样 5.0g（精确至 0.001g），置于坩埚中，加 1g 氧化镁及 10ml 硝酸镁溶液，混匀，浸泡 4 小时，于低温或置水浴锅上蒸干，用小火炭化至无烟后移入马弗炉中加热至 550℃，灼烧 3~4 小时，冷却后取出。加 5ml 水湿润后，用细玻棒搅拌，再用少量水洗下玻棒上附着的灰分至坩埚内。放水浴上蒸干后移入马弗炉 550℃ 灰化 2 小时，冷却后取出。加 5ml 水湿润灰分，再慢慢加入 10ml 盐酸溶液（1+1），然后将溶液移入 50ml 容量瓶中，坩埚用盐酸溶液（1+1）洗涤 3 次，每次 5ml，再用水洗涤 3 次，每次 5ml 洗涤液均并入容量瓶中，再加水至刻度，混匀。定容后的溶液每 10ml 相当于 1g 试样，其加入盐酸量不少于（中和需要量除外）1.5ml，全量供银盐法测定时，不必再加盐酸。按同一操作方法作空白试验。

（2）植物油　称取 5.0g 试样（精确至 0.001g），置于 50ml 瓷坩埚中，加 10g 硝酸镁，再在上面覆盖 2g 氧化镁，将坩埚置小火上加热，至刚冒烟，立即将坩埚取下，以防内容物溢出，待烟小后，再加热至炭化完全。将坩埚移至马弗炉中，550℃ 以下灼烧至灰化完全，冷后取出。加 5ml 水湿润灰分，再缓缓加入 15ml 盐酸溶液（1+1），然后将溶液移入 50ml 容量瓶中，坩埚用盐酸溶液（1+1）洗涤 5 次，每次 5ml，洗涤液均并入容量瓶中，加盐酸溶液（1+1）至刻度，混匀。定容后的溶液每 10ml 相当于 1g 试样，相当于加入盐酸量（中和需要量除外）1.5ml。按同一操作方法作空白试验。

（3）水产品　称取试样 5.0g 置于坩埚中（精确至 0.001g），加 1g 氧化镁及 10ml 硝酸镁溶液，混匀，浸泡 4 小时，以下按"（1）粮食、茶叶及其他含水分少的食品"自"于低温或置水浴锅上蒸干"起操作。

（三）测定

吸取一定量的消化后的定容溶液（相当于 5g 试样）及同量的试剂空白液，分别置于 150ml 锥形瓶中，补加硫酸至总量为 5ml，加水至 50~55ml。

（1）标准曲线的绘制　分别吸取 0.0、2.0、4.0、6.0、8.0、10ml 砷标准使用液（相当 0.0、2.0、4.0、6.0、8.0、10μg）置于 6 个 150ml 锥形瓶中，加水至 40ml 再加 10ml 盐酸溶液（1+1）。

（2）用湿法消化液　于试样消化液、试剂空白液及砷标准溶液中各加 3ml 碘化钾溶液（150g/L）、0.5ml 酸性氯化亚锡溶液，混匀，静置 15 分钟，各加入 3g 锌粒，立即分别塞上装有乙酸铅棉花的导气管，并使管尖端插入盛有 4ml 银盐溶液的离心管中的液面下，在常温下反应 45 分钟后，取下离心管，加三氯甲烷补足 4ml，用 1cm 比色杯，以零管调节零点，于波长 520nm 处测吸光度，绘制标准曲线。

（3）用灰化法消化液　取灰化法消化液及试剂空白液分别置于 150ml 锥形瓶中。吸取 0.0、2.0、4.0、6.0、8.0、10ml 砷标准使用液（相当 0.0、2.0、4.0、6.0、8.0、10μg 砷）分别置于 150ml 锥形瓶中，加水至 43.5ml 再加 6.5ml 盐酸。以下按"（2）用湿法消化液"自"于试样消化液"起操作。

【结果计算与数据处理】

试样中的砷含量按式 4-13 计算。

$$X = \frac{(A_1 - A_2) \times V_1 \times 1000}{m \times V_2 \times 1000 \times 1000} \quad (4-13)$$

式中：X 为试样中砷的含量，mg/kg 或 mg/L；A_1 为测定用试样消化液中砷的质量，ng；A_2 为试剂空白液中砷的质量，ng；V_1 为试样消化液的总体积，ml；m 为试样质量或体积，g 或 ml；V_2 为测定用试样消化液的体积，ml。

计算结果保留两位有效数字。在重复性条件下获得的两次独立测定结果的绝对差值不得超过算术平均值的 20%。

拓展阅读

食品中砷测定的其他方法

依据 GB 5009.11—2014《食品安全国家标准　食品中总砷及无机砷的测定》，食品中砷的测定还有液相色谱-原子荧光光谱法和液相色谱-电感耦合等离子体质谱法，适用于稻米、水产动物、婴幼儿谷类辅助食品、婴幼儿罐装辅助食品中无机砷（包括砷酸盐和亚砷酸盐）含量的测定。

任务三　其他有害物质的测定

案例导入

案例：黄曲霉毒素，比砒霜毒 68 倍，毒性为剧毒物氰化钾的 10 倍，是目前所知致癌性最强的化学物质，致癌能力比"六六六"强 1 万倍。2004 到 2005 年，肯尼亚暴发了迄今史上最大规模的黄曲霉毒素急性中毒事件，中毒千余人，死亡 125 人。

讨论：1. 食品中黄曲霉毒素从何而来，怎样对人体造成损伤？

　　　2. 如何正确检测出食品中的黄曲霉毒素？

一、黄曲霉毒素的测定

黄曲霉毒素（AFT）是一类二氢呋喃香豆素的衍生物，被世界卫生组织（WHO）的癌症研究机构划定为Ⅰ类致癌物，是一种毒性极强的剧毒物质，其危害性在于对人及动物肝脏等多种组织有破坏作用，严重时可导致肝癌甚至死亡。

黄曲霉毒素存在于土壤、动植物和各种坚果中，特别容易污染花生、玉米、稻米、大豆、小麦等粮油产品，在霉菌毒素中毒性最大。已发现的黄曲霉毒素有 20 多种，如在紫外光照射下显蓝色荧光的 B_1 和 B_2，显绿色荧光的 G_1 和 G_2，以及牛奶中的 M_1 和 M_2 等。其中以黄曲霉毒素 B_1（AFB_1）毒性和致癌性最强。

AFT 类物质难溶于水易溶于甲醇、丙酮和三氯甲烷等有机溶剂。依据 GB 5009.24—

2010《食品安全国家标准　食品中黄曲霉毒素 M_1 与 B_1 的测定》，采用薄层层析法测定食品中的黄曲霉毒素 M_1 和 B_1。

实训十四　薄层层析法测定食品中的黄曲霉毒素

【测定原理】

样品经提取、浓缩、薄层分离后，黄曲霉毒素 M_1 与 B_1 在紫外光（波长 365nm）下产生蓝紫色荧光，根据其在薄层上显示荧光的最低检出量来测定含量。

【适用范围】

本方法适用于牛乳及其制品、奶油及新鲜猪组织（肝、肾、血及瘦肉）等食品中黄曲霉毒素 M_1 与 B_1 的测定。

【试剂仪器准备】

（一）试剂

（1）甲醇：分析纯。

（2）石油醚：分析纯。

（3）三氯甲烷：分析纯。

（4）无水硫酸钠：分析纯。

（5）异丙醇：分析纯。

（6）硅胶 G：层析用。

（7）氯化钠及氯化钠溶液（40g/L）。

（8）硫酸（1+3）。

（9）玻璃砂：用酸处理后洗净干燥，约相当 20 目。

（10）黄曲霉毒素 M_1 标准溶液：用三氯甲烷配制成每毫升相当于 10μg 的黄曲霉毒素 M_1 标准溶液。以三氯甲烷作空白试剂，黄曲霉毒素 M_1 的紫外最大吸收峰的波长应接近 357nm，摩尔消光系数为 19950。避光，置于 4℃冰箱中保存。

（11）黄曲霉毒素 M_1 与 B_1 混合标准使用液：用三氯甲烷配制成每毫升相当于各含 0.04μg 黄曲霉毒素 M_1 与 B_1。避光，置于 4℃冰箱中保存。

（二）仪器

（1）10 目圆孔筛。

（2）小型粉碎机。

（3）玻璃板：5cm×20cm。

（4）展开槽：长 25cm，宽 6cm，高 4cm。

（5）紫外光灯：100～125W，带 365nm 滤光片。

（6）微量注射器。

【样品测定】

整个操作需在暗室条件下进行。

（一）样品提取

1. 样品提取制备表　见表 4-7。

表 4-7 试样制备

样品名称	称样量（g）	加水量（ml）	加甲醇量（ml）	提取液量 α（ml）	加 40g/L 氯化钠溶液量（ml）	浓缩体积（ml）	滴加体积（μl）	方法灵敏度（μg/kg）
牛乳	30	0	90	62	25	0.4	100	0.1
炼乳	30	0	90	52	35	0.4	50	0.2
牛乳粉	15	20	90	59	28	0.4	40	0.5
乳酪	15	5	90	56	31	0.4	40	0.5
奶油	10	45	55	80	0	0.4	40	0.5
猪肝	30	0	90	59	28	0.4	50	0.2
猪肾	30	0	90	61	26	0.4	50	0.2
猪瘦肉	30	0	90	58	29	0.4	50	0.2
猪血	30	0	90	61	26	0.4	50	0.2

提取液量按 4-14 计算。

$$X = \frac{8}{15} \times (90 + A + B) \qquad (4-14)$$

式中：X 为提取液量，ml；A 为试样中的水分量，ml（牛乳、炼乳及猪组织的取样量为 30g，牛乳粉、乳酪的取样量为 15g）；B 为加水量，ml。

注：样品中的水分量参照《食物成分表》。因各提取液中含 48ml 甲醇，需 39ml 水才能调到甲醇与水之体积比为 55∶45，因此加入 40g/L 的氯化钠溶液的体积等于甲醇和水的总体积（87ml）减去提取液的体积（ml）。

2. 乳与炼乳 称取 30.00g 混匀的样品，置于小烧杯中，再分别用 90ml 甲醇移于 300ml 具塞锥形瓶中，盖严防漏。振荡 30 分钟，用折叠式快速滤纸滤于 100ml 具塞量筒中。按表 4-7 收集 62ml 乳与 52ml 炼乳（各相当于 16g 样品）提取液。

3. 乳粉 取 15.00g 样品，置于具塞锥形瓶中，加入 20ml 水，使样品湿润后再加入 90ml 甲醇，以下按 "2. 乳与炼乳" 自 "振荡 30 分钟" 起依法操作，按表 4-7 收集 59ml 提取液（相当于 8g 样品）。

4. 干酪 称取 15.00g 切细、过 10 目圆孔筛混匀样品，置于具塞锥形瓶中，加 5ml 水和 90ml 甲醇，以下按 "2. 乳与炼乳" 自 "振荡 30 分钟" 起依法操作，按表 4-7 收集 56ml 提取液（相当于 8g 样品）。

5. 奶油 称取 10.00g 样品，置于小烧杯中，用 40ml 石油醚将奶油溶解并移于具塞锥形瓶中。加 45ml 水和 55ml 甲醇，振荡 30 分钟后，将全部液体移于分液漏斗中。再加入 1.5g 氯化钠摇动溶解，待分层后，按表 4-7 收集 80ml 提取液（相当于 8g 样品）于具塞量筒中。

6. 新鲜猪组织 取新鲜或冷冻保存的猪组织样品（包括肝、肾、血、瘦肉）先切细，混匀后称取 30.00g，置于小乳钵中，加玻璃砂少许磨细，新鲜全血用打碎机打匀，或用玻璃珠振摇抗凝。混匀后称取 30.00g，将各样品置于 300ml 具塞锥形瓶中，加 90ml 甲醇，以下按 "2. 乳与炼乳" 自 "振荡 30 分钟" 起依法操作。按表 4-7 收集 59ml 猪肝，61ml 猪肾，58ml 猪瘦肉及 61ml 猪血等提取液（各相当于 16g 样品）。

（二）净化

1. 用石油醚分离净化　将以上收集的提取液移入 250ml 分液漏斗中，按各种食品加入一定体积的氯化钠溶液（40g/L）（见表 4-7）。再加入 40ml 石油醚，振摇 2 分钟，待分层后，将下层甲醇-氯化钠水层移于原量筒中，将上层石油醚溶液从分液漏斗上口倒出，弃去。再将量筒中溶液转移于原分液漏斗中。再重复用石油醚提取两次，每次 30ml，最后将量筒中溶液仍移于分液漏斗中。奶油样液总共用石油醚提取两次，每次 40ml。

2. 用三氯甲烷分离提取　于原量筒中加入 20ml 三氯甲烷，摇匀后，再倒入原分液漏斗中，振摇 2 分钟。待分层后，将下层三氯甲烷移于原量筒中，再重复用三氯甲烷提取两次，每次 10ml 合并于原量筒中。弃去上层甲醇水溶液。

3. 用水洗三氯甲烷层与浓缩制备　将合并后的三氯甲烷层倒回原分液漏斗中，加入 30ml 氯化钠溶液（40g/L），振摇 30 秒，静置。待上层混浊液有部分澄清时，即可将下层三氯甲烷层收集于原量筒中。加入 10g 无水硫酸钠，振摇放置澄清后，将此液经装有少许无水硫酸钠的定量慢速滤纸过滤于 100ml 蒸发皿中。氯化钠水层用 10ml 三氯甲烷提取一次，并经过滤器一并滤于蒸发皿中。最后将无水硫酸钠也一起倒于滤纸上，用少量三氯甲烷洗量筒与无水硫酸钠，也一并滤于蒸发皿中，于 65℃ 水浴上通风挥干，用三氯甲烷将蒸发皿中残留物转移于浓缩管中，蒸发皿中残渣太多，则经滤纸滤入浓缩管中。于 65℃ 用减压吹气法将此液浓缩至 0.4ml 以下，再用少量三氯甲烷洗管壁后，浓缩定量至 0.4ml 备用。

（三）测定

1. 硅胶 G 薄层板的制备　薄层板厚度为 0.3mm，105℃ 活化 2 小时，在干燥器内可保存 1~2 天。

2. 点板　取薄层板（5cm×20cm）两块，距板下端 3cm 的基线上各滴加两点，在距第一与第二板的左边缘 0.8~1cm 处各滴加 10μl 黄曲霉毒素 M_1 与 B_1 混合标准使用液，在距各板左边缘 2.8~3cm 处各滴加同一样液点（各种食品的滴加体积见表 4-7），在第二板的第 2 点上再滴加 10μl 黄曲霉毒素 M_1 与 B_1 混合标准使用液。一般可将薄层板放在盛有干燥硅胶的层析槽内进行滴加，边加边用冷风机冷风吹干。

3. 展开

（1）横展　在槽内加入 15ml 事先用无水硫酸钠脱水的无水乙醚（每 500ml 无水乙醚中加 20g 无水硫酸钠）。将薄层板靠近标准点的长边置于槽内，展至板端后，取出挥干，再同上继续展开一次。

（2）纵展　将横展两次挥干后的薄层板再用异丙醇-丙酮-苯-正己烷-石油醚（沸程 60~90℃）-三氯甲烷（5:10:10:10:10:55）混合展开剂纵展至前沿距原点距离为 10~12cm 取出挥干。

（3）横展　将纵展挥干后的板再用乙醚横展 1~2 次，展开方法同（1）横展。

4. 观察与评定结果

（1）在紫外光灯下将第一、二板相互比较观察，若第二板的第二点在黄曲霉毒素 M_1 与 B_1 标准点的相应处出现最低检出量（M_1 与 B_1 的比移值依次为 0.25 和 0.43），而在第一板相同位置上未出现荧光点，则样品中黄曲霉毒素 M_1 与 B_1 含量在其所定的方法灵敏度以下（见表 4-7）。

（2）如果第一板的相同位置上出现黄曲霉毒素 M_1 与 B_1 的荧光点，则第二板第二点的样液点是否各与滴加的标准点重叠，如果重叠，再进行以下的定量与确证试验。

5. 稀释定量 样液中的黄曲霉毒素 M_1 与 B_1 荧光点的荧光强度与黄曲霉毒素 M_1 与 B_1 的最低检出量（0.0004μg）的荧光强度一致，则乳、炼乳、乳粉、干酪与奶油样品中黄曲霉毒素 M_1 与 B_1 的含量依次为 0.1、0.2、0.5、0.5、0.5μg/kg；新鲜猪组织（肝、肾、血、瘦肉）样品均为 0.2μg/kg（见表 4-7）。如样液中黄曲霉毒素 M_1 与 B_1 的荧光强度比最低检出量强，则根据其强度逐一进行测定，估计减少滴加微升数或经稀释后再滴加不同微升数，直至样液点的荧光强度与最低检出量点的荧光强度一致为止。

6. 确证试验 在做完定性或定量的薄层板上，将要确证的黄曲霉毒素 M_1 与 B_1 的点用大头针圈出。喷以硫酸溶液（1+3），放置 5 分钟后，在紫外光灯下观察，若样液中黄曲霉毒素 M_1 与 B_1 点与标准点一样均变为黄色荧光，则进一步确证检出的荧光点是黄曲霉毒素 M_1 与 B_1。

【结果计算与数据处理】

黄曲霉毒素 M_1 与 B_1 的含量按式 4-15 计算。

$$X = 0.0004 \times \frac{V_1}{V_2} \times D \times \frac{1000}{m} \tag{4-15}$$

式中：X 为黄曲霉毒素 M_1 与 B_1 含量，μg/kg；V_1 为样液浓缩后体积，ml；V_2 为出现最低荧光样液的滴加体积，ml；D 为浓缩样液的总稀释倍数；m 为浓缩样液中所相当的试样质量，g；0.0004 为黄曲霉毒素 M_1 与 B_1 的最低检出量，μg。

二、苯并[α]芘的测定

苯并[α]芘，别名 3，4-苯并芘，Ba，多环芳烃（PAH）。苯并[α]芘是已发现的 200 多种多环芳烃中最主要的食品污染物，大多数食品（如熏制食品、烘烤食品和煎炸食品等）中的苯并[α]芘主要来源于食品加工过程。

依据 GB/T 5009.27—2003《食品中苯并[α]芘的测定》，采用荧光分光光度法和目测比色法测定食品中的苯并[α]芘。

实训十五　荧光分光光度法测定食品中的苯并[α]芘

【测定原理】

样品先用有机溶剂提取，或经皂化后提取，再将提取液经液-液分配或色谱柱净化，然后在乙酰化滤纸上分离苯并[α]芘，因苯并[α]芘在紫外光照射下呈蓝紫色荧光斑点，将分离后有苯并[α]芘的滤纸部分剪下，用溶剂浸出后，用荧光分光光度计测荧光强度与标准比较定量。

【适用范围】

适用于食品中苯并[α]芘的测定。试样量为 50g、点样量为 1g 时，本方法检出限为 1ng/g。

【试剂仪器准备】

（一）试剂

（1）苯：重蒸馏。

（2）环己烷（或石油酸，沸程：30~60℃）：重蒸馏或经氧化铝柱处理无荧光。

（3）二甲基甲酰胺或二甲基亚砜。

（4）无水乙醇：重蒸馏。

（5）95%乙醇。

（6）无水硫酸钠。

（7）氢氧化钾。

（8）丙酮：重蒸馏。

（9）展开剂：95%乙醇-二氯甲烷（2:1）。

（10）硅镁型吸附剂：将 60～100 目筛孔的硅镁吸附剂经水洗四次（每次用水量为吸附剂质量的 4 倍）于垂熔漏斗上抽滤干后，再以等量的甲醇洗（甲醇与吸附剂量克数相等），抽滤干后，吸附剂铺于干净瓷盘上，在 130℃ 干燥 5 小时后，装瓶贮存于干燥器内，临用前加 5% 水减活，混匀并平衡 4 小时以上，最好放置过夜。

（11）层析用氧化铝（中性）：120℃活化 4 小时。

（12）乙酰化滤纸：将中速层析用滤纸裁成 30cm×4cm 的条状，逐条放入盛有乙酰化混合液（180ml 苯、130ml 乙酸酐、0.1ml 硫酸）的 500ml 烧杯中，使滤纸条充分地接触溶液，保持溶液温度在 21℃ 以上，时时搅拌，反应 6 小时，再放置过夜。取出滤纸条，在通风橱内吹干，再放入无水乙醇中浸泡 4 小时，取出后放在垫有滤纸的干净白瓷盘上，在室温内风干压平备用。一次可处理滤纸 15～18 条。

（13）苯并[α]芘标准溶液：精密称取 10.0mg 苯并[α]芘，用苯溶解后移入 100ml 棕色容量瓶中，并稀释至刻度，此溶液每毫升相当于苯并[α]芘 100μg。放置冰箱中保存。

（14）苯并[α]芘标准使用液：吸取 1ml 苯并[α]芘标准溶液置于 10ml 容量瓶中，用苯稀释至刻度，同样反复用苯稀释，最后配成每毫升相当于 1.0μg 及 0.1μg 苯并[α]芘两种标准使用液，放置冰箱中保存。

（二）仪器

（1）脂肪提取器。

（2）层析柱：内径 10mm，长 350mm，上端有内径 25mm、长 80～100mm 漏斗，下端具有活塞。

（3）层析缸（筒）。

（4）K-D 全玻璃浓缩器。

（5）紫外光灯：带有波长为 365nm 或 254nm 的滤光片。

（6）回流皂化装置：锥形瓶磨口处连接冷凝管。

（7）组织捣碎机。

（8）荧光分光光度计。

【样品测定】

（一）样品提取

1. 粮食或水分少的食品　称取 40～60g 粉碎过筛的样品，装入滤纸筒内，用 70ml 环己烷润湿样品，接收瓶内装 6～8g 氢氧化钾、100ml 95% 乙醇及 60～80ml 环己烷，然后将脂肪提取器接好，于 90℃ 水浴上回流提取 6～8 小时，将皂化液趁热倒入 500ml 分液漏斗中，并将滤纸筒中的环己烷也从支管中倒入分液漏斗，用 50ml 95% 乙醇分二次洗接收瓶，将洗液合并于分液漏斗。加入 100ml 水，振摇提取 3 分钟，静置分层（约需 20 分钟），下层液放入第二分液漏斗，再用 70ml 环己烷振摇提取一次，待分层后弃去下层液，将环己烷层合并于第一分液漏斗中，并用 6～8ml 环己烷淋洗第二分液漏斗，洗液合并。

用水洗涤合并后的环己烷提取液三次，每次100ml，三次水洗液合并于原来的第二分液漏斗中，用环己烷提取二次，每次30ml，振摇0.5分钟，分层后弃去水层液，收集环己烷液并入第一分液漏斗中，于50~60℃水浴上，减压浓缩至40ml，加适量无水硫酸钠脱水。

2. 植物油 称取20~25g的混匀油样，用100ml环己烷分次洗入250ml分液漏斗中，以环己烷饱和过的二甲基甲酰胺提取三次，每次40ml，振摇分钟，合并二甲基甲酰胺提取液，用40ml经二甲基甲酰胺饱和过的环己烷提取一次，弃去环己烷液层。二甲基甲酰胺提取液合并于预先装有240ml 2%硫酸钠溶液的500ml分液漏斗中，混匀，静置数分钟后，用环己烷提取二次，每次100ml，振摇3分钟，环己烷提取液合并于第一个500ml分液漏斗。也可用二甲基亚砜代替二甲基甲酰胺。

用40~50℃温水洗涤环己烷提取液二次，每次100ml，振摇0.5分钟，分层后弃去水层液，收集环己烷层，于50~60℃水浴上减压浓缩至40ml。加适量无水硫酸钠脱水。

3. 鱼、肉及其制品 称取50~60g切碎混匀的样品，再用无水硫酸钠搅拌（样品与无水硫酸钠的比例为1:1或1:2，如水分过多则需在60℃左右先将样品烘干），装入滤纸筒内，然后将脂肪提取器接好，加入100ml环己烷于90℃水浴上，回流提取6~8小时，然后将提取液倒入250ml分液漏斗中，再6~8ml环己烷淋洗滤纸筒，洗液合并于250ml分液漏斗中，以下按"2. 植物油"自"以环己烷饱和过的二甲基甲酰胺提取三次"起依法操作。

4. 蔬菜 称取100g洗净、晾干的可食部分的蔬菜，切碎放入组织捣碎机内，加150ml丙酮，捣碎2分钟。在小漏斗上加少许脱脂棉过滤，滤液移入500ml分液漏斗中，残渣用50ml丙酮分数次洗涤，洗液与滤液合并，加100ml水和100ml环己烷，振摇提取2分钟，静置分层，环己烷层转入另一500ml分液漏斗中，水层再用100ml环己烷分二次提取，环己烷提取液合并于第一个分液漏斗中，再用250ml水，分二次振摇、洗涤，收集环己烷于50~60℃水浴上减压浓缩至25ml，加适量无水硫酸钠脱水。

5. 饮料（如含二氧化碳先在温水浴上加温除去） 吸取50~100ml样品于500ml分液漏斗中，加2g氯化钠溶解，加50ml环己烷振摇1分钟，静置分层，水层分于第二个分液漏斗中，再用50ml环己烷提取一次，合并环己烷提取液，每次用100ml水振摇、洗涤二次，收集环己烷于50~60℃水浴上减压浓缩至25ml，加适量无水硫酸钠脱水。

6. 糕点类 称取50~60g磨碎样品，装于滤纸筒内，以下按"1. 粮食或水分少的食品"自"用70ml环己烷润湿样品"起依法操作。

（二）净化

1. 于层析柱下端填入少许玻璃棉，先装入5~6cm的氧化铝，轻轻敲管壁使氧化铝层填实、无空隙，顶面平齐，再同样装入5~6cm的硅镁型吸附剂，上面再装入5~6cm无水硫酸钠，用30ml环己烷淋洗装好的层析柱，待环己烷液面流下至无水硫酸钠层时关闭活塞。

2. 将样品环己烷提取液倒入层析柱中，打开活塞，调节流速为1ml/min，必要时可用适当方法加压，待环己烷液面下降至无水硫酸钠层时，用30ml苯洗脱，此时应在紫外光灯下观察，以蓝紫色荧光物质完全从氧化铝层洗下为止，如30ml苯不足时，可适当增加苯量。收集苯液于50~60℃水浴上减压浓缩至0.1~0.5ml（可根据样品中苯并[α]芘含量而定，应注意不可蒸干）。

（三）分离

1. 在乙酰化滤纸条上的一端5cm处，用铅笔划一横线为起始线，吸取一定量净化后的浓缩液，点于滤纸条上，用电吹风从纸条背面吹冷风，使溶剂挥散，同时点20μl苯并[α]芘的标准使用液（1μg/ml），点样时斑点的直径不超过 3mm，层析缸（筒）内盛有展开剂，滤纸条下端浸入展开剂约 1cm，待溶剂前沿至约 20cm 时取出阴干。

2. 在波长 365nm 或 254nm 紫外光灯下观察展开后的滤纸条用铅笔划出标准苯并[α]芘及与其同一位置的样品的蓝紫色斑点，剪下此斑点分别放入小比色管中，各加 4ml 苯加盖，插入 50~60℃水浴中不时振摇，浸泡 15 分钟。

（四）测定

1. 将样品及标准斑点的苯浸出液移入荧光分光光度计的石英杯中，以 365nm 为激发光波长，以 365~460nm 波长进行荧光扫描，所得荧光光谱与标准苯并[α]芘的荧光光谱比较定性。

2. 与样品分析的同时做试剂空白，包括处理样品所用的全部试剂同样操作，分别读取样品、标准及试剂空白于波长 406nm、406nm+5nm、406nm-5nm 处的荧光强度，按基线法由式 4-16 计算所得的数值，为定量计算的荧光强度。

$$F = F_{406nm} - \frac{F_{401nm} + F_{411nm}}{2} \tag{4-16}$$

【结果计算与数据处理】

样品中苯并[α]芘的含量按 4-17 计算。

$$X = \frac{\dfrac{S}{F} \times (F_1 - F_2) \times 1000}{m \times \dfrac{V_1}{V_2}} \tag{4-17}$$

式中：X_1 为样品中苯并[α]芘的含量，μg/kg；S 为苯并[α]芘标准斑点的含量，μg；F 为标准的斑点浸出液荧光强度；F_1 为样品斑点浸出液荧光强度；F_2 为试剂空白浸出液荧光强度；V_1 为样品浓缩液体积，ml；V_2 为点样体积，ml；m 为样品质量，g。

【技术提示】

在"（一）样品提取""1. 粮食或水分少的食品"、"3. 鱼、肉及其制品"、"6. 糕点类"各项操作中，均可用石油醚代替环己烷，但需将石油醚提取液蒸发至近干，残渣用 25ml 环己烷溶解。

实训十六　目测比色法测定食品中的苯并[α]芘

【测定原理】

样品经提取、净化后于乙酰化滤纸上层析分离苯并[α]芘，分离出的苯并[α]芘斑点，在波长 365nm 的紫外灯光下观察，与标准斑点进行目测比色概略定量。

【适用范围】

适用于食品中苯并[α]芘的测定。试样量为 50g，点样量为 1g 时，本方法检出限为 1ng/g。

【试剂仪器准备】

（一）试剂

同项目四实训十五。

(二) 仪器

同项目四实训十五。

【样品测定】

(一) 样品提取：同项目四实训十五。

(二) 净化：同项目四实训十五。

(三) 测定

1. 吸取 5、10、15、20、50μl 样品浓缩液（可根据样品中苯并[α]芘含量而定）及 10μl、20μl 苯并[α]芘标准使用液（0.1μg/ml），点于同一条乙酰化滤纸上，用电吹风从纸条背面吹冷风，使溶剂挥散，同时点 20μl 苯并[α]芘的标准使用液（1μg/ml），点样时斑点的直径不超过 3mm，层析缸（筒）内盛有展开剂，滤纸条下端浸入展开剂约 1cm，待溶剂前沿至约 20cm 时取出阴干。

2. 于暗室紫外灯下目测比较，找出相当于标准斑点荧光强度的样品浓缩液体积，如样品含量太高，可稀释后再重点，尽量使样品浓度在两个标准斑点之间。

【结果计算与数据处理】

样品中苯并[α]芘的含量按式 4-18 计算。

$$X = \frac{m_2 \times 1000}{m_1 \times \dfrac{V_2}{V_1}} \tag{4-18}$$

式中：X 为样品中苯并[α]芘的含量，μg/kg；m_2 为样品斑点相当苯并[α]芘的含量，μg；V_1 为样品浓缩总体积，ml；V_2 为点样体积，ml；m_1 为样品质量，g。

三、N-亚硝胺的测定

亚硝胺是一种很强的致癌物质。目前，在已经检测的 100 种亚硝胺类化合物中，已证实有 80 多种至少可诱导一种动物致癌，亚硝胺化合物可诱发各种部位的癌症。许多食品如腌制的肉类、熏肉和咸鱼中（见表 4-8）含有亚硝胺。

表 4-8　各种食物中的亚硝胺含量

食物品种	加工方法	含　量（μg/kg）
猪肉	新鲜	0.5
熏肉	烟熏	0.8~2.4
腌肉（火腿）	烟熏，亚硝酸盐处理	1.2~24
腌腊肉	烟熏，亚硝酸盐处理，放置	0.8~40
鲤鱼	新鲜	4
烟熏	熏鱼	4~9
咸鱼	亚硝酸盐处理	12~24
腊鱼	烟熏，亚硝酸盐处理	20~26
腊肠	亚硝酸盐处理	5.0
熏腊肠	烟熏，亚硝酸盐处理	11~84

依据 GB/T 5009.26—2003《食品中 N-亚硝胺的测定》，采用气相色谱-热能分析仪法和气相色谱-质谱仪法测定食品中的亚硝胺。

实训十七　气相色谱-热能分析仪法测定食品中的 N-亚硝胺

【测定原理】

样品中 N-亚硝胺经硅藻土吸附或真空低温蒸馏，用二氯甲烷提取、分离，气相色谱-热能分析仪（GC-TEA）测定。其原理如下。

自气相色谱仪分离后的亚硝胺在热解室中经特异性催化裂解产生 NO 基团，后者与臭氧反应生成激发态 NO*。当激发态 NO* 返回基态时发射出近红外区光线。产生的近红外区光线被光电倍增管检测（600～800nm）。由于特异性催化裂解与冷阱或 CTR 过滤器除去杂质，使热能分析仪仅仅能检测 NO 基团，而成为亚硝胺特异性检测器。

【适用范围】

适用于啤酒中 N-亚硝基二甲胺含量的测定。仪器的最低检出量为 0.1ng。在样品取样量为 50g，浓缩体积为 0.5ml，进样体积为 10μl 时，本方法的最低检出浓度为 0.1μg/kg；在取样量为 20g，浓缩体积为 1.0ml，进样体积为 5μl 时，本方法的最低检出浓度为 1.0μg/kg。

【试剂仪器准备】

（一）试剂

（1）二氯甲烷：每批取 100ml 在水浴上用 K-D 浓缩器浓缩至 1ml，在热能分析仪上无阳性响应。如有阳性响应，则需经全玻璃装置重蒸后再试，直至阴性。

（2）氢氧化钠溶液（1mol/L）：称取 40g 氢氧化钠，用水溶解后定容至 1L。

（3）硅藻土：Extrelut（Merck）。

（4）氮气。

（5）盐酸（0.1mol/L）。

（6）无水硫酸钠。

（7）N-亚硝胺标准贮备液（200mg/L）：吸取 N-亚硝胺标准 10μl（约相当于 10mg），置于已加入 5ml 无水乙醇并称重的 50ml 棕色容量瓶中，称量（准确到 0.0001g）。用无水乙醇稀释定容，混匀。分别得到 N-亚硝基二甲胺、N-亚硝基二丙胺、N-亚硝基吗啉的贮备液。此溶液用安瓿密封分装后避光冷藏（-30℃）保存，两年有效。

（8）N-亚硝胺标准工作液（2000μg/L）：吸取上述 N-亚硝胺标准贮备液 100μl，置于 10ml 棕色容量瓶中，用无水乙醇稀释定容，混匀。此溶液用安瓿密封分装后避光冷藏（4℃）保存，三个月有效。

（二）仪器

（1）气相色谱仪。

（2）热能分析仪。

（3）减压蒸馏装置。

（4）K-D 浓缩器。

（5）恒温水浴锅。

（6）玻璃层析柱：带活塞，8mm 内径，400mm 长。

【样品测定】

（一）提取

1. 甲法　硅藻土吸附。称取 20.00g 预先脱二氧化碳气体样品于 50ml 烧杯中，加 1ml

氢氧化钠溶液和 1ml N-亚硝基二丙胺标准工作液（200µg/L），混匀后备用。将 12g 硅藻土干法填于层析柱中，用手敲实。将啤酒样品装于柱顶。平衡 10~15 分钟后，用 6×5ml 二氯甲烷直接洗脱提取。

2. 乙法 真空低温蒸馏。在双颈蒸馏瓶中加入 50.00g 预先去除二氧化碳气体的样品和玻璃珠，4ml 氢氧化钠溶液（1mol/L），混匀后连接好蒸馏装置。在 53.3kPa 真空度低温蒸馏，待样品剩余 10ml 左右时，把真空度调节到 93.3kPa，直至样品蒸至近干为止。

把蒸馏液移入 250ml 分液漏斗，加 4ml 盐酸（0.1mol/L），用 20ml 二氯甲烷提取三次，每次 3 分钟，合并提取液。用 10g 无水硫酸钠脱水。

（二）浓缩

将二氯甲烷提取液转移至 K-D 浓缩器中，于 55℃ 水浴上浓缩至 10ml，再以缓慢的氮气吹至 0.4~1.0ml，备用。

（三）样品测定

1. 气相色谱条件 汽化室温度：220℃；色谱柱温度：175℃，或从 75℃ 以 5℃/min 速度升至 175℃ 后维持；色谱柱：内径 2~3mm，长 2~3m 玻璃柱或不锈钢柱，内装涂以固定液 ① 10%（m/m）聚乙二醇 20mol/L 和氢氧化钾（10g/L）或 ② 13%（m/m）Carbowax 20M/TPA 于载体 Chromosorb WAW-DMCS（80~100 目）；载气：氩气，流速 20~40ml/min。

2. 热能分析仪条件 接口温度：250℃。热解室温度：500℃。真空度：133~266Pa。冷阱：用液氮调至 -150℃（可用 CTR 过滤器代替）。

3. 测定 分别注入样品浓缩液和 N-亚硝胺标准工作液 5~10µl，利用保留时间定性，峰高或峰面积定量。

【结果计算与数据处理】

样品中 N-亚硝基二甲胺含量按式 4-19 计算。

$$X_1 = \frac{h_1 \times V_2 \times c_1 \times V}{h_2 \times V_1 \times m_1} \tag{4-19}$$

式中：X_1 为样品中 N-亚硝基二甲胺的含量，µg/kg；h_1 为样品浓缩液中 N-亚硝基二甲胺的峰高（mm）或峰面积；h_2 为标准工作液中 N-亚硝基二甲胺的峰高（mm）或峰面积；c_1 为标准工作液中 N-亚硝基二甲胺的浓度，µg/L；V_1 为样品浓缩液的进样体积，µl；V_2 为标准工作液的进样体积，µl；V 为样品浓缩液的浓缩体积，ml；m_1 为样品的质量，g。

在重复性条件下获得的两次独立测定结果的相对偏差小于算术平均值的 16%。

实训十八 气相色谱-质谱仪法测定食品中的 N-亚硝胺

【测定原理】

样品中的 N-亚硝胺类化合物经水蒸气蒸馏和有机溶剂萃取后，浓缩至一定量，采用气相色谱-质谱联用仪的高分辨峰匹配法进行确认和定量。

【适用范围】

本部分适用于酒类、肉及肉制品、蔬菜、豆制品、调味品、茶叶等食品中 N-亚硝基二甲胺、N-亚硝基二乙胺、N-亚硝基二丙胺及 N-亚硝基吡咯烷含量的测定。

【试剂仪器准备】

（一）试剂

（1）二氯甲烷：须用全玻璃蒸馏装置重蒸。

（2）无水硫酸钠。

（3）氯化钠。

（4）硫酸（1+3）。

（5）氢氧化钠溶液（120g/L）。

（6）N-亚硝胺标准溶液：用二氯甲烷作溶剂，分别配制 N-亚硝基二甲胺、N-亚硝基二乙胺、N-亚硝基二丙胺、N-亚硝基吡咯烷的标准溶液，使每毫升分别相当于 0.5mg N-亚硝胺。

（7）N-亚硝胺标准使用液：在四个 10ml 容量瓶中，加入适量二氯甲烷，用微量注射器各吸取 100μl N-亚硝胺标准溶液，分别置于上述四个容量瓶中，用二氯甲烷稀释至刻度。此溶液每毫升分别相当于 5μg N-亚硝胺。

（8）耐火砖颗粒：将耐火砖破碎，取直径为 1~2mm 的颗粒，分别用乙醇、二氯甲烷清洗后，在马弗炉中（400℃）灼烧 1 小时，作助沸石使用。

（二）仪器

（1）水蒸气蒸馏装置。

（2）K-D 浓缩器。

（3）气相色谱-质谱联用仪。

【样品测定】

（一）水蒸气蒸馏

称取 200g 切碎后的样品，置于水蒸气蒸馏装置的蒸馏瓶中（液体样品直接量取 200ml），加入 100ml 水（液体样品不加水），摇匀。在蒸馏瓶中加入 120g 氯化钠，充分摇动，使氯化钠溶解。将蒸馏瓶与水蒸气发生器及冷凝器连接好，并在锥形接收瓶中加入 40ml 二氯甲烷及少量冰块，收集 400ml 馏出液。

（二）萃取纯化

在锥形接收瓶中加入 80g 氯化钠和 3ml 的硫酸（1+3），搅拌使氯化钠完全溶解。然后转移到 500ml 分液漏斗中，振荡 5 分钟，静止分层，将二氯甲烷层分至另一锥形瓶中，再用 120ml 二氯甲烷分三次提取水层，合并四次提取液，总体积为 160ml。对于含有较高浓度乙醇的样品，如蒸馏酒、配制酒等，须用 50ml 氢氧化钠溶液（120g/L）洗有机层两次，以除去乙醇的干扰。

（三）浓缩

将有机层用 10g 无水硫酸钠脱水后，转移至 K-D 浓缩器中，加入一粒耐火砖颗粒，于 50℃水浴上浓缩至 1ml。备用。

（四）气相色谱-质谱联用测定条件

1. 色谱条件 汽化室温度：190℃；色谱柱温度：对 N-亚硝基二甲胺、N-亚硝基二乙胺、N-亚硝基二丙胺、N-亚硝基吡咯烷分别为 130℃，145℃，130℃，160℃；色谱柱：内径 1.8~3.0mm，长 2m 的玻璃柱，内装涂以 15%（m/m）PEG 20M 固定液和氢氧化钾溶液（10g/L）的 80~100 目 Chromosorb WAW-DMCS；载气：氮气，流速为 40ml/min。

2. 质谱仪条件　分辨率≥7000；离子化电压：70V；离子化电流：300μA；离子源温度：180℃；离子源真空度：1.33×10⁻⁴Pa；界面温度：180℃。

（五）测定

采用电子轰击源高分辨峰匹配法，用全氟煤油（PFK）的碎片离子（它们的质荷比为68.99527，99.9936，130.9920，99.9936）分别监视 N-亚硝基二甲胺、N-亚硝基二乙胺、N-亚硝基二丙胺及 N-亚硝基吡咯烷的分子、离子（它们的质荷比为 74.0480，102.0793，130.1106，100.0636），结合它们的保留时间来定性，以示波器上该分子、离子的峰高来定量。

【结果计算与数据处理】

样品中 N-亚硝胺化合物含量按式 4-20 计算。

$$X_2 = \frac{\dfrac{h_3}{h_4} \times c_2 \times V_3}{m_2} \times 1000 \qquad (4-20)$$

式中：X_2 为样品中 N-亚硝胺化合物的含量，μg/kg 或 μg/L；h_3 为浓缩液中该 N-亚硝胺化合物的峰高，mm；h_4 为标准使用液中该 N-亚硝胺化合物的峰高，mm；c_2 为标准使用液中该 N-亚硝胺化合物的浓度，μg/ml；V_3 为样品浓缩液的体积，ml；m_2 为样品质量或体积，g 或 ml。

结果以算术平均值表示，结果保留两位有效数字。

📊 **岗位对接**

本项目是食品质量与安全、食品检测技术、食品营养与检测等专业学生必须掌握的内容，为成为合格的食品检测人员打下坚实的基础。本项目对接食品检验工的资格考试和职业技能标准，按照《中华人民共和国食品安全法》《食品安全国家标准》要求，食品生产经营企业应当加强食品检验工作，对原料检验、半成品检验、成品出厂检验等进行检验控制；食品生产企业可以自行对所生产的食品进行检验，也可以委托符合本法规定的食品检验机构进行检验。从事食品检验岗位的工作人员均应掌握以下相关的知识和技能要求。

1. 能按照国家标准，正确规范测定食品中农药及兽药残留量、食品中有害元素及其他有害物质的含量。

2. 会根据检验结果进行食品安全性的评价。

3. 熟练使用可见分光光度计、原子吸收分光光度计、气相色谱仪、高效液相色谱仪、原子荧光仪、质谱仪等分析仪器。

4. 具有相关实验室安全知识和实验室管理能力。

📊 **重点小结**

本项目主要依据国家标准介绍了食品中农药及兽药残留量、有害元素和其他有害物质的检测方法。具体总结如下。

项目		分类	国家标准	方法
食品农药及兽药残留量	食品农药及兽药残留量	有机氯农药多组分残留量	GB/T 5009.19—2008	毛细管柱气相色谱-电子捕获检测器法
		有机磷农药残留量	GB/T 5009.20—2003	气相色谱法
	食品中兽药残留量	动物性食品中13种磺胺类药物多残留	GB 29694—2013	高效液相色谱法
食品中有害金属	镉	镉	GB 5009.15—2014	石墨炉原子吸收光谱法
	汞	总汞	GB 5009.17—2014	原子荧光光谱分析法 冷原子吸收光谱法
		甲基汞	GB 5009.17—2014	液相色谱-原子荧光光谱联用方法
	铅	铅	GB 5009.12—2010	石墨炉原子吸收光谱法 氢化物原子荧光光谱法 火焰原子吸收光谱法
	砷	总砷	GB 5009.11—2014	电感耦合等离子体质谱法 氢化物发生原子荧光光谱法 银盐法
		无机砷	GB 5009.11—2014	液相色谱-原子荧光光谱法 液相色谱-电感耦合等离子体质谱法
食品中其他有害物质	食品中黄曲霉毒素	食品中黄曲霉毒素 M_1 与 B_1	GB 5009.24—2010	薄层层析法
	食品中苯并[α]芘	食品中苯并[α]芘	GB/T 5009.27—2003	荧光分光光度法 目测比色法
	食品中 N-亚硝胺	食品中 N-亚硝胺	GB/T 5009.26—2003	气相色谱-热能分析仪法 气相色谱-质谱仪法

目标检测

一、选择题

1. 气相色谱法测定食品中有机氯农药残留量常用的检测器是（   ）。

   A. ECD   B. FID   C. TCD   D. FPD

2. 气相色谱法测定食品中有机氯农药残留量常用的色谱柱是（   ）。

   A. 硬质玻璃柱   B. 石英玻璃柱

   C. 不锈钢柱   D. 聚四氟乙烯管柱

3. 食品中的汞含量测定时，样品必须采用（　　）方法进行前样品处理。
   A. 低温灰化
   B. 高温灰化
   C. 回流消化
   D. 蒸馏法

4. 按照 NY/T 761—2008 方法进行农药残留检测，测定三唑磷和三唑酮应使用（　　）检测器。
   A. 火焰光度检测器、氮磷检测器
   B. 氢火焰离子化检测器、火焰光度检测器
   C. 火焰光度检测器、电子捕获检测器
   D. 电子捕获检测器、热导检测器

5. 农产品中重金属铅和汞的测定应使用（　　）测定。
   A. 石墨炉原子吸收、原子荧光分光光度计
   B. 火焰原子吸收、原子荧光分光光度计
   C. 火焰原子吸收、石墨炉原子吸收
   D. 石墨炉原子吸收、气相色谱法

6. 残留检测方法验证时，测定标准曲线至少要有几个浓度点？（　　）
   A. 3 个
   B. 4 个
   C. 5 个
   D. 6 个

7. 残留检测结果计算时，需要用本实验室获得的平均回收率折算的是（　　）。
   A. 有残留限量的药物
   B. 禁用药
   C. 不得检出的药物
   D. 不需要制定最高残留限量的药物

二、判断题

1. 银盐法是利用含砷食品经湿法消化后，其中砷全变为五价砷，砷酸在酸性条件下被碘化钾和氯化亚锡还原成亚砷酸；亚砷酸又被锌与盐酸作用产生的氢还原为砷化氢，砷化氢与二乙基二硫氨基甲酸银作用，游离出 Ag，此胶状的银呈红色，可做比色测定。
   （　　）

2. 银盐法测砷中，使用醋酸铅棉花是消除硫化氢的干扰，使用氯化亚锡的作用是将砷酸还原成亚砷酸并加快氢气产生的速度。（　　）

3. 分析液体样品中有机氯农药采样时，应用玻璃瓶、不能用塑料瓶，因塑料瓶对有机氯农药测定有严重影响。（　　）

4. 食品中汞的测定一般采用银盐法。（　　）

5. 测定食品中有机氯农药时，样品处理常用皂化法，原因是有机氯农药对碱稳定。（　　）

6. 防止食物霉变以及其他微生物污染可防止亚硝胺的生成。（　　）

7. 使用 NY/T 761-2008 进行有机磷农药残留检测时，用乙腈提取后分取 10ml 提取液，要在 80℃ 条件下将乙腈完全蒸干。（　　）

8. 农药残留速测样品处理时样品粉碎越细越好，便于残留农药的提取。（　　）

9. 处理重金属检测样品，样品粉碎前应去掉样品表面污物并用蒸馏水清洗，然后擦干表面多余水分。（　　）

10. 配制农药标准溶液的容量瓶的清洗步骤为：先用溶剂涮洗、含有洗涤剂水清洗、自来水冲洗、蒸馏水涮洗并烘干。（　　）

11. 某样品中含有氰戊菊酯，在气相色谱仪上出现两个色谱峰，数据处理时应将标样和样品中两个峰面积分别加和后代入公式计算。（　　）

12. 农药标准溶液在容量瓶中配制完成后，可以直接放在冰箱中储存。（　　）

13. 植物样品作农药残留检测时，样品一定要用去离子水洗后再处理。（　　）

三、填空题

1. 样品无机化处理方法根据操作方法不同，可分为_____和_____两类。其中，消化方法有_____、_____、_____、_____、_____、_____六种。

2. 重金属测定样品前处理常采用_____法，所加试剂_____和_____，在消化过程中，如溶液颜色发黑需追加_____，最后用试剂赶走_____。原因是_____。

四、简答题

总汞测定时样品消解常用的方法是什么？

（杨小珊　张宝勇）

项目五

食品中功能性成分的检验

学习目标

知识要求
1. **掌握** 食品中功能性成分的检测原理和方法。
2. **熟悉** 食品中功能性成分的测定意义。
3. **了解** 食品中功能性成分和功能食品的分类及功能。

技能要求
1. 能根据样品特点合理选择国标方法。
2. 能熟练规范测定食品中活性多糖、牛磺酸、生物抗氧化剂、自由基清除剂 SOD 活性、活性脂等成分。

案例导入

案例： 类黄酮是一种多酚类化合物，在水果、蔬菜、谷物中广泛存在。研究表明，类黄酮具有保护心脏、降低患癌风险的益处。美国哈佛大学和英国东英吉利大学研究人员日前公布的一项研究报告显示，经常食用浆果等富含类黄酮的食品可以显著降低男性患帕金森病的风险，多吃富含类黄酮的食品罹患 2 型糖尿病的风险也较低。摘自《食品伙伴网》。

讨论： 1. 食品的功能性成分有哪些？
2. 如何正确检测食品中的功能性成分？

食品中的功能性成分是指真正具有生理作用的成分，称为生理活性成分。富含这些成分的物质则称为功能性食品基料或生理活性物质。这些生理活性物质是生产功能性食品的关键。功能性食品的出现，标志着对于食品中关键组分关注的重点从追求大量的传统营养素开始转向微量的活性成分。

食品中功能性成分有很多种类。目前确认的食品功能性成分主要包括以下几类。

活性多糖类：主要有抗肿瘤的多糖、调节免疫功能的多糖、调节血糖水平的多糖等；功能性甜味料类：主要包括功能性单糖、功能性低聚糖及多元糖醇等；功能性油脂类：又称为活性脂如 ω-3 多不饱和脂肪酸、必需脂肪酸、复合脂质等；氨基酸、肽与蛋白质类：包括牛磺酸、酪蛋白磷肽、低聚肽、乳铁蛋白、金属硫蛋白及免疫球蛋白等；维生素类：如维生素 A、维生素 D、维生素 E、维生素 C 及 B 族维生素等；矿物元素类：包括常量矿物元素与微量活性元素等；微生态调节剂类：主要是乳酸菌类，尤其是双歧杆菌；自由基清除剂类：分为酶类与非酶类清除剂；醇、酮、酚与酸类：主要含有黄酮类化合物、二十八醇、谷维素、茶多酚等；低能量或无能量基料：油脂替代品与强力甜味剂等；皂苷、叶绿素等其他基料。

任务一 活性寡糖及活性多糖类物质的测定

低聚糖或称寡糖是由 3~10 个单糖通过糖苷键连接形成直链或支链的低度聚合糖，现已广泛应用在饮料、奶类、果冻、谷类制品以及婴幼儿食品中。由于其具有独特的生理功效，被称为功能性低聚糖，通常包括低聚异麦芽糖、低聚果糖、低聚半乳糖、低聚乳果糖、低聚木糖、低聚龙胆糖、水苏糖等。功能性低聚糖能促进人体肠道内固有的有益细菌——双歧杆菌的增殖，从而抑制肠道内腐败菌的生长，并减少有毒发酵产物的形成。由很多单糖缩合而成的高分子化合物，称为多糖，主要有淀粉、果胶和纤维素。

一、低聚果糖的测定

低聚果糖是以蔗糖为原料经过微生物发酵制得的一种转化糖浆，其成分有果糖、葡萄糖、蔗糖、蔗果三糖、蔗果四糖、蔗果五糖。蔗果三糖、蔗果四糖、蔗果五糖统称为低聚果糖。

我国食品安全国家标准《低聚果糖》（GB/T 23528—2009）中收载的低聚果糖总含量的测定方法为高效液相色谱法。

实训一 高效液相色谱法测定低聚果糖

【测定原理】

同一时刻进入色谱柱的各组分，因在流动相和固定相之间溶解、吸附、渗透或离子交换等作用的不同，随流动相在色谱柱两相之间进行反复多次的分配，由于各个组分在色谱柱中的移动速度不同，经过一定长度的色谱柱后，彼此分离开来，按顺序流出色谱柱，进入信号检测器，在记录仪或数据处理装置上显示出各组分的谱峰数值，根据保留时间用外标法或峰面积归一化法定量，以外标法为仲裁法。

【试剂仪器准备】

（一）试剂

1. 乙腈 色谱纯。

2. 水 二次蒸馏水或超纯水（过 0.45μm 水系微孔滤膜）。

3. 标准溶液 葡萄糖、果糖、蔗糖、蔗果三糖、蔗果四糖、蔗果五糖、蔗果六糖的标准品，分别用超纯水配成 40mg/ml 的水溶液。

4. 流动相 乙腈∶水（体积比）= 75∶25（比例可根据实际情况调节）。

（二）仪器

1. 高效液相色谱仪 配有示差折光检测器或蒸发光散射检测器和柱恒温系统。

2. 流动相真空抽滤脱气装置 配 0.2μm 或 0.45μm 微孔膜。

3. 色谱柱 氨基柱。

4. 分析天平 感量 0.0001g。

5. 微量进样器 10μl。

【样品测定】

（一）样品溶液的制备

称取适量液体或固体样品（使各种组分含量应在标准溶液线性范围内），用超纯水定容至100ml，摇匀后，用0.45μm膜过滤（或12000r/min离心5分钟），收集滤液，作为待测试样溶液。

（二）测定

在测定的前一天安上色谱柱，柱温为室温，接通示差折光检测器（或蒸发光散射检测器）电源，预热稳定，以0.1ml/min的流速通入流动相平衡过夜。正式进样分析前，若使用示差折光检测器，将所用流动相以0.1ml/min的流速输入参比池20分钟以上，再恢复正常流速使流动相经过样品池（蒸发光散射检测器无需此操作），调节流速至1.0ml/min走基线，待基线走稳后即可进样，进样量为5~10μl。

将标准溶液在0.44~40mg/ml范围内配制6个不同浓度的标准液系列，分别进样后，以标样浓度对峰面积作标准曲线。线性相关系数应为0.9990以上，否则需调整浓度范围。

将标准溶液和制备好的试样分别进样。根据标样的保留时间定性样品中各种糖组分的色谱峰，根据样品的峰面积，以外标法或峰面积归一化法计算各种糖分的百分含量。

注1：以蔗糖为原料的低聚果糖有效成分仅包括蔗果三糖（GF_2），蔗果四糖（GF_3）、蔗果五糖（GF_4）和蔗果六糖（GF_5）。

注2：以菊芋、菊苣为原料的低聚果糖，其果果三糖（F_3）、果果四糖（F_4）、果果五糖（F_5）、果果六糖（F_6）的色谱峰分别包含于蔗果三糖（GF_2）、蔗果四糖（GF_3）、蔗果五糖（GF_4）、蔗果六糖（GF_5）的色谱峰之中。

注3：由于果果三糖（F_3）、果果四糖（F_4）、果果五糖（F_5）、果果六糖（F_6）没有标样，以菊芋、菊苣为原料的低聚果糖计算含量时宜采用峰面积归一化法。

【结果计算与数据处理】

1. 外标法 样品中各组分的百分含量按式5-1计算。

$$X_i = \frac{A_i \times \frac{m_s}{V_s}}{A_s \times \frac{m}{V}} \times 100 \qquad (5-1)$$

式中：X_i为样品中组分i（葡萄糖、果糖、蔗糖、蔗果三糖、蔗果四糖、蔗果五糖、蔗果六糖）占干物质的百分含量（质量分数），%；A_i为样品中组分i的峰面积，m_s为标准样品中某组分糖标准品的质量，g；V_s为标准样品稀释体积，ml；A_s为标准样品中某种组分糖标准品的峰面积；m为液体为称取样品中干物质的质量，固体为称取样品质量减去水分含量，g；V为样品的稀释体积，ml。

样品中低聚果糖的百分含量按式5-2计算。

$$FOS\% = GF_2 + GF_3 + GF_4 + GF_5 \qquad (5-2)$$

式中：FOS%为低聚果糖总含量（占干物质，质量分数），%；GF_2、GF_3、GF_4、GF_5分别为蔗果三糖、蔗果四糖、蔗果五糖、蔗果六糖的百分含量（占干物质，质量分数），%。计算结果保留一位小数。

2. 峰面积归一化法 用峰面积归一化法计算各组分糖占干物质的百分含量，因为所有组分均能出峰，各组分是同系物，其校正因子相同，按式5-3计算每个组分糖占干物质的百分含量。

$$P_i = \frac{A_i}{\sum A_i} \times 100 \qquad (5-3)$$

式中：P_i为样品中组分i占干物质的百分含量（质量分数），%；A_i为样品中组分i的峰面积；$\sum A_i$为样品中所有成分峰面积的总和。

样品中低聚果糖的百分含量按式 5-2 计算。

【技术提示】

精密度在重复性条件下获得的两次独立测定结果的绝对差值不应超过平均值的 5%。如果无蔗果三糖、蔗果四糖、蔗果五糖标样，低聚果糖的定量采用间接法，即由测得的总糖中减去果糖、葡萄糖和蔗糖的含量，所得的差值就是糖浆中低聚果糖的含量。

二、大豆低聚糖的测定

大豆低聚糖是指以大豆、大豆粕或大豆胚芽为原料生产的，含有一定量的水苏糖、棉子糖、蔗糖等低聚糖的产品。根据大豆低聚糖产品的外观特性，产品分为糖浆型和粉末型。大豆低聚糖产品主要成分包括水苏糖、棉子糖及蔗糖等低聚糖。

我国食品安全国家标准《大豆低聚糖》（GB/T 22491—2008）中收载的大豆低聚糖含量的测定方法为高效液相色谱法。

实训二　高效液相色谱法测定大豆低聚糖

【测定原理】

试样用 80% 乙醇溶解后，经 0.45μm 滤膜过滤，采用反相键合相色谱测定，根据色谱峰保留时间定性，根据峰面积或峰高定量，各单体的含量之和为大豆低聚糖含量。

本方法低聚糖各单体的检出限为 1.0g/kg。

【试剂仪器准备】

（一）试剂

1. 水　符合 GB/T 6682—2008 一级水的要求。

2. 乙腈　色谱纯。

3. 乙醇溶液（80%）　量取 800ml 无水乙醇加水稀释至 1000ml。

4. 低聚糖标准溶液　分别称取蔗糖，棉子糖、水苏糖标准品（含量均应 ≥98%）各 1.000g 置于 100ml 容量瓶中，用 80% 乙醇溶液溶解并稀释至刻度，摇匀。每毫升溶液分别含蔗糖、棉子糖、水苏糖 10mg。经 0.45μm 滤膜过滤，滤液供高效液相色谱分析用。

（二）仪器

1. 高效液相色谱仪　配有示差折光检测器。

2. 高效液相色谱分析参考条件色谱柱　Kromasil 100 氨基柱，25cm×4.6mm，或相同性质的填充柱；流动相：乙腈-水（80:20）；流速：1.0ml/min；检测器：示差折光检测器（RID）；色谱柱温度：30℃；检测器温度：30℃；进样量：10μl。

3. 天平　分度值 0.0001g。

【样品测定】

（一）试样制备

称取试样约 1g，精确到 0.001g，加 80% 乙醇溶液溶解并稀释定容至 100ml，混匀，经 0.45μm 滤膜过滤，滤液备作高效液相色谱分析用。

（二）标准曲线的绘制

分别取低聚糖标准糖液 1、2、3、4、5μl（相当于各低聚糖质量 10、20、30、40、

50μg）注入液相色谱仪，进行高效液相色谱分析，测定各组分色谱峰面积（或峰高），以标准糖质量对相应的峰面积（或峰高）作校准曲线，或用最小二乘法求回归方程。

（三）样品测定

在相同的色谱分析条件下，取 10μl 试样溶液注入高效液相色谱仪分析，测定各组分色谱峰面积（或峰高），与标准曲线比较确定进样液中低聚糖 i 组分的质量（m_i）。

【结果计算与数据处理】

试样中大豆低聚糖的含量按式 5-4 计算。

$$X = \frac{\sum m_i \times V \times 100}{V_1 \cdot m \times 1000 \times (100 - \omega)} \times 100 \tag{5-4}$$

式中：X 为试样中大豆低聚糖的含量（以质量分数计），%；m_i 为低聚糖组分 i 的质量，mg；V 为样品溶液体积，μl；V_1 为进样体积，μl；m 为试样质量，g；ω 为试样水分（以质量分数计），%。

计算结果保留三位有效数字。在重复性条件下获得的两次独立测定结果的绝对差值不得超过算术平均值的 5%。

拓展阅读

氨基柱分离检测低聚糖

用高效液相色谱法分离低聚糖，使用较多的是氨基柱。目前已采用氨基柱成功地测定了大豆中低聚糖的含量，流动相为乙腈-水（体积比为 70:30）。在使用氨基柱分离糖时一些还原糖容易与固定相的氨基发生化学反应，产生席夫碱，因此氨基柱的使用寿命短；且乙腈要求纯度高，价格昂贵。使用氨基柱的另一个缺点是系统平衡所需时间较长，一般在 5 小时以上。

三、香菇多糖的测定

香菇多糖是从优质香菇子实体中提取的有效活性成分，是香菇的主要有效成分，是一种宿主免疫增强剂。香菇多糖中的活性成分是具有分支的 β-(1,3)-D-葡聚糖，主链由 β-(1,3)-连接的葡萄糖基组成，沿主链随机分布着由 β-(1,6) 连接的葡萄糖基，呈梳状结构。香菇多糖具有抗病毒、抗肿瘤、调节免疫和刺激干扰素形成的功能。

 实训三　高效液相色谱法测定香菇多糖

【测定原理】

香菇样品经预处理，以 TSK-SW 凝胶排斥色谱柱为分离柱，用示差折光检测器进行检测，以不同相对分子质量的标准右旋糖酐作标准品，同时测定样品中多糖的相对分子质量分布情况及含量。

【试剂仪器准备】

（一）试剂

（1）右旋糖酐。

（2）无水硫酸钠。

（3）乙酸钠。

（4）碳酸氢钠。

（5）氯化钠。

（二）仪器

高效液相色谱仪：配有示差折光检测器。

【样品测定】

（一）色谱条件

色谱柱：4000SW Spherogel TSK 柱，7.5mm×300mm，13μm；流动相：0.2mol/L 硫酸钠溶液；流速：0.8ml/min；检测器：示差折光检测器；灵敏度：16 AUFS。

（二）相对分子质量标准曲线的绘制

精确称取不同相对分子质量的右旋糖酐标准品 0.100g，用流动相溶解并定容至 10ml。分别进样 20μl，由分离得到各色谱峰的保留时间。将其数值输入相对分子质量软件中，经校准后建立相对分子质量对数值（1gMW）与保留时间（RT）的标准曲线。结果表明，相对分子质量在 $3.9×10^4 \sim 2.0×10^6$ 范围内具有良好的线性。

（三）标准曲线的绘制

精确称取相对分子质量为 50000 的右旋糖酐 0.100g，定容在 5ml 定量瓶中，再进一步稀释为 10、5、2、1mg/ml 标准液。分别进样，根据浓度与峰面积关系绘制曲线。

（四）样品处理及测定

称取一定量样品（多糖含量应大于 1mg），用流动相溶解并定容至 100ml，混匀后经 0.3μm 的微滤膜过滤后即可进样。若样品溶液不易过滤，可将其移入离心管中，在 5000r/min 下离心 20 分钟，吸取 5ml 上清液，再经 0.3μm 的微孔滤膜过滤，收集少量滤液用于高效液相色谱分析。

【结果计算与数据处理】

（一）相对分子质量分布计算

待测样品经分离后得到不同相对分子质量峰的保留时间值，通过相对分子质量标准工作曲线即可计算出多糖的相对分子质量分布。该计算程序由相对分子质量辅助软件自动进行。

（二）多糖含量的计算

香菇多糖的含量（以右旋糖酐计）按式 5-5 计算。

$$X = \frac{\rho \cdot V}{m} \times 100 \tag{5-5}$$

式中：X 为香菇多糖的含量，mg/100g 或 mg/100ml；ρ 为进样样品溶液的多糖浓度，mg/ml；m 为样品质量或体积，g 或 ml；V 为提取液的体积，ml。

四、魔芋葡甘露聚糖的测定

魔芋的主要成分魔芋葡甘露聚糖（简称 KGM）是一种天然高分子化合物，其确切结构至今尚无定论，但推测性结构主要是甘露糖（M）和葡萄糖（G）以 β-1,4-吡喃糖苷键结合构成的线性复合多糖。目前以分光光度法测定食品中的魔芋葡甘露聚糖。

实训四　分光光度法测定魔芋葡甘露聚糖

【测定原理】

在剧烈搅拌下，葡甘露聚糖于冷水中能膨胀形成稳定的胶体溶液。在浓硫酸中加热，葡甘露聚糖迅速水解生成糠醛，糠醛与蒽酮作用生成一种蓝绿色化合物，在一定的范围内，其颜色深浅与葡甘露聚糖的含量成正比。

【试剂仪器准备】

（一）试剂

（1）蒽酮-硫酸溶液：称 0.4g 蒽酮溶于 100ml 88% 硫酸（约 84ml 的 97% 浓硫酸与 16ml 的水混合）中，装入磨口瓶中，冷却至室温备用，此溶液应当天配制。

（2）葡甘露聚糖标准液：100μg/ml。

（3）无水乙醇。

（4）丙酮。

（二）仪器

（1）分光光度计。

（2）离心机。

（3）分析天平。

（4）电磁搅拌器。

【样品测定】

（一）葡甘露聚糖的分离与纯化

取适量魔芋精粉置于 200~250 倍（体积分数）pH 5.0~5.5 的蒸馏水中，于室温下搅拌 2.0~2.5 小时呈胶体液，以 4000r/min 离心 30 分钟，除去不溶物。在不断搅拌下，缓缓加入与胶体溶液等体积的无水乙醇，葡甘露聚糖脱水沉淀。取沉淀物同上操作方法溶解，重复去杂。将沉淀物移入砂芯漏斗中抽气过滤除去大部分水，再用无水乙醇、丙酮多次脱水，真空干燥，得到纯白色絮状物，即为魔芋葡甘露聚糖纯品（纯度为 98.5%）。

（二）标准曲线的绘制

取 100μg/ml 葡甘露聚糖标准液 0、0.2、0.4、0.6、0.8、1.0、1.2ml 于 15ml 具塞试管中，加蒸馏水至 2ml，再加蒽酮-硫酸溶液 6.0ml，于沸水浴中准确加热 7 分钟，取出迅速冷却至室温，于 630nm 处测定各管吸光度。以吸光度与对应的葡甘露聚糖质量（mg）制作标准曲线。

（三）样品的测定

准确称取 100mg 左右粉碎过 60 目筛的样品（或精粉）置于 250ml 烧杯中，加入 50ml 蒸馏水，在电磁搅拌器上搅拌 2 小时，无损地将烧杯内容物转移到 100ml 容量瓶中，加蒸馏水定量至刻度，摇匀。将溶液在 4000r/min 离心 15 分钟，取上清液 5ml，加蒸馏水至 50ml，摇匀。取 1~2ml 样品稀释，加蒸馏水至 2ml，于 15ml 具塞试管中加蒽酮-硫酸溶液 6.0ml，于沸水浴中准确加热 7 分钟，取出迅速冷却至室温，于 630nm 处测定各管吸光度。

【结果计算与数据处理】

样品中葡甘露聚糖的含量按式 5-6 计算。

$$X = \frac{A}{V} \times \frac{100 \times 50}{5} \times \frac{100\%}{m \times 1000} = \frac{A}{Vm} \times 100\% \tag{5-6}$$

式中：X 为葡甘露聚糖的含量，%；A 为由回归直线方程式计算得到的测定液中葡甘露聚糖的含量，μg；V 为样品测定液的体积，ml；m 为样品质量，mg，100 和 50 为定容体积，ml；5 为取用上清液体积，ml。

五、糖醇及糖的测定

糖醇是醛糖或酮糖的羰基被还原成羟基的衍生物。一部分糖醇广泛存在于植物以及微生物体内，存在的形式有游离态、化合态，但含量甚微。目前只有甘露糖醇是从棕褐色海藻中提取得到，其他糖醇的工业生产均由糖加氢还原而得或利用生物工程技术转化而得。据统计，目前已工业化生产或已研制成功的糖醇有：山梨糖醇（葡萄糖醇）、甘露糖醇、木糖醇、赤藓糖醇、麦芽糖醇、异麦芽糖醇、乳糖醇等。

糖醇摄入后不会引起血液葡萄糖与胰岛素水平的大幅度波动，可用于生产糖尿病人专用食品。糖醇不是口腔微生物（特别是突变链球菌）的适宜作用底物，有些糖醇如木糖醇甚至可抑制突变链球菌的生长繁殖，长期摄入糖醇不会引起牙齿龋变。

依据 GB 1886.234—2016《食品安全国家标准　食品添加剂　木糖醇》，采用气相色谱法和高效液相色谱法测定食品中的木糖醇。

实训五　气相色谱法测定木糖醇及其他多元醇

【测定原理】

试样经乙酰化后，用气相色谱法（配氢火焰离子化检测器）测定，与标样对照，根据保留时间定性，内标法定量。

【试剂仪器准备】

（一）试剂

（1）无水乙醇。

（2）吡啶。

（3）乙酸酐。

（4）木糖醇标准品。

（5）甘露糖醇标准品。

（6）半乳糖醇标准品。

（7）L-阿拉伯糖醇标准品。

（8）山梨糖醇标准品。

（9）赤藓糖醇标准品（内标物）。

（二）仪器

（1）气相色谱仪：配有氢火焰离子化检测器。

（2）天平。

（3）水浴锅。

（4）干燥箱。

【样品测定】

（一）色谱条件

色谱柱：（14%-氰丙基苯基）-二甲基聚硅氧烷毛细管柱，30m×0.25mm×0.25μm，或等效色谱柱。升温程序：初始温度 170℃，维持 10 分钟；以 1℃/min 的速率升至 180℃，维持 10 分钟；再以 30℃/min 的速率升至 240℃，维持 5 分钟。进样口温度：240℃；检测器温度：250℃。载气：氮气；载气流速：2.0ml/min；氢气：50ml/min；空气：50ml/min；分流比：1:100；进样量：1.0μl。

（二）内标溶液的制备

称取赤藓糖醇标准品（内标物）500mg，精确至 0.0001g，用水溶解，转入 25ml 容量瓶中，稀释至刻度，混匀。

（三）标准溶液的制备

分别称取 25mg 甘露糖醇、半乳糖醇、L-阿拉伯糖醇和山梨糖醇和 4.9g 木糖醇标准品，精确至 0.0001g，用水溶解，分别转移到 100ml 容量瓶中，稀释至刻度，混匀。吸取 1ml 所得溶液到 100ml 圆底烧瓶中，加入 1.0ml 内标溶液，在 60℃ 水浴中旋转蒸干，再加入无水乙醇 1ml，振摇使溶解，在 60℃ 水浴中旋转蒸干。再加入吡啶 1ml，使残渣溶解，加入乙酸酐 1ml，盖紧盖子，涡旋混合 30 秒，70℃ 干燥箱中放置 30 分钟取出，放冷。

（四）试样溶液的配制

取约 5g 的试样，准确称量，精确至 0.0001g，用水溶解，转入 100ml 容量瓶中，稀释至刻度，混匀。吸取 1ml 所得溶液到 100ml 圆底烧瓶中，加入 1.0ml 内标溶液，在 60℃ 水浴中旋转蒸干，再加入无水乙醇 1ml，振摇使溶解，在 60℃ 水浴中旋转蒸干。再加入吡啶 1ml，使残渣溶解，加入乙酸酐 1ml，盖紧盖子，涡旋混合 30 秒，70℃ 干燥箱中放置 30 分钟取出，放冷。

（五）测定

在参考色谱条件下，注入标准溶液和试样溶液进行测定。

【结果计算与数据处理】

试样中木糖醇或其他多元醇的质量分数按式 5-7 计算，其他多元醇为 L-阿拉伯糖醇、半乳糖醇、甘露糖醇和山梨糖醇含量的总和。

$$\omega_i = \frac{m_s \cdot R_u}{m_u \cdot R_s} \times 100\% \tag{5-7}$$

式中：ω_i 为试样中组分 i（木糖醇或其他多元醇）的质量分数，%；m_s 为标准溶液中木糖醇或其他多元醇的质量，mg；m_u 为干燥减量后的试样质量，mg；R_u 为试样中木糖醇或其他多元醇与赤藓糖醇衍生物响应值比值；R_s 为标准溶液中木糖醇或其他多元醇与赤藓糖醇衍生物响应值比值。

试验结果以平行测定结果的算术平均值为准。在重复性条件下获得木糖醇的两次独立测定结果的绝对差值不大于算术平均值的 2%，其他多元醇的两次独立测定结果的绝对差值不大于 0.1%。

实训六　高效液相色谱法测定木糖醇及其他多元醇

【测定原理】

试样用水溶解，液相色谱法检测，外标法定量。

【试剂仪器准备】

（一）试剂

（1）水：一级水。

（2）乙腈：色谱纯。

（3）木糖醇标准品。

（4）L-阿拉伯糖醇标准品。

（5）山梨糖醇标准品。

（6）半乳糖醇标准品。

（7）甘露糖醇标准品。

（二）仪器

高效液相色谱仪：配有示差折光检测器。

【样品测定】

（一）色谱条件

色谱柱：以聚苯乙烯二乙烯苯树脂为填料的分析柱，300mm×7.8mm，或等效色谱柱；流动相：乙腈-水（35:65）；流速：0.6ml/min；柱温：75℃；检测室温度：45℃；进样量：20μl。

（二）标准曲线的制备

准确称取甘露糖醇标准品、L-阿拉伯糖醇标准品、山梨糖醇标准品、半乳糖醇标准品各0.1g和木糖标准品2.5g，精确至0.0001g，用水定容至100ml容量瓶中。再分别吸取2.0、4.0、6.0、8.0、10.0ml该标准品溶液至10ml容量瓶中，用水定容，配制成含木糖醇5.0、10.0、15.0、20.0、25.0mg/ml和含甘露醇、L-阿拉伯醇、山梨醇、半乳糖醇0.2、0.4、0.6、0.8、1.0mg/ml的系列混合标准溶液。

（三）试样溶液的制备

取约2g的干燥减量后的试样，准确称量，精确至0.0001g，用水定容至100ml容量瓶中。

（四）测定

在参考色谱条件下，分别注入系列标准溶液、试样溶液进行测定，按外标法用系列标准溶液作校正表。

【结果计算与数据处理】

木糖醇或其他多元醇含量的质量分数按式5-8计算，其他多元醇为L-阿拉伯糖醇、半乳糖醇、甘露糖醇和山梨糖醇含量的总和。

$$\omega_i = \frac{m_i \cdot A_{si}}{m \times A_i} \times 100\% \tag{5-8}$$

式中：ω_i为试样中组分i（木糖醇或其他多元醇）的质量分数,%；m_i为标准溶液中某组分i的质量，g；A_{si}为试样中某组分i的测量响应值；m为干燥减量后的试样质量，单位为克（g）；A_i为标准溶液中某组分的测量响应值。

试验结果以平行测定结果的算术平均值为准。在重复性条件下获得木糖醇的两次独立测定结果的绝对差值不大于算术平均值的2%，其他多元醇的两次独立测定结果的绝对差值不大于0.1%。

实训七·滴定法测定山梨糖醇

【测定原理】

高碘酸在酸性条件下氧化带有邻羟基的化合物，如糖和多元醇等，当反应在室温下完成时，高碘酸被还原成碘酸，多元醇的末端羟基被氧化成甲醛，其余邻羟基被氧化成甲酸。由于氧化反应存在定量关系，可以通过测定反应产物的量来测定多元醇的含量。

【试剂仪器准备】

（一）试剂

（1）高碘酸钾（20g/L）。

（2）硫酸。

（3）碘化钾。

（4）硫代硫酸钠（0.1mol/L）。

（5）$Na_2S_2O_3$标准溶液：将248.18g $Na_2S_2O_3 \cdot 5H_2O$溶于适量水中，稀释至1L。

（6）淀粉指示液（0.5%）。

（二）仪器

恒温水浴锅。

【样品测定】

（一）样品的制备

称取试样1g（精确至0.0001g），加水溶解于500ml容量瓶中，并稀释至刻度，备用。

（二）高碘酸氧化

取上述溶液10ml，加高碘酸钾5ml，加硫酸1ml，在水浴上加热15分钟，冷却后，加碘化钾2.5g，充分混合后置冷暗处5分钟。

（三）滴定

反应后溶液用硫代硫酸钠标准液滴定，接近终点时，加淀粉指示剂5ml，继续滴定至溶液蓝色消失。同时做空白试验。

【结果计算与数据处理】

山梨糖醇的质量分数按式5-9计算。

$$X = \frac{(V_0 - V) \cdot c \times 0.01822}{m \times \dfrac{10}{500} \times 0.1} \times 100\% \qquad (5-9)$$

式中：X为山梨糖醇的含量,%；V_0为空白试验所消耗硫代硫酸钠标准溶液的体积，ml；V为试样所消耗硫代硫酸钠标准溶液的体积，ml；c为$Na_2S_2O_3$标准溶液的浓度，mol/L；m为试样的质量，g；0.01822为1ml硫代硫酸钠溶液（0.1 mol/L）相当于山梨糖醇的质量，g/ml；0.1为$Na_2S_2O_3$标准溶液的浓度修正系数，mol/L。

任务二　牛磺酸的测定

牛磺酸是一种具有广泛生理功能的含硫β-氨基酸，以游离形式存在于动物的各种组织中，植物很少含有牛磺酸。牛磺酸具有保肝利胆、降低血压、抗惊厥、抗心律失常、调节渗透压、预防心脑血管疾病、调节内分泌、抑制血糖升高、提高免疫力等生理作用，尤其是对婴幼儿神经系统的发育以及促进对钙、脂肪的吸收具有十分重要的作用。

牛磺酸为游离氨基酸，易溶于水、乙醇，难溶于乙醚。食品中的牛磺酸根据我国

GB 5009.169—2016《食品安全国家标准 食品中牛磺酸的测定》予以检测。

实训八 邻苯二甲醛（OPA）柱后衍生高效液相色谱法测定 食品中的牛磺酸

【测定原理】

试样用水溶解，用偏磷酸沉淀蛋白，经超声波震荡提取、离心、微孔膜过滤后，通过钠离子色谱柱分离，与邻苯二甲醛（OPA）衍生反应，用荧光检测器进行检测，外标法定量。

【适用范围】

适用于婴幼儿配方食品、乳粉、豆粉、豆浆、含乳饮料、特殊用途饮料、风味饮料、固体饮料、果冻中牛磺酸的测定。当取样量为 10.00g 时，方法检出限为：0.2mg/100g；定量限为 0.5mg/100g。

【试剂仪器准备】

（一）试剂

（1）偏磷酸。

（2）柠檬酸三钠。

（3）苯酚。

（4）硝酸。

（5）甲醇：色谱纯。

（6）硼酸。

（7）氢氧化钾。

（8）邻苯二甲醛（OPA）。

（9）2-巯基乙醇。

（10）聚氧乙烯月桂酸醚。

（11）亚铁氰化钾。

（12）乙酸锌。

（13）淀粉酶：活力≥1.5U/mg。

（14）偏磷酸溶液（30g/L）：称取 30.0g 偏磷酸，用水溶解并定容至 1000ml。

（15）柠檬酸三钠溶液：称取 19.6g 柠檬酸三钠，加 950ml 水溶解，加入 1ml 苯酚，用硝酸调 pH 至 3.10~3.25，经 0.45μm 微孔滤膜过滤。

（16）柱后荧光衍生溶液（邻苯二甲醛溶液）。

硼酸钾溶液（0.5mol/L）：称取 30.9g 硼酸，26.3g 氢氧化钾，用水溶解并定容至 1000ml。邻苯二甲醛衍生溶液：称取 0.60g 邻苯二甲醛，用 10ml 甲醇溶解后，加入 0.5ml 2-巯基乙醇和 0.35g 聚氧乙烯月桂酸醚，用 0.5mol/L 硼酸钾溶液定容至 1000ml，经 0.45μm 微孔滤膜过滤。临用前现配。

（17）沉淀剂。

沉淀剂 I：称取 15.0g 亚铁氰化钾，用水溶解并定容至 100ml。该沉淀剂在室温下 3 个月内稳定。

沉淀剂 II：称取 30.0g 乙酸锌，用水溶解并定容至 100ml。该沉淀剂在室温下 3 个月内保持稳定。

（二）仪器

（1）液相色谱仪：带有荧光检测器。

（2）反应器。

（3）光衍生溶剂输液泵。

（4）超声波振荡器。

（5）pH 计：精度 0.01。

（6）离心机：不低于 5000r/min。

（7）微孔滤膜：0.45μm。

（8）天平：感量 0.0001g。

【样品测定】

（一）标准溶液配制

牛磺酸标准贮备溶液（1mg/ml）：准确称取 0.1000g 牛磺酸标准品，用水溶解并定容至 100ml。

牛磺酸标准工作液将牛磺酸标准贮备溶液用水稀释制备一系列标准溶液，标准系列浓度为：0、5.0、10.0、15.0、20.0、25.0μg/ml，临用前现配。

（二）样品的处理

1. 固体试样 准确称取固体试样 1~5g（精确至 0.01g）于锥形瓶中，加入 40℃左右温水 20ml，摇匀使试样溶解，放入超声波振荡器中超声提取 10 分钟。再加 50ml 偏磷酸溶液，充分摇匀。放入超声波振荡器中超声提取 10~15 分钟，取出冷却至室温后，移入 100ml 容量瓶中，用水定容至刻度并摇匀；样液在 5000r/min 条件下离心 10 分钟，取上清液经 0.45μm 微孔膜过滤，接取中间滤液以备进样。

2. 谷类制品 称取试样 5g（精确至 0.01g）于锥形瓶中，加入 40℃左右温水 40ml。加入淀粉酶（酶活力≥1.5U/mg）0.5g，混匀后向锥形瓶中充入氮气，盖上瓶塞，置 50~60℃培养箱中 30 分钟，取出冷却至室温，再加 50ml 偏磷酸溶液，充分摇匀，放入超声波振荡器中超声提取 10~15 分钟，取出冷却至室温后，移入 100ml 容量瓶中，用水定容至刻度并摇匀；样液在 5000r/min 条件下离心 10 分钟，取上清液经 0.45μm 微孔膜过滤，接取中间滤液以备进样。

3. 液体试样 准确称取试样（乳饮料除外）5~30g（精确至 0.01g）于锥形瓶中，加入 50ml 偏磷酸溶液，充分摇匀。放入超声波振荡器中超声提取 10~15 分钟，取出冷却至室温后，移入 100ml 容量瓶中，用水定容至刻度并摇匀；样液在 5000r/min 条件下离心 10 分钟，取上清液经 0.45μm 微孔膜过滤，接取中间滤液以备进样。

4. 牛磺酸含量高的饮料类 先用水稀释到适当浓度，最后一步稀释时，加入 50ml 偏磷酸溶液充分摇匀。放入超声波振荡器中超声提取 10~15 分钟，取出冷却至室温后，移入 100ml 容量瓶中，用水定容至刻度并摇匀；样液在 5000r/min 条件下离心 10 分钟，取上清液经 0.45μm 微孔膜过滤，接取中间滤液以备进样。

5. 果冻类试样 称取试样 5g（精确至 0.01g）于锥形瓶中，加入 20ml 水，50℃~60℃水浴 20 分钟使之溶解，冷却后，加入 50ml 偏磷酸溶液充分摇匀。放入超声波振荡器中超声提取 10~15 分钟，取出冷却至室温后，移入 100ml 容量瓶中，用水定容至刻度并摇匀；样液在 5000r/min 条件下离心 10 分钟，取上清液经 0.45μm 微孔膜过滤，接取中间滤液以备进样。

6. 乳饮料试样 称取试样 5~30g（精确至 0.01g）于锥形瓶中，加入 40℃ 左右温水 30ml，充分混匀，置超声波振荡器上超声提取 10 分钟。冷却到室温。加 1.0ml 沉淀剂 I，涡旋混合，1.0ml 沉淀剂 II，涡旋混合。转入 100ml 容量瓶中用水定容至刻度，充分混匀，样液于 5000r/min 下离心 10 分钟，取上清液经 0.45μm 微孔膜过滤，接取中间滤液以备进样。

（三）色谱条件

色谱柱：钠离子氨基酸分析专用柱（25cm×4.6mm）或相当者。流动相：柠檬酸三钠溶液；流动相流速：0.4ml/min；荧光衍生溶剂流速：0.3ml/min；柱温：55℃。检测波长：激发波长：338nm；发射波长：425nm；进样量：20μl。

（四）标准曲线的绘制

将标准系列溶液分别注入高效液相色谱仪中，测定相应的色谱峰高或峰面积。以标准工作液的浓度为横坐标，以响应值（峰面积或峰高）为纵坐标，绘制标准曲线。

（五）试样溶液的测定

将试样溶液注入高效液相色谱仪中，得到色谱峰高或峰面积，根据标准曲线得到待测液中牛磺酸的浓度。

【结果计算与数据处理】

试样中牛磺酸含量按式 5-10 计算。

$$X = \frac{c \cdot V}{m \times 1000} \times 100 \qquad (5-10)$$

式中：X 为试样中牛磺酸的含量，mg/100g；c 为试样测定液中牛磺酸的浓度，μg/ml；V 为试样定容体积，ml；m 为试样质量，g。

计算结果以重复性条件下获得的两次独立测定结果的算术平均值表示，结果保留三位有效数字。在重复性条件下获得的两次独立测定结果的绝对差值不得超过算术平均值的 10%。

任务三　芦丁的测定

芦丁又名芸香苷、紫槲皮苷，是一种来源很广的黄酮类化合物。芦丁主要存在于豆科植物槐的花蕾（槐米）和果实（槐角）、芸香科植物芸香全草、金丝桃科植物红旱莲全草及蓼科植物荞麦的籽苗中。芦丁及其衍生物具有广泛的药理活性，临床上主要用于防治脑出血、高血压、视网膜出血、紫癜和急性出血性肾炎，其治疗慢性支气管炎总有效率为 84.4%。芦丁根据国际商务标准 SW/T 3—2015《植物提取物　芦丁》的方法进行测定。

实训九　反相高效液相色谱法测定芦丁

【测定原理】

用反相高效液相色谱法，选用 C_{18} 柱，以四氢呋喃-磷酸二氢钠-磷酸为流动相，于 280nm 波长处检测。

【试剂仪器准备】

（一）试剂

（1）甲醇：色谱纯。

（2）磷酸二氢钠（分析纯）：15.6g/L 溶液。

（3）四氢呋喃：色谱纯。

（4）磷酸：色谱纯。

（5）重蒸馏水。

（6）芦丁化学对照品。

（7）流动相 A：将 5 倍体积的四氢呋喃（色谱纯）与 95 倍体积的 15.6g/L 的磷酸二氢钠溶液混合，用磷酸（色谱纯）调 pH 至 3.0。

（8）流动相 B：将 40 倍体积的四氢呋喃（色谱纯）与 60 倍体积的 15.6g/L 的磷酸二氢钠溶液混合，用磷酸（色谱纯）调 pH 至 3.0。

（二）仪器

（1）分析天平：感量为 0.00001g。

（2）色谱柱：辛烷基硅烷键合硅胶为填充剂。

（3）高效液相色谱仪：UV 检测器。

【样品测定】

（一）对照品溶液配制

对照品溶液 a：精密称定芦丁化学对照品约 10mg，置 10ml 量瓶中，加甲醇适量溶解并稀释至刻度，摇匀。

对照品溶液 b：精密量取对照品溶液 a 1.0ml，置 50ml 量瓶中，用流动相 B 稀释至刻度，摇匀。相当于芦丁含量 0.02 mg/ml。

（二）样品溶液制备

取样品约 0.10g，精密称定，加甲醇 20ml 溶解，并用流动相 B 稀释至 100ml，摇匀。

（三）色谱条件

色谱柱：辛烷基硅烷键合硅胶（5μm）为填充剂，长 0.25m，直径 4.6mm；柱温：30℃；流速：1.0ml/min；检测波长：280nm；进样量：20μl；柱温：30℃；流动相 A 和流动相 B 按表 5-1 进行梯度运行。

表 5-1　流动相 A 和流动相 B 梯度运行

时间（分钟）	流动相 A（体积百分比）	流动相 B（体积百分比）
0～10	50→0	50→100
10～15	0	100
15～16	0→50	100→50
16～20	50	50

（四）检测方法

按以上色谱条件，按照试剂空白、对照品溶液 b、供试品溶液的顺序依次进样，记录色谱图。

（五）定量方法

参考芦丁对照品的色谱图确定相关物质的色谱出峰顺序和保留时间，相关物质与芦丁对照品相比的相对保留时间分别为：莰非醇-3-芸香糖苷约为1.1，异槲皮素约为1.2，槲皮素约为2.5。

【结果计算与数据处理】

样品中芦丁的含量按式5-11计算。

$$X = \frac{A \cdot f \cdot m_1 \times 1000}{A_1 \cdot m} \tag{5-11}$$

式中：X为样品中芦丁的含量，g/kg；A为样品峰面积；m_1为标准品的质量，mg；f为校正因子；A_1为标准物峰面积；m为样品质量，mg。

校正因子：在计算含量时，下列相关物质（杂质）的峰面积分别乘以相应的校正因子：异槲皮素校正因子$f_A = 0.8$，莰非醇-3-芸香糖苷校正因子$f_B = 1.0$，槲皮素校正因子$f_C = 0.5$。莰非醇3-芸香糖苷限量（2.0%）计算：相应峰面积不超过对照品溶液b谱图中芦丁的峰面积。异槲皮素限量（2.0%）计算：相应峰面积不超过对照品溶液b谱图中芦丁的峰面积。槲皮素限量（2.0%）计算：相应峰面积不超过对照品溶液b谱图中芦丁的峰面积。杂质总量限量（4.0%）计算：供试品溶液色谱图中，除芦丁峰和溶剂峰之外的所有杂质峰面积之和不超过对照品溶液b谱图中芦丁峰面积的两倍。

忽略限（0.1%）：供试品溶液色谱图中，杂质峰面积小于或等于对照品溶液b谱图中芦丁峰面积的0.05倍时，可忽略不计。

任务四　生物抗氧化剂类物质的测定

生物抗氧化剂是从植物中提取的天然、高效、低度的抗氧化剂。食品中常见的生物抗氧化剂类物质如茶多酚、儿茶素和黄酮类化合物等，具有一定的抗氧化、抗辐射和抗肿瘤等生物活性。

茶多酚又名茶单宁、茶鞣质，是茶叶中所含的一类多羟基酚类化合物的总称。其主要成分为儿茶素类（黄烷醇类）、黄酮、黄酮醇类、花青素类、酚酸、缩酚酸类及聚合酚类等。

儿茶素是广泛存在于茶叶和儿茶药材等植物体中的一类天然化合物。儿茶素类化合物为茶多酚的主体成分，占茶多酚总量的65%～80%。它主要包括的单体化合物有儿茶素（C）、表儿茶素（EC）、没食子儿茶素（GC）、儿茶素没食子酸酯（CG）、表没食子儿茶素（EGC）、表儿茶素没食子酸酯（ECG）、没食子儿茶素没食子酸酯（GCG）和表没食子儿茶素没食子酸酯（EGCG）。

黄酮类化合物指具有色酮环与苯环基本结构的一类化合物的总称。黄酮类化合物可以分为黄酮类、黄酮醇类、异黄酮类、黄烷酮类等。

生物抗氧化剂类物质的分析方法较多，有薄层色谱法、分光光度法、气相色谱法及高效液相色谱法等（GB/T 8313—2008《茶叶中茶多酚和儿茶素类含量的测定方法》）。

实训十　分光光度法测定茶叶中的茶多酚

【测定原理】

茶叶磨碎样中的茶多酚用70%的甲醇溶液在70℃水浴上提取，福林酚试剂氧化茶多酚-OH 基团并显蓝色，最大吸收波长为 765nm，用没食子酸作校正标准定量茶多酚。

【试剂仪器准备】

（一）试剂

（1）乙腈：色谱纯。

（2）甲醇。

（3）碳酸钠（Na_2CO_3）。

（4）甲醇水溶液：体积比为 70:30。

（5）福林酚（Folin-Ciocalteu）试剂。

（6）10% 福林酚（Folin-Ciocalteu）试剂（现配）：将 20ml 福林酚试剂转移入 200ml 容量瓶中，用水定容并摇匀。

（7）Na_2CO_3（7.5%）：称取 37.50g±0.01g Na_2CO_3，加适量水溶解，转移至 200ml 容量瓶中，定容至刻度，摇匀（室温下可保存 1 个月）。

（8）没食子酸标准贮备溶液（1000μg/ml）：称取 0.110g±0.001g 没食子酸（GA），于 100ml 容量瓶中溶解并定容至刻度，摇匀（现配）。

（9）没食子酸工作液：用移液管分别移取 1.0、2.0、3.0、4.0、5.0ml 的没食子酸标准贮备溶液于 100ml 容量瓶中，分别用水定容至刻度，摇匀，浓度分别为 10、20、30、40、50μg/ml。

（二）仪器

（1）分析天平：感量 0.001g。

（2）水浴：70℃±1℃。

（3）离心机：转速 3500r/min。

（4）分光光度计。

【样品测定】

（一）供试液的制备

1. 母液 称取 0.2g（精确到 0.0001g）均匀磨碎的试样于 10ml 离心管中，加入在 70℃ 中预热过的 70% 甲醇溶液 5ml，用玻璃棒充分搅拌均匀湿润，立即移入 70℃ 水浴中，浸提 10 分钟（隔 5 分钟搅拌一次），浸提后冷却至室温，移入离心机在 3500r/min 转速下离心 10 分钟，将上清液转移至 10ml 容量瓶。残渣再用 5ml 的 70% 甲醇溶液提取一次，重复以上操作。合并提取液定容至 10ml，摇匀，过 0.45μm 膜，待用（该提取液在 4℃ 条件下可至多保存 24 小时）。

2. 测试液 移取母液 1.0ml 于 100ml 容量瓶中，用水定容至刻度，摇匀，待测。

（二）测定

用移液管分别移取没食子酸工作液、水（作空白对照用）及测试液各 1.0ml 于刻度试管内，在每个试管内分别加入 5.0ml 的福林酚试剂，摇匀。反应 3~8 分钟内，加入 4.0ml 7.5% Na_2CO_3 溶液，加水定容至刻度、摇匀。室温下放置 60 分钟。用 10mm 比色皿，在 765nm 波长条件下用分光光度计测定吸光度（A）。根据没食子酸工作液的吸光度（A）与各工作溶液的没食子酸浓度，制作标准曲线。

【结果计算与数据处理】

比较试样和标准工作液的吸光度，按式 5-12 计算。

$$茶多酚含量(\%)=\frac{A \cdot V \cdot d}{SLOPE_{std} \cdot m \times 10^6 \times m_1}\times 100\% \tag{5-12}$$

式中：A 为样品测试液吸光度；V 为样品提取液体积，10ml；d 为稀释因子（通常为

1ml 稀释成 100ml，则其稀释因子为 100）；$SLOPE_{std}$ 为没食子酸标准曲线的斜率；m 为样品干物质含量，%；m_1 为样品质量，g。

同一样品的两次测定值，每 100g 试样不得超过 0.5g，若测定值相对误差在此范围，则取两次测定值的算术平均值为结果，保留小数点后一位。

【技术提示】

样品吸光度应在没食子酸标准工作曲线的校准范围内，若样品吸光度高于 50μg/ml 浓度的没食子酸标准工作溶液的吸光度，则应重新配制高浓度没食子酸标准工作液进行校准。

实训十一　高效液相色谱法测定茶叶中的儿茶素类

【测定原理】

茶叶磨碎样中的儿茶素类用 70% 的甲醇溶液在 70℃ 水浴上提取，C_{18} 柱，检测波长 278nm，梯度洗脱，高效液相色谱仪分析。用儿茶素类标准物质外标法直接定量，也可用儿茶素类与咖啡碱的相对校正因子 RRF_{std}（ISO 国际环视结果）（表 5-2）来定量。

【试剂仪器准备】

（一）试剂

用水均为重蒸馏水，除特殊规定外，所用试剂为分析纯。

（1）乙腈：色谱纯。

（2）甲醇。

（3）乙酸。

（4）甲醇水溶液：体积比为 70:30。

（5）乙二胺四乙酸（EDTA）溶液：10mg/ml（现配）。

（6）抗坏血酸溶液：10mg/ml（现配）。

（7）稳定溶液：分别将 25ml EDTA 溶液、25ml 抗坏血酸溶液、50ml 乙腈加入 500ml 容量瓶中，用水定容至刻度，摇匀。

（8）流动相。

流动相 A：分别将 90ml 乙腈、20ml 乙酸、2ml EDTA 加入 1000ml 容量瓶中，用水定容至刻度，摇匀。溶液需过 0.45μm 膜。

流动相 B：分别将 800ml 乙腈、20ml 乙酸，2ml EDTA 加入 1000ml 容量瓶中，用水定容至刻度，摇匀。溶液需过 0.45μm 膜。

（9）标准贮备液。

咖啡碱贮备溶液：2.00mg/ml。

没食子酸（GA）贮备溶液：0.100mg/ml。

儿茶素类贮备溶液：+C 1.00mg/ml，+EC 1.00mg/ml，+EGC 2.00mg/ml，+EGCG 2.00mg/ml，+ECG 2.00mg/ml。

（10）标准工作溶液：用稳定溶液配制。

标准工作溶液的浓度：没食子酸 5μg/ml～25μg/ml、咖啡碱 50μg/ml～150μg/ml、+C 50μg/ml～150μg/ml、+EC 50μg/ml～150μg/ml，+EGC 100μg/ml～300μg/ml，+EGCG 100μg/ml～400μg/ml，+ECG 50μg/ml～200μg/ml。

（二）仪器

（1）分析天平：感量 0.0001g。

（2）水浴：70℃±1℃。

（3）离心机：转速 3500r/min。

（4）混匀器。

（5）高效液相色谱仪（HPLC）：包含梯度洗脱及检测器（检测波长 278nm）。

（6）数据处理系统。

（7）液相色谱柱：C_{18}（粒径 5μm，250mm×4.6mm）。

【样品测定】

（一）供试液的制备

1. 母液　称取 0.2g（精确到 0.0001g）均匀磨碎的试样于 10ml 离心管中，加入在 70℃ 中预热过的 70% 甲醇溶液 5ml，用玻璃棒充分搅拌均匀湿润，立即移入 70℃ 水浴中，浸提 10 分钟（隔 5 分钟搅拌一次），浸提后冷却至室温，移入离心机在 3500r/min 转速下离心 10 分钟，将上清液转移至 10ml 容量瓶。残渣再用 5ml 的 70% 甲醇溶液提取一次，重复以上操作。合并提取液定容至 10ml，摇匀，过 0.45μm 膜，待用（该提取液在 4℃ 下条件可至多保存 24 小时）。

2. 测试液　用移液管移取母液 2ml 至 10ml 容量瓶中，用稳定溶液定容至刻度，摇匀，过 0.45μm 膜，待测。

（二）色谱条件

流动相转速：1ml/min；柱温：35℃；紫外检测器：λ=278nm。梯度条件：100% A 相保持 10 分钟；15 分钟内由 100% A 相变为 68% A 相、32% B 相；68% A 相、32% B 相保持 10 分钟；100% A 相。

（三）测定

待流速和柱温稳定后，进行空白运行。准确吸取 10μl 混合标准系列工作液注射入高效液相色谱仪。在相同的色谱条件下注射 10μl 测试液。测试液以峰面积定量。

【结果计算与数据处理】

（一）以儿茶素类标准物质定量

按式 5-13 计算。

$$儿茶素含量（\%）=\frac{A \cdot f_{std} \cdot V \cdot d}{m_1 \times 10^6 \times m} \times 100\% \qquad (5-13)$$

式中：A 为所测样品中被测成分的峰面积；f_{std} 为所测成分的校正因子（浓度/峰面积，浓度单位 μg/ml）；V 为样提取液的体积，ml；d 为稀释因子（通常为 2ml 稀释成 10ml，则其稀释因子为 5）；m_1 为样品称取量，g；m 为样品的干物质含量，%。

（二）以咖啡碱标准物质定量

按式 5-14 计算。

$$儿茶素含量（\%）=\frac{A \cdot RRF_{std} \cdot V \cdot d}{S_{caf} \cdot m_1 \times 10^6 \times m} \times 100\% \qquad (5-14)$$

式中：RRF_{std} 为所测成分相对于咖啡碱的校正因子（表 5-2）；S_{caf} 为咖啡碱标准曲线的斜率，峰面积/浓度，浓度单位 μg/ml。

表 5-2　儿茶素类相对咖啡碱的校正因子表

名称	GA	+EGC	+C	+EC	+EGCG	+ECG
RRF_{std}	0.84	11.24	3.58	3.67	1.72	1.42

（三）儿茶素类总量计算

按式 5-15 计算。

$$儿茶素类总量（\%）= EGC 含量 + C 含量 + EC 含量 + EGCG 含量 + ECG 含量 \qquad （5-15）$$

同一样品儿茶素类总量的两次测定值相对误差应不大于 10%，若测定值相对误差在此范围，则取两次测得值的算术平均值为结果，保留小数点后两位。

实训十二　高效液相色谱法测定黄酮类化合物

【测定原理】

含有黄酮类化合物的样品经有机溶剂回流提取后，直接注入色谱柱，按其碳原子数由少到多从柱中流出，经紫外检测器测定并与标准比较进行定性、定量。

【试剂仪器准备】

（一）试剂

（1）甲醇。

（2）磷酸。

（3）黄酮标准溶液（包括芦丁、橘皮苷、牡荆鼠糖苷、金丝桃苷、槲皮素等）称取一定量的标准品溶于甲醇中，配制成浓度为 0.1mg/ml 的标准溶液。

（二）仪器

（1）高效液相色谱仪：配有紫外检测器。

（2）磁力加热搅拌器。

【样品测定】

（一）色谱条件

色谱柱：C_{18} 柱，3.9mm × 300mm；柱温：室温；流动相：60% 甲醇，用磷酸调节 pH 3~4；流速：1.2ml/min；检测器：紫外检测器，检测波长 254nm；灵敏度：0.1AUFS；进样量：10μl。

（二）标准曲线的绘制

准确吸取黄酮标准溶液 0、1.0、2.0、3.0、4.0、5.0ml，分别置于 10ml 容量瓶中，用超纯水稀释至刻度，混匀。分别取 10μl 注入高效液相色谱仪中分离测定，以峰面积对浓度绘制标准曲线，建立回归方程。

（三）样品的处理和测定

根据被测样品黄酮类化合物的含量，称取 10~20g 样品于研钵中研磨呈浆状，用 100~150ml 甲醇转移入三角瓶中，接上冷凝管于磁力加热搅拌器上加热回流 1 小时（加热温度以甲醇沸腾为准），冷却至室温后定容至 250ml，用滤纸过滤。因黄酮类化合物是略带黄色的水溶性物质，所以回流后若溶液呈黄色，证明含量分析合适；若色浅或无色，则需要定容后取一定量进行浓缩。最后经 0.45μm 微孔滤膜过滤，用于色谱分析。

【结果计算】

样品中黄酮类化合物的含量按式 5-16 计算。

$$X = \frac{V \cdot c}{m} \qquad （5-16）$$

式中：X 为样品中黄酮类化合物的含量，μg/g；V 为样品提取液的体积，ml；c 为测定液中黄酮类化合物的浓度（从标准曲线上查得），μg/ml；m 为样品质量，g。

【技术提示】

黄酮类化合物对热、氧、适中酸度相对稳定，但遇光迅速破坏，故在实验操作时应避免强光直射或在半暗室中进行。

实训十三　分光光度法测定黄酮类化合物

【测定原理】

黄酮类化合物中的 3-羟基、4-羟基或 5-羟基、4-羰基或邻位酚羟基，与铝盐进行络合反应，在碱性条件下生成红色的络合物。此络合物在 510nm 波长处有最大吸收，可不经分离用分光光度法直接测定样品液中总黄酮的含量。该法中总黄酮的最低检测限为 3.5μg/ml。

【试剂仪器准备】

（一）试剂

（1）二氢槲皮素标准品。

（2）乙醇：30%乙醇，70%乙醇。

（3）5%亚硝酸钠。

（4）10%硝酸铝溶液。

（5）4%氢氧化钠溶液。

（二）仪器

分光光度计。

【样品测定】

（一）标准曲线的绘制

准确称取二氢槲皮素（120℃干燥至恒重）3.73mg，置于 50ml 容量瓶中，用 30%乙醇溶解并稀释至刻度。精密吸取上述对照液 0、1、2、3、4、5ml，分别置于 10ml 容量瓶中，然后加 5%亚硝酸钠溶液 0.3ml，摇匀，放置 6 分钟；加 10%硝酸铝溶液 0.3ml，摇匀，放置 6 分钟；再加 4%氢氧化钠溶液 4ml，用 30%乙醇稀释至 10ml。以 0 管溶液为空白，在 510nm 波长处测吸光度。

（二）样品的处理和测定

1. 冷浸法　精密称取约 2g（视样品中黄酮类化合物的含量而定）样品 4 份，分别用 75%乙醇 100ml 冷浸不同时间，过滤，残渣用乙醇洗涤，合并滤液和洗液，回收乙醇至干。用 30%乙醇溶解并配制成适当浓度，然后加 5%亚硝酸钠溶液 0.3ml，摇匀，放置 6 分钟；加 10%硝酸铝溶液 0.3ml，摇匀，放置 6 分钟；再加 4%氢氧化钠溶液 4ml，用 30%乙醇稀释至 10ml。在 510nm 波长处测吸光度。

2. 热提法　精密称取 30g（视样品中黄酮类化合物的含量而定）样品 4 份，分别置于索氏提取器中，用 75%乙醇 50ml 回流不同时间，提取液回收乙醇至干。以下操作同冷浸法。

【结果计算】

用标准曲线法定量测定样品中黄酮类化合物的含量。二氢槲皮素的含量按式 5-17 计算。

$$X = \frac{m_0}{m_s} \times 100\% \tag{5-17}$$

式中：X 为二氢槲皮素的含量,%；m_0 为供试品中二氢槲皮素的质量，g；m_s 为供试品的质量，g。

【技术提示】

（1）用二氢槲皮素为标准品，硝酸铝–亚硝酸钠作显色剂，可不经分离直接测定样品中总黄酮的含量。

（2）显色后样品的吸收值在 10 分钟内是稳定的，测定应在显色后及时进行。

任务五　自由基清除剂 SOD 活性的测定

SOD，即超氧化物歧化酶，是生物体内重要的抗氧化酶，能消除生物体在新陈代谢过程中产生的有害物质，广泛分布于各种生物体内，如动物，植物，微生物等，是获批的具有抗衰老、免疫调节、调节血脂、抗辐射、美容功能的物质之一。按其所含金属辅基不同可分为三种，第一种是含铜（Cu）锌（Zn）金属辅基的称 Cu, Zn-SOD，最为常见的一种酶，呈绿色，主要存在于机体细胞浆中；第二种是含锰（Mn）金属辅基的称 Mn-SOD，呈紫色，存在于真核细胞的线粒体和原核细胞内；第三种是含铁（Fe）金属辅基的称 Fe-SOD，呈黄褐色，存在于原核细胞中。

超氧化物歧化酶（SOD）的催化底物是 O_2^-，一般多以一定时间内产物生成量或底物的消耗量作为酶活性单位。由于 O_2^- 自身很不稳定，且不易制备，测定 SOD 的方法除少数采用直接法外，一般多为间接法（一般化学法）。

1. 直接法　根据 O_2^- 或产生 O_2^- 的物质本身的性质测定 O_2^- 的歧化量，从而确定 SOD 的活性。经典的直接法包括：脉冲辐射分解法、电子顺磁共振波法（EPR）、核磁共振法。由于所需的仪器设备价格昂贵，一般较少应用。

2. 一般化学法　这些方法的共同特点是要有一个 O_2^- 的产生体系和一个被 O_2^- 还原或氧化的可检测体系。在 SOD 存在下，一部分 O_2^- 被 SOD 歧化，因而 O_2^- 还原或氧化检测体系的反应受到抑制。根据反应受抑制程度，测定 SOD 的活性。一般化学法有邻苯三酚自氧化法、细胞色素 C 还原法、羟胺法、黄嘌呤氧化酶–NBT 法、肾上腺素法、没食子酸法、6–羟多巴胺法、亚硝酸盐形成法和碱性二甲亚砜法。其中邻苯三酚自氧化法是国内广泛采用的方法之一。该法具有特异性强，所需样本量少（仅 50μl），操作快速简单，重复性好，灵敏度高，试剂简单等优点。

实训十四　邻苯三酚自氧化法测定 SOD 活性

【测定原理】

邻苯三酚在碱性条件下，能迅速自氧化，释放出带色的中间产物。在自氧化过程的初始阶段，黄色中间物的积累在滞后 30~45 秒后与时间呈线性关系。中间产物在 420nm 处有强烈的光吸收，在有 SOD 存在时由于它能催化 O_2^- 生成 O_2 与 H_2O_2，从而阻止了中间物的积累，通过计算可以求出 SOD 的活力。

【试剂仪器准备】

（一）试剂

（1）邻苯三酚。

（2）磷酸氢二钾（$K_2HPO_4 \cdot 3H_2O$）。

（3）磷酸二氢钾（KH_2PO_4）。

（4）盐酸（HCl）：分析纯。

（5）邻苯三酚溶液：用 1×10^{-2} mol/L HCl 将之配成浓度 5×10^{-2} mol/L 邻苯三酚溶液。

（6）K_2HPO_4 - KH_2PO_4 缓冲液（pH 8.3，5×10^{-2} mol/L）。

所用水为去离子水或同等纯度蒸馏水。

（二）仪器

（1）紫外分光光度计。

（2）pH 计。

【样品测定】

（一）酶液的制备

称取 5～10g 样品，加预先在冰箱中放置的 pH 8.3，5×10^{-2} mol/L K_2HPO_4 - KH_2PO_4 缓冲液，缓冲液的量为所用样品的 10 倍以上，在 4℃ 条件下或冰浴中研磨成匀浆，四层纱布过滤，滤液经 4000r/min 离心 20 分钟，取上清液用于酶活测定。

（二）邻苯三酚自氧化速率的测定

取 4.5ml pH 8.3，5×10^{-2} mol/L K_2HPO_4 - KH_2PO_4 缓冲液，在 25℃ 水浴中保温 15 分钟，加入 10μl 5×10^{-2} mol/L 邻苯三酚溶液，迅速摇匀（空白以 K_2HPO_4 - KH_2PO_4 缓冲液代替），倒入光径 1cm 的比色杯内，在 420nm 波长下于恒温池中每隔 30 秒测一次吸光度值。计算线形范围内每 1 分钟吸光度的增值，此即为邻苯三酚的自氧化速率，要求自氧化速率控制在 0.0700D/min 左右。

（三）酶活测定

测定方法与测邻苯三酚自氧化速率相同，在加入邻苯三酚之前，先加入待测 SOD 酶液，缓冲液减少相应体积。测定加酶后邻苯三酚自氧化速率。

【结果计算与数据处理】

样品酶活按式 5-18 计算。

$$样品酶活单位 = \frac{\dfrac{0.070 - A_{420nm/min} \times 100}{0.070}}{50\%} \times V \times n \qquad (5-18)$$

式中：$A_{420nm/min}$ 为酶样品在 420nm 处每分钟光密度变化值；V 为反应液体积，ml；n 为酶液稀释倍数；样品酶活单位为 SOD 酶活，U/g 干重或 U/g 鲜重或 U/g 蛋白。

【技术提示】

（1）控制好自氧化速率，保持测定环境一致。

（2）控制所测样品的浓度/添加量。

（3）测定时间的控制。

任务六　活性脂的测定

活性脂又称为功能性脂类，如磷脂、不饱和脂肪酸和胆固醇。活性脂与普通脂类类似，是机体的组成部分，能供给机体能量，还具有多种生物活性，对机体健康具有非常重要的作用。

磷脂是类脂的一种，它可分为卵磷脂、肌醇磷脂和脑磷脂等。磷脂易溶于乙醚、苯、三氯甲烷、正己烷等有机溶液，不溶于丙酮、水等极性溶剂。食品中磷脂含量的测定采用分光光度法。

实训十五　分光光度法测定食品中的磷脂

【测定原理】

样品中磷脂，经消化后定量生成磷，加钼酸铵反应生成钼蓝，其颜色深浅与磷含量（即磷脂含量）在一定范围内成正比，借此可定量磷脂。

【试剂仪器准备】

（一）试剂

（1）高氯酸（72%）。

（2）钼酸铵溶液（5%）。

（3）2,4-二氯酚溶液（72%）：取 0.5g 2,4-二氯酚盐酸盐溶于 72% 亚硫酸氢钠溶液 50ml 中，过滤，滤液备用，临用现配。

（4）磷酸盐标准溶液：取干燥的磷酸二氢钾（KH_2PO_4）溶于蒸馏水并稀释至 100ml，用时用水 100 倍稀释，配制成含磷 10μg/ml 溶液。

（5）苯。

（6）乙醚。

（7）三氯甲烷。

（8）丙酮。

（9）甲醇。

（二）仪器

分光光度计，消化装置等。

【样品测定】

（一）磷脂的提取

将试样粉碎，脱脂，再过柱（将活化的硅胶，按每分离 1g 样品用 8g 的比例，用正己烷混匀装柱），以苯-乙醚（9:1）、乙醚各 300ml，依次洗脱溶出中性脂。用 200ml 三氯甲烷、100ml 含 5% 丙酮的三氯甲烷洗脱，溶出糖质。再用 100ml 含 1% 甲醇的丙酮、400ml 甲醇洗脱，得磷脂，供分析用。

（二）消化

取含磷约 0.5~10μg 的磷脂置于硬质玻璃消化管中，挥发去溶剂，加 0.4ml 高氯酸加热至消化完全，若不够再补加 0.4ml 高氯酸继续消化至完全。

（三）测定

向消化好试管中加 4.2ml 蒸馏水，0.2ml 钼酸铵溶液，0.2ml 二氯酚溶液。试管口上盖一小烧杯，放在沸水浴中加热 7 分钟，冷却 15 分钟后，移入 1cm 比色皿中，于波长 630nm 处测定吸光度。同时用磷标准 0~14μg 制作工作曲线，求磷的含量。

【结果计算与数据处理】

试样中磷脂含量按公式 5-19、式 5-20 计算。

$$总磷(\%) = \frac{试样的总磷量(mg)}{试样的质量(mg)} \times 100 \qquad (5-19)$$

$$磷脂含量(\%) = 总磷(\%) \times 25\% \qquad (5-20)$$

说明：脂肪中磷脂占 24.6%，糖脂占 9.6%，中性脂占 65.8%。

【技术提示】

（1）整个实验中，避免待测组分遭受损失。

（2）不得引进干扰物质。

（3）注意高氯酸消化过程以及量的添加。

岗位对接

　　本项目是食品质量与安全、食品检测技术、食品营养与检测等专业学生掌握的内容，为食品的研究开发与检验打下坚实的基础。本项目对接食品检验工的资格考试和职业技能标准，按照《中华人民共和国食品安全法》、《食品安全国家标准》要求，食品生产经营企业应当加强食品检验工作，对原料检验、半成品检验、成品出厂检验等进行检验控制；食品生产企业可以自行对所生产的食品进行检验，也可以委托符合本法规定的食品检验机构进行检验。从事食品检验岗位的工作人员均应掌握以下相关的知识和技能要求。

　　1. 能正确测定各类食品中的活性寡糖、活性多糖、糖醇、牛磺酸、生物抗氧化剂、黄酮类化合物、自由基清除剂 SOD 活性、活性脂等成分的含量。

　　2. 会根据检验结果进行食品品质的判定。

　　3. 熟练使用紫外可见分光光度计、原子吸收分光光度计、气相色谱仪、高效液相色谱仪、荧光分光光度计等分析仪器。

　　4. 具有相关实验室安全知识和实验室管理能力。

重点小结

　　本项目主要介绍了食品中活性寡糖、活性多糖、糖醇、牛磺酸、生物抗氧化剂、黄酮类化合物、自由基清除剂 SOD 活性、活性脂等成分的检测方法。具体总结如下。

成分	项目	方法	依据标准
活性寡糖、活性多糖及糖醇	低聚果糖	高效液相色谱法	GB/T 23528—2009
	大豆低聚糖	高效液相色谱法	GB/T 22491—2008
	香菇多糖	高效液相色谱法	
	魔芋葡甘露聚糖	分光光度法	
	木糖醇等	气相色谱法 高效液相色谱法	GB 1886.234—2016
	山梨糖醇	滴定法	

续表

成分	项目	方法	依据标准
牛磺酸	牛磺酸	高效液相色谱法	GB 5009.169—2016
芦丁	芦丁	反相高效液相色谱法	SW/T3-2015
生物抗氧化剂	茶多酚	分光光度法	GB/T 8313—2008
	儿茶素	高效液相色谱法	GB/T 8313—2008
	黄酮类	高效液相色谱法、分光光度法	
自由基清除剂 SOD 活性	SOD 活性	邻苯三酚自氧化法	
活性脂	磷脂	分光光度法	

目标检测

一、填空题

1. 功能性食品可分为_____、_____、_____、_____、_____、_____、_____、_____、_____、_____、_____等 11 类。

2. 生物抗氧化剂类物质有_____、_____和_____。

二、简答题

1. 什么是食品的功能性成分?
2. 高效液相色谱法测定大豆低聚糖的基本步骤原理。
3. 高效液相色谱法测定大豆低聚糖的基本步骤原理。

(谭小蓉　张宝勇)

项目六

食品包装材料的检验

案例导入

案例：2005 年一月份，甘肃省定西县一家食品厂的薯片即将上市，然而，在质量检验
时发现产品中出现了一种奇怪的味道，并确定这些怪味来自残留在包装袋里的苯。

　　"苯"是国家规定的二类致癌物之一，国家标准中明确规定每平方米食品包装袋中
苯的残留量不得超过 3.0mg，而检测结果发现包装袋的含苯量竟达 9.7mg/m²，超标 3
倍左右。后查明是快速印刷让苯残留在包装袋上，造成了食品污染。

讨论：1. 常见的塑料包装材料存在的食品安全隐患有哪些？

　　　　2. 如何正确检测食品用塑料包装袋的质量？

　　根据中华人民共和国国家标准（GB/T 4122. 1—2008《包装术语　第 1 部分：基础》），
包装的定义为在流通过程中保护产品，方便储运、促进销售，按一定技术方法而采用的容
器、材料及辅助物等的总体名称。也指为了达到上述目的而采用容器、材料和辅助物的过
程中加一定技术方法的操作活动。

　　食品包装是指采用适当的包装材料、容器和包装技术，把食品包裹起来，以使食品在
贮藏和运输过程中保持其品质和原有的状态。在现代食品工业中，食品包装被称作是"特
殊食品添加剂"，是食品工业的最后一道工序。食品包装有盛放和保护食品的功能，在食品
运输，方便食品储存、使用以及宣传食品销售、提高食品价值中起重要作用，一定程度上，
它已经成为食品不可分割的重要组成部分。

　　用于食品的包装材料和容器在我国新的《中华人民共和国安全生产法》里指"包装、
盛放食品或者食品添加剂用的纸、竹、木、金属、搪瓷、陶瓷、塑料、橡胶、天然纤维、
化学纤维、玻璃等制品和直接接触食品或者食品添加剂的材料。"国家允许使用的食品容
器、包装材料主要有以下类别：塑料制品，陶瓷、搪瓷容器，铝、不锈钢、铁质容器，玻
璃容器，食品包装用纸，复合材料和辅助材料等。常见食品包装材料和容器分类见表 6-1
（GB/T 23509—2009）。

表 6-1　食品包装材料和容器分类

包装材料	包装容器分类
塑料膜、片	塑料周转箱、钙塑瓦楞箱、非复合塑料袋、复合塑料袋、塑料瓶、塑料杯、塑料盒、塑料罐、塑料桶、塑料盆、塑料碗、塑料筐、复合易拉罐
纸张、纸板	纸袋、纸箱、纸盒、纸碗、纸杯、纸罐、纸餐具、纸浆模塑制品
玻璃、陶瓷	瓶、罐、碗、盘、坛、缸
金属	铝、钢或马口铁等制成的金属罐、桶、盒等，铝箔压制的软管、软包装袋等
复合材料	以纸、塑料、铝箔等材料组合而成的复合材料制成的袋、包、桶、盒、杯等
其他	木、竹制成的箱、盒、桶等，搪瓷制成的罐、缸、盆、杯等，纤维材料制成的布袋、麻袋等
辅助材料	涂料、黏合剂、油墨、封闭器、填充物等

目前，我国食品包装行业面临的形势不容乐观，包装材料污染食品的事件层出不穷，如：盛装爆米花的纸筒荧光剂超标，金属厨具、餐具等镍、铬、镉、铅迁移量超标，陶瓷制品铅、镉迁移量超标，植物制品、纸制品微生物、二氧化硫超标等。

食品包装材料安全性的基本要求就是不能向食品释放有害物质，不与食品成分发生反应。但由于食品包装与食品直接接触，包装材料所含的一些成分可通过吸收、溶解、扩散等方式向食品发生转移，这一过程一般称为"迁移"。如塑料包装的聚合物单体和一些添加剂，在一定的介质环境和温度条件下会溶出，并转移到食品中，造成人体健康隐患。因此，我国相关法律法规对食品容器、包装材料提出了一些安全性的综合和单项检测指标，包括：重金属含量（以铅计）、总迁移量、高锰酸钾消耗量、脱色指标等，以及有机物单体残留物、裂解物（氯乙烯、苯乙烯、酚类、丁腈胶、甲醛）助剂、老化物等。

食品包装材料及容器的检验流程与食品检验流程相似，包括采样、分样、样品制备与处理、样品检测、结果分析和结果报告。

任务一　样品采集、制备与浸泡试验

一、样品的采样原则

依据 GB 5009.156—2016《食品安全国家标准 食品接触材料及制品迁移试验预处理方法通则》，采样要遵循随机的原则，采集合适的样品量并保证其具有代表性。所采样品应完整、无变形、规格一致。采样数量应能满足检验项目对试样量的需要，供检测与复测之用。同时，样品的采集和储存要避免样品受污染和变质，当样品含有挥发性物质时，应采用低温保存或密闭保存等方式。

二、样品的采样与制样方法

（一）组合材料及制品
应尽可能按接触食品的各材质材料的要求分别采样。

（二）无法直接测试的样品
迁移试验预处理应尽可能在样品原状态下进行。如因技术原因无法对样品进行直接测试，可将样品进行切割或按照实际加工条件制得符合测试要求的试样。切割时，应该避免对试样测试表面造成机械损伤，应尽可能将切割操作过程产生的试样温升降至最低。

（三）难以测量计算表面积的制品

对于形状不规则、容积较大或难以测量计算表面积的制品，采用其原材料（如板材）或取同批制品中有代表性制品裁剪一定面积板块作为试样。

（四）原材料与实际成型品有差异的制品

对于树脂或粒料、涂料、油墨和黏合剂等与实际成型品有明显差异的食品接触材料，按照实际加工条件制成成型品或片材进行迁移试验预处理。

三、样品的制备与浸泡试验

食品容器和包装材料的种类有很多，材料成分也比较复杂，一般是分析其有害成分向食品迁移的可能性及程度。因此，在实际工作中，常用浸泡试验来分析食品容器和包装材料的有害成分。所用的食品模拟物（浸泡液）有蒸馏水（代表中性食品）、4%乙（醋）酸（代表酸性食品）、10%~65%乙醇（代表含有酒精的食品）、正己烷（代表油脂食品）。浸泡后的溶液中的高锰酸钾消耗量（代表向食品中迁移的总有机物质的量）、总迁移量（代表向食品中迁移的不溶性物质的量）、甲醛、重金属（铅）等来分析某种食品容器或包装材料对食品的污染。

📝 实训一　食品接触材料及制品的迁移预处理试验

依据 GB 5009.156—2016《食品安全国家标准　食品接触材料及制品迁移试验预处理方法通则》进行检验。

【原理】

在一定的温度和时间内，将食品接触材料及制品浸泡在模拟食品性质的一些溶剂（食品模拟物）中，采用合适的方法准确测定试样中与食品模拟物接触的面积，用规定的方法检测分析模拟浸泡液中有害物质的量。

【适用范围】

本方法适用于塑料、陶瓷、搪瓷、铝、不锈钢、橡胶等为材质制成的食品接触材料及制品迁移试验预处理方法。

【样品测定】

（一）试样的准备

1. 空心制品的体积测定　空心制品指从制品口沿水平面至其内部最低水平面的深度大于 25mm 的制品，如碗、锅、瓶。

空心制品的面积为接触食品模拟物的面积总和，即接触食品模拟物的空心制品的底部和内侧面积之和。有规格的空心制品按其规格计算，无规格的空心制品，食品模拟物液面与空心制上边缘（溢出面）的距离不超过 1cm。需加热煮沸的空心制品加入食品模拟物的量应能保证加热煮沸时液体不会溢出，接触溶剂不得小于溶剂的 4/5。边缘有花彩者应浸过花面。

2. 扁平制品参考面积的测定　扁平制品指从制品口沿水平面至其内部最低水平面的深度小于 25mm 的制品，如盘，碟。

将扁平制品（一体的圆形口）反扣于纸上，沿制品边缘画下轮廓，记下此参考面积（S）。对于圆形的扁平制品可以量取其直径（D）含量按式 6-1 计算其参考面积。对于盛放食品模拟物时液面至上边缘的距离小于 1cm 的扁平制品，将制品反扣于纸上，沿制品边缘画下轮廓，轮廓面积即为制品单面面积。

制品单面面积按式 6-1 计算。

$$S = \left(\frac{D}{2} - l\right)^2 \pi \tag{6-1}$$

式中：S 为面积，cm^2；D 为直径，cm；l 为食品模拟物至制品边缘距离，cm；π 为圆周率，3.14。

3. 全浸没法中试样面积　全浸没试验时，试样厚度小于或等于 0.5mm 时，计算面积取试样的单面面积；试样厚度大于 0.5mm 并且小于或等于 2mm 时，计算面积取试样正反两面面积之和，即单面面积乘以 2；试样厚度大于 2mm 时，计算面积取试样正反两面面积及其侧面积之和。

4. 迁移测试池法中试样面积　试样面积以试样实际接触食品模拟物或其他化学溶剂的面积计算。

5. 部分特殊形状的制品面积测定方法举例

（1）筷（尾方头圆）：全部浸入模拟物。其面积为长方形面积加圆柱形面积之和。面积按式 6-2 计算。

$$S = A^2 + 4Ah_1 + \pi Dh_2 \tag{6-2}$$

式 6-2 中各字母意义见图 6-1。

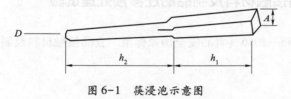

图 6-1　筷浸泡示意图

S 为面积，cm^2；A 为筷方头边长，cm；h_1 为筷方头部分长度，cm；D 为筷圆头直径，cm；h_2 为筷圆形部分长度，cm；π 为圆周率，3.14。

（2）奶瓶盖：全部浸入模拟物。其面积为环面积加圆周面积之和的 2 倍。面积按式 6-3 计算。

$$S = 2\left[\pi(r_1^2 - r_2^2) + 2\pi r_1 h\right] \tag{6-3}$$

式 6-3 中各字母意义见图 6-2。

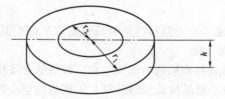

图 6-2　奶瓶盖浸泡示意图

S 为面积，cm^2；r_1 为奶瓶盖半径，cm；r_2 为内孔半径，cm；h 为奶瓶盖高度，cm；π 为圆周率，3.14。

（3）碗边缘：边缘有花饰者倒扣于模拟物，浸入 2cm 深。其面积为被浸泡的圆台侧面积的 2 倍。面积按式 6-4 计算。

$$S = \left[\pi l(r_1 + r_2)\right] \times 2 = 4\pi(r_1 + r_2) \tag{6-4}$$

式6-4中各字母意义见图6-3。

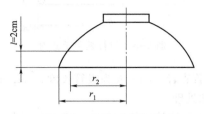

图6-3　碗浸泡示意图

S 为面积，cm^2；r_1 为碗口半径，cm；r_2 为碗浸入模拟物上层的半径，cm；l 为碗浸入模拟物的深度，cm；π 为圆周率，3.14。

（4）圆柱形杯口边缘：边缘有花饰者倒扣于模拟液，浸入2cm深。其面积为被浸泡的圆柱体面积的2倍。面积按式6-5计算。

$$S = 2\pi r \times 2 \times 2 = 8\pi r \tag{6-5}$$

式6-5中各字母意义见图6-4。

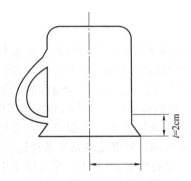

图6-4　圆柱形杯口边缘示意图

S 为面积，cm^2；r 为杯口半径，cm；l 为杯子高度，cm；π 为圆周率，3.14。

（5）汤勺：其面积为球冠面积。面积按式6-6计算。

$$S = \pi(r^2 + h^2) \tag{6-6}$$

全部浸入模拟物时乘以2。式6-6中各字母意义见图6-5。

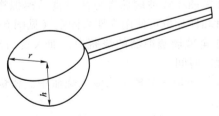

图6-5　汤勺示意图

S 为面积，cm^2；r 为汤勺半径，cm；h 为汤勺深度，cm；π 为圆周率，3.14。

（6）塑料饮料吸管：全部浸入模拟物。其面积为圆柱体侧面积的2倍。面积按式6-7计算。

$$S = \pi D h \times 2 \tag{6-7}$$

式6-7中各字母意义见图6-6。

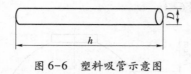

图 6-6　塑料吸管示意图

S 为面积，cm^2；D 为吸管直径，cm；h 为吸管长度，cm；π 为圆周率，3.14。

（二）样品的清洗和特殊处理

样品应按实际使用情形进行清洁。使用前无需清洗的试样（如一次性餐具）可用不脱绒毛布或软刷清除试样表面的异物。使用前有清洗或特殊处理要求的试样，按照标签或说明书上的要求进行清洗或处理后，用蒸馏水或去离子水冲 2~3 次，自然晾干，必要时可用洁净的滤纸将试样表面水分吸干净，但纸纤维不得存留试样表面。清洗或处理过的试样应防止污染，且不得用手直接接触试样表面，应用镊子夹持或戴棉质手套传递试样。

（三）浸泡液的制备

根据试验目的选用模拟食品的溶剂（水、4%乙酸、乙醇和正己烷），百分浓度的溶剂均指体积百分浓度（V/V）。

（四）浸泡方法

1. 灌装法

（1）一般方法将已达到试验温度的食品模拟物加入空心制品中。如果空心制品有指定的标准容量，可采用添加玻璃棒或玻璃珠等方法对食品模拟物的液位做细微调整。记录加入的食品模拟物体积，然后将试样置于已达到试验温度的恒温设备中，按规定的试验条件（温度、时间）进行迁移试验。塑料薄膜袋、复合包装袋等试样应取其预期接触食品的接触面作为测试面，将袋置于适当大小的烧杯中，在袋中加入适量已达到试验温度的食品模拟物，接触已计算面积的区域，并按该试样规定的试验条件进行迁移试验预处理。

（2）制袋法塑料膜（袋）、复合包装膜（袋）等也可采用制袋法，封合好后切开袋子的一角，其孔径便于注入食品模拟物，将试样袋放入大支架（图 6-7）中。将已达到试验温度的食品模拟物注入试样袋中，开口角热封或用夹子固定。

2. 全浸没法　在试验用容器中注入已达到试验温度的食品模拟物，将试样完全浸没在食品模拟物中，记录加入的食品模拟物体积，按规定的试验条件（温度、时间）进行迁移试验。为确保试样完全分开，可在每两片试样中间插入玻璃棒。可用添加玻璃棒和玻璃珠等方法压住易漂浮的试样（如薄膜等），使其完全浸入食品模拟物中。如试样无法完全浸入食品模拟物中，可采用添加玻璃棒或玻璃珠等方法对食品模拟物的液位做细微调整使试样表面完全浸入。薄膜、板材和样片也可使用支架来固定（见图 6-7、图 6-8）。

3. 回流法　将试样置于全玻璃蒸馏器的烧瓶中，加入食品模拟物 200ml，确保试样完全浸入。保持温和回流至规定时间。

4. 迁移测试池法　用量筒量取食品模拟物装入烧瓶中。将烧瓶及迁移测试池放入恒温设备中，使之达到试验温度。

另取面积大于迁移测试池密封区域的试样，装入从恒温设备中取出的迁移测试池中，重新装配迁移测试池，拧紧螺丝。将装有食品模拟物的烧瓶从恒温设备中取出，通过加注孔将食品模拟物从烧瓶转移至迁移测试池中，记录加入的食品模拟物体积。将迁移测试池放回已达到试验温度的恒温设备中。试验结束后，将迁移测试池从恒温设备取出，尽快恢复至室温，当食品模拟物为精制橄榄油或玉米油时，冷却后温度不得低于 10℃。迁移测试池结构见图 6-9~图 6-12。

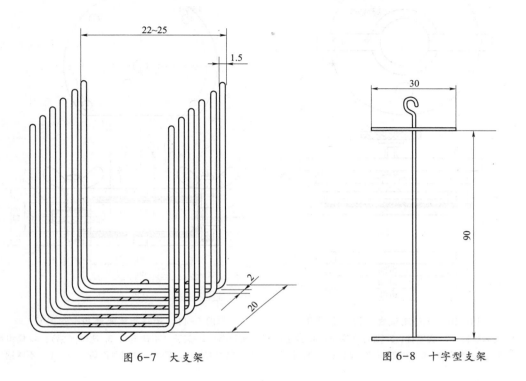

图 6-7　大支架

图 6-8　十字型支架

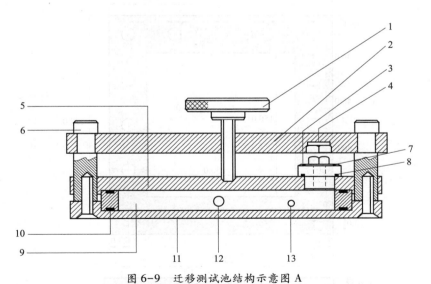

图 6-9　迁移测试池结构示意图 A

1. 夹紧螺钉；2. 夹板；3. 加注孔塞子；4. 隔膜；5. 项板；6. 夹紧柱（一对）；7. 密封垫片；

8. O 形密封圈；9. 迁移测试池密封圈；10. O 形圈（一对）；11. 基板；

12. 排液孔；13. 热电偶附件

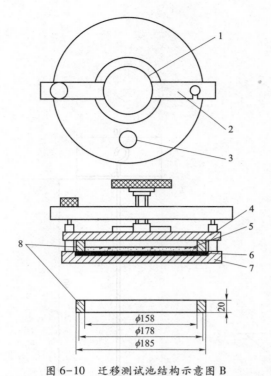

图 6-10 迁移测试池结构示意图 B

1. 夹紧螺钉；2. 夹紧柱；3. 加注孔塞子；4. 盖子；
5. 食品模拟物；6. 橡胶垫；7. 基板；8. 密封

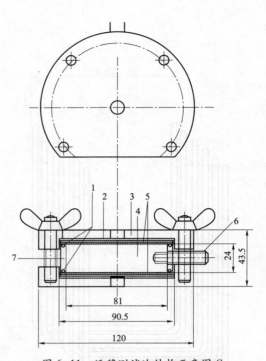

图 6-11 迁移测试池结构示意图 C

1. 密封圈；2. 盖子（不锈钢）；3. 池体（铝）；4. 模拟物；
5. 试验样品；6. 塞子（聚四氟乙烯）；7. 环（不锈钢）

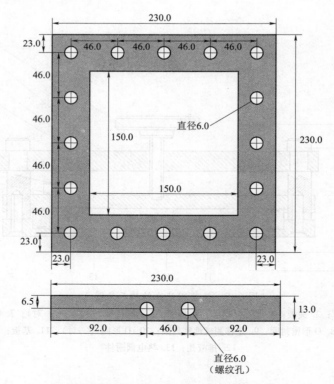

图 6-12 迁移测试池结构示意图 D

5. 常见食品 材料及制品迁移试验项目及浸泡条件见表 6-2～表 6-4。

表 6-2　塑料制品浸泡试验项目及试验条件

名称	检验项目	实验条件		
		溶剂	温度	时间（小时）
聚乙烯（PE）、聚苯乙烯（PS）、聚丙烯（PP）、三聚氰胺（MA）、不饱和聚酯及玻璃钢制品、发泡聚苯乙烯	树脂[a]　正己烷提取物	正己烷	回流	2
	高锰酸钾消耗量	水	60℃	2
	成型品　总迁移量[b]	水	60℃	2
		4% 乙酸	60℃	2
		65% 乙醇	室温（20℃）	2
		正己烷	室温（20℃）	2
	重金属、甲醛[c]	4% 乙酸	60℃	2
聚氯乙烯（PVC）[d]	瓶垫粒料　高锰酸钾消耗量	水	60℃	0.5
	总迁移量[b]	4% 乙酸	60℃	0.5
	高锰酸钾消耗量	水	60℃	0.5
	成型品　总迁移量[b]	4% 乙酸	60℃	0.5
		20% 乙醇	60℃	0.5
		正己烷	室温（20℃）	0.5
	重金属	4% 乙酸	60℃	0.5
尼龙 6	树脂成型品　己内酰胺	水	100℃	1
聚对苯二甲酸乙醇酯	树脂　铅	4% 乙酸	回流	0.5
	锑	4% 乙酸	回流	0.5
	提取物	水	回流	0.5
		4% 乙酸	回流	0.5
		65% 乙醇	回流	2
		正己烷	回流	1
	高锰酸钾消耗量	水	60℃	0.5
	成型品　总迁移量[b]	水	60℃	0.5
		4% 乙酸	60℃	0.5
		65% 乙醇	室温（20℃）	1
		正己烷	室温（20℃）	1
	重金属	4% 乙酸	60℃	0.5
	锑	4% 乙酸	60℃	0.5
聚碳酸酯[e]（PC）	树脂及成型品　提取物	水		6
		4% 乙酸		6
		20% 乙醇		6
		正己烷		6
	重金属	4% 乙酸		6
	酚	水		6

名称	检验项目	实验条件		
		溶剂	温度	时间（小时）
复合食品包装袋	高锰酸钾消耗量	水		
	总迁移量	4% 乙酸 20% 乙醇 正己烷	室温（20℃） 室温（20℃）	2 2
	重金属	4% 乙酸	—	—
	二氨基甲苯	水	100℃	1

注：[a] 指 PE、PS、PP 树脂。
    [b] PP 不测 65% 乙醇残渣，PS 不测正己烷残渣，MA 只测水总迁移量。
    [c] 指 MA。
    [d] 包括 PVC 瓶盖垫片。该成品加测水浸泡液（60℃，0.5 小时）的总迁移量，并且接触乙醇食品的瓶盖垫片加测 65% 乙醇总迁移量。
    [e] 浸泡温度：树脂微沸回流；成型品正己烷室温（20℃），其他 95℃±5℃。

表 6-3　金属制品浸泡试验项目及试验条件

名称		检验项目	实验条件		
			溶剂	温度	时间（小时）
铝制品	食具 烹调器	锌、铅、镉、砷	4% 乙酸	室温（20℃） 煮沸 0.5	24 24*
不锈钢制品		铅、镉、砷、铬、镍	4% 乙酸	煮沸 0.5	24*
搪瓷制品		铅、镉、锑	4% 乙酸	沸	24*

注：* 指室温放置 24 小时。

表 6-4　陶瓷制品、原纸浸泡试验项目及实验条件

名称	检验项目	实验条件		
		溶剂	温度	时间（小时）
陶瓷制品	铅、镉	4% 乙酸	沸	24*
食品包装用原纸	铅、砷、荧光检查、脱色试验	水、正己烷浸泡 观察颜色		

注：* 指室温放置 24 小时。

6. 迁移量的测定要求

（1）特定迁移量的测定要求　根据样品具体情况，选择适宜浸泡方法（灌装法、全浸法、回流法或迁移测试法）浸泡样品，取浸泡液适量做分析。对于挥发性物质，可以用注射器通过铝箔盖抽取，如果使用广口玻璃容器，则通过封口膜抽取。采用迁移测试池法的试样应将注射器插入注入口隔膜，从每个迁移测试池中取浸泡液，按照特定迁移量的测定方法进行分析。

（2）总迁移量的测定要求 根据样品具体情况，选择适宜浸泡方法（灌装法、全浸法、回流法或迁移测试法）浸泡样品，取获得的浸泡液，按照总迁移量的测定方法进行分析。

【结果表述要求】

（一）一般要求

（1）结果计算和表述应反映食品接触材料及制品在可预见使用情形下实际的接触面积与所接触食品体积（质量）比（S/V）。当实际 S/V 已知时，应按照可预见使用情形下的最大 S/V（如最小包装情况）对迁移试验所得数值进行计算和表述；当实际 S/V 未知时，应按照常规的 $6dm^2$ 表面积对应 $1kg$ 或 $1L$ 模拟物对迁移试验所得数值进行计算和表述。婴幼儿专用食品接触材料及制品，应按实际或可预见情形下的容器的实际容量进行计算和表述，以 mg/kg 表示。

（2）结果表述应至少包括迁移试验条件（温度、时间、食品模拟物）以及结果表述所用的 S/V 等相关信息。

（二）总迁移量和特定迁移量

（1）总迁移量结果表示为每千克食品模拟物中非挥发性迁移物的毫克数（mg/kg），或每平方分米接触面积迁移的非挥发性迁移物的毫克数（mg/dm^2）。对婴幼儿专用食品接触材料及制品，以 mg/kg 表示。

（2）特定迁移量结果表示为每千克食品或食品模拟物中迁移物质的毫克数（mg/kg），或食品接触材料及制品与食品或食品模拟物接触的每平方分米面积中迁移物质的毫克数（mg/dm^2）。

（3）如果按照实际 S/V 进行试验，则以试验中的接触面积和模拟物体积计算结果；如果未按实际 S/V 进行试验，则试验结果应按实际 S/V 进行换算；如果实际 S/V 未知且未按 $6dm^2$ 接触面积对应 $1kg$ 或 $1L$ 食品模拟物的比例进行试验时，试验结果应按照 $6dm^2$ 对应 $1kg$ 或 $1L$ 食品模拟物的比例进行换算。

（三）盖子、垫圈、连接件等密封制品

如果制品的预期用途已知，按预期密封的容器的实际容量计算，以 mg/L 或 mg/kg 表示，或按预期密封制品和密封容器总的接触面积计算，以 mg/dm^2 表示。如果制品的预期用途未知，以 $mg/件$（面积）表示。如果检验分析的指标有一项不符合有关的卫生标准，应抽取同批次样品进行复检，若复检结果仍有任一项指标不符合有关卫生标准，则可判定该批次样品不合格。

【技术提示】

（1）采用不同的试验方法，选择合适的试样接触面积与食品模拟物体积比（S/V）对试样进行迁移试验预处理。因技术原因无法采用实际的 S/V 或常规 S/V（$6dm^2$ 接触面积对应 $1L$ 或 $1kg$ 食品模拟物）时，可调整 S/V 使模拟物中待测迁移物达到合适的浓度以满足方法检测要求。应确保在整个试验过程中，食品模拟物中待测迁移物的浓度始终处于不饱和状态。

（2）迁移试验预处理过程中，如食品模拟物受热蒸发导致体积减少，应加入食品模拟物定容至原体积。

（3）测定挥发性物质时，应采用适宜的密封措施以防止待测物质损失。

（4）迁移试验时间应从食品模拟物达到选定的迁移试验温度后开始计时。迁移试验时间的误差应符合表 6-5 的规定。

表 6-5　迁移试验时间和误差

迁移试验时间	误差（+min/h）
30min	1min
60min	1min
90min	3min
120min	5min
180min	7min
210min	8min
240min	9min
270min	10min
300min	12min
360min	15min
24h	0.5h
48h	0.5h
240h	5h

（5）迁移试验预处理结束后，应将浸泡液立即转移至干净的器皿中以备后续迁移量测定使用。

任务二　食品用塑料制品检验

常用包装塑料、标识及应用见表 6-6。

表 6-6　常用包装塑料及包装应用

名称		代号	特点	包装应用	存在安全问题
聚乙烯（PE）	低密度聚乙烯	02	低密度聚乙烯质地较软，适宜制作薄膜和食具；中密度和高密度聚乙烯质地较硬，耐煮沸。聚乙烯轻、化学性质稳定，但气体透过性大，耐油性差	食品冷冻包装，生鲜果蔬的保鲜包装；热收缩包装袋及复合膜的热封层	相对低分子聚乙烯易溶于油脂，使食品有蜡味；回收再生制品残留多种污染物，不能用于制作食品包装容器
	高密度聚乙烯	04			
聚丙烯（PP）		05	性质稳定，不含未聚合单体；耐热、耐油、透明度好，可替代玻璃；透湿度低，透气性差；宜彩色印刷	糖果、点心的扭结包装，含油食品包装，制成热收缩膜进行热收缩包装	易老化，生产中加入的抗氧化剂和紫外线吸收剂等生产助剂有一定毒性

续表

名称	代号	特点	包装应用	存在安全问题
聚苯乙烯（PS）	06	无色无味、透明，阻湿、阻气性差，耐热性差，耐低温性良好；易着色和表面印刷，制品装饰效果良好	应用于制作透明食品盒、盘、小餐具等	残留的苯乙烯单体、乙苯、甲苯等挥发性物质对人体健康有影响；短期盛放液体（2天）会有臭味
聚氯乙烯（PVC）	03	透明度好，有光泽；耐高低温性差；易着色和表面印刷	软质PVC一般用于生鲜果蔬包装；硬质PVC可直接用于食品包装	软质PVC增塑剂含量大，易残留；残留单体氯乙烯有麻醉和致畸致癌作用
聚偏二氯乙烯（PVDC）	119	透明有光泽；耐高低温，适用于高温杀菌和低温冷藏	畜肉制品的灌肠包装	残留的聚偏氯乙烯单体在毒理学实验表现其代谢产物为致突变阳性

塑料制品的种类、材料比较多，没有统一的卫生标准，常见的食品用塑料制品主要检验项目及卫生标准见表6-7。

表6-7　常见食品用塑料制品主要检验项目及其卫生标准

检验项目名称		塑料种类及其标准值（mg/L）				
		PE	PP	PS	PVC	PVDC
总迁移量	水	—	—		—	
	4% 乙酸			—		
	20% ~ 65% 乙醇			—	—	
	正己烷					
高锰酸钾消耗量						
重金属（以铅计）						
脱色试验	乙醇	阴性	阴性	阴性	—	—
	冷餐油或无色油脂	阴性	阴性	阴性	阴性	—
	浸泡液	阴性	阴性	阴性	阴性	阴性

实训二　食品用塑料制品的检验

塑料因其原材料丰富、成本低廉、性能优良、质轻美观的特点，成为目前使用广泛的食品包装材料。但是塑料包装材料内部易残留未聚合的游离单体、生产加工过程中添加的加工助剂（邻苯二甲酸酯类增塑剂、双酚A）、油墨印刷残留的苯、二甲苯、重金属等有毒有害化学污染物，这些物质易迁移与溶出而导致食品污染。

依据 GB/T 5009.60—2003《食品包装用聚乙烯、聚苯乙烯、聚丙烯成型品卫生标准的分析方法》进行食品用塑料制品的常规检验。其中，高锰酸钾消耗量的测定方法依据 GB 31604.2—2016《食品安全国家标准　食品接触材料及制品高锰酸钾消耗量的测定》；重金属测定测定方法依据 GB 31604.9—2016《食品安全国家标准　食品接触材料及制品食品模拟物中重金属的测定》、总迁移量部分依据 GB 31604.8—2016《食品安全国家标准　食品接触材料及制品总迁移量的测定》、脱色试验部分依据 GB 31604.7—2016《食品安全国家标准　食品接触材料及制品脱色试验》。

【适用范围】

本方法适用于以聚乙烯、聚苯乙烯、聚丙烯等为原料制作的各种食具、容器及食品用包装薄膜或其他各种食品用工具、管道等制品的检测。

【准备工作】

1. 取样　每批按 0.1% 取试样，小批时取样数不少于 10 只（以 500ml 容积/只计，小于 500ml/只时，试样应相应加倍取量）。其中半数供化验用，另半数保存两个月，以备作仲裁分析用，分别注明产品名称、批号、取样日期。

2. 浸泡条件

（1）水：60℃，浸泡 2 小时。

（2）乙酸（4%）：60℃，浸泡 2 小时。

（3）乙醇（65%）：室温，浸泡 2 小时。

（4）正己烷：室温，浸泡 2 小时。

以上浸泡液按接触面积每平方厘米加 2ml。在容器中则加入浸泡液至 2/3 ~ 4/5 容积为准。

【高锰酸钾消耗量的测定】

（一）原理

试样经用浸泡液浸泡后，测定其高锰酸钾消耗量来表示样品溶出的还原性有机物质被氧化所消耗的高锰酸钾的量。

样品加入一定质量的高锰酸钾和硫酸，在沸水浴中加热，高锰酸钾将样品中的还原性有机物氧化，反应后加入过量的草酸钠还原剩余的高锰酸钾，再用高锰酸钾标准溶液回滴过量的草酸钠，从而计算出高锰酸钾的消耗量。

该方法的浓度检测范围为 0.05 ~ 5.0mg/L。

（二）试剂

（1）硫酸（1+2）。

（2）高锰酸钾标准滴定溶液（0.01mol/L）。

（3）草酸标准滴定溶液（0.01mol/L）。

（三）样品测定

1. 锥形瓶的处理　取 100ml 水，放入 250ml 锥形瓶中，加入 5ml 硫酸（1+2）、5ml 高锰酸钾溶液，煮沸 5 分钟，倒去，用水冲洗备用。

2. 滴定　准确吸取 100ml 水浸泡液（有残渣则需过滤）于上述处理过的 250ml 锥形瓶中，加 5ml 硫酸（1+5）及 10.0ml 高锰酸钾标准滴定溶液（0.01mol/L），再加玻璃珠 2 粒，准确煮沸 5 分钟，使高锰酸钾氧化浸泡液中的有机物；然后趁热加入 10.0ml 草酸标准滴定溶液（0.01mol/L），以还原剩余的高锰酸钾，过量的草酸钠标准溶液再以高锰酸钾标准滴定溶液（0.01mol/L）滴定至微红色，记录终点时高锰酸钾标准溶液消耗的体积。

另取 100ml 水代替样品做试剂空白试验。

（四）结果计算与数据处理

试样的高锰酸钾消耗量按式 6-8 计算。

$$X = \frac{(V_1 - V_2) \times c \times 31.6 \times 1000}{100} \tag{6-8}$$

式中：X 为试样中高锰酸钾消耗量，mg/L；V_1 为试样浸泡液滴定时消耗高锰酸钾溶液的体积，ml；V_2 为试剂空白滴定时消耗高锰酸钾溶液的体积，ml；c 为高锰酸钾标准滴定溶液的实际浓度，mol/L；31.6 为与 1.0ml 的高锰酸钾标准滴定溶液 $[c(1/5KMnO_4) = 0.001mol/L]$ 相当的高锰酸钾的质量，mg/mol。

计算结果保留三位有效数字。在重复性条件下获得的两次独立测定结果的绝对差值不得超过算术平均值的 10%。

【**总迁移量的测定**】

（一）原理

总迁移量是指塑料类制品用浸泡液浸泡后溶解出来的物质。这些物质一般结构比较简单，如各种未聚合的低分子单体、加工助剂及某些有机和（或）无机物。

试样用各种食品模拟物浸泡，将浸泡液蒸发并干燥后，得到试样向浸泡液迁移的不挥发物质的总量。

（二）试剂仪器准备

1. 试剂

（1）乙酸（4%）。

（2）乙醇（65%）。

（3）正己烷。

2. 仪器

（1）玻璃蒸发皿：规格 50ml。

（2）电热恒温干燥箱。

（3）天平：感量为 0.1mg。

（三）样品测定

（1）将处理好的样品按规定的条件用蒸馏水、4% 乙酸、65% 乙醇溶液和正己烷进行浸泡。

（2）取各浸泡液 200ml，分别置于预先在 100℃±5℃ 干燥至恒量的 50ml 玻璃蒸发皿或恒量过的小瓶浓缩器（为回收正己烷用）中，在水浴上蒸干，于 100℃±5℃ 干燥 2 小时，在干燥器中冷却 0.5 小时后称量，再于 100℃±5℃ 干燥 1 小时，取出，在干燥器中冷却 0.5 小时，称量，记录前后两次重量的差值 m_1。

（3）空白试验：取没有浸泡过样品的同一浸泡液 200ml，按步骤 2 进行操作，记录 m_2。

（四）结果计算与数据处理

总迁移量按式 6-9 计算。

$$X = \frac{(m_1 - m_2) \times 1000}{100} \tag{6-9}$$

式中：X 为试样浸泡液（不同浸泡液）总迁移量，mg/L；m_1 为试样浸泡液总迁移量质量，mg；m_2 为空白浸泡液的质量，mg。

计算结果保留三位有效数字。

（五）技术提示

（1）在重复性条件下获得的两次独立测定结果的绝对差值不得超过算术平均值的10%。

（2）称量用的蒸发皿一定要干燥至恒重，称量结果记录至小数点后四位。

【重金属的测定】

重金属是指分析样品在酸性条件下可以溶解出来的有毒金属，如铅、镉、铬等。在实际的检验分析中，重金属统一用铅来计算，其分析方法有半定量（超标与否）和定量两种。此处采用半定量分析方法。

（一）原理

经迁移试验所得的食品模拟物试液中重金属（以铅计）与硫化钠作用，在酸性溶液中形成黄棕色硫化物，与铅标准溶液的呈色相比较。

（二）试剂

1. 硫化钠溶液 称取5g硫化钠，溶于10ml水和30ml甘油的混合液中，或将30ml水和90ml甘油混合后分成二等份，一份加5g氢氧化钠溶解后通入硫化氢气体（硫化铁加稀盐酸）使溶液饱和后，将另一份水和甘油混合液倒入，混合均匀后装入瓶中，密闭保存。

2. 铅标准溶液 准确称取0.1598g硝酸铅，溶于10ml硝酸（10%）中，移入1000ml容量瓶内，加水稀释至刻度。此溶液每毫升相当于100μg铅。

3. 铅标准使用液 吸取10.0ml铅标准溶液，置于100ml容量瓶中，加水稀释至刻度。此溶液每毫升相当于10μg铅。

（四）样品测定

吸取20.0ml乙酸（4%）浸泡液于50ml比色管中，加水至刻度。另取2ml铅标准使用液于50ml比色管中，加20ml乙酸（4%）溶液，加水至刻度混匀，两液中各加硫化钠溶液2滴，混匀后，放置5分钟，以白色为背景，从上方或侧面观察，试样呈色不能比标准溶液更深。

（五）结果的表述

呈色大于标准管的试样，重金属［以铅（Pb）计］报告值>1mg/L。

【脱色试验】

脱色试验用于检查样品中色素的迁移程度。取洗净待测样品，用分别沾有冷餐油、乙醇（65%）的棉花，在接触食品部位的小面积内，用力往返擦拭100次，棉花上不得染有颜色。

四种浸泡液也不得染有颜色。

【常用塑料材料的鉴别（燃烧试验）】

塑料膜燃烧时呈现出不同的火焰颜色，见表6-8，据此可以判断出该塑料的大致种类。本实验用不同的塑料膜进行燃烧实验，根据火焰的色彩，对燃烧的薄膜进行分类。

表6-8 食品包装常用塑料膜的特点

名称	感官鉴别	燃烧鉴别			
		火焰特征	塑料变化	燃烧情况	气味
PVC	柔软，拉伸韧性强于LDPE，白色，透明度高，有弹性	黄色火焰，下端绿色	燃烧表面黑色，无熔融滴落	难以燃烧，离火即灭	有刺激性酸味

续表

名称	感官鉴别	燃烧鉴别			
		火焰特征	塑料变化	燃烧情况	气味
PE	柔软，透明或半透明	黄色火焰	蜡泪滴落，表面无焦黑	易燃，离火继续燃烧，极少黑烟	石蜡气味
PP	白色，透明度较高，揉搓时有响声	火焰上黄，下蓝	熔融滴落	容易燃烧，无黑烟	有石油味
PS	透明度高，有光泽	火焰橙黄色	软化起泡	易燃，浓黑烟	特殊苯乙烯单体味
PVDC	透明、有光泽	火焰黄色，端部绿色	软化	很难燃烧，离火即灭	特殊气味

（一）原理

用不同的塑料膜进行燃烧实验，根据火焰的色彩，对燃烧的薄膜进行分类。

（二）仪器

酒精灯、镊子、剪刀、火柴。

（三）分析步骤

（1）点燃酒精灯。

（2）用镊子夹住塑料试样，放在酒精灯上燃烧，观察火焰燃烧情况及现象，将燃烧的塑料试样离开火观察，记录观察结果。然后将夹试样的镊子连同试样投入到水中冷却和熄火。

（3）换试样，按上步重复试验。

（四）结果判断

将燃烧现象填入表 6-9 中，对照表 6-8 判断试样材料。

表 6-9　塑料材料鉴别试验结果

编号	火焰现象	气味	燃烧情况	样品变化	材料名称
1					
2					
3					

拓展阅读

塑料制品的其他卫生检测项目

1. 聚苯乙烯中苯乙烯单体的测定　聚苯乙烯是无色、无味、表面光滑、透明的无定性热塑性塑料，由苯乙烯单体加聚合成。苯乙烯单体有低毒，残留在包装食品中的苯乙烯单体对人体最大无作用剂量为 133 mg/kg 体重。

苯乙烯的测定：火焰原子吸收光谱法。将样品用二硫化碳溶解，利用有机化合物在氢火焰中的化学电离进行检测，以样品的峰高与标准品峰高相比，计算样品苯乙烯的含量。

2. 聚氯乙烯中氯乙烯的测定 聚氯乙烯由氯乙烯聚合而成，用聚氯乙烯作食品包装材料时，应严格控制材料中氯乙烯单体残留量。单体氯乙烯对人体安全限量要求小于1mg/kg体重。

氯乙烯的测定：气相色谱法。将样品放入密封平衡瓶中，用N,N-二甲基乙酰胺中溶解，在一定温度下，氯乙烯单体扩散，达到平衡时，注入气相色谱仪测定。

任务三　食品用橡胶制品检验

橡胶分为天然橡胶和合成橡胶。天然橡胶来自于橡胶树浆的采集加工，主要成分为异戊二烯，本身无毒；合成橡胶有丁基橡胶、硅橡胶、乙丙橡胶等。橡胶广泛应用于食品工业的容器与包装材料之中，如高压锅垫圈、食品输送管、奶嘴、罐头垫圈等。

食品用橡胶是以天然橡胶或合成橡胶为主要原料，辅以特定助剂制成的接触食品的片、圈、管等橡胶制品。在食品与容器长期相互接触中，尤其是高温、强酸、高糖、高脂等条件下，橡胶中的助剂、橡胶中的单体均可能迁移到食品之中而污染食品。我国食品用橡胶卫生标准规定，橡胶奶嘴只能使用天然橡胶和硅橡胶作为原料，所有食品用橡胶禁止使用再生胶。

食品用橡胶制品（不含橡胶奶嘴）的检验按照 GB 4806.1—1994《食品用橡胶制品卫生标准》进行（表 6-10），具体分析方法因橡胶种类不同而异，如《食品用橡胶垫片（圈）卫生标准的分析方法》（GB/T 5009.64—2003），《食品用橡胶管卫生检验方法》（GB/T 5009.79—2003）；橡胶奶嘴参照 GB 4806.2—2015《食品安全国家标准　奶嘴》检验，具体分析方法依据 GB 31604.8—2016（总迁移量）、GB 31604.2—2016（高锰酸钾消耗量）、GB 31604.9—2016（重金属）、GB 31604.42—2016（锌）所示方法。

表 6-10　食品用橡胶卫生标准

项目	指标		
	高压锅密封圈	奶嘴	其他
总迁移量，mg/kg			
水浸泡液	≤　　50	30	30
4%乙酸浸泡液	≤　　—	60	2000
50%乙醇浸泡液	≤　　—	60	40
正己烷浸泡液	≤　　500	—	2000
高锰酸钾消耗量，mg/L			
水浸泡液	≤　　40	10	40

项目		指标		
		高压锅密封圈	奶嘴	其他
锌（以 Zn 计），mg/L				
4% 乙酸浸泡液	≤	100	5	20
重金属（以 Pb 计），mg/L				
4% 乙酸浸泡液	≤	1.0	1.0	1.0
残留丙烯腈，mg/kg	≤	11	—	11

注：总迁移量、高锰酸钾消耗量、重金属的检测参照食品用塑料制品的检验。

实训三　食品用橡胶制品的检验

【样品的采集与制备】

（一）样品采集

从每批食品用橡胶圈（垫片、奶嘴）中随机采样 500g（以日产量为一批）；食品用高压密封圈，每批采 9 只；食品用橡胶管采集的长度以能灌装 250ml 浸泡液计 $\left(L=\dfrac{250}{\pi r^2}\right)$，共 5 根。待测食品用橡胶样品洗净待测。

（二）样品制备

取洁净样品 20g，每克样品加 20ml 浸泡液浸泡（或以接触面积 2ml/cm²）。其中：奶嘴采用蒸馏水、4% 乙酸分别于 60℃浸泡 2 小时；橡胶管内分别灌注 65% 乙醇和正己烷，室温下 2 小时；其他食品用橡胶制品分别用蒸馏水、4% 乙酸、20% 乙醇和正己烷（回流）于 60℃浸泡 30 分钟。

【重金属的检测】

经迁移试验所得的食品模拟物试液中重金属（以铅计）与硫化钠作用，在酸性溶液中形成黄棕色硫化物，与铅标准溶液呈色相比较。反应过程中可加入柠檬酸铵、氰化钾等掩蔽剂，以排除钙、镁、铜、锌等离子的干扰。当试样呈色深于标准溶液呈色时，食品接触材料及制品中重金属迁移量（以铅计）>1mg/L；当试样呈色浅于标准溶液呈色时，食品接触材料及制品中重金属迁移量（以铅计）<1mg/L。

【锌的测定】

（一）原理

锌离子在酸性条件下与亚铁氰化钾作用生成亚铁氰化锌，产生浑浊，与标准浑浊度比较定量。

（二）试剂

（1）亚铁氰化钾溶液（5g/L）。

（2）亚硫酸钠溶液（200g/L），临用时新配。

（3）盐酸（1+1）。

（4）氯化铵溶液（100g/L）。

（5）锌标准液：准确称取 0.1000g 锌，加 4ml 盐酸（1+1），溶解后移入 1000ml 容量瓶中，加水稀释至刻度。此溶液每毫升相当于 100.0μg 锌。

（6）锌标准使用液：吸取 10.0ml 锌标准液，置于 100ml 容量瓶中，加水稀释至刻度，此溶液每毫升相当于 10.0μg 锌。

（三）样品测定

吸取 2.0ml 乙酸（4%）浸泡液，置于 25ml 比色管中，加水至 10ml。吸取 0、0.5、1.0、2.0、3.0、4.0ml 锌标准使用液（相当于 0、5.0、10.0、20.0、30.0、40.0μg 锌），分别置于 25ml 比色管中，各加 2ml 乙酸（4%），再各加水至 10ml。

于试样及标准管中各加 1ml 盐酸（1+1），10ml 氯化铵（100g/L）溶液，0.1ml 亚硫酸钠溶液（200g/L），摇匀，放置 5 分钟后，各加 0.5ml 亚铁氰化钾溶液（5g/L），加水至刻度，混匀。放置 5 分钟后，目视比较浊度定量。

（四）结果计算与数据处理

浸泡液中锌的含量参照式 6-10 计算。

$$X = \frac{m \times 1000}{V \times 1000} \tag{6-10}$$

式中：X 为试样浸泡液中锌含量，mg/L；m 为测定时所取试样浸泡液中锌的质量，μg；V 为测定时所取试样浸泡液体积，ml。

计算结果保留三位有效数字。在重复条件下获得的两次独立测定结果的绝对差值不得超过算术平均值的 10%。

任务四　食品容器涂料的检验

案例导入

案例：2005 年 7 月，美国两家律师事务所将杜邦告上美国各州的联邦法院。这项集体诉讼中提出，杜邦在 20 年前就知道了特富龙（Teflon）对健康的威胁，却向公众隐瞒了这些风险。但杜邦方面介绍，当炊具的温度在 500 华氏度或 260 摄氏度或以下时，杜邦特富龙不粘涂层不会发生变质，也就是说，在食物被烧焦到出现无法食用的情况之前，不粘涂层是不会达到分解温度的。但是杜邦昨天也承认，在过去 40 年间，发生过一例有书面记录的由不粘炊具引起轻微健康问题的个案。

讨论：1. 食品容器涂料的作用？
　　　2. 合格的食品容器涂料有哪些要求？

食品容器涂料是指接触酒、酱油、发酵食品、腌制食品及食用油的各种容器内壁所使用的涂料以及食品容器的防粘涂料。其一方面可防止容器及其材料中的有害物质向食品迁移，又可预防食品对容器及材料的腐蚀。所用的涂料和助剂，必须是食品容器内壁涂料卫生标准所规定的允许使用的品种，尤其不得用沥青作为食品容器内壁涂料。

我国目前允许使用的食品容器涂料如表 6-11 所示。

表 6-11　食品容器涂料一览表

种类	主要卫生问题	理化指标	备注
聚酰胺环氧树脂涂料	环氧树脂质量、固化度		
过氧乙烯涂料	氯乙烯单体残留		单体残留量≤1mg/kg
漆酚涂料	游离酚、甲醛		游离酚≤0.1mg/L、甲醛≤5mg/mL
环氧酚醛涂料	游离酚、甲醛、单体和低分子聚合物	高锰酸钾消耗量≤10mg/ml；总迁移量≤30mg/ml；重金属（以 pb 计）≤1.0mg/ml）	游离酚≤0.1mg/L、甲醛≤0.1mg/mL
水基改性环氧涂料	游离酚、甲醛、单体和低分子聚合物		
有机硅防粘涂料	杂质迁移		铬溶出量≤0.01mg/L
有机氟涂料	铬盐残留		氟溶出量≤0.2mg/L

　　食品容器涂料的检验依据根据食品容器涂料种类不同而异，如 SN/T 3546—2013《食品接触材料　金属材料　食品容器内壁环氧树脂涂料中游离甲醛的测定　液相色谱法》、GB/T 5009.80—2003《食品容器内壁聚四氟乙烯涂料卫生标准的分析方法》、GB/T 5009.68—2003《食品容器内壁过氯乙烯涂料卫生标准的分析方法》、GB/T 5009.70—2003《食品容器内壁聚酰胺环氧树脂涂料卫生标准的分析方法》、GB/T 5009.69—2008《食品罐头内壁环氧酚醛涂料卫生标准的分析方法》等。

　　食品容器涂料检验的综合项目为高锰酸钾消耗量、总迁移量、重金属测定和感官检验。特殊指标为砷、氟、氯乙烯单体的检验。除此之外，还有游离酚（GB 31604.46—2016）和甲醛迁移量（GB 31604.48—2016）的测定。

实训四　食品接触材料及制品中游离酚的测定

【测定原理】

　　利用溴与酚结合成三苯酚，剩余的溴与碘化钾作用，析出定量的碘，最后用硫代硫酸钠滴定析出的碘，根据硫代硫酸钠消耗的量即可计算出酚的含量。

【适用范围】

　　适用于食品接触材料及制品（水基改性环氧树脂涂料、环氧酚醛涂料及聚碳酸酯）游离酚的测定。

【试剂仪器准备】

（一）试剂

（1）盐酸。

（2）三氯甲烷。

（3）乙醇。

（4）溴水。

（5）碘化钾溶液（100g/L）：称取 1.0g 碘化钾，用水溶解并稀释至 10ml。

（6）淀粉指示剂（100g/L）：称取 1.0g 可溶性淀粉，加少量水调至糊状，然后倒入 100ml 沸水中，煮沸片刻，临用时现配。

（7）溴标准溶液 $[c(1/2Br_2) = 0.1mol/L]$。

（8）硫代硫酸钠标准滴定溶液 $[c(Na_2S_2O_3) = 0.1mol/L]$。

（二）仪器

天平、蒸馏瓶、容量瓶、电炉、具塞锥形瓶、滴定管。

【样品测定】

称取约 1g（精确到 0.001g）树脂或环氧酚醛涂料试样，放入蒸馏瓶内，以 20ml 乙醇溶解（如水溶性树脂用 20ml 水），再加入 50ml 水，然后用水蒸气加热蒸馏出游离酚，馏出液收集于 500ml 容量瓶中，控制在 40～50 分钟内馏出液 300～400ml，最后取少许新蒸出样液，加 1～2 滴溴水，如无白色沉淀证明酚已蒸完，即可停止蒸馏。蒸馏液用水稀释至刻度，充分摇匀备用。

吸取 100ml 蒸馏液，置于 500ml 具塞锥形瓶中，加入 25ml 溴标准溶液（0.1mol/L）、5ml 盐酸，在室温下放在暗处 15 分钟，加入 10ml 碘化钾（100g/L），在暗处放置 10 分钟，加 1ml 三氯甲烷，用硫代硫酸钠标准滴定液（0.1mol/L）滴定至淡黄色，加 1ml 淀粉指示液，继续滴定至蓝色消退为终点。同时用 20ml 乙醇加水稀释至 500ml，然后吸取 100ml 稀释后的溶液，进行空白试验（水溶性树脂则以 100ml 水做空白试验）。

【结果计算与数据处理】

试样中的游离酚含量按式 6-11 计算。

$$X = \frac{(V_1-V_2) \times c \times 0.01568 \times 5}{m} \times 100 \qquad (6-11)$$

式中：X 为试样中游离酚的含量，g/100g；V_1 为试剂空白滴定消耗硫代硫酸钠标准滴定溶液的体积，ml；V_2 为滴定试样消耗硫代硫酸钠标准滴定溶液的体积，ml；c 为硫代硫酸钠标准滴定溶液的实际浓度，mol/L；0.01568 为与 1.0ml 硫代硫酸钠标准滴定溶液 $[c(Na_2S_2O_3) = 1.000mol/L]$ 相当的苯酚的质量，g/mol；m 为试样质量，g；100 为换算系数。

计算结果保留到三位有效数字。在重复性条件下获得的两次独立测定结果的绝对差值不得超过算术平均值的 5%。

实训五　食品接触材料及制品中甲醛迁移量的测定

【测定原理】

食品模拟物与试样接触后，试样中甲醛迁移至食品模拟物中。甲醛在硫酸存在的条件下与变色酸反应生成紫色化合物，用分光光度计在 574nm 下测定试液的吸光度值，与标准系列比较得出食品模拟物中甲醛的含量，进而得出试样中甲醛的迁移量。

【适用范围】

适用于食品接触材料及制品中甲醛迁移量的测定。

【试剂仪器准备】

（一）试剂

（1）盐酸。

（2）盐酸（1+1）。

（3）氢氧化钠溶液（4g/L）。

（4）氢氧化钠溶液（40g/L）。

（5）硫酸（1+35）。

（6）硫酸（1+359）。

（7）淀粉溶液（10g/L）：配制同项目六实训四。

（8）碘标准滴定溶液（0.1mol/L）。

（9）硫代硫酸钠标准滴定溶液[$c(Na_2S_2O_2)$= 0.1mol/L]

（10）变色酸溶液（5mg/ml）：称取0.500g变色酸，溶于少许水中，移入100ml容量瓶中，加水至刻度，混匀后用慢速滤纸过滤，收集滤纸待用。此溶液现用现配。

（11）甲醛标准溶液：吸取10ml甲醛（37%~40%）于500ml容量瓶中，加入0.5ml硫酸（1+35），加水稀释至刻度，混匀，吸取5ml，置于250ml碘量瓶中，加40ml碘标准溶液（0.1mol/L）、15ml氢氧化钠溶液（40g/L），摇匀，放置10分钟，加3ml盐酸（1+1）或20ml硫酸（1+35）酸化，再放置10~15分钟，加入100ml水，摇匀，用硫代硫酸钠标准滴定溶液（0.1mol/L）滴定至草黄色，加入1ml淀粉指示剂继续滴定至蓝色消失为终点，同时做试剂空白试验。

甲醛标准溶液的浓度按式6-12计算。

$$c_1 = \frac{(V_1 - V_2) \times c \times 15}{5} \tag{6-12}$$

式中：c_1为甲醛标准溶液的浓度，mg/ml；V_1为试剂空白滴定消耗硫代硫酸钠标准滴定溶液的体积，ml；V_2为试样滴定消耗硫代硫酸钠标准滴定溶液的体积，ml；c为硫代硫酸钠标准滴定溶液的实际浓度，mol/L；15为与1.0ml碘标准滴定溶液（0.1mol/L）相当的甲醛质量，mg/mmol；5为标定用甲醛标准溶液的体积，ml。

（12）甲醛标准使用液：根据上述计算的含量，将甲醛标准溶液稀释至每毫升相当于1.0μg甲醛。

（二）仪器

可见分光光度计。

【样品测定】

（一）标准曲线制备

吸取0、2.0、4.0、8.0、12.0、16.0、20.0、30.0ml甲醛标准使用液（相当于0、2.0、4.0、8.0、12.0、16.0、20.0、30.0μg甲醛），分别置于200ml容量瓶中各加水至刻度，摇匀。各吸取10ml，分别放入25ml具塞比色管中，各加入10ml变色酸溶液，显色，待冷却至室温，用2cm比色杯，以零管调节零点，于波长574nm处测吸光度，绘制标准曲线。

（二）测定

量取250ml水浸泡液，置于500ml全磨口蒸馏瓶中，加入5ml硫酸（1+35），加少量瓷珠进行蒸馏，在200ml或250ml容量瓶中预先加入5ml硫酸（1+359）为接收瓶，接收管插入硫酸液面下接收蒸馏，收集馏出液至200ml。同时用250ml水按上法进行蒸馏，做试剂空白试验，如浸泡液澄清可不需要蒸馏。

吸取上述10ml蒸馏液或试剂空白蒸馏液于25ml具塞比色管中，各加入10ml变色酸溶液显色，冷却到室温，按标准试样的方法操作测定。

【结果计算与数据处理】

浸泡液中的甲醛含量按式 6-13 计算。

$$X = \frac{(m_1 - m_2) \times 1000}{250 \times 1000}$$

(6-13)

式中：X 为试样水浸泡液中甲醛的含量，mg/L；m_1 为测定用试样浸泡液甲醛的质量，μg；m_2 为试剂空白中甲醛的质量，μg；250 为蒸馏用浸泡液体积，ml。

计算结果保留三位有效数字。在重复性条件下获得的两次独立测定结果的绝对差值不得超过算术平均值的 10%。

任务五　其他食品包装材料的检验

食品用包装材料除了塑料、橡胶、涂料外，还有食品包装用纸、食品用陶瓷、搪瓷、不锈钢和铝制品。

一、食品包装用纸的测定

食品包装用纸即直接与食品接触的各种包装纸及其制品。食品包装用纸又可分为原纸、版纸、玻璃纸、涂塑纸、涂蜡纸等，其制品可呈现为纸杯、纸筒、纸罐、纸盒和纸袋等。食品包装用纸的主要卫生学问题来源于纸浆、添加剂和油墨（若有）等因素，突出表现为细菌污染和化学性污染（荧光增白剂、多环芳烃、重金属、多联氯苯等）。

食品包装用纸的管理和检验依据为 GB 4806.8—2016《食品安全国家标准 食品接触用纸和纸板材料及制品》。该标准适用于食品接触用纸和纸板材料及制品。其卫生要求为：铅 ≤ 3.0mg/kg，砷 ≤ 1.0mg/kg，荧光阴性，甲醛 ≤ 1.0mg/dm²。具体检测方法见 GB 31604.49—2016、GB 31604.48—2016、GB 31604.47—2016。

二、食品用陶瓷的测定

食品用陶瓷的卫生学问题主要来源于其表面的釉彩，釉彩中含有较多的铅、镉等重金属，因此存在重金属溶出并迁移入食品的可能。

GB/T 5009.62—2003《陶瓷制食具容器卫生标准的分析方法》规定了直接接触食品的各种陶瓷制的食具、容器以及食品用工具的各项卫生指标的分析方法，该标准适用于直接接触食品的各种陶瓷制的食具、容器以及食品用工具的各项卫生指标的分析，通过 4% 乙酸浸泡，采用原子吸收光谱法检测食品用陶瓷中的铅（GB 31604.34—2016）和镉含量（GB 31604.24—2016）。

三、食品用搪瓷、不锈钢和铝制食具材料的测定

搪瓷以铁皮为基础，喷涂釉彩，与不锈钢、铝制品一样，可能存在重金属污染食品的危害。GB 4806.3—2016 为《食品安全国家标准 搪瓷制品》，GB/T 5009.63—2003《搪瓷制食具容器卫生标准的分析方法》则规定了直接接触食品的搪瓷食具、容器等卫生指标的测定方法。该标准适用于以钛白、锑白混合涂搪原料加工成的直接接触食品的各种搪瓷食品、容器以及食品用工具各项卫生指标的测定。其中，锑可采用孔雀绿分光光度法予以检测，将试液中的锑全部氧化为五价锑，后者在一定的 pH 条件下能与三苯基甲烷染料孔雀绿形成绿色络合物，经乙酸异戊酯萃取后的萃取液在 628nm 波长处的吸光度值与锑的含量成正比（GB 31604.41—2016）。

GB 4806.9—2016《食品安全国家标准 食品接触用金属材料及制品》适用于食品接触用金属材料及其制品，包括不锈钢制品和铝制品。该标准规定，不锈钢食具主体部分应采用奥氏体型不锈钢、奥氏体·铁素体型不锈钢以及铁素体型不锈钢等不锈钢材料，不锈钢餐具和食品生产机械设备的钻磨工具等的主体部分也可采用马氏体型不锈钢材料。要求不锈钢制品和铝制品接触食品的表面应清洁，焊接部分应光洁、无气孔、裂缝和毛刺。其理化指标检测依据 GB/T 5009.81—2003《不锈钢食具容器卫生标准的分析方法》，适用于以不锈钢为原料制成的各种炊具、餐具、食具及其他接触食品的容器、工具、设备等各项卫生指标的测定。以原子吸收分光光度法测定 4% 的乙酸浸泡液中砷（GB 31604.38—2016）、镉（GB 31604.24—2016）、铬（GB 31604.25—2016）、铅（GB 31604.34—2016）、镍（GB 31604.33—2016）的含量。

GB/T 5009.72—2003《铝制食具容器卫生标准》则规定了铝制食具的卫生指标。按相应的国标方法分别测定铅（GB 31604.34—2016）、砷（GB 31604.38—2016）、锌（GB 31604.42—2016）和镉（GB 31604.24—2016）的含量。搪瓷、不锈钢和铝制食具的卫生限量标准详见表 6-12。

表 6-12　搪瓷、不锈钢和铝制食具的卫生限量标准　　　　（mg/kg）

名称		Pb	Cd	As	Cr	Ni
非烹饪用搪瓷 ≤	扁平制品（mg/dm²）	0.8	0.07			
	空心制品（<3L）（mg/L）	0.8	0.07			
烹饪用搪瓷 ≤	扁平制品（mg/dm²）	0.1	0.05			
	空心制品（<3L）（mg/L）	0.4	0.07			
储存罐搪瓷 ≤		0.1	0.05			
不锈钢 ≤		0.05	0.02	0.04	2.0	0.5
铝制食具 ≤		0.2	0.02	0.04		

岗位对接

本项目是食品质量与安全、食品检测技术、食品营养与检测等专业学生必须掌握的内容，为成为合格的食品检测人员打下坚实的基础。

本项目对接食品检验工的资格考试和职业技能标准，按照《中华人民共和国食品安全法》《食品安全国家标准》要求，食品生产经营企业应当加强食品检验工作，对原料检验、半成品检验、成品出厂检验等进行检验控制；食品生产企业可以自行对所生产的食品进行检验，也可以委托符合本法规定的食品检验机构进行检验。从事食品检验岗位的工作人员均应掌握以下相关的知识和技能要求。

1. 规范操作浸泡试验，并能完成食品包装用塑料、橡胶中的总迁移量、高锰酸钾消耗量、重金属和脱色试验检测项目。

2. 能够完成食品容器涂料中游离酚和游离甲醛的检测项目。

3. 能够完成常见食品用塑料制品的燃烧鉴别试验。

重点小结

本项目依据国标在讲述食品包装材料检验流程的基础上，重点介绍了食品用塑料、橡胶和容器涂料等食品包装材料的理化检验。

食品包装材料类型	项目	方法	依据标准
全部	高锰酸钾消耗量	滴定法	GB 5009.156—2016
	总迁移量	重量法	
	重金属	比色半定量法	
	脱色实验	擦拭法	
塑料制品	高锰酸钾消耗量	滴定法	GB 31604.2—2016
	总迁移量	重量法	GB 31604.8—2016
	重金属	半定量分析法	GB 31604.9—2016
	火焰特征、气味、燃烧情况等	燃烧法	GB/T 5009.60—2003
橡胶制品	重金属	掩蔽干扰比色法	GB 31604.9—2016
	锌	比色半定量法	GB 31604.42—2016
涂料	游离酚	滴定法	GB/T 5009.69—2008
	甲醛	分光光度法	
食品包装用纸	铅、砷	电感耦合等离子体质谱法	GB 31604.49—2016
	甲醛	分光光度法	GB 31604.48—2016
	荧光物质	紫外灯法	GB 31604.47—2016
食品用陶瓷、搪瓷、不锈钢和铝制食具材料	铅	原子吸收分光光度法	GB 31604.34—2016
	镉		GB 31604.24—2016
	砷		GB 31604.38—2016
	锌		GB 31604.42—2016
	锑	分光光度法	GB 31604.41—2016

目标检测

一、选择题

1. 下列哪种浸泡液模拟食品包装容器、材料接触酒类食品（　　　）。
   A. 水　　　　　　　B. 4%乙酸　　　　　C. 正己烷　　　　　D. 65%乙醇

2. 在进行食品包装容器、材料的样品采集时，要保证样品具有（　　　）。
   A. 代表性　　　　　B. 时效性　　　　　C. 可行性　　　　　D. 选择性

二、判断题

1. 在进行脱色试验时，样品的四种浸泡液可以有一种染有颜色。（　　　）

2. 塑料制品所取样品半数供化验用，另半数保存三个月，以备做仲裁分析用。（　　　）

3. PVC 在燃烧时为黄色火焰，下端呈绿色。（　　　）

三、简答题

食品容器和包装材料测定高锰酸钾消耗量的原理是什么？

（胡雪琴　谭丽丽）

综合实训（各类食品的检验）

不同种类食品对应不同的卫生标准及其分析方法，对于专业学生而言，在掌握各食品单一成分和包装材料的检验知识和技能之上，更应熟练掌握某类食品的完整卫生标准及其分析方法，而综合实训则是模拟实际工作岗位以真实的食品检验任务，让学生基于国家食品检验标准，从设计食品检验方案始，实施检验，数据处理，结果判定直至报告撰写，完成食品检验的全部流程，训练其综合职业技能，以缩短其适岗时间，满足企业行业的用人需求。

项目七

乳及乳制品的检验

一、适用范围

乳及制品包括液体乳（巴氏杀菌乳、灭菌乳、调制乳、发酵乳）；乳粉（全脂乳粉、脱脂乳粉、部分脱脂乳粉、调制乳粉、牛初乳粉）；其他乳制品（炼乳、奶油、干酪等）。

二、实训内容

（一）实训方案设计

学生基于已有的食品分析与检验基础知识，通过查阅相关资料，根据乳及乳制品的相关知识及其测定的国家标准，设计检验内容及实验方法并形成实训方案。

（二）实训方案实施

1. 抽样 按照食品生产许可审查通则及其细则的要求，在企业的成品库内按照下列规定进行抽样。企业申请生产的所有乳制品，均应进行生产许可检验。同一品种不同包装的产品，不重复进行抽样。

（1）液体乳类 所抽样品须为同一批次保质期内的产品，抽样基数不得少于 200 个最小包装。抽样数量为 20 个最小包装（总净含量不少于 3500ml）。所抽取的样品应分成 2 份，1 份 15 个作为检验用样品，1 份 5 个作为备查样品。

（2）乳粉类 所抽样品须为同一批次保质期内的产品，抽样基数不得少于 200 个最小包装。500g 以下包装的抽样数量为 16 个销售包装（20kg 以上大包装产品应从 16 个大包装中分别取样，分装成 16 个小包装）；500g 以上包装的抽样数量为 12 个销售包装。所抽取的样品应分成 2 份，500g 以下包装的样品 1 份 10 个作为检验用样品，1 份为 6 个作为备查样品；500g 以上包装的样品，1 份 8 个作为检验用样品，1 份为 4 个作为备查样品。

（3）其他乳制品类 所抽样品须为同一批次保质期内的产品，抽样基数不得少于 200 个最小包装。抽样数量为 20 个最小包装（总净含量不少于 3000g）。所抽取的样品应分成 2 份，1 份 15 个作为检验用样品，1 份 5 个作为备查样品。

样品确认无误后，由抽样人员与被抽样单位有关人员在抽样单上签字、盖章，当场封存样品，并加贴封条。封条上应当有抽样人员签名、抽样单位盖章及封样日期。抽样人员应当告知申请者有资格承担该产品检验任务的检验机构名称及联系方式，由申请者自主选择，并在规定时间内把封好的样品送到选定的检验机构。由于发酵乳、巴氏杀菌乳等产品保质期较短，保存温度较低，应当注意样品的保存温度，且必须在产品的保质期内完成检验和结果的反馈工作。

2. 检验项目 乳及乳制品质量检验项目见表 7-1。

表 7-1 乳及乳制品质量检验项目表

检验项目	发证	监督	出厂
脂肪	√	√	√
蛋白质	√	√	√
非脂乳固体	√	√	√
酸度	√	√	√
杂质度	√	√	√
硝酸盐	√	√	*
亚硝酸盐	√	√	*
黄曲霉毒素 M_1	√	√	

注：注有"＊"标记的，企业应当每年检验 2 次。

3. 检验 乳及乳制品质量检验项目中的蛋白质、硝酸盐、亚硝酸盐、黄曲霉毒素 M_1 等指标，参照前文中相关项目实训，此处主要介绍乳及乳制品的脂肪、酸度和非脂乳固体的测定方法，分别见本项目实训一至实训七。

三、实训报告与结果评判

（一）实训报告
参照绪论填写，并及时对检测结果进行分析。

（二）检验判定原则
按照国家标准、行业标准进行判定。检验项目中有 1 项或者 1 项以上不符合规定的，判为不合格。

任务一 乳及乳制品脂肪的测定

乳脂肪外被酪蛋白钙盐，不能直接用乙醚、石油醚等溶剂提取，因此乳及乳制品中脂类的含量测定需要通过酸和碱使脂肪游离。依据 GB 5413.3—2010《食品安全国家标准 婴幼儿食品和乳品中脂肪的测定》，采用罗斯-哥特里法、巴布科克法、盖勃法等进行乳及其制品的脂肪测定。

实训一 罗斯-哥特里法测定乳及乳制品中的脂肪含量

【测定原理】

利用氨-乙醇溶液破坏乳的胶体性状及脂肪球膜，使非脂成分溶解于氨-乙醇溶液中，而脂肪游离出来，再用乙醚-石油醚提取乳脂肪，回收溶剂，烘干称重，残留物即为乳脂肪。

【适用范围】

本法适用于各种液状乳（生乳、加工乳、部分脱脂乳、脱脂乳）、炼乳、奶粉、奶油及冰淇淋、豆乳或加水显乳状的食品中脂类含量的测定。

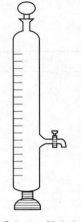

图 7-1　提脂瓶

【试剂仪器准备】

（一）试剂

（1）氨水（25%）。

（2）乙醇（95%）。

（3）乙醚：无过氧化物。

（4）石油醚：沸程 30~60℃。

（二）仪器

100ml 具塞量筒或提脂瓶（内径 2.0~2.5cm，体积 100ml，如图 7-1 所示）。

【样品测定】

精密称（量）取（乳粉 1.00g；牛乳 10.00ml），用 10ml 60℃的水，分次溶解至提脂瓶中，加入 1.25ml 氨水，充分混匀，置于 60℃水浴中加热 5 分钟后振摇 2 分钟，加入 10ml 乙醇，充分摇匀，于冷水中冷却。向提脂瓶中加入 5ml 乙醚，振摇 0.5 分钟，小心开塞放气，加入 25ml 石油醚，再振摇 0.5 分钟，小心开塞放气，静置 30 分钟。待上清液澄清时，读取醚层体积，放出一定体积醚层至已恒重的烧瓶中。蒸馏回收乙醇和石油醚，挥干残余乙醚后，将烧瓶置于 100℃±5℃烘箱中干燥 1.5 小时，取出置于干燥器中冷却至室温后称重，重复操作至恒重。

【结果计算与数据处理】

试样中脂肪的百分含量按式 7-1 计算。

$$X = \frac{m_2 - m_1}{m} \times \frac{V_1}{V_2} \times 100\% \qquad (7\text{-}1)$$

式中：X 为试样中脂肪的百分含量，%；m 为取样量，g 或 ml；m_1 为烧瓶质量，g；m_2 为烧瓶与脂肪的质量，g；V_1 为放出乙醚层的体积，ml；V_2 为乙醚层的总体积，ml。

结果保留至小数点后一位。

【技术提示】

（1）乳及乳制品用本法实验时，氨水可破坏脂肪球膜，并使酪蛋白钙盐溶解；乙醇可使溶解于氨水中的蛋白质沉淀出来，以防止乳化现象，并溶解醇溶性物质，使其留在水中避免进入醚层，故此法又称为碱性乙醚提取法。

（2）加入石油醚的作用是降低乙醚极性，使乙醚与水不混溶，可有效提取脂肪，并使分层清晰。

（3）也可用容积 100ml 的具塞量筒代表提脂瓶，待分层后读数，用移液管吸出一定量醚层进行实验。

（4）对已结块的乳粉，用本法测定时结果偏低。

✍ 实训二　巴布科克法测定乳及乳制品中的脂肪含量

【测定原理】

利用浓硫酸溶解乳中的蛋白质和乳糖，将牛乳中的酪蛋白钙盐转变为可溶性的重硫酸酪蛋白，使脂肪球膜破坏，脂肪游离出来。再利用加热、离心处理，使脂肪完全迅速分离，读取脂肪层的体积，从而测定乳中的含脂量。

【适用范围】

本法适用于鲜乳及稀奶油中脂肪的测定，但不能用于测定乳制品中的磷脂，也不适于巧克力、糖等食品中脂肪的测定，因为硫酸可使其炭化。

【试剂仪器准备】

（一）试剂

浓硫酸：相对密度 1.816~1.825（20℃）。

（二）仪器

（1）巴布科克乳脂瓶：颈部刻度有 0.0~0.8%、0.0~10.0% 两种，最小刻度值为 0.1%，如图 7-2 所示。

（2）乳脂离心机。

（3）标准移乳管：17.6ml。

【样品测定】

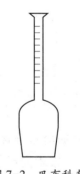

以标准移乳管精密量取 20℃均匀鲜乳 17.60ml，置于巴布科克乳脂瓶中，沿管壁缓缓加入 17.5ml 浓硫酸，手持瓶颈回旋，使液体充分混匀，无块状颗粒并呈棕色。将乳脂瓶置于离心机中，以 1000r/min 的转速离心 5 分钟，取出加入 60℃以上的热水，至液面完全充满乳脂瓶下方的球部，再离心 2 分钟，取出后再加入 60℃以上的热水，至液面接近瓶颈刻度标线 4% 处，再离心 1 分钟，取出后将乳脂瓶置于 55~60℃水浴中，保温数分钟，待脂肪柱稳定后，即可读取脂肪百分含量（读数时以上端凹面最高点为准）。

图 7-2　巴布科克
乳脂瓶

【技术提示】

（1）硫酸既可破坏脂肪球膜，使脂肪游离，又能增加液体的相对密度，利于脂肪浮起，但硫酸的浓度应按标准规定使用，浓度过高可造成乳碳化或变黑而影响读数；浓度过低则不能使酪蛋白完全溶解，使测定结果偏低或脂肪层浑浊。

（2）水浴加热与离心的目的是促使脂肪迅速与水相分离。

（3）取样时采用的是乳制品专用移液管，量取体积为 17.60ml，实际注入巴氏瓶的总量只有 17.50ml；牛乳的相对密度为 1.030，故样品的质量为 17.5×1.030=18g。巴布科克瓶一大格体积为 0.2ml，在 60℃时，脂肪的相对密度约为 0.9，故当巴布科克瓶的瓶颈全部被脂肪充满时，其脂肪质量为 0.2×10×0.9=1.8g。即 18g 样品中含有 1.8g 乳脂肪，含量为 10%。故巴布科克瓶的全部刻度为脂肪含量 10%，每 1 大格为 1% 的脂肪，可直接读出乳脂肪的百分含量。

📋 实训三　盖勃法测定乳及乳制品中的脂肪含量

【测定原理】

盖勃法的原理与巴布科克法相似，但该方法使用的试剂为硫酸和异戊醇。以硫酸消化蛋白质和糖类，使脂肪游离，并通过加热使脂肪保持液态而测定。

【适用范围】

盖勃法较巴布科克法简单快速，广泛应用于不同乳制品的脂肪测定。

【试剂仪器准备】

（一）试剂

（1）浓硫酸：相对密度 1.816～1.825（20℃）。

（2）异戊醇。

图 7-3　盖勃
乳脂计

（二）仪器

（1）盖勃乳脂计：颈部刻度为 0.0～8.0%，最小刻度值为 0.1%，如图 7-3 所示。

（2）标准移乳管，11ml。

【样品测定】

于乳脂计中先加入 10ml 硫酸（颈口勿沾硫酸），沿管壁缓缓加入混匀的牛乳 11ml，使样品与硫酸不要混合，然后加 1ml 异戊醇，塞上橡皮塞并用布包裹以防冲出，将瓶口向下，用力振摇使液体呈均匀棕色液体。瓶口向下静置数分钟，置于 65～70℃ 水浴中保温 5 分钟，取出擦干，调节橡皮塞使脂肪柱在乳脂计的刻度内，放入离心机中以 1000r/min 的转速离心 5 分钟，取出乳脂计，再置于 65～70℃ 水浴中（水浴水面应高于乳脂计脂肪液面）保温分钟后，取出立即读数，即为脂肪的百分含量。

【技术提示】

（1）盖勃法所用的异戊醇可促使脂肪析出，降低脂肪球表面张力，以利于形成连续的脂肪层；异戊醇应能完全溶于酸中，但若异戊醇纯度低，可能使部分析出掺入脂肪层中，使测定结果偏高。因此在使用异戊醇前，应先做试验，其方法如下：将硫酸、水（代替牛乳）及异戊醇按照测定试样时的数量注入乳脂计中，振摇后静置 24 小时，若在乳脂计上部狭长部分无油层析出，则说明异戊醇适用，否则表明异戊醇质量不佳，不能使用。

（2）65～70℃ 水浴及离心的目的是促使脂肪离析。

（3）盖勃法所用的移乳管为 11.00ml，实际注入乳脂计中的试样为 10.90ml，试样的质量为 11.25g，乳脂计刻度部分（0～8%）的容积为 1ml，当充满脂肪时，脂肪的质量为 0.9g；11.25g 试样中含有 0.9g 脂肪，故全部刻度表示为脂肪含量 0.9/11.25×100% = 8%。

（4）罗斯-哥特里法、巴布科克法和盖勃法都是测定乳脂肪的标准方法，但前者的准确度较后两种方法高；后两者中巴布科克法的准确度较盖勃法稍高，两者测定结果差异显著。

拓展阅读

牛乳脂肪测定的其他方法

一、牛乳脂肪快速分析法：利用配位反应破坏牛乳中悬浮的酪蛋白胶束，使悬浮物中只有脂肪球，均质机调匀，再经稀释后按比色法测定脂肪的浓度。该方法测定速度快，每小时可检测 80~100 个样品。

二、牛乳红外光谱分析法：由于脂肪、蛋白质、乳糖和水分在红外光谱区域中具有特征吸收，当红外光通过不同的滤光片和样品溶液时被选择性吸收，可直接显示出牛乳中脂肪、蛋白质、乳糖及水分的百分含量。

三、伊尼霍夫氏碱法：在氢氧化钠的碱性溶液中，牛乳中的酪蛋白钙盐转变为可溶性钠盐，再以异戊醇-乙醇混合液使脂肪球游离，测出其容积，即表示脂肪含量。本法适用于鲜乳脂肪的测定，用盖勒乳脂瓶进行操作。

任务二　乳及乳制品酸度的测定

依据 GB 5413.34—2010《食品安全国家标准　乳及乳制品酸度的测定》，采用基准法和常规法等对乳及乳制品酸度进行测定。

实训四　基准法测定乳及乳制品的酸度

【测定原理】

中和 100ml 干物质为 12% 的复原乳至 pH 为 8.3 所消耗的 0.1mol/L 氢氧化钠的体积，经计算确定乳品的酸度。

【适用范围】

适用于乳粉酸度的测定。

【试剂仪器准备】

（一）试剂

（1）氢氧化钠标准溶液（NaOH）：0.1000mol/L。

（2）氮气。

除非另有规定，本方法所用试剂均为分析纯，水为 GB/T 6682—2008 规定的三级水。

（二）仪器

（1）天平：感量为 1mg。

（2）滴定管：分刻度为 0.1ml，可准确至 0.05ml。

（3）pH 计：带玻璃电极和适当的参比电极。

（4）磁力搅拌器。

【样品测定】

（一）试样的制备

将样品全部移入到约两倍于样品体积的洁净干燥容器中（带密封盖），立即盖紧容器，反复旋转振荡，使样品彻底混合。在此操作过程中，应尽量避免样品暴露在空气中。

（二）测定

（1）称取 4 g 样品（精确到 0.01g）于锥形瓶中。

（2）用量筒量取 96ml 约 20℃的水，使样品复原，搅拌，然后静置 20 分钟。

（3）用滴定管向锥形瓶中滴加氢氧化钠溶液，直到 pH 达到 8.3。滴定过程中，始终用磁力搅拌器进行搅拌，同时向锥形瓶中吹氮气，防止溶液吸收空气中的二氧化碳。整个滴定过程应在 1 分钟内完成。记录所用氢氧化钠溶液的毫升数，精确至 0.05ml，代入公式 7-2 计算。

【结果计算与数据处理】

试样中的酸度数值以（°T）表示，按式 7-2 计算。

$$X_1 = \frac{c_1 \times V_1 \times 12}{m_1 \times (1-w) \times 0.1} \tag{7-2}$$

式中：X_1 为试样的酸度，单位为度（°T）；c_1 为氢氧化钠标准溶液的浓度，mol/L；V_1 为滴定时所用氢氧化钠溶液的毫升数，ml；m_1 为称取样品的质量，g；w 为试样中水分的质量分数，g/100g；12 为 12g 乳粉相当 100ml 复原乳（脱脂乳粉应为 9，脱脂乳清粉应为 7）；0.1 为酸度理论定义氢氧化钠的摩尔浓度，mol/L。

以重复性条件下获得的两次独立测定结果的算术平均值表示，结果保留三位有效数字。在重复性条件下获得的两次独立测定结果的绝对差值不得超过 1.0°T。

【技术提示】

若以乳酸含量表示样品的酸度，那么样品的乳酸含量（g/100g）= T×0.009。T 为样品的滴定酸度（0.009 为乳酸的换算系数，即 1ml 0.1mol/L 的氢氧化钠标准溶液相当于 0.009g 乳酸）。

实训五　常规法测定乳及乳制品的酸度

【测定原理】

以酚酞作指示剂，硫酸钴作参比颜色，用 0.1mol/L 氢氧化钠标准溶液滴定 100ml 干物质为 12%的复原乳至粉红色所消耗的体积，经计算确定其酸度。

【适用范围】

同项目七实训四。

【试剂仪器准备】

（一）试剂

1. 氢氧化钠标准溶液　同项目七实训四。

2. 参比溶液　将 3g 七水硫酸钴（$CoSO_4 \cdot 7H_2O$）溶解于水中，并定容至 100ml。

3. 酚酞指示液　称取 0.5g 酚酞溶于 75ml 体积分数为 95%的乙醇中，并加入 20ml 水，然后滴加氢氧化钠溶液至微粉色，再加入水定容至 100ml。

除非另有规定，本方法所用试剂均为分析纯，水为 GB/T 6682—2008 规定的三级水。

（二）仪器

1. 分析天平　感量为 1mg。

2. 滴定管 分刻度为 0.1ml，可准确至 0.05ml。

【样品测定】

（一）样品的制备

同项目七实训四。

（二）测定

（1）试样的称取及溶解 同项目七实训四。

（2）向其中的一只锥形瓶中加入 2.0ml 参比溶液，轻轻转动，使之混合，得到标准颜色。如果要测定多个相似的产品，则此标准溶液可用于整个测定过程，但时间不得超过 2 小时。

（3）向第二只锥形瓶中加入 2.0ml 酚酞指示液，轻轻转动，使之混合。用滴定管向第二只锥形瓶中滴加氢氧化钠溶液，边滴加，边转动烧瓶，直到颜色与标准溶液的颜色相似，且 5 秒内不消退，整个滴定过程应在 45 秒内完成。记录所用氢氧化钠溶液的毫升数，精确至 0.05ml，代入公式计算。

【结果计算与数据处理】

同项目七实训四。

实训六　滴定法测定乳及乳制品的酸度

【测定原理】

以酚酞为指示液，用 0.1000mol/L 氢氧化钠标准溶液滴定 100g 试样至终点所消耗的氢氧化钠溶液体积，经计算确定试样的酸度。

【适用范围】

适用于巴氏杀菌乳、灭菌乳、生乳、发酵乳、炼乳、奶油及干酪素酸度的测定。

【试剂仪器准备】

（一）试剂

1. 中性乙醇–乙醚混合液 取等体积的乙醇、乙醚混合后加 3 滴酚酞指示液，以氢氧化钠溶液（4g/L）滴至微红色。

2. 氢氧化钠标准溶液 同项目七实训四。

3. 酚酞指示液 同项目七实训五。

除非另有规定，本方法所用试剂均为分析纯或以上规格，水为 GB/T 6682—2008 规定的三级水。

（二）仪器

（1）天平：感量为 1mg。

（2）电位滴定仪。

（3）滴定管：分刻度为 0.1ml。

（4）水浴锅。

【样品测定】

（一）巴氏杀菌乳、灭菌乳、生乳、发酵乳

称取 10g（精确到 0.001g）已混匀的试样，置于 150ml 锥形瓶中，加 20ml 新煮沸冷却至室温的水，混匀，用氢氧化钠标准溶液电位滴定至 pH 8.3 为终点；或于溶解混匀后的试样中加入 2.0ml 酚酞指示液，混匀后用氢氧化钠标准溶液滴定至微红色，并在 30 秒内不退色，记录消耗的氢氧化钠标准滴定溶液毫升数，代入公式 7-3 中进行计算。

（二）奶油

称取 10g（精确到 0.001g）已混匀的试样，加 30ml 中性乙醇-乙醚混合液，混匀，以下按"（一）巴氏杀菌乳、灭菌乳、生乳、发酵乳"自"用氢氧化钠标准溶液电位滴定至 pH 8.3 为终点"操作。

（三）干酪素

称取 5g（精确到 0.001g）经研磨混匀的试样于三角瓶中，加入 50ml 水，于室温下（18~20℃）放置 4~5 小时，或在水浴锅中加热到 45℃并在此温度下保持 30 分钟，再加 50ml 水，混匀后，通过干燥的滤纸过滤。吸取滤液 50ml 于三角瓶中，用氢氧化钠标准溶液电位滴定至 pH8.3 为终点；或于上述 50ml 滤液中加入 2.0ml 酚酞指示液，混匀后用氢氧化钠标准溶液滴定至微红色，并在 30 秒内不退色，将消耗的氢氧化钠标准溶液毫升数代入公式 7-4 进行计算。

（四）炼乳

称取 10g（精确到 0.001g）已混匀的试样，置于 250ml 锥形瓶中，加 60ml 新煮沸冷却至室温的水溶解，混匀，以下按"（一）巴氏杀菌乳、灭菌乳、生乳、发酵乳"自"用氢氧化钠标准溶液电位滴定至 pH 8.3 为终点"操作。

【结果计算与数据处理】

试样中的酸度数值以（°T）表示，分别按式 7-3 计算。

$$X_2 = \frac{c_2 \times V_2 \times 100}{m_2 \times 0.1} \qquad (7-3)$$

式中：X_2 为试样的酸度，°T；c_2 为氢氧化钠标准溶液的摩尔浓度，mol/L；V_2 为滴定时消耗氢氧化钠标准溶液体积，ml；m_2 为试样的质量，g；0.1 为酸度理论定义氢氧化钠的摩尔浓度，mol/L。

$$X_3 = \frac{c_3 \times V_3 \times 100 \times 2}{m_3 \times 0.1} \qquad (7-4)$$

式中：X_3 为试样的酸度，°T；c_3 为氢氧化钠标准溶液的摩尔浓度，mol/L；V_3 为滴定时消耗氢氧化钠标准溶液体积，ml；m_3 为试样的质量，g；0.1 为酸度理论定义氢氧化钠的摩尔浓度，mol/L；2 为试样的稀释倍数。

以重复性条件下获得的两次独立测定结果的算术平均值表示，结果保留三位有效数字。在重复性条件下获得的两次独立测定结果的绝对差值不得超过 1.0°T。

任务三　非脂乳固体的测定

依据 GB 5413.39—2010《食品安全国家标准　乳和乳制品中非脂乳固体的规定》测定乳和乳制品中的非脂乳固体含量。

实训七 乳和乳制品中非脂乳固体的测定

【测定原理】

先分别测定出乳及乳制品中的总固体含量、脂肪含量（如添加了蔗糖等非乳成分含量，也应扣除），再用总固体减去脂肪和蔗糖等非乳成分含量，即为非脂乳固体。

【适用范围】

适用于生乳、巴氏杀菌乳、灭菌乳、调制乳、发酵乳中非脂乳固体的测定。

【试剂仪器准备】

（1）平底皿盒：高 20~25mm，直径 50~70mm 的带盖不锈钢或铝皿盒，或玻璃称量皿。

（2）短玻璃棒：适合于皿盒的直径，可斜放在皿盒内，不影响盖盖。

（3）石英砂或海砂：可通过 500μm 孔径的筛子，不能通过 180μm 孔径的筛子，并通过下列适用性测试：将约 20g 的海砂同短玻棒一起放于一皿盒中，然后敞盖在 100℃ ± 2℃ 的干燥箱中至少烘 2 小时。把皿盒盖盖后放入干燥器中冷却至室温后称量，准确至 0.1mg。用 5ml 水将海砂润湿，用短玻棒混合海砂和水，将其再次放入干燥箱中干燥 4 小时。把皿盒盖盖后放入干燥器中冷却至室温后称量，精确至 0.1mg，两次称量的差不应超过 0.5mg。如果两次称量的质量差超过了 0.5mg，则需对海砂进行下面的处理后，才能使用：将海砂在体积分数为 25% 的盐酸溶液中浸泡 3 天，经常搅拌。尽可能地倾出上清液，用水洗涤海砂，直到中性。在 160℃ 条件下加热海砂 4 小时。然后重复进行适用性测试。

除非另有规定，本方法所用试剂均为分析纯，水为 GB/T 6682—2008 规定的三级水。

（4）天平：感量为 0.1mg。

（5）干燥箱。

（6）水浴锅。

【样品测定】

（一）总固体的测定

在平底皿盒中加入 20g 石英砂或海砂，在 100℃ ±2℃ 的干燥箱中干燥 2h，于干燥器冷却 0.5 小时，称量，并反复干燥至恒重。称取 5.0g（精确至 0.0001g）试样于恒重的皿内，置水浴上蒸干，擦去皿外的水渍，于 100℃ ±2℃ 干燥箱中干燥 3 小时，取出放入干燥器中冷却 0.5 小时，称量，再于 100℃ ±2℃ 干燥箱中干燥 1 小时，取出冷却后称量，至前后两次质量相差不超过 1.0mg。试样中总固体的含量按式 7-5 计算。

$$X = \frac{m_1 - m_2}{m} \times 100 \tag{7-5}$$

式中：X 为试样中总固体的含量，g/100g；m_1 为皿盒、海砂加试样干燥后质量，g；m_2 为皿盒、海砂的质量，g；m 为试样的质量，g。

（二）脂肪的测定

按 GB 5413.3—2010 中规定的方法测定。

（三）蔗糖的测定

按 GB 5413.5—2010 中规定的方法测定。

【结果计算与数据处理】

试样中非脂乳固体的含量按式 7-6 计算。

$$X_{NFT} = X - X_1 - X_2 \tag{7-6}$$

式中：X_{NFT} 为试样中非脂乳固体的含量，g/100g；X 为试样中总固体的含量，g/100g；X_1 为试样中脂肪的含量，g/100g；X_2 为试样中蔗糖的含量，g/100g。

以重复性条件下获得的两次独立测定结果的算术平均值表示，结果保留三位有效数字。

项目八

饮料的检验

一、适用范围

饮料产品是指经过定量包装的，供直接饮用或用水冲调饮用的，乙醇含量不超过质量分数为 0.5% 的制品，不包括饮用药品。包括瓶（桶）装饮用水类（饮用天然矿泉水、饮用纯净水、其他饮用水）、碳酸饮料（汽水）类、茶饮料类、果汁及蔬菜汁类、蛋白饮料类、固体饮料类、其他饮料类。

二、实训内容

（一）实训方案设计

学生基于已有的食品分析与检验基础知识，通过查阅相关资料，根据饮料的相关知识及其测定的国家标准，设计检验内容及实验方法并形成实训方案。

（二）实训方案实施

1. 抽样

（1）瓶（桶）装饮用水类　在企业的成品仓库内，从同一规格、同一批次的合格产品中随机抽取样品。对于同时生产饮用天然矿泉水、饮用纯净水及其他饮用水的企业，每类产品抽取一个品种；对于既生产瓶装水又生产桶装水的企业应抽取桶装水产品。瓶装水的抽样基数不得少于 200 瓶，桶装水的抽样基数不得少于 100 桶，瓶装水的抽样数量为 18 瓶，桶装水的抽样数量为 6 桶。样品分成 2 份，1 份检验，1 份备查。抽样人员与被抽查企业陪同人员确认无误后，双方在抽样单上签字、盖章，并当场加贴封条封存样品。封条上应有抽样人员签名、抽样单位盖章和抽样日期。

（2）非瓶（桶）装饮用水类　在企业的成品仓库内，从同一规格、同一批次的合格产品中随机抽取样品。对于同时生产含乳饮料、乳酸菌饮料和植物蛋白饮料的企业，则每类产品都抽取一个品种。乳酸菌饮料应优先抽取未杀菌乳酸饮料。抽样基数不得少于 200 瓶，抽样数量为 18 瓶，样品分成 2 份，1 份检验，1 份备查。抽样人员与被抽查企业陪同人员确认无误后，双方在抽样单上签字、盖章，并当场加贴封条封存样品。封条上应有抽样人员签名、抽样单位盖章和抽样日期。

2. 检验项目　本任务主要针对非瓶（桶）装饮用水类进行检测，其检测项目见表 8-1。

表 8-1　非瓶（桶）装饮用水类检测项目表

检验项目	发证	监督	出厂
净含量	√	√	√
可溶性固形物	√	√	√
总酸	√	√	√
总砷	√	√	*
铅	√	√	*
铜	√	√	*
苯甲酸	√	√	*

续表

检验项目	发证	监督	出厂
山梨酸	√	√	*
糖精钠	√	√	*
甜蜜素	√	√	*
着色剂	√	√	*

注：注有"*"标记的，企业应当每年检验 2 次。

3. 检验　饮料制品质量检验项目中总酸、总砷等指标，参照前文中相关项目实训进行检验。此处主要介绍饮料净含量和可溶性固形物的测定方法。具体见本项目实训一至实训三。

三、实训报告与结果评判

（一）实训报告

实训报告可参照绪论填写，并及时对检测结果进行分析。

（二）检验判定原则

按照国家标准、行业标准进行判定。检验项目中有 1 项或者 1 项以上不符合规定的，判为不合格。

任务一　饮料净含量的测定

依据国家计量技术规范 JJF 1070—2005《定量包装商品净含量计量检验规则》，不同的饮料制品采用不同的方法，包括绝对体积法和相对密度法。

实训一　绝对体积法测定饮料的净含量

【适用范围】

本方法适用于流动性好、不挂壁，且标注净含量为 10ml 至 10L 的液体商品。如：饮用水。

【试剂仪器准备】

（1）专用检验量瓶。

（2）注射器（或分度吸管）。

（3）温度计。

检验设备的计量性能应满足检验结果的测量不确定度小于被检验商品净含量允许短缺量的 1/5 的要求。

【样品测定】

（1）将样本单位内容物倒入专用检验量瓶中，倾入时内容物不得有流洒或向瓶外飞溅。内容物成滴状后，应静止等待不少于 30 秒。

（2）保持专用检验量瓶放置垂直，并使视线与液面平齐，按液面的弯月下缘读取示值（保留至分度值的 1/3 至 1/5）。该示值即为样本单位的实际含量。

（3）对于可乐等加压加气的商品，在检验前加入不大于净含量允许短缺量 1/20~1/30 的消泡剂，待气泡消除后按（1）、（2）进行检验。

实训二　相对密度法测定饮料的净含量

【适用范围】

本方法适用于流动性不好、但液态均匀，以及不适用绝对体积法检验的液体商品。如：乳饮料等。

【试剂仪器准备】

电子天平、电子秤、电子密度计、密度杯、温度计，检验设备的计量性能应满足检验结果的测量不确定度小于被检验商品净含量允许短缺量的 1/5 的要求。

【样品测定】

（一）检验总重

逐个称量样本单位的总重。

（二）检验皮重

（1）样品量大于或者等于 10 件时，在样品中随机抽取 2 件，测定其净含量重量之差（R_e）和其皮重之差（R_t），以 R_e/R_t 的比值和样本量 n 为索引，从表 8-2 查出测定皮重的抽样数 n_1，该抽样数包括前面已抽取的 2 件样本。

（2）样本量小于 10 件时，其皮重抽样数 n_1 按以下方式确定：样本量为 1~2 件时，按样本量抽取；样本量为 3~9 件时，可参照表 8-2 样本量 $n=10$ 的抽样方案抽样。

（3）当 $n<n_1$ 时，抽取样本量为 n；当 $n=n_1$ 时，应以样本单位的各自皮重测定实际含量；当 $n>n_1$ 时，以 n_1 个样本单位皮重的算术平均值测定实际含量。

表 8-2　除去皮重的抽样方案

比值 R_e/R_t	测定皮重抽样数 n_1	
	$n=10$	$n=13$
≤0.2	10	13
0.21~1.00	10	13
1.01~2.00	8	10
2.01~3.00	5	6
3.01~4.00	3	4
4.01~5.00	2	3
5.01~6.00	2	3
>6.01	2	2

（三）检验密度

（1）在 20℃±2℃ 条件下，先称量密度杯重量，再将样本单位的内容物（如内容物需摇匀可在打开包装前完成）注满密度杯（或注入电子密度计内）。称量密度杯和其内容物的重量。该重量减去密度杯重，即视 20℃ 条件下定量体积的商品重。

（2）按上述相同的方法，检测 20℃ 条件下同体积的蒸馏水（或去离子水）重量。

（3）根据前两步检验得到的数据，计算本次测定的样本单位密度。其计算公式如下。

样本单位密度=定量体积内容物重量/定量体积蒸馏水（或去离子水）的重量（8-1）

样本单位密度=定量体积内容物密度/定量体积蒸馏水（或去离子水）密度　（8-2）

（4）上述密度检验重复三次，取三次检验结果的算术平均值作为样本单位净含量的计算密度。

【结果计算与数据处理】

实际含量按式 8-3 计算。

实际含量=（总重-皮重）/[样本单位密度×20℃蒸馏水（或去离子水）密度]　（8-3）

任务二　饮料中可溶性固形物含量的测定

实训三　折光计法测定饮料中可溶性固形物的含量

【测定原理】

在 20℃ 用折光计测量待测样液的折光率，并用折光率与可溶性固形物含量的换算表查得或从折光计上直接读出可溶性固形物含量。

【适用范围】

本方法适用于透明液体、半黏稠、含悬浮物的饮料制品。

【试剂仪器准备】

（1）阿贝折光计或糖度计：测量范围 0~80%，精确度±0.1%。

（2）组织捣碎器。

【样品测定】

（一）样品处理

1. 透明液体制品　将试样充分混匀，直接测定。

2. 半黏稠制品（果蔬浆类）　将试样充分混匀，用四层纱布挤出滤液，弃去最初几滴，收集滤液供测试用。

3. 含悬浮物质制品（含果粒饮料）　将待测样品置于组织捣碎机中捣碎，用四层纱布挤出滤液，弃去最初几滴，收集滤液供测试用。

（二）测定

（1）折光计在测定前按说明书进行校正。

（2）分开折光计的两面棱镜，以脱脂棉蘸乙醚或乙醇擦净。

（3）用末端熔圆之玻璃棒蘸取制备好的样液 2~3 滴，仔细滴于折光计棱镜平面之中央（注意勿使玻璃棒触及棱镜）。

（4）迅速闭合上下两棱镜，静置 1 分钟，要求液体均匀无气泡并充满视野。

（5）对准光源，由目镜观察，调节棱镜转动手轮，使视野分成明暗两部。再旋动微调螺旋，使两部界限明晰，其分线恰在接物镜的十字交叉点上，读取读数。

（6）如折光计标尺刻度为百分数，则读数即为可溶性固形物的百分率，按可溶性固形物对温度校正表（表8-3和表8-4）换算成20℃时标准的可溶性固形物百分率。

表8-3　可溶性固形物对温度校正表（减校正值）

温度（℃）	可溶性固形物含量读数（%）									
	5	10	15	20	25	30	40	50	60	70
15	0.29	0.31	0.33	0.34	0.34	0.35	0.37	0.38	0.39	0.40
16	0.24	0.25	0.26	0.27	0.28	0.28	0.30	0.30	0.31	0.32
17	0.18	0.19	0.20	0.21	0.21	0.21	0.22	0.23	0.23	0.24
18	0.13	0.13	0.14	0.14	0.14	0.14	0.15	0.15	0.16	0.16
19	0.06	0.06	0.07	0.07	0.07	0.07	0.08	0.08	0.08	0.08

表8-4　可溶性固形物对温度校正表（加校正值）

温度（℃）	可溶性固形物含量读数（%）									
	5	10	15	20	25	30	40	50	60	70
21	0.07	0.07	0.07	0.07	0.08	0.08	0.08	0.08	0.08	0.08
22	0.13	0.14	0.14	0.15	0.15	0.15	0.15	0.16	0.16	0.16
23	0.20	0.21	0.22	0.22	0.23	0.23	0.23	0.24	0.24	0.24
24	0.27	0.28	0.29	0.30	0.30	0.31	0.31	0.31	0.32	0.32
25	0.35	0.36	0.37	0.38	0.38	0.39	0.40	0.40	0.40	0.40

（7）如折光计读数标尺刻度为折光率，可读出其折光率，然后按折光率与可溶性固形物换算表（表8-5）查得样品中之可溶性固形物的百分率，再按可溶性固形物对温度校正表（表8-3和表8-4）换算成20℃标准的可溶性固形物百分率。

表8-5　折光率与可溶性固形物换算表

折光率	可溶性固形物含量（%）	折光率	可溶性固形物含量（%）	折光率	可溶性固形物含量（%）	折光率	可溶性固形物含量（%）
1.3330	0	1.3672	22	1.4076	44	1.4558	66
1.3344	1	1.3689	23	1.4096	45	1.4582	67
1.3359	2	1.3706	24	1.4117	46	1.4606	68
1.3373	3	1.3723	25	1.4137	47	1.4630	69
1.3388	4	1.3740	26	1.4158	48	1.4654	70
1.3403	5	1.3758	27	1.4179	49	1.4679	71
1.3418	6	1.3775	28	1.4301	50	1.4703	72
1.3433	7	1.3793	29	1.4222	51	1.4728	73
1.3448	8	1.3811	30	1.4243	52	1.4753	74
1.3463	9	1.3829	31	1.4265	53	1.4778	75

续表

折光率	可溶性固形物含量（%）	折光率	可溶性固形物含量（%）	折光率	可溶性固形物含量（%）	折光率	可溶性固形物含量（%）
1.3478	10	1.3847	32	1.4286	54	1.4803	76
1.3494	11	1.3865	33	1.4308	55	1.4829	77
1.3509	12	1.3883	34	1.4330	56	1.4854	78
1.3525	13	1.3902	35	1.4352	57	1.4880	79
1.3541	14	1.3920	36	1.4374	58	1.4906	80
1.3557	15	1.3939	37	1.4397	59	1.4933	81
1.3573	16	1.3958	38	1.4419	60	1.4959	82
1.3589	17	1.3978	39	1.4442	61	1.4985	83
1.3605	18	1.3997	40	1.4465	62	1.5012	84
1.3622	19	1.4016	41	1.4488	63	1.5039	85
1.3638	20	1.4036	42	1.4511	64		
1.3655	21	1.4056	43	1.4535	65		

（三）测定温度

测定时温度最好控制在 20℃左右观测，尽可能缩小校正范围。

（四）测定次数

同一个试验样品进行两次测定。

【结果计算与数据处理】

同一样品两次测定值之差，不应大于 0.5%。取两次测定的算术平均值作为结果，精确到小数点后一位。

项目九

罐头的检验

一、适用范围

罐头食品是指原料经处理、装罐、密封、杀菌或无菌包装而制成的食品。罐头食品应为商业无菌、常温下能长期存放。包括畜禽水产罐头、果蔬罐头和其他罐头。

二、实训内容

（一）实训方案设计

学生基于已有的食品分析与检验基础知识，通过查阅相关资料，根据罐头食品的相关知识及其测定的国家标准，设计检验内容及实验方法并形成实训方案。

（二）实训方案实施

1. 抽样 根据产品的品种，随机抽取 1 种产品进行检验。抽样单上按该产品的具体名称填写。在企业的成品库内随机抽取发证检验样品。所抽样品须为同一批次保质期内的产品，抽样基数不得少于 200 罐（瓶、袋），随机抽取 18 罐（瓶、袋）。样品分成 2 份，1 份检验，1 份备查。样品确认无误后，由抽样人员与被抽查单位在抽样单上签字、盖章，当场封存样品，并加贴封条，封条上应有抽样人员签名、抽样单位盖章及抽样日期。

2. 检验项目 罐头食品质量安全检验项目见表 9-1。

表 9-1 罐头食品质量安全检验项目表

检验项目	发证	监督	出厂	备注
☆净含量（净重）	√	√	√	
固形物（含量）	√	√	√	
氯化钠含量	√	√	√	
脂肪（含量）	√	√	*	
水分	√	√	*	
蛋白质	√	√	*	有此项目要求的
淀粉（含量）	√	√	*	
亚硝酸盐	√	√	*	
糖水浓度（可溶性固形物）	√	√	√	
总酸度（pH）	√	√	√	
☆锡（Sn）	√	√	*	有此项目要求的
☆铅（Pb）	√	√	*	
☆无机砷	√	√	*	适用于肉类、鱼类及其他水产品罐头
☆镉	√	√	*	适用于肉类和鱼类罐头
☆锌	√	√	*	适用于肉类和鱼类罐头
☆总砷	√	√	*	不适用于肉类、鱼类及其他水产品罐头

检验项目	发证	监督	出厂	备注
☆总汞（Hg）	√	√	*	果蔬、鱼类罐头不检
☆甲基汞	√	√	*	适用于鱼类及其他水产品罐头
总糖量	√	√	√	有此项目的罐头，如果酱罐头
番茄红素	√	√	*	有此项目的，如番茄酱罐头
霉菌计数	√	√	*	有此项目的，如番茄酱罐头
六六六	√	√	*	仅限于食用菌罐头
滴滴涕	√	√	*	仅限于食用菌罐头
米酵菌酸	√	√	*	仅限于银耳罐头
油脂过氧化值	√	√	*	有此项目的，如花生米罐头
黄曲霉毒素 B_1	√	√	*	有此项目的，如花生米罐头
苯并[α]芘	√	√	*	有此项目的，如猪肉香肠、片装火腿罐头
多氯联苯	√	√	*	仅适用于海水鱼罐头
干燥物含量	√	√	*	有此项目的，如八宝粥罐头
着色剂	√	√	*	有此项目的，如糖水染色樱桃罐头、什锦罐头
二氧化硫	√	√	*	果酱罐头、苹果山楂型酱罐头
组胺	√	√	*	鲐鱼罐头需测指标

注：1. 注有"*"标记的，企业应当每年检验2次。

    2. 企业生产的罐头产品未包含在相关的国家标准、行业标准内的，应按照相关规定制定企业标准，企业标准应至少具备检验项目中的"☆"标记的项目，并按备案有效的企业标准考核。

3. 检验 此处主要介绍可溶性固形物、净含量、干燥物、固形物含量的测定，检测方法主要依据 GB/T 10786—2006《罐头食品的检验方法》。具体见本项目实训一至实训四。

三、实训报告与结果评判

（一）实训报告

实训报告参照绪论填写，并及时对检测结果进行分析。

（二）检验判定原则

按照国家标准、行业标准进行判定。检验项目中有1项或者1项以上不符合规定的，判为不合格。

任务一　可溶性固形物含量的测定

实训一　折光计法测定罐头食品中可溶性固形物的含量

【测定原理】

在20℃用折光计测量试验溶液的折光率，并用折光率与可溶性固形物含量的换算表或折光计上直接读出可溶性固形物的含量。

【试剂仪器准备】

（1）阿贝折光计或糖度计。

（2）组织捣碎器。

【样品测定】

（一）样品处理

1. 透明的液体制品 充分混匀待测样品后直接测定。

2. 非黏稠制品（果浆、菜浆制品） 充分混匀待测样品，用四层纱布挤出滤液，用于测定。

3. 黏稠制品（果酱、果冻等） 称取适当量（40g 以下）（精确到 0.01g）的待测样品到已称重的烧杯中，加 100~150ml 蒸馏水，用玻璃棒搅拌，并缓和煮沸 2~3 分钟，冷却并充分混匀。20 分钟后称重，精确到 0.01g，然后用槽纹漏斗或布氏漏斗过滤到干燥容器里，留滤液供测定用。

4. 固相和液相分开的制品 按固液相的比例，将样品用组织捣碎器捣碎后，用四层纱布挤出滤液用于测定。

（二）测定

同项目八实训三测定方法。

【结果计算与数据处理】

（1）如果是不经稀释的透明液体或非黏稠制品或固相和液相分开的制品，可溶性固形物含量与折光计上所读得的数相等。

（2）如果是经稀释的黏稠制品，则可溶性固形物含量按式 9-1 计算。

$$X = \frac{D \times m_1}{m_0} \tag{9-1}$$

式中：X 为可溶性固形物含量，%；D 为稀释溶液里可溶性固形物的质量分数，%；m_1 为稀释后的样品质量，g；m_0 为稀释前的样品质量，g。

（3）如果测定的重现性已能满足要求，取两次测定的算术平均值作为结果。

（4）由同一个分析者紧接着进行两次测定的结果之差，应不超过 0.5%。

任务二　净含量的测定

实训二　重量法测定罐头食品的净含量

【仪器】

圆筛：净含量小于 1.5kg 的罐头，用直径 200mm 的圆筛；净含量等于或大于 1.5kg 的罐头，用直径 300mm 的圆筛。圆筛用不锈钢丝织成，其直径为 1mm，孔眼为 2.8mm×2.8mm。

【样品测定】

（1）擦净罐头外壁，用天平称取罐头总质量。

（2）畜肉、禽及水产类罐头需将罐头加热，使凝冻溶化后开罐。果蔬类罐头不经加热，直接开罐，内容物倒出后，将空罐洗净、擦干后称重。

【结果计算与数据处理】

罐头净含量按式 9-2 计算。

$$m = m_3 - m_2 \tag{9-2}$$

式中：m 为罐头净含量，g；m_3 为罐头总质量，g；m_2 为空罐质量，g。

任务三　干燥物含量的测定

实训三　重量法测定罐头食品中干燥物的含量

【测定原理】

将样品真空干燥至恒重，计算干燥物含量，以质量分数表示。

【试剂仪器准备】

扁形玻璃称量瓶，真空干燥箱，玻璃干燥器，不锈钢小勺或玻璃棒，一般干热烘箱。

【样品测定】

取 10~15g 干净细砂（40 目海砂）于扁平玻璃称量瓶中，并与不锈钢小勺或玻璃棒一起置于 100~105℃烘箱中烘干至恒重。取出，置于干燥器内冷却 30 分钟，称重（精确至0.001g）。以减量法在瓶中称取试样约 5g（精确至 0.001g），用勺或玻璃棒将试样与砂搅匀，铺成薄层，于水浴上蒸发至近干，移入温度 70℃、压力小于 13332.2Pa（100mmHg）的真空干燥箱内烘 4 小时。取出，置于干燥器中冷却 30 分钟，称量后再烘，每两小时取出冷却称量一次（两次操作应相同），直至两次质量差不大于 0.003g 为止。

【结果计算与数据处理】

干燥物的质量分数按式 9-3 计算。

$$X_1 = \frac{m_5 - m_4}{m_6} \times 100\% \tag{9-3}$$

式中：X_1 为干燥物的质量分数,%；m_5 为烘干后试样、不锈钢小勺（或玻璃棒）、净砂及称量瓶质量，g；m_4 为不锈钢小勺（或玻璃棒）、净砂及称量瓶质量，g；m_6 为试样质量，g。

平行试样结果允许 0.5% 误差。

任务四　固形物含量的测定

实训四　重量法测定罐头食品中固形物的含量

【水果、蔬菜类罐头】

开罐后，将内容物倾倒在预先称重的圆筛上，不搅动产品，倾斜筛子，沥干分钟后，将圆筛和沥干物一并称重。固形物的质量分数按式9-4计算。

$$X_2 = \frac{m_8 - m_7}{m_9} \times 100\%$$ (9-4)

式中：X_2为固形物的质量分数，%；m_8为果肉或蔬菜沥干物加圆筛质量，g；m_7为圆筛质量，g；m_9为罐头标明净含量，g。

注：带有小配料的蔬菜罐头，称量沥干物时应扣除小配料。

【畜肉禽罐头、水产类罐头和黏稠的粥类罐头】

将罐头在50℃±5℃的水浴中加热10~20分钟或在100℃水中加热2~7分钟（视罐头大小而定），使凝冻的汤汁溶化，开罐后，将内容物倾倒在预先称重的圆筛上，圆筛下方配接漏斗，架于容量合适的量筒上，不搅动产品，倾斜圆筛，沥干3分钟（黏稠的粥类罐头沥干5分钟）后，将筛子和沥干物一并称量（g）。将量筒静置5分钟，使油与汤汁分为两层，量取油层的毫升数乘以密度0.9，即得油层质量（g），固形物的质量分数按式9-5计算。

$$X_3 = \frac{(m_{11} - m_{10}) + m_{12}}{m_{13}} \times 100\%$$ (9-5)

式中：X_3为固形物的质量分数，%；m_{11}为沥干物加圆筛质量，g；m_{10}为圆筛质量，g；m_{12}为油脂质量，g；m_{13}为罐头标明净含量，g。

项目十

肉制品的检验

一、适用范围

肉制品是指以鲜、冻畜禽肉为主要原料，经选料、修整、腌制、调味、成型、熟化（或不熟化）和包装等工艺制成的肉类加工食品。适用腌腊肉制品、酱卤肉制品、熏烧烤肉制品、熏煮香肠火腿制品、发酵肉制品的检验。

二、实训内容

（一）实训方案设计

学生基于已有的食品分析与检验基础知识，通过查阅相关资料，根据肉制品食品的相关知识及其测定的国家标准，设计检验内容及实验方法并形成实训方案。

（二）实训方案实施

1. 抽样 根据企业产品品种，在企业的成品库内，按种类（咸肉类、腊肉类、风干肉类、中国腊肠类、中国火腿类、生培根类、生香肠类、白煮肉类、酱卤肉类、肉糕类、肉冻类、油炸肉类、肉松类、肉干类、熏烧烤肉类、肉脯类、熟培根类、熏煮香肠类、熏煮火腿类、发酵香肠类和发酵肉类等）分别随机抽取 1 种产品进行发证检验。所抽样品须为同一批次保质期内的产品，抽样基数不少于20kg，每批次抽样样品数量为4kg（不少于 4 个包装），分成 2 份，1 份检验，1 份备查。样品确认无误后，由抽样人员与被抽查单位在抽样单上签字、盖章，当场封存样品，并加贴封条，封条上应有抽样人员签名、抽样单位盖章及抽样日期。不具备产品出厂检验能力的企业，或部分小厂检验项目尚不能自检的企业，应委托国家质检部门统一公布的检验机构按生产批逐批进行出厂检验。企业同一批投料、同一班次、同一生产线的产品为一个生产批次。

2. 检验项目 肉制品的质量检验项目见表10-1。

表 10-1 肉制品质量检验项目

检验项目	发证	监督	出厂
感官	√	√	√
净含量	√	√	√
食盐	√	√	*
水分	√	√	√
酸价	√	√	√
亚硝酸盐	√	√	*
食品添加剂	√	√	*
标签	√	√	

注：注有"*"标记的，企业应当每年检验 2 次。

3. 检验 此处主要介绍净含量和食盐的测定方法。具体见本项目实训一至实训五。

三、实训报告与结果评判

（一）实训报告

实训报告参照绪论填写，并及时对检测结果进行分析。

（二）检验判定原则

按照国家标准、行业标准进行判定。检验项目中有 1 项或者 1 项以上不符合规定的，判为不合格。

任务一　净含量的测定

净含量是指定量包装商品除去包装容器和其他包装材料后内装商品的量。

定量包装商品是指以销售为目的，在一定量限范围内具有统一的质量、体积、长度、面积、计数标注等标识内容。依据国家质量监督检验检疫总局第 75 号令《定量包装商品计量监督管理办法》的规定，由生产者或者销售者在定量包装商品的包装上明示商品的净含量。

实训一　以质量（重量）标注净含量

【适用范围】

本方法适用于奶粉、糖果、饼干等商品。

【仪器】

秤或者天平。

【样品测定】

（一）一般商品

1. 测定总重（GW）　在秤或者天平上按顺序逐个称量每个样品的实际总重（GW_i），并记录结果。

2. 测定皮重（TW）　在秤或者天平上按顺序称量每个已打开包装样品的皮重（TW_i），记录结果并与总重结果对应。

3. 计算商品的实际含量（q）

$$商品的实际含量(q_i) = 实际总重(GW_i) - 皮重(TW_i)$$

4. 计算净含量的偏差（D）

$$单件商品的净含量偏差(D) = 实际含量(q_i) - 标注净含量(Q_n)$$

实训二　冰冻商品净含量的检验方法

【适用范围】

本方法适用于冰冻鱼、冰冻虾等加水后冷冻贮存的商品。

【仪器】

1. 秤或天平　应检定合格，准确度等级和检定分度值应符合本规范的要求。

2. 解冻容器　容积不小于被解冻商品体积的 4 倍，其底部必须设有进水口。

3. 带盖网筛　容积大于被解冻商品体积，用直径为 0.5～1mm 的不锈钢丝编制，网孔为 2.5mm 左右且不使解冻商品漏失，边角不得具有留存残液的结构。

4. 导管 普通水胶管，胶管直径能与容器进水口可靠连接。

5. 温度计 测量范围 0~50℃，分度值 ≤1℃。

【样品测定】

（一）测定网筛的重量（SW）

在秤或天平上称量每个用于检验的网筛重量，并记录结果。

（二）解冻

首先将每件样品拆除包装后，单独放入预先称量好的带盖网筛中，再将盛有样品的网筛放入解冻容器。然后将解冻用水（清洁淡水）通过接入容器底部进水口的导管，加入到解冻容器，保持适当流速的常流水，并使水由解冻容器的上部溢出（勿使样品露出水面），保持水温在 20℃左右。对于镀冰衣商品使样品表面的冰层刚好融化，其他冷冻商品的冷冻个体刚好能够分离为止。然后将解冻后的样品连同带盖网筛从解冻容器中提出，小心摇晃样品且避免损坏样品。

（三）控水

将解冻的样品连同网筛一起倾斜放置使其与水平面保持 17 至 20 度的倾角，这样更加有利于排净水分，控水 2 分钟。控水期间应注意不得挤压样品。

（四）测定网筛和固形物的重量（SDW）

将控水后的样品连同网筛一起放在秤或者天平上称量，并记录结果。

（五）计算商品的实际含量

商品的实际含量（q_i）＝ 样品固形物和网筛的重量（SDW）－ 网筛重量（SW）

（六）计算净含量的偏差（D）

单件商品的净含量偏差（D）＝ 实际含量（q_i）－ 标注净含量（Q_n）

【技术提示】

（1）冷冻商品是指在 0℃以下生产贮存的凝固商品，包括镀冰衣商品。

（2）镀冰衣商品是指单冻虾、单冻鱼等这类商品，其实际含量应不包括冰衣在内。

（3）对于易于吸水的冷冻商品（冻蔬菜、冻章鱼等）解冻过程中应保证不使解冻水进入商品。

实训三 以体积单位标注净含量

【适用范围】

本方法适用于流动性好、不挂壁，且标注净含量为 10ml 至 10L 的液体商品。如：饮用水、啤酒、白酒等。

【仪器】

（1）检验量瓶。

（2）注射器或分度吸管。

（3）温度计。

检验设备的计量性能应满足检验结果的测量不确定度小于被检验商品净含量允许短缺量的 1/5 的要求。

【样品测定】

（1）将样本单位内容物倒入检验量瓶中，倾入时内容物不得有流洒及向瓶外飞溅。内容物成滴状后，应静止等待不少于 30 秒。

（2）保持检验量瓶放置垂直，并使视线与液面平齐，按液面的弯月面下缘读取示值。该示值即为样本单位的实际含量。

【技术提示】

对于啤酒、可乐等加压加气的商品，在检验前加入不大于净含量允许短缺量 1/20～1/30 的消泡剂，待气泡消除后再进行检验。

任务二　食盐的测定

肉制品中加入食盐可以增加产品的风味，改善口感，并提供一定的防腐作用。测定方法依据 GB 5009.44—2016《食品安全国家标准　食品中氯化物的测定》。

实训四　电位滴定法测定肉与肉制品中氯化物的含量

【测定原理】

试样经酸化处理后，加入丙酮，以玻璃电极为参比电极，银电极为指示电极，用硝酸银标准滴定溶液滴定试液中的氯化物。根据电位的"突跃"，确定滴定终点。以硝酸银标准滴定溶液的消耗量，计算食品中氯化物的含量。

【适用范围】

以称样量 10g，定容至 100ml 计算，本方法的定量限为 0.008%（以 Cl^- 计）。

【试剂仪器准备】

（一）试剂

（1）亚铁氰化钾。

（2）乙酸锌。

（3）硝酸银。

（4）冰乙酸。

（5）硝酸。

（6）丙酮。

（7）标准品：基准氯化钠，纯度≥99.8%。

（8）沉淀剂 A：称取 106g 亚铁氰化钾，加水溶解并定容到 1L，混匀。

（9）沉淀剂 B：称取 220g 乙酸锌，溶于少量水中，加入 30ml 冰乙酸，加水定容到 1L，混匀。

（10）硝酸溶液（1+3）：将 1 体积的硝酸加入到 3 体积水中，混匀。

（11）氯化钠基准溶液（0.01000mol/L）：称取 0.5844g（精确至 0.1mg）经 500～600℃灼烧至恒重的基准试剂氯化钠，于小烧杯中，用少量水溶解，转移到 1000ml 容量瓶中，稀释至刻度，摇匀。

（12）硝酸银标准滴定溶液（0.02mol/L）：称取 3.40g 硝酸银（精确至 0.01g）于小烧杯中，用少量硝酸溶解，转移到 1000ml 棕色容量瓶中，用水定容至刻度，摇匀，避光贮存，或转移到棕色瓶中。

硝酸银标准滴定溶液标定（二级微商法）：吸取 10.00ml 0.01000mol/L 氯化钠基准溶液于 50ml 烧杯中，加入 0.2ml 硝酸溶液及 25ml 丙酮。将玻璃电极和银电极浸入溶液中，启动电磁搅拌器。从酸式滴定管滴入 V'ml 硝酸银标准滴定溶液（所需量的 90%），测量溶液的电位值（E）。继续滴入硝酸银标准滴定溶液，每滴入 1ml 立即测量溶液电位值（E）。接近终点和终点后，每滴入 0.1ml，测量溶液的电位值（E）。继续滴入硝酸银标准滴定溶液直至溶液电位数值不再明显改变。记录每次滴入硝酸银标准滴定溶液的体积和电位值。

滴定终点的确定：根据上述步骤的滴定记录，以硝酸银标准滴定溶液的体积（V'）和电位值（E），按表 10-2 数据，以列表方式计算 ΔE、ΔV 一级微商和二级微商。或电位滴定仪自动滴定、记录硝酸银标准滴定溶液的体积和电位值。

表 10-2　硝酸银标准滴定溶液滴定氯化钠标准溶液的体积计算表

V'	E	ΔE[a]	ΔV[b]	一级微商[c] （$\Delta E - \Delta V$）	二级微商[d]
0.00	400	—	—	—	—
4.00	470	70	4.00	18	—
4.50	490	20	0.50	40	22
4.60	500	10	0.10	100	60
4.70	515	15	0.10	150	50
4.80	535	20	0.10	200	50
4.90	620	85	0.10	850	650
5.00	670	50	0.10	500	-350
5.10	690	20	0.10	200	-300
5.20	7100	10	0.10	100	-100

注：[a] 相对应的电位变化的数值。

　　[b] 连续滴入硝酸银标准滴定溶液的体积增加值。

　　[c] 单位体积硝酸银标准滴定溶液引起的电位变化值，即 ΔE 与 ΔV 的比值。

　　[d] 相当于相邻的一级微商的数值之差。

当一级微商、二级微商等于零时，即为滴定终点，滴定到终点时，硝酸银标准滴定溶液的体积按式 10-1 计算。

$$V_1 = V_a + \left(\frac{a}{a-b} \times \Delta V \right) \tag{10-1}$$

式中：V_1 为滴定到终点时消耗硝酸银标准滴定溶液的体积，ml；V_a 为在 a 时消耗硝酸银标准滴定溶液的体积，ml；a 为二级微商为零前的二级微商值；b 为二级微商为零后二级微商值；ΔV 为 a 与 b 之间的体积差，ml。

硝酸银标准滴定溶液的浓度按式 10-2 计算。

$$c = \frac{10 \times c_1}{V_1} \tag{10-2}$$

式中：c 为硝酸银标准滴定溶液浓度，mol/L；c_1 为氯化钠基准溶液浓度，mol/L；V_1 为滴定终点时消耗硝酸银标准滴定溶液的体积，ml。

除非另有规定，本方法所用试剂均为分析纯，水为 GB/T 6682—2008 规定的三级水。

（二）仪器

（1）组织捣碎机。

（2）粉碎机。

（3）研钵。

（4）涡旋振荡器。

（5）超声波清洗器。

（6）恒温水浴锅。

（7）离心机：转速≥3000r/min。

（8）pH 计：精度±0.1。

（9）玻璃电极。

（10）银电极或复合电极。

（11）电磁搅拌器。

（12）电位滴定仪。

（13）天平：感量 0.1mg 和 1mg。

【样品测定】

（一）试样制备

1. 炭化浸出法　称取 5g 试样（精确至 1mg）于瓷坩埚中，小火炭化完全，炭化成分用玻璃棒轻轻研碎，然后加 25～30ml 水，小火煮沸，冷却，过滤于 100ml 容量瓶中，并用热水少量多次洗涤残渣及滤器，洗液并入容量瓶中，冷至室温，加水至刻度，取部分滤液测定。

2. 灰化浸出法　称取 5g 试样（精确至 1mg）于瓷坩埚中，先小火炭化，再移入高温炉中，于 500～550℃ 灰化，冷却，取出，残渣用 50ml 热水分数次浸渍溶解，每次浸渍后过滤于 100ml 容量瓶中，冷至室温，加水至刻度，取部分滤液测定。

（二）测定

移取 10.00ml 处理好的试液，于 50ml 烧杯中，加入 5ml 硝酸溶液和 25ml 丙酮。将玻璃电极和银电极浸入溶液中，启动电磁搅拌器。从酸式滴定管滴入 V'ml 硝酸银标准滴定溶液（所需量的 90%），测量溶液的电位值（E）。继续滴入硝酸银标准滴定溶液，每滴入 1 ml 立即测量溶液电位值（E）。接近终点和终点后，每滴入 0.1ml，测量溶液的电位值（E）。继续滴入硝酸银标准滴定溶液，直至溶液电位数值不再明显改变。记录每次滴入硝酸银标准滴定溶液的体积和电位值。以硝酸银标准滴定溶液的体积（V'）和电位值（E），以列表方式计算 ΔE、ΔV、一级微商和二级微商。或电位滴定仪自动滴定、记录硝酸银标准滴定溶液的体积和电位值。

滴定终点时消耗硝酸银标准滴定溶液的体积（V_3）按式 10-1 计算。或电位滴定仪自动滴定、记录硝酸银标准滴定溶液的体积和电位值。同时做空白试验，记录消耗硝酸银标准滴定溶液的体积（V'_0）。

【结果计算与数据处理】

食品中氯化物的含量按式 10-3 计算。

$$X_1 = \frac{0.0355 \times c \times (V_3 - V'_0) \times V}{m \times V_2} \times 100 \tag{10-3}$$

式中：X_1 为试样中氯化物的含量（以氯计），%；0.0355 为与 1.00ml 硝酸银标准滴定溶液（1.000mol/L）相当的氯的质量，g；c 为硝酸银标准滴定溶液浓度，mol/L；V'_0 为空白试验时消耗的硝酸银标准滴定溶液体积，ml；V_2为用于滴定的滤液体积；V_3为滴定试液时消耗的硝酸银标准滴定溶液体积，ml；V为样品定容体积，ml；m为试样质量，g。

当氯化物含量≥1%时，结果保留三位有效数字；当氯化物含量<1%时，结果保留两位有效数字。在重复性条件下获得的两次独立测试结果的绝对差值不得超过算术平均值的5%。

实训五　佛尔哈德法（间接沉淀滴定法）测定肉与肉制品中氯化物的含量

【测定原理】

样品经水或热水溶解、沉淀蛋白质、酸化处理后，加入过量的硝酸银溶液，以硫酸铁铵为指示剂，用硫氰酸钾标准滴定溶液滴定过量的硝酸银。根据硫氰酸钾标准滴定溶液的消耗量，计算食品中氯化物的含量。

【适用范围】

以称样量10g，定容至100ml计算，方法定量限为0.008%（以Cl^-计）。

【试剂仪器准备】

（一）试剂

（1）硫酸铁铵$[NH_4Fe(SO_4)_2 \cdot 12H_2O]$。

（2）硫氰酸钾（KSCN）。

（3）硝酸（HNO_3）。

（4）硝酸银（$AgNO_3$）。

（5）乙醇（CH_3CH_2OH）：纯度≥95%。

（6）基准氯化钠（NaCl）：纯度≥99.8%。

（7）硫酸铁铵饱和溶液：称取50g硫酸铁铵，溶于100ml水中，如有沉淀物，用滤纸过滤。

（8）硝酸溶液（1+3）：将1体积的硝酸加入3体积水中，混匀。

（9）乙醇溶液（80%）：84ml 95%乙醇与15ml，水混匀。

（10）硝酸银标准滴定溶液（0.1mol/L）：称取17g硝酸银，溶于少量硝酸中，转移到1000ml棕色容量瓶中，用水稀释至刻度，摇匀，转移到棕色试剂瓶中储存。或购买有证书的硝酸银标准滴定溶液。

（11）硫氰酸钾标准滴定溶液（0.1mol/L）：称取9.7g硫氰酸钾，溶于水中，转移到1000ml容量瓶中，用水稀释至刻度，摇匀。或购买经国家认证并授予标准物质证书的硫氰酸钾标准滴定溶液。

（12）硝酸银标准滴定溶液与硫氰酸钾标准滴定溶液体积比的确定：移取0.1mol/L硝酸银标准滴定溶液20.00ml（V_4）于250ml锥形瓶中，加入30ml水、5ml硝酸溶液和2ml硫酸铁铵饱和溶液，边摇动边滴加硫氰酸钾标准滴定溶液，滴定至出现淡棕红色，保持1min不退色，记录消耗硫氰酸钾标准滴定溶液的体积（V_5）。

（13）硝酸银标准滴定溶液（0.1mol/L）和硫氰酸钾标准滴定溶液（0.1mol/L）的标定：称取经500~600℃灼烧至恒重的氯化钠0.10g（精确至0.1mg），于烧杯中，用约40ml水溶解，并转移到100ml容量瓶中。加入5ml硝酸溶液，边剧烈摇动边加入25.00ml（V_6）

0.1mol/L 硝酸银标准滴定溶液，用水稀释至刻度，摇匀。在避光处放置 5min，用快速滤纸过滤，弃去最初滤液 10ml。准确移取滤液 50.00ml 于 250ml 锥形瓶中，加入 2ml 硫酸铁铵饱和溶液，边摇动边滴加硫氰酸钾标准滴定溶液，滴定至出现淡棕红色，保持 1min 不退色。记录消耗硫氰酸钾标准滴定溶液的体积（V_7）。

硝酸银标准滴定溶液与硫氰酸钾标准滴定溶液的体积比按式 10-4 计算。

$$F = \frac{V_4}{V_5} = \frac{c_2}{c_3} \qquad (10\text{-}4)$$

式中：F 为硝酸银标准滴定溶液与硫氰酸钾标准滴定溶液的体积比；V_4 为确定体积比（F）时，硝酸银标准滴定溶液的体积，ml；V_5 为确定体积比（F）时，硫氰酸钾标准滴定溶液的体积，ml；c_2 为硫氰酸钾标准滴定溶液浓度，mol/L；c_3 为硝酸银标准滴定溶液浓度，mol/L。

硝酸银标准滴定溶液浓度按式 10-5 计算。

$$c_3 = \frac{\dfrac{m_0}{0.05844}}{V_6 - 2 \times V_7 \times F} \qquad (10\text{-}5)$$

式中：c_3 为硝酸银标准滴定溶液浓度，mol/L；m_0 为氯化钠的质量，g；V_6 为沉淀氯化物时加入的硝酸银标准滴定溶液体积，ml；V_7 为滴定过量的硝酸银消耗硫氰酸钾标准滴定溶液的体积，ml；F 为硝酸银标准滴定溶液与硫氰酸钾标准滴定溶液的体积比；0.05844 为与 1.00ml 硝酸银标准滴定溶液（1.000mol/L）相当的氯化钠的质量，g。

硫氰酸钾标准滴定溶液浓度按式 10-6 计算。

$$c_2 = c_3 \times F \qquad (10\text{-}6)$$

式中：c_2 为硫氰酸钾标准滴定溶液浓度，mol/L；c_3 为硝酸银标准滴定溶液浓度，mol/L；F 为硝酸银标准滴定溶液与硫氰酸钾标准滴定溶液的体积比。

除非另有规定，本方法所用试剂均为分析纯，水为 GB/T 6682—2008 规定的三级水。

（二）仪器

同项目十实训四。

【样品测定】

（一）试样制备

同项目十实训四。

（二）测定

1. 试样氯化物的沉淀　移取 50.00ml 制备好的试液（V_8），氯化物含量较高的样品，可减少取样体积，于 100ml 比色管中。加入 5ml 硝酸溶液，在剧烈摇动下，用酸式滴定管滴加 20.00~40.00ml 硝酸银标准滴定溶液，用水稀释至刻度，在避光处静置 5min。用快速滤纸过滤，弃去 10ml 最初滤液。

加入硝酸银标准滴定溶液后，如不出现氯化银凝聚沉淀，而呈现胶体溶液时，应在定容、摇匀后，置沸水浴中加热数分钟，直至出现氯化银凝聚沉淀。取出，在冷水中迅速冷却至室温，用快速滤纸过滤，弃去 10ml 最初滤液。

2. 过量硝酸银的滴定　移取 50.00ml 滤液于 250ml 锥形瓶中，加入 2ml 硫酸铁铵饱和溶液。边剧烈摇动边用 0.1mol/L 硫氰酸钾标准滴定溶液滴定，淡黄色溶液出现乳白色沉淀，终点时变为淡棕红色，保持 1 分钟不退色。记录消耗硫氰酸钾标准滴定溶液的体积（V_9）。同时做空白试验，记录消耗硝酸银标准滴定溶液的体积（V_0）。

【结果计算与数据处理】

食品中氯化物的含量按式 10-7 计算。

$$X_2 = \frac{0.0355 \times c_2 \times (V_0 - V_9) \times V}{m \times V_8} \times 100 \qquad (10-7)$$

式中：X_2 为试样中氯化物的含量（以氯计），%；0.0355 为与 1.00ml 硝酸银标准滴定溶液（1.000mol/L）相当的氯的质量，g；c_2 为硝酸银标准滴定溶液浓度，mol/L；V_0 为空白试验时消耗的硝酸银标准滴定溶液体积，ml；V_8 为用于滴定的滤液体积，ml；V_9 为滴定试液时消耗的硝酸银标准滴定溶液体积，ml；V 为样品定容体积，ml；m 为试样质量，g。

当氯化物含量≥1%时，结果保留三位有效数字；当氯化物含量<1%时，结果保留两位有效数字。在重复性条件下获得的两次独立测试结果的绝对差值不得超过算术平均值的 5%。

项目十一

粮油制品的检验

一、适用范围

粮油制品包括所有以粮油为原料加工制作的包装粮油类加工产品。食用植物油指的是以菜籽、大豆、花生、葵花籽、棉籽、亚麻籽、油茶籽、玉米胚、红花籽、米糠、芝麻、棕榈果实、橄榄果实（仁）、椰子果实以及其他小品种植物油料（如核桃、杏仁、葡萄籽等）制取的原油（毛油），经过加工制成的食用植物油（含食用调和油）。食用植物油的各项指标的检测贯穿于产品开发、生产、市场监督的全过程。

二、实训内容

（一）实训方案设计

学生基于已有的食品分析与检验基础知识，通过查阅相关资料，根据食用油食品的相关知识及其测定的国家标准，设计检验内容及实验方法并形成实训方案。

（二）实训方案实施

1. 抽样　根据企业的产品品种，在成品库中随机抽取样品。芝麻油单独抽样，其他食用植物油抽取1种产品进行检验。有半精炼、全精炼的品种，优先抽取精炼程度高的产品。对生产半精炼食用植物油，又分装精炼油的企业，应各抽取1种产品，进行发证检验。

同一批次的食用植物油产品的抽样基数不得少于50桶（瓶），且总量不少于80kg。抽样数量为抽取2个包装桶（瓶）且总量不少于3kg。1份检验，1份备查。样品及抽样单内容经确认无误后，由抽样人员与被抽查单位在抽样单上签字、盖章，当场封存样品，并加贴封条，封条上应有抽样人员签名、抽样单位盖章及抽样日期。

2. 检验项目　食用植物油质量检验项目见表11-1。

表 11-1　食用植物油质量检验项目表

序号	检验项目	发证	监督	出厂	备注
1	色泽	√	√	√	
2	气味、滋味	√	√	√	
3	透明度	√	√	√	
4	水分及挥发物	√	√		
5	不溶性杂质（杂质）	√	√		
6	酸值（酸价）	√	√	√	橄榄油测定酸度
7	过氧化值	√	√	√	
8	加热试验（280℃）	√	√	√	
9	含皂量	√	√		
10	烟点	√	√		
11	冷冻试验	√	√		
12	溶剂残留量	√		√	此出厂检验项目可委托检验
13	铅	√	√	*	
14	总砷	√	√	*	

续表

序号	检验项目	发证	监督	出厂	备注
15	黄曲霉毒素 B₁	√	√	*	
16	棉籽油中游离棉酚含量	√	√	*	棉籽油
17	熔点	√	√	√	棕桐（仁）油
18	抗氧化剂（BHA、BHT）	√	√	*	
19	标签	√	√		

注：注有"*"标记的，企业应当每年检验 2 次。

3. 检验 油脂酸败直接影响油脂质量。此处测定油脂酸价和过氧化值。具体项目见实训一和实训二。

三、实训报告与结果评判

（一）实训报告

实训报告参照绪论填写，并及时对检测结果进行分析。

（二）检验判定原则

按照国家标准、行业标准进行判定。检验项目中有 1 项或者 1 项以上不符合规定的，判为不合格。

任务一　食用植物油酸价的测定

油脂酸败分为水解型酸败和氧化型酸败。水解型酸败指的是油脂在食品所含脂肪酶、光、热作用下，吸收水分，被分解生成甘油和小分子的脂肪酸，如丁酸、乙酸、辛酸等，使酸度升高，其程度用酸价来衡量。

植物油中的游离脂肪酸用氢氧化钾标准溶液滴定，每克植物油消耗氢氧化钾的毫克数，称为酸价。酸价反映了油脂品质下降，是油脂质量的重要指标之一。需要注意的是，油脂中酸价增高的变化趋势比较迟缓，所以酸价在判断油脂氧化酸败时，并非敏感指标。

GB 2716—2005 规定植物原油酸价不得超过 4.0mg/L，食用植物油不得超过 3.0mg/L。分析方法依据为 GB 5009.229—2016《食用安全国家标准　食品中酸价的测定》。

实训一　冷溶剂指示剂滴定法测定食品中的酸价

【测定原理】

用有机溶剂将油脂试样溶解成样品溶液，然后用氢氧化钾或氢氧化钠标准溶液滴定存在于油脂中的游离脂肪酸。以指示剂相应的颜色变化来判定滴定终点，通过消耗的标准溶液的体积计算油脂试样的酸价。

【试剂仪器准备】

（一）试剂

（1）氢氧化钾（0.1mol/L）或氢氧化钠标准滴定水溶液（0.5mol/L）。

（2）乙醚-异丙醇混合液（1:1）：500ml 的乙醚与 500ml 的异丙醇充分互溶混合，用时现配。

（3）酚酞指示剂：称取 1g 的酚酞，加入 100ml 的 95% 乙醇并搅拌至完全溶解。

（二）仪器

（1）10ml 微量滴定管：最小刻度为 0.05ml。

（2）天平：感量 0.001g。

（3）恒温水浴锅。

（4）恒温干燥箱。

（5）植物油料粉碎机或研磨机。

【样品测定】

（一）试样制备

1. 食用油脂试样的制备

（1）常温下呈液态的油脂样品　若食用油脂样品常温下呈液态，且为澄清液体，则充分混匀后直接取样。

①除杂：如样品不澄清、有沉淀，则将油脂置于 50℃ 并充分振摇以熔化可能的油脂结晶。若此时油脂样品变为澄清、无沉淀，则可作为试样，否则应将油脂置于 50℃ 的恒温干燥箱内，用滤纸过滤不溶性杂质，取过滤液测定。若油脂试样中杂质含量较高，颗粒细小难以过滤，应先将试样用离心机以 8000～10000r/min 的转速离心 10～20min，沉淀杂质。

凝固点高于 50℃ 或含有凝固点高于 50℃ 油脂成分试样，应将油脂置于比凝固点高 10℃ 的水浴或恒温干燥箱内，将油脂加热并充分振摇以熔化可能的油脂结晶。若还需过滤，则将油脂置于比其凝固点高 10℃ 左右的恒温干燥箱内，用滤纸过滤不溶性杂质，取过滤液测定。

②干燥脱水：若油脂中含有水分，经过上述除杂步骤处理后仍旧无法达到澄清，则需进行干燥脱水。对于无结晶或凝固现象的油脂，以及经过除杂步骤处理后并冷却至室温后无结晶或凝固现象的油脂，按每 10g 油脂加入 1～2g 的比例加入无水硫酸钠，并充分搅拌回合吸附脱水，用滤纸过滤，取过滤液测定。

若试样中的水分含量较高，可先将油脂试样用离心机 8000～10000r/min 的转速离心 10～20min，分层后，取上层油脂样品在用无水硫酸钠吸附脱水。

对于室温下有结晶或凝固现象的油脂，以及经过上述除杂步骤处理后冷却至室温有明显结晶或凝固现象的油脂，可将油脂样品用适量的石油醚，于 40～55℃ 水浴内完全溶解后，加入适量无水硫酸钠，在维持加热条件下充分搅拌混合吸附脱水，并静置沉淀硫酸钠，取上清液置于水与温度不高于 45℃ 的旋转蒸发仪 45℃ 内，0.08MPa～0.1MPa 负压条件下，将其中石油醚彻底旋转蒸干，取残留的液体油脂作为试样。若残留油脂有浑浊显现，将油脂样品按上述除杂步骤中相关要求在进行一次过滤除杂，以获得澄清油脂样品。

凝固点过高而无法溶解于石油醚的油脂样品，则将油脂于比其凝固点高 10℃ 左右的水浴或恒温干燥箱内，将油脂加热并充分振摇以熔化可能的油脂结晶或凝固物，然后仍在相同的加热条件下过滤上层的液态油脂样品，获得澄清的油脂样品。

（2）常温下为固态油脂样品　按表 11-2 的要求，称取固态油脂样品，置于比其熔点高 10℃ 左右的水浴或恒温干燥箱内，加热完全融化固态油脂试样，若熔化后的油脂试样完全澄清，混匀后直接取样。若熔化后的油脂样品浑浊或有沉淀，按步骤（1）进行除杂和脱水处理。

表 11-2 试样称样表

估计的酸价 （mg/g）	试样的最小称样量 （g）	使用滴定液的浓度 （mol/L）	试样称重的精确度 （g）
0~1	20	0.1	0.05
1~4	10	0.1	0.02
4~15	2.5	0.1	0.01
15~75	0.5~3.0	0.1 或 0.5	0.001
>75	0.2~1.0	0.5	0.001

（3）经乳化加工的食用油脂　按表 11-2 的要求，称取乳化油脂样品，加入试样体积 5~10 倍石油醚，搅拌直至样品完全溶解于石油醚中（若油脂样品凝固点过高，置于 40~50℃水浴内搅拌至完全溶解），然后充分静置并分层后，去上层有机相提取液，置于水浴温度不高于 45℃的旋转蒸发仪内，0.08MPa~0.1MPa 负压条件下，将其中石油醚彻底旋转蒸干，取残留的液体油脂作为试样。若残留的油脂浑浊、乳化、分层或有沉淀，按照按步骤（1）进行除杂和脱水干燥处理。

对于难于溶解的油脂采用石油醚-甲基叔丁基醚（1:3）混合溶剂为浸提液，250ml 的石油醚与 750ml 的甲基叔丁基醚充分互溶混合。若油脂样品能完全溶解于石油醚等溶剂中，成为澄清的溶液或者只是成为悬浮液而不分层，则直接加入适量的无水硫酸钠，在同样的温度条件下，充分搅拌混合吸附脱水并静置沉淀硫酸钠，然后取上层清液置于水浴温度不高于 45℃的旋转蒸发仪内，0.08MPa~0.1MPa 负压条件下，将其中石油醚彻底旋转蒸干，取残留的液体油脂作为试样。若残留的油脂浑浊、乳化、分层或有沉淀，按照按步骤（1）进行除杂和脱水干燥处理。

2. 植物油料试样的制备　先用粉碎机或研磨机把植物油料粉碎成均匀的细颗粒，脆性较高的植物油料（如大豆、葵花籽、棉籽、油菜籽等）应粉碎至粒径为 0.8~3mm 甚至更小的细颗粒，而脆性较低的植物油料（如椰干、棕榈仁等）应粉碎至粒径不大于 6mm 的颗粒。其间若发热明显，应先将样品剪切成小块、小片或小粒，然后，趁未解冻，将捣烂的样品倒入组织捣碎机的不锈钢捣碎杯中，此时可再向捣碎杯中加入少量的液氮，然后以 10000~15000r/min 的转速进行冷冻粉碎，将样品粉碎至大部分粒径不大于 4mm 的颗粒。

取粉碎的植物油料细颗粒装入索氏脂肪提取装置中，再加入适量的提取溶剂（无水乙醚或石油醚），加热并回流提取 4h。最后收集并合并所有的提取液于一个烧瓶中，置于水浴温度不高于 45℃的旋转蒸发仪内，0.08MPa~0.1MPa 负压条件下，将其中的溶剂彻底旋转蒸干，取残留的液体油脂作为试样进行酸价测定。

若残留的液态油脂浑浊、乳化、分层或有沉淀，按照按食用油脂试样制备的步骤（1）进行除杂和脱水干燥处理。

（二）试样称量

（1）根据制备试样的颜色和估计的酸价，按照表 11-2 规定称量试样。

（2）试样称样量和滴定液浓度应使滴定液用量在 0.2~10ml 之间（扣除空白后）。若检测后，发现样品的实际称样量与该样品酸价所对应的应有称样量不符，应按照表 11-2 要求，调整称样量后重新检测。

（三）试样测定

取一个干净的 250ml 的锥形瓶，按照步骤（二）试样称量的要求用天平称取制备的油脂试样，其质量 m 单位为克。加入乙醚-异丙醇混合液 50~100ml 和 3~4 滴的酚酞指示剂，充分振摇溶解试样。再用装有标准滴定溶液氢氧化钾（或氢氧化钠）水溶液的刻度滴定管对试样溶液进行手工滴定，当试样溶液初现微红色，且 15 秒内无明显退色时，为滴定的终点。立刻停止滴定，记录下此滴定所消耗的标准滴定溶液的毫升数，此数值为 V。

对于深色泽的油脂样品，可用百里香酚酞指示剂或碱性蓝 6B 指示剂取代酚酞指示剂，滴定时，当颜色变为蓝色时为百里香酚酞的滴定终点，碱性蓝 6B 指示剂的滴定终点为由蓝色变红色。米糠油（稻米油）的冷溶剂指示剂法测定酸价只能用碱性蓝 6B 指示剂。

（四）空白试验

另取一个干净的 250ml 的锥形瓶，准确加入与步骤（三）试样测定时相同体积、相同种类的有机溶剂混合液（乙醚-异丙醇混合液）和指示剂（酚酞指示剂、百里香酚酞指示剂或碱性蓝 6B 指示剂），振摇混匀。然后再用装有标准滴定溶液氢氧化钾（或氢氧化钠）水溶液的刻度滴定管进行手工滴定，当溶液初现微红色，且 15 秒内无明显退色时，为滴定的终点。立刻停止滴定，记录下此滴定所消耗的标准滴定溶液的毫升数，此数值为 V_0。

【结果计算与数据处理】

试样中酸价（又称酸值）含量按式 11-1 计算。

$$X_{AV} = \frac{(V - V_0) \times c \times 56.1}{M} \tag{11-1}$$

式中：X_{AV} 为酸价，mg/g；V 为试样测定所消耗的标准滴定溶液的体积，ml；V_0 为相应的空白测定所消耗的标准滴定溶液的体积，ml；c 为标准滴定溶液的摩尔浓度，mol/L；56.1 为氢氧化钾的摩尔质量，g/mol；m 为油脂样品的称样量，g。

酸价 ≤1mg/g，计算结果保留两位小数；1mg/g<酸价 ≤100mg/g，计算结果保留一位小数；酸价>100mg/g，计算结果保留至整数位。

当酸价<1mg/g 时，在重复条件下获得的两次独立测定结果的绝对差值不得超过算术平均值 15%；当酸价 ≥1mg/g 时，在重复条件下获得的两次独立测定结果的绝对差值不得超过算术平均值 12%。

任务二　食用植物油过氧化值的测定

天然油脂暴露在空气中会自发地进行氧化，这种反应是在光或金属等催化下开始的，生成过氧化物和氢化过氧化物等中间产物，具有连续性的特点，称为油脂的自动氧化，用过氧化值来衡量油脂氧化程度。

过氧化值是指 100g 油脂中过氧化物的质量（以碘计，g/100g）。有时油脂还没有出现酸败现象，已有较高过氧化值，表示该油脂已开始变质。GB 2716—2005 规定植物原油和食用植物油过氧化值不得超过 0.25g/100g。分析方法依据 GB 5009.277—2016《食品安全国家标准　食品中过氧化值的测定》。

实训二　滴定法测定食品中的过氧化值

【测定原理】

制备的油脂试样在三氯甲烷和冰乙酸中溶解，其中的过氧化物与碘化钾反应生成碘，用硫代硫酸钠标准溶液滴定析出的碘。用过氧化物相当于碘的质量分数或 1kg 样品中活性氧的毫摩尔数表示过氧化值的量。

【适用范围】

适用于食用动植物油脂、食用油脂制品，以小麦粉、谷物、坚果等植物性食品为原料经油炸、膨化、烘烤、调制、炒制等加工工艺而制成的食品，以及以动物性食品为原料经速冻、干制、腌制等加工工艺而制成的食品。

【试剂仪器准备】

（一）试剂

1. 饱和碘化钾溶液 称取 20g 碘化钾，加入 10ml 新煮沸冷却的水，摇匀后贮于棕色瓶中，存放于避光处备用。要确保溶液中有饱和碘化钾结晶存在。使用前检查：在 30ml 三氯甲烷-冰乙酸混合液中添加 1.00ml 碘化钾饱和溶液和 2 滴 1% 淀粉指示剂，若出现蓝色，并需用 1 滴以上的 0.01mol/L 硫代硫酸钠溶液才能消除，此碘化钾溶液不能使用，应重新配制。

2. 三氯甲烷-冰乙酸混合液（40:60） 量取 40ml 三氯甲烷，加 60ml 冰乙酸，混匀。

3. 硫代硫酸钠标准滴定液（0.1mol/L） 称取 26g 硫代硫酸钠（$Na_2S_2O_3 \cdot 5H_2O$），加 0.2g 无水碳酸钠，溶于 1000ml 水中，缓缓煮沸 10 分钟，冷却。放置两周后过滤、标定。临用前可稀释至需要浓度。

4. 1% 淀粉指示剂 称取 0.5g 可溶性淀粉，加少量水调成糊状。边搅拌边倒入 50ml 沸水，再煮沸搅匀后，放冷备用。临用前配制。

5. 石油醚的处理 取 100ml 石油醚于蒸馏瓶中，在低于 40℃ 的水浴中，用旋转蒸发仪减压蒸干。用 30ml 三氯甲烷-冰乙酸混合液分次洗涤蒸馏瓶，合并洗涤液于 250ml 碘量瓶中。准确加入 1.00ml 饱和碘化钾溶液，塞紧瓶盖，并轻轻振摇 0.5 分钟，在暗处放置 3 分钟，加 1.0ml 淀粉指示剂后混匀，若无蓝色出现，此石油醚用于试样制备；如加 1.0ml 淀粉指示剂混匀后有蓝色出现，则需更换试剂。

（二）仪器

（1）碘量瓶：250ml。

（2）滴定管：10ml，最小刻度为 0.05ml。

（3）滴定管：25ml 或 50ml，最小刻度为 0.1ml。

（4）天平：感量为 1mg、0.01mg。

（5）电热恒温干燥箱。

（6）旋转蒸发仪。

注：本方法中使用的所有器皿不得含有还原性或氧化性物质。磨砂玻璃表面不得涂油。

【样品测定】

（一）试样的制备

1. 动植物油脂 对液态样品，振摇装有试样的密闭容器，充分均匀后直接取样；对固态样品，选取有代表性的试样置于密闭容器中混匀后取样。

2. 油脂制品 对液态的食用氢化油、起酥油、代可可脂样品，振摇装有试样的密闭容器，充分混匀后直接取样；对固态的食用氢化油、起酥油、代可可脂样品，选取有代表性的试样置于密闭容器中混匀后取样。如有必要，将盛有固态试样的密闭容器置于恒温干燥箱中，缓慢加温到刚好可以融化，振摇混匀，趁试样为液态时立即取样测定。

3. 人造奶油 将样品置于密闭容器中，于 60~70℃ 的恒温干燥箱中加热至融化，振摇混匀后，继续加热至破乳分层并将油层通过快速定性滤纸过滤到烧杯中，烧杯中滤液为待测试样。制备的待测试样应澄清。

4. 以小麦粉、谷物、坚果等植物性食品为原料，经油炸、膨化、烘烤、调制、炒制等加工工艺而制成的食品 从全部样品中取出有代表性样品的可食部分，在玻璃研钵中研碎，将粉碎的样品置于广口瓶中，加入 2～3 倍样品体积的石油醚，摇匀，充分混合后静置浸提 12 小时以上，经装有无水硫酸钠的漏斗过滤，取滤液，在低于 40℃ 的水浴中，用旋转蒸发仪减压蒸干石油醚，残留物即为待测试样。

5. 以动物性食品为原料经速冻、干制、腌制等加工工艺而制成的食品 从全部样品中取出有代表性样品的可食部分，将其破碎并充分混匀后置于广口瓶中，加入 2～3 倍样品体积的石油醚，摇匀，充分混合后静置浸提 12 小时以上，经装有无水硫酸钠的漏斗过滤，取滤液，在低于 40℃ 的水浴中，用旋转蒸发仪减压蒸干石油醚，残留物即为待测试样。

（二）试样的测定

取 2.00～3.00g 混匀（必要时过滤）的试样，置于 250ml 碘量瓶中，加 30ml 三氯甲烷-冰醋酸混合液，使试样完全溶解。加入 1ml 饱和碘化钾溶液，立即紧密盖好瓶盖，并轻轻振摇 0.5 分钟，然后在暗处放置 3 分钟。取出加入 100ml 水摇匀，立即用硫代硫酸钠标准滴定液滴定至淡黄色时，加入 1ml 淀粉指示剂，滴至蓝色消失为终点。

（三）空白试验

取与样品测定时相同量的三氯甲烷-冰醋酸混合液、碘化钾溶液、水，按试样同一方法做试剂空白。空白试验所消耗 0.01mol/L 硫代硫酸钠溶液的体积（V_0）不得超过 0.1ml。

【结果计算与数据处理】

1. 试样的过氧化值按式 11-2 计算。

$$X_1 = \frac{(V-V_0) \times c \times 0.1269}{m} \times 100 \tag{11-2}$$

式中：X_1 为试样的过氧化值，g/100g；V 为试样消耗硫代硫酸钠标准滴定溶液体积，ml；V_0 为空白消耗硫代硫酸钠标准滴定溶液体积，ml；c 为硫代硫酸钠标准滴准溶液的浓度，mol/L；m 为试样的质量，g；0.1269 为与 1.00ml 硫代硫酸钠标准滴定溶液 [$c = 1.000mol/L$] 相当的碘的质量，g/mmol。

计算结果保留两位有效数字。在重复性条件下获得两次独立测定结果的绝对差值不得超过算数平均值的 10%。

2. 用 1kg 样品中活性氧的毫摩尔数表示过氧化值时，按式 11-3 计算。

$$X_2 = \frac{(V-V_0) \times c}{2 \times m} \times 1000 \tag{11-3}$$

式中：X_2 为试样的过氧化值，mmol/kg；V 为试样消耗的硫代硫酸钠标准溶液体积，ml；V_0 为空白试验消耗的硫代硫酸钠标准溶液体积，ml；c 为硫代硫酸钠标准溶液的浓度，mol/L；m 为试样质量，g。

计算结果以重复性条件下获得的两次独立测定结果的算术平均值表示，结果保留两位有效数字。

【技术提示】

（1）样品制备过程应避免强光，并尽可能避免带入空气。

（2）碘量法测定过氧化值属于氧化还原反应。测定时，试样量、放置时间、溶液的pH、光线、温度的改变都会影响测定结果。因此，要严格控制实验条件，按规定的反应、滴定条件操作。

（3）三氯甲烷性质不稳定，放置过久易产生氧化物质。在配置三氯甲烷-乙醇溶液前应先进行质量检查。

附录一　指示剂与指示液的配制方法

1　乙氧基黄叱精指示液　取乙氧基黄叱精 0.1g，加乙醇 100ml 使溶解，即得。变色范围 pH 3.5~5.5（红→黄）。

2　二甲基黄指示液　取二甲基黄 0.1g。加乙醇 100ml 使溶解，即得。变色范围 pH 2.9~4.0（红→黄）。

3　二甲基黄-亚甲蓝混合指示液　取二甲基黄与亚甲蓝各 15mg，加三氯甲烷 100ml，振摇使溶解（必要时微温），滤过，即得。

4　二甲基黄-溶剂蓝 19 混合指示液　取二甲基黄与溶剂蓝 19 各 15mg，加三氯甲烷 100ml 使溶解，即得。

5　二甲酚橙指示液　取二甲酚橙 0.2g，加水 100ml 使溶解，即得。

6　二苯偕肼指示液　取二苯偕肼 1g，加乙醇 100ml 使溶解，即得。

7　儿茶酚紫指示液　取儿茶酚紫 0.1g，加水 100ml 使溶解，即得。变色范围 pH 6.0~7.0~9.0（黄→紫→紫红）。

8　中性红指示液　取中性红 0.5g，加水使溶解成 100ml，滤过，即得。变色范围 pH 6.8~8.0（红→黄）。

9　孔雀绿指示液　取孔雀绿 0.3g，加冰醋酸 100ml 使溶解，即得。变色范围 pH 0.0~2.0（黄→绿）；11.0~13.5（绿→无色）。

10　石蕊指示液　取石蕊粉末 10g，加乙醇 40ml，回流煮沸 1 小时，静置，倾去上层清液，再用同一方法处理 2 次，每次用乙醇 30ml，残渣用水 10ml 洗涤，倾去洗液，再加水 50ml 煮沸，放冷，滤过，即得。变色范围 pH 4.5~8.0（红→蓝）。

11　甲基红指示液　取甲基红 0.1g，加 0.05mol/L 氢氧化钠溶液 7.4ml 使溶解，再加水稀释至 200ml，即得。变色范围 pH 4.2~6.3（红→黄）。

12　甲基红-亚甲蓝混合指示液　取 0.1% 甲基红的乙醇溶液 20ml，加 0.2% 亚甲蓝溶液 8ml，摇匀，即得。

13　甲基红-溴甲酚绿混合指示液　取 0.1% 甲基红的乙醇溶液 20ml，加 0.2% 溴甲酚绿的乙醇溶液 30ml，摇匀，即得。

14　甲基橙指示液　取甲基橙 0.1g，加水 100ml 使溶解，即得。变色范围 pH 3.2~4.4（红→黄）。

15　甲基橙-二甲苯蓝 FF 混合指示液　取甲基橙与二甲苯蓝 FF 各 0.1g，加乙醇 100ml 使溶解，即得。

16　甲基橙-亚甲蓝混合指示液　取甲基橙指示液 20ml，加 0.2% 亚甲蓝溶液 8ml，摇匀，即得。

17　甲酚红指示液　取甲酚红 0.1g，加 0.05mol/L 氢氧化钠溶液 5.3ml 使溶解，再加水稀释至 100ml，即得。变色范围 pH 7.2~8.8（黄→红）。

18　甲酚红-麝香草酚蓝混合指示液　取甲酚红指示液 1 份与 0.1% 麝香草酚蓝溶液 3 份，混合，即得。

19　四溴酚酞乙酯钾指示液　取四溴酚酞乙酯钾 0.1g，加冰醋酸 100ml，使溶解，即得。对硝基酚指示液　取对硝基酚 0.25g，加水 100ml 使溶解，即得。

20　刚果红指示液　取刚果红 0.5g，加 10% 乙醇 100ml 使溶解，即得。变色范围 pH 3.0~

5.0（蓝→红）。

21 苏丹Ⅳ指示液　取苏丹Ⅳ0.5g，加三氯甲烷100ml使溶解，即得。

22 含锌碘化钾淀粉指示液　取水100ml，加碘化钾溶液（3→20）5ml与氯化锌溶液（1→5）10ml，煮沸，加淀粉混悬液（取可溶性淀粉5g，加水30ml搅匀制成），随加随搅拌，继续煮沸2分钟，放冷，即得。本液应在凉处密闭保存。

23 邻二氮菲指示液　取硫酸亚铁0.5g，加水100ml使溶解，加硫酸2滴与邻二氮菲0.5g，摇匀，即得。本液应临用新制。

24 间甲酚紫指示液　取间甲酚紫0.1g，加0.01mol/L氢氧化钠溶液10ml使溶解，再加水稀释至100ml，即得。变色范围pH 7.5~9.2（黄→紫）。

25 金属酚指示液（邻甲酚酞络合指示液）　取金属酞1g，加水100ml使溶解，即得。

26 茜素磺酸钠指示液　取茜素磺酸钠0.1g，加水100ml使溶解，即得。变色范围pH 3.7~5.2（黄→紫）。

27 荧光黄指示液　取荧光黄0.1g，加乙醇100ml使溶解，即得。

28 耐尔蓝指示液　取耐尔蓝1g，加冰醋酸100ml使溶解，即得。变色范围pH 10.1~11.1（蓝→红）。

29 钙黄绿素指示剂　取钙黄绿素0.1g，加氯化钾10g，研磨均匀，即得。

30 钙紫红素指示剂　取钙紫红素0.1g，加无水硫酸钠10g，研磨均匀，即得。

31 亮绿指示液　取亮绿0.5g，加冰醋酸100ml使溶解，即得。变色范围pH 0.0~2.6（黄→绿）。

32 姜黄指示液　取姜黄粉末20g，用冷水浸渍4次，每次100ml，除去水溶性物质后，残渣在100℃干燥，加乙醇100ml，浸渍数日，滤过，即得。

33 结晶紫指示液　取结晶紫0.5g，加冰醋酸100ml使溶解，即得。

34 萘酚苯甲醇指示液　取α-萘酚苯甲醇0.5g，加冰醋酸100ml使溶解，即得。变色范围pH 8.5~9.8（黄→绿）。

35 酚酞指示液　取酚酞1g，加乙醇100ml使溶解，即得。变色范围pH 8.3~10.0（无色→红）。

36 酚磺酞指示液　取酚磺酞0.1g，加0.05mol/L氢氧化钠溶液5.7ml使溶解，再加水稀释至200ml，即得。变色范围pH 6.8~8.4（黄→红）。

37 铬黑T指示剂　取铬黑T 0.1g，加氯化钠10g，研磨均匀，即得。

38 铬酸钾指示液　取铬酸钾10g，加水100ml使溶解，即得。

39 偶氮紫指示液　取偶氮紫0.1g，加二甲基甲酰胺100ml使溶解，即得。

40 淀粉指示液　取可溶性淀粉0.5g，加水5ml搅匀后，缓缓倾入100ml沸水中，随加随搅拌，继续煮沸2分钟，放冷，倾取上层清液，即得。本液应临用新制。

41 硫酸铁铵指示液　取硫酸铁铵8g，加水100ml使溶解，即得。

42 喹哪啶红指示液　取喹哪啶红0.1g，加甲醇100ml使溶解，即得。变色范围pH 1.4~3.2（无色→红）。

43 碘化钾淀粉指示液　取碘化钾0.2g，加新制的淀粉指示液100ml使溶解。

44 溴甲酚紫指示液　取溴甲酚紫0.1g，加0.02mol/L氢氧化钠溶液20ml使溶解，再加水稀释至100ml，即得。变色范围pH 5.2~6.8（黄→紫）。

45 溴甲酚绿指示液　取溴甲酚绿0.1g，加0.05mol/L氢氧化钠溶液2.8ml使溶解，再加水稀释至200ml，即得。变色范围pH 3.6~5.2（黄→蓝）。

46 溴酚蓝指示液　取溴酚蓝0.1g，加0.05mol/L氢氧化钠溶液3.0ml使溶解，再加水稀释至 200ml，即得。变色范围 pH 2.8~4.6（黄→蓝绿）。

47　溴麝香草酚蓝指示液　取溴麝香草酚蓝 0.1g，加 0.05mol/L 氢氧化钠溶液 3.2ml 使溶解，再加水稀释至 200ml，即得。变色范围 pH 6.0~7.6（黄→蓝）。

48　溶剂蓝 19 指示液　取 0.5g 溶剂蓝 19，加冰醋酸 100ml 使溶解，即得。

49　橙黄Ⅳ指示液　取橙黄Ⅳ0.5g，加冰醋酸 100ml 使溶解，即得。变色范围 pH 1.4~3.2（红→黄）。

50　曙红钠指示液　取曙红钠 0.5g，加水 100ml 使溶解，即得。

51　麝香草酚酞指示液　取麝香草酚酞 0.1g，加乙醇 100ml 使溶解，即得。变色范围 pH 9.3~10.5g（无色→蓝）。麝香草酚蓝指示液　取麝香草酚蓝 0.1g，加 0.05mol/L 氢氧化钠溶液 4.3ml 使溶解，再加水稀释至 200ml，即得。变色范围 pH 1.2~2.8（红→黄）；pH 8.0~9.6（黄→紫蓝）。

附录二 相当于氧化亚铜质量的葡萄糖、果糖、乳糖、转化糖质量表（mg）

氧化亚铜	葡萄糖	果糖	乳糖（含水）	转化糖
11.3	4.6	5.1	7.7	5.2
12.4	5.1	5.6	8.5	5.7
13.5	5.6	6.1	9.3	6.2
14.6	6.0	6.7	10.0	6.7
15.8	6.5	7.2	10.8	7.2
15.9	7.0	7.7	11.5	7.7
18.0	7.5	8.3	12.3	8.2
19.1	8.0	8.8	13.1	8.7
20.3	8.5	9.3	13.8	9.2
21.4	8.9	9.9	14.6	9.7
22.5	9.4	10.4	15.4	10.2
23.6	9.9	10.9	16.1	10.7
24.8	10.4	11.5	16.9	11.2
25.9	10.9	12.0	17.7	11.7
27.0	11.4	12.5	18.4	12.3
28.1	11.9	13.1	19.2	12.8
29.3	12.3	13.6	19.9	13.3
30.4	12.8	14.2	20.7	13.8
31.5	13.3	14.7	21.5	14.3
32.6	13.8	15.2	22.2	14.8
33.8	14.3	15.8	23.0	15.3
34.9	14.8	16.3	23.8	15.8
36.0	15.3	16.8	24.5	16.3
37.2	15.7	17.4	25.3	16.8
38.3	16.2	17.9	26.1	17.3
39.4	16.7	18.4	26.8	17.8
40.5	17.2	19	27.6	18.3
41.7	17.7	19.5	28.4	18.9
42.8	18.2	20.1	29.1	19.4
43.9	18.7	20.6	29.9	19.9
45.0	19.2	21.1	30.6	20.4
46.2	19.7	21.7	31.4	20.9

续表

氧化亚铜	葡萄糖	果糖	乳糖（含水）	转化糖
47.3	20.1	22.2	32.2	21.4
48.4	20.6	22.8	32.9	21.9
49.5	21.1	23.3	33.7	22.4
50.7	21.6	23.8	34.5	22.9
51.8	22.1	24.4	35.2	23.5
52.9	22.6	24.9	36.0	24.0
54.0	23.1	25.4	36.8	24.5
55.2	23.6	26.0	37.5	25.0
56.3	24.1	26.5	38.3	25.5
57.4	24.6	27.1	39.1	26.0
58.5	25.1	27.6	39.8	26.5
59.7	25.6	28.2	40.6	27.0
60.8	26.1	28.7	41.4	27.6
61.9	26.5	29.2	42.1	28.1
63.0	27.0	29.8	42.9	28.6
64.2	27.5	30.3	43.7	29.1
65.3	28.0	30.9	44.4	29.6
66.4	28.5	31.4	45.2	30.1
67.6	29.0	31.9	46.0	30.6
68.7	29.5	32.5	46.7	31.2
69.8	30.0	33.0	47.5	31.7
70.9	30.5	33.6	48.3	32.2
72.1	31.0	34.1	49.0	32.7
73.2	31.5	34.7	49.8	33.2
74.3	32.0	35.2	50.6	33.7
75.4	32.5	35.8	51.3	34.3
76.6	33.0	36.3	52.1	34.8
77.7	33.5	36.8	52.9	35.3
78.8	34.0	37.4	53.6	35.8
79.9	34.5	37.9	54.4	36.3
81.1	35.0	38.5	55.2	36.8
82.2	35.5	39.0	55.9	37.4
83.3	36.0	39.6	56.7	37.9
84.4	36.5	40.1	57.5	38.4
85.6	37.0	40.7	58.2	38.9
86.7	37.5	41.2	59.0	39.4
87.9	38.0	41.7	59.8	40.0

氧化亚铜	葡萄糖	果糖	乳糖（含水）	转化糖
88.9	38.5	42.3	60.5	40.5
90.1	39.0	42.8	61.3	41.0
91.2	39.5	43.4	62.1	41.5
92.3	40.0	43.9	62.8	42.0
93.4	40.5	44.5	63.6	42.6
94.6	41.0	45.0	64.4	43.1
95.7	41.5	45.6	65.1	43.6
96.8	42.0	46.1	65.9	44.1
97.9	42.5	46.7	66.7	44.7
99.1	43.0	47.2	67.4	45.2
100.2	43.5	47.8	68.2	45.7
101.3	44.0	48.3	69.0	46.2
102.5	44.5	48.9	69.7	46.7
103.6	45.0	49.4	70.5	47.3
104.7	45.5	50.0	71.3	47.8
105.8	46.0	50.5	72.1	48.3
107.0	46.5	51.1	72.8	48.8
108.1	47.0	51.6	73.6	49.4
109.2	47.5	52.2	74.4	49.9
110.3	48.0	52.7	75.1	50.4
111.5	48.5	53.3	75.9	50.9
112.6	49.0	53.8	76.7	51.5
113.7	49.5	54.4	77.4	52.0
114.8	50.0	54.9	78.2	52.5
116.0	50.6	55.5	79.0	53.0
117.1	51.1	56.0	79.7	53.6
118.2	51.6	56.6	80.5	54.1
119.3	52.1	57.1	81.3	54.6
120.5	52.6	57.7	82.1	55.2
121.6	53.1	58.2	82.8	55.7
122.7	53.6	58.8	83.6	56.2
123.8	54.1	59.3	84.4	56.7
125.0	54.6	59.9	85.1	57.3
126.1	55.1	60.4	85.9	57.8
127.2	55.6	61.0	86.7	58.3
128.3	56.1	61.6	87.4	58.9
129.5	56.7	62.1	88.2	59.4

续表

氧化亚铜	葡萄糖	果糖	乳糖（含水）	转化糖
130.6	57.2	62.7	89.0	59.9
131.7	57.7	63.2	89.8	60.4
132.8	58.2	63.8	90.5	61.0
134.0	58.7	64.3	91.3	61.5
135.1	59.2	64.9	92.1	62.0
136.2	29.7	65.4	92.8	62.6
137.4	60.2	66.0	93.6	63.1
138.5	60.7	66.5	94.4	63.6
139.6	61.3	67.1	95.2	64.2
140.7	61.8	67.7	95.9	64.7
141.9	62.3	68.2	96.7	65.2
143.0	62.8	68.8	97.5	65.8
144.1	63.3	69.3	98.2	66.3
145.2	63.8	69.9	99.0	66.8
146.4	64.3	70.4	99.8	67.4
147.5	64.9	71.0	100.6	67.9
148.6	65.4	71.6	101.3	68.4
149.7	65.9	72.1	102.1	69.0
150.9	66.4	72.7	102.9	69.5
152.0	66.9	73.2	103.6	70.0
153.1	67.4	73.8	104.4	70.6
154.2	68.0	74.3	105.2	71.1
155.4	68.5	74.9	106.0	71.6
156.5	69.0	75.5	106.7	72.2
157.6	69.5	76.0	107.5	72.7
158.7	70.0	76.6	108.3	73.2
159.9	70.5	77.1	109.0	73.8
161.0	71.1	77.7	109.8	74.3
162.1	71.6	78.3	110.6	74.9
163.2	72.1	78.8	111.4	75.4
164.4	72.6	79.4	112.1	75.9
165.5	73.1	80.0	112.9	76.5
166.6	73.7	80.5	113.7	77.0
167.8	74.2	81.1	114.4	77.6
168.9	74.7	81.6	115.2	78.1
170.0	75.2	82.2	116.0	78.6
171.1	75.7	82.8	116.8	79.2

氧化亚铜	葡萄糖	果糖	乳糖（含水）	转化糖
172. 3	76. 3	83. 3	117. 5	79. 7
173. 4	76. 8	83. 9	118. 3	80. 3
174. 5	77. 3	84. 4	119. 1	80. 8
175. 6	77. 8	85. 0	119. 9	81. 3
176. 8	78. 3	85. 6	120. 6	81. 9
177. 9	78. 9	86. 1	121. 4	82. 4
179. 0	79. 4	86. 7	122. 2	83. 0
180. 1	79. 9	87. 3	122. 9	83. 5
181. 3	80. 4	87. 8	123. 7	84. 0
182. 4	81. 0	88. 4	124. 5	84. 6
183. 5	81. 5	89. 0	125. 3	85. 1
184. 5	82. 0	89. 5	126. 0	85. 7
185. 8	82. 5	90. 1	126. 8	86. 2
186. 9	83. 1	90. 6	127. 6	86. 8
188. 0	83. 6	91. 2	128. 4	87. 3
189. 1	84. 1	91. 8	129. 1	87. 8
190. 3	84. 6	92. 3	129. 9	88. 4
191. 4	85. 2	92. 9	130. 7	88. 9
192. 5	85. 7	93. 5	131. 5	89. 5
193. 6	86. 2	94. 0	132. 2	90. 0
194. 8	86. 7	94. 6	133. 0	90. 6
195. 9	87. 3	95. 2	133. 8	91. 1
197. 0	87. 8	95. 7	134. 6	91. 7
198. 1	88. 3	96. 3	135. 3	92. 2
199. 3	88. 9	96. 9	136. 1	92. 8
200. 4	89. 4	97. 4	136. 9	93. 3
201. 5	89. 9	98. 0	137. 7	93. 8
202. 7	90. 4	98. 6	138. 4	94. 4
203. 8	91. 0	99. 2	139. 2	94. 9
204. 9	91. 5	99. 7	140. 0	95. 5
206. 0	92. 0	100. 3	140. 8	96. 0
207. 2	92. 6	100. 9	141. 5	96. 6
208. 3	93. 1	101. 4	142. 3	97. 1
209. 4	93. 6	102. 0	143. 1	97. 7
210. 5	94. 2	102. 6	143. 9	98. 2
211. 7	94. 7	103. 1	144. 6	98. 8
212. 8	95. 2	103. 7	145. 4	99. 3

氧化亚铜	葡萄糖	果糖	乳糖（含水）	转化糖
213.9	95.7	104.3	146.2	99.9
215.0	96.3	104.8	147.0	100.4
216.2	96.8	105.4	147.7	101.0
217.3	97.3	106.0	148.5	101.5
218.4	97.9	106.6	149.3	102.1
219.5	98.4	107.1	150.1	102.6
220.7	98.9	107.7	150.8	103.2
221.8	99.5	108.3	151.6	103.7
222.9	100.0	108.8	152.4	104.3
224.0	100.5	109.4	153.2	104.8
225.2	101.1	110.0	153.9	105.4
226.3	101.6	110.6	154.7	106.0
227.4	102.2	111.1	155.5	106.5
228.5	102.7	111.7	156.3	107.1
229.7	103.2	112.3	157.0	107.6
230.8	103.8	112.9	157.8	108.2
231.9	104.3	113.4	158.6	108.7
233.1	104.8	114.0	159.4	109.3
234.2	105.4	114.6	160.2	109.8
235.3	105.9	115.2	160.9	110.4
236.4	106.5	115.7	161.7	110.9
237.6	107.0	116.3	162.5	111.5
238.7	107.5	116.9	163.3	112.1
239.8	108.1	117.5	164.0	112.6
240.9	108.6	118.0	164.8	113.2
242.1	109.2	118.6	165.6	113.7
243.1	109.7	119.2	166.4	114.3
244.3	110.2	119.8	167.1	114.9
245.4	110.8	120.3	167.9	115.4
246.6	111.3	120.9	168.7	116.0
247.7	111.9	121.5	169.5	116.5
248.8	112.4	122.1	170.3	117.1
249.9	112.9	122.6	171.0	117.6
251.1	113.5	123.2	171.8	118.2
252.2	114.0	123.8	172.6	118.8
253.3	114.6	124.4	173.4	119.3
254.4	115.1	125.0	174.2	119.9

续表

氧化亚铜	葡萄糖	果糖	乳糖（含水）	转化糖
255.6	115.7	125.5	174.9	120.4
256.7	116.2	126.1	175.7	121.0
257.8	116.7	126.7	176.5	121.6
258.9	117.3	127.3	177.3	122.1
260.1	117.8	127.9	178.1	122.7
261.2	118.4	128.4	178.8	123.3
262.3	118.9	129.0	179.6	123.8
263.4	119.5	129.6	180.4	124.4
264.6	120.0	130.2	181.2	124.9
265.7	120.6	130.8	181.9	125.5
266.8	121.1	131.3	182.7	126.1
268.0	121.7	131.9	183.5	126.6
269.1	122.2	132.5	184.3	127.2
270.2	122.7	133.1	185.1	127.8
271.3	123.3	133.7	185.8	128.3
272.5	123.8	134.2	186.6	128.9
273.6	124.4	134.8	187.4	129.5
274.7	124.9	135.4	188.2	130.0
275.8	125.5	136.0	189.0	130.6
277.0	126.0	136.6	189.7	131.2
278.1	126.6	137.2	190.5	131.7
279.2	127.1	137.7	191.3	132.3
280.3	127.7	138.3	192.1	132.9
281.5	128.2	138.9	192.9	133.4
282.6	128.8	139.5	193.6	134.0
283.7	129.3	140.1	194.4	134.6
284.8	129.9	140.7	195.2	135.1
286.0	130.4	141.3	196.0	135.7
287.1	131.0	141.8	196.8	136.3
288.2	131.6	142.4	197.5	136.8
289.3	132.1	143.0	198.3	137.4
290.5	132.7	143.6	199.1	138.0
291.6	133.2	144.2	199.9	138.6
292.7	133.8	144.8	200.7	139.1
293.8	134.3	145.4	201.4	139.7
295.0	134.9	145.9	202.2	140.3
296.1	135.4	146.5	203.0	140.8

氧化亚铜	葡萄糖	果糖	乳糖（含水）	转化糖
297.2	136.0	147.1	203.8	141.4
298.3	136.5	147.7	204.6	142.0
299.5	137.1	148.3	205.3	142.6
300.6	137.7	148.9	206.1	143.1
301.7	138.2	149.5	206.9	143.7
302.9	138.8	150.1	207.7	144.3
304.0	139.3	150.6	208.5	144.8
305.1	139.9	151.2	209.2	145.4
306.2	140.4	151.8	210.0	146.0
307.4	141.0	152.4	210.8	146.6
308.5	141.6	153.0	211.6	147.1
309.6	142.1	153.6	212.4	147.7
310.7	142.7	154.2	213.2	148.3
311.9	143.2	154.8	214.0	148.9
313.0	143.8	155.4	214.7	149.4
314.1	144.4	156.0	215.5	150.0
315.2	144.9	156.5	216.3	150.6
316.4	145.5	157.1	217.1	151.2
317.5	146.0	157.5	217.9	151.8
318.6	146.6	158.3	218.7	152.3
319.7	147.2	158.9	219.4	152.9
320.9	147.7	159.5	220.2	153.5
322.0	148.3	160.1	221.0	154.1
323.1	148.8	160.7	221.8	154.6
324.2	149.4	161.3	222.6	155.2
325.4	150.0	161.9	223.3	155.8
326.5	150.5	162.5	224.1	156.4
327.6	151.1	163.1	224.9	157.0
328.7	151.7	163.7	225.7	157.5
329.9	152.2	164.3	226.5	158.1
331.0	152.8	164.9	227.3	158.7
332.1	153.4	165.4	228.0	159.3
333.3	153.9	166.0	228.8	159.9
334.4	154.5	166.6	229.6	160.5
335.5	155.1	167.2	230.4	161.0
336.6	155.6	167.8	231.2	161.6
337.8	156.2	168.4	232.0	162.2

氧化亚铜	葡萄糖	果糖	乳糖（含水）	转化糖
338. 9	156. 8	169. 0	232. 7	162. 8
340. 0	157. 3	169. 6	233. 5	163. 4
341. 1	157. 9	170. 2	234. 3	164. 0
342. 3	158. 5	170. 8	235. 1	164. 5
343. 4	159. 0	171. 4	235. 9	165. 1
344. 5	159. 6	172. 0	236. 7	165. 7
345. 6	160. 2	172. 6	237. 4	166. 3
346. 8	160. 7	173. 2	238. 2	166. 9
347. 9	161. 3	173. 8	239. 0	167. 5
349. 0	161. 9	174. 4	239. 8	168. 0
350. 1	162. 5	175. 0	240. 6	168. 6
351. 3	163. 0	175. 6	241. 4	169. 2
352. 4	163. 6	176. 2	242. 2	169. 8
353. 5	164. 2	176. 8	243. 0	170. 4
354. 9	164. 7	177. 4	243. 7	171. 0
355. 8	165. 3	178. 0	244. 5	171. 6
356. 9	165. 9	178. 6	245. 3	172. 2
358. 0	166. 5	179. 2	246. 1	172. 8
359. 1	167. 0	179. 8	246. 9	173. 3
360. 3	167. 6	180. 4	247. 7	173. 9
361. 4	168. 2	181. 0	248. 5	174. 5
362. 5	168. 8	181. 6	249. 2	175. 1
363. 6	169. 3	182. 2	250. 0	175. 7
364. 8	169. 9	182. 8	250. 8	176. 3
365. 9	170. 5	183. 4	251. 6	176. 9
367. 0	171. 1	184. 0	252. 4	177. 5
368. 2	171. 6	184. 6	253. 2	178. 1
369. 3	172. 2	185. 2	253. 9	178. 7
370. 4	172. 8	185. 8	254. 7	179. 2

附录三 乳稠计读数换算表（20℃）

乳稠计读数	鲜乳温度（℃）							
	10	11	12	13	14	15	16	17
25	23.3	23.5	23.6	23.7	23.9	24.0	24.2	24.4
25.5	23.7	23.9	24.0	24.2	24.4	24.5	24.7	24.9
26	24.2	24.4	24.5	24.7	24.9	25.0	25.2	25.4
26.5	24.6	24.8	24.9	25.1	25.3	25.4	25.6	25.8
27	25.1	25.3	25.4	25.6	25.7	25.9	26.1	26.3
27.5	25.5	25.7	25.8	26.1	26.1	26.3	26.6	26.8
28	26.0	26.1	26.3	26.5	26.6	26.8	27.0	27.3
28.5	26.4	26.6	26.8	27.0	27.1	27.3	27.5	27.8
29	26.9	27.1	27.3	27.5	27.6	27.8	28.0	28.3
29.5	27.4	27.6	27.8	28.0	28.1	28.3	28.5	28.8
30	27.9	28.1	28.3	28.5	28.6	28.8	29.0	29.3
30.5	28.3	28.5	28.7	28.9	29.1	29.3	29.5	29.8
31	28.8	29.0	29.2	29.4	29.6	29.8	30.1	30.3
31.5	29.3	29.5	29.7	29.9	30.1	30.2	30.5	30.7
32	29.8	30.0	30.2	30.4	30.6	30.7	31.0	31.2
32.5	30.2	30.4	30.6	30.8	31.1	31.3	31.5	31.7
33	30.7	30.8	31.1	31.3	31.5	31.7	32.0	32.2
34	31.7	31.9	32.1	32.3	32.5	32.7	33.0	33.2
35	32.6	32.8	33.1	33.3	33.5	33.7	34.0	34.2
36	33.5	33.8	34.0	34.3	34.5	34.7	34.9	35.2

乳稠计读数	鲜乳温度（℃）							
	18	19	20	21	22	23	24	25
25	24.6	24.8	25.0	25.2	25.4	25.5	25.8	26.0
25.5	25.1	25.3	25.5	25.7	25.9	26.1	26.3	26.5
26	25.6	25.8	26.0	26.2	26.4	26.6	26.8	27.0
26.5	26.0	26.3	26.5	26.7	26.9	27.1	27.3	27.5
27	26.5	26.8	27.0	27.2	27.5	27.7	27.9	28.1
27.5	27.0	27.3	27.5	27.7	28.0	28.2	28.4	28.6
28	27.5	27.8	28.0	28.2	28.5	28.7	29.0	29.2
28.5	28.0	28.3	28.5	28.7	29.0	29.2	29.5	29.7
29	28.5	28.8	29.0	29.2	29.5	29.7	30.0	30.2
29.5	29.0	29.3	29.5	29.7	30.0	30.2	30.5	30.7
30	29.5	29.8	30.0	30.2	30.5	30.7	31.0	31.2
30.5	30.0	30.3	30.5	30.7	31.0	31.2	31.5	31.7
31	30.5	30.8	31.0	31.2	31.5	31.7	32.0	32.2
31.5	31.0	31.3	31.5	31.7	32.0	32.2	32.5	32.7
32	31.5	31.8	32.0	32.3	32.5	32.8	33.0	33.3
32.5	32.0	32.3	32.5	32.8	33.0	33.3	33.5	33.7
33	32.5	32.8	33.0	33.3	33.5	33.8	34.1	34.3
34	33.5	33.8	34.0	34.3	34.4	34.8	35.1	35.3
35	34.5	34.7	35.0	35.3	35.5	35.8	36.1	36.3
36	35.6	35.7	36.0	36.2	36.5	36.7	37.0	37.3

附录四　酒精计温度换算表（20℃）

溶液温度（℃）	酒精计示值									
	70.0	69.0	68.0	67.0	66.0	65.0	64.0	63.0	62.0	61.0
	20℃时用容积百分数表示的酒精浓度									
30	66.7	65.7	64.6	63.6	62.6	61.6	60.6	59.5	58.5	57.5
29	67.0	66.0	65.0	64.0	62.9	61.9	60.9	59.9	58.8	57.8
28	67.4	66.3	65.3	64.3	63.3	62.3	61.2	60.2	59.2	58.2
27	67.7	66.7	65.7	64.6	63.6	62.9	61.6	60.6	59.6	58.5
26	68.0	67.0	66.0	65.0	64.0	63.0	61.9	60.9	59.9	58.9
25	68.4	67.3	66.3	65.3	64.3	63.3	62.3	61.3	60.3	59.2
24	68.7	67.7	66.7	65.6	64.6	63.6	62.6	61.6	60.6	59.6
23	69.0	68.0	67.0	66.0	65.0	64.0	63.0	62.0	61.0	60.0
22	69.3	68.3	67.3	66.3	65.3	64.3	63.3	62.3	61.3	60.3
21	69.7	68.7	67.7	66.7	65.7	64.6	63.6	62.6	61.6	60.6
20	70.0	69.0	68.0	67.0	66.0	65.0	64.0	63.0	62.0	61.0
19	70.3	69.3	68.3	67.3	66.3	64.3	64.3	63.3	62.3	61.3
18	70.6	69.6	68.7	67.7	66.7	64.7	64.7	63.7	62.7	61.7
17	71.0	70.0	69.0	68.0	67.0	65.0	65.0	64.0	63.0	62.0
16	71.3	70.3	69.3	68.3	67.3	65.4	65.4	64.4	63.4	62.4
15	71.6	70.6	69.6	68.7	67.7	66.7	65.7	64.7	63.7	62.7
14	72.0	71.0	70.0	69.0	68.0	67.0	66.0	65.0	64.1	63.1
13	72.3	71.3	70.3	69.3	68.3	67.4	66.4	65.4	64.4	63.4
12	72.6	71.6	70.6	69.7	68.7	67.7	66.7	65.7	64.7	63.7
11	72.9	71.9	71.0	70.0	69.0	68.0	67.0	66.0	65.1	64.1
10	73.2	72.2	71.3	70.3	69.3	68.3	67.4	66.4	65.4	64.4
9	73.5	72.5	71.6	70.6	69.6	68.7	67.7	66.7	65.7	64.8
8	73.8	72.9	71.9	70.9	70.0	69.0	68.0	67.0	66.1	65.1
7	74.2	73.2	72.2	71.3	70.3	69.3	68.4	67.4	66.4	65.4
6	74.5	73.5	72.5	71.6	70.6	69.6	68.7	67.7	66.7	65.8
5	74.8	73.8	72.9	71.9	70.9	70.0	69.0	68.0	67.1	66.1
4	75.1	74.1	73.2	72.2	71.2	70.3	69.3	68.4	67.4	66.4
3	75.4	74.4	73.5	72.5	71.6	70.6	69.6	68.7	67.7	66.8
2	75.7	74.7	73.8	72.8	71.9	70.9	70.0	69.0	68.0	67.1
1	76.0	75.0	74.1	73.1	72.2	71.2	70.3	69.3	68.4	67.4
0	76.3	75.4	74.4	73.4	72.5	71.5	70.6	69.6	68.7	67.7

溶液温度（℃）	酒精计示值									
	60.0	59.0	58.0	57.0	56.0	55.0	54.0	53.0	52.0	51.0
	20℃时用容积百分数表示的酒精浓度									
30	56.4	55.4	54.4	53.4	52.3	51.3	50.3	49.3	48.2	47.2
29	56.8	55.8	54.8	53.7	52.7	51.7	50.7	49.6	48.6	47.6
28	57.2	56.1	55.1	54.1	53.1	52.1	51.0	50.0	49.0	48.0
27	57.5	56.5	55.5	54.5	53.4	52.4	51.4	50.4	49.4	48.3
26	57.9	56.9	55.8	54.8	53.8	52.8	51.8	50.8	49.7	48.7
25	58.2	57.2	56.2	55.2	54.2	53.2	52.2	51.1	50.1	49.1
24	58.6	57.6	56.6	55.6	54.5	53.5	52.5	51.5	50.5	49.5
23	58.9	57.9	56.9	55.9	54.9	53.9	52.9	51.9	50.9	49.9
22	59.3	58.3	57.3	56.3	55.3	54.3	53.3	52.2	51.2	50.2
21	59.6	58.6	57.6	56.6	55.6	54.6	53.6	52.6	51.6	50.6
20	60.0	59.0	58.0	57.0	56.0	55.0	54.0	53.0	52.0	51.0
19	60.4	59.4	58.4	57.4	56.4	55.4	54.4	53.4	52.4	51.4
18	60.7	59.7	58.7	57.7	56.7	55.7	54.7	53.7	52.7	51.7
17	61.0	60.0	59.1	58.1	57.1	56.1	55.1	54.1	53.1	52.1
16	61.4	60.4	59.4	58.4	57.4	56.4	55.5	54.5	53.5	52.5
15	61.7	60.8	59.8	58.8	57.8	56.8	55.8	54.8	53.9	52.9
14	62.1	61.1	60.1	59.1	58.2	57.2	56.2	55.2	54.2	53.2
13	62.4	61.4	60.5	59.5	58.5	57.5	56.5	55.6	54.6	53.6
12	62.8	61.8	60.8	59.8	58.9	57.9	56.9	55.9	55.0	54.0
11	63.1	62.1	61.2	60.2	59.2	58.2	57.2	56.3	55.3	54.3
10	63.5	62.5	61.5	60.5	59.5	58.6	57.6	56.6	55.7	54.7
9	63.8	62.8	61.9	60.9	59.9	58.9	58.0	57.0	56.0	55.1
8	64.1	63.2	62.2	61.2	60.3	59.3	58.3	57.4	56.4	55.4
7	64.5	63.5	62.5	61.6	60.6	59.6	58.7	57.7	56.8	55.8
6	64.8	63.8	62.9	61.9	61.0	60.0	59.0	58.1	57.1	56.1
5	65.1	64.2	63.2	62.3	61.3	60.3	59.4	58.4	57.4	56.5
4	65.5	64.5	63.6	62.6	61.6	60.7	59.7	58.8	57.8	56.8
3	65.8	64.8	63.9	62.9	62.0	61.0	60.1	59.1	58.2	57.2
2	66.1	65.2	64.2	63.3	62.3	61.4	60.4	59.4	58.5	57.5
1	66.4	65.5	64.6	63.6	62.6	61.7	60.7	59.8	58.8	57.9
0	66.8	65.8	64.9	63.9	63.0	62.0	61.1	60.1	59.2	58.2

溶液温度（℃）	酒精计示值									
	50.0	49.0	48.0	47.0	46.0	45.0	44.0	43.0	42.0	41.0
	20℃时用容积百分数表示的酒精浓度									
30	46.2	45.2	44.2	43.1	42.1	41.1	40.1	39.0	38.0	37.0
29	46.6	45.6	44.5	43.5	42.5	41.5	40.4	39.4	38.4	37.4
28	47.0	45.9	44.9	43.9	42.9	41.9	40.8	39.8	38.8	37.8
27	47.3	46.3	45.3	44.3	43.3	42.3	41.2	40.2	39.2	38.2
26	47.7	46.7	45.7	44.7	43.7	42.7	41.6	40.6	36.6	38.6
25	48.1	47.1	46.1	45.1	44.1	43.0	42.0	41.0	40.0	39.0
24	48.5	47.5	46.4	45.4	44.4	43.4	42.4	41.4	40.4	39.4
23	48.9	47.8	46.8	45.8	44.8	43.8	42.8	41.8	40.8	39.8
22	49.2	48.2	47.2	46.2	45.2	44.2	43.2	42.6	41.2	40.2
21	49.6	48.6	47.6	46.6	45.6	44.6	43.6	42.6	41.6	40.6
20	50.0	49.0	48.0	47.0	46.0	45.0	44.0	43.0	42.0	41.0
19	50.4	49.4	47.4	47.4	46.4	45.4	44.4	43.4	42.4	41.4
18	50.7	49.8	47.8	47.8	46.8	45.8	44.8	43.8	42.8	41.8
17	51.1	50.1	48.2	48.2	47.2	46.2	45.2	44.2	43.2	42.2
16	51.5	50.5	48.6	48.6	47.6	46.6	45.6	44.6	43.6	42.6
15	51.9	50.9	49.9	48.9	47.9	47.0	46.0	45.0	44.0	43.0
14	52.2	51.3	50.3	49.3	48.3	47.3	46.4	45.4	44.4	43.4
13	52.6	51.6	50.7	49.7	48.7	47.7	46.7	45.8	44.8	43.8
12	53.0	52.0	51.0	50.1	49.1	48.1	47.1	46.1	45.2	44.2
11	53.4	52.4	51.4	50.4	49.5	48.5	47.5	46.5	45.6	44.6
10	53.7	52.8	51.8	50.8	49.8	48.9	47.9	46.9	46.0	45.0
9	54.1	53.1	52.2	51.2	50.2	49.2	48.3	47.3	46.3	45.4
8	54.5	53.5	52.5	51.6	50.6	49.6	48.6	47.7	46.7	45.8
7	54.8	53.9	52.9	51.9	51.0	50.0	49.0	48.1	47.1	46.2
6	55.2	54.2	53.2	52.3	51.3	50.4	49.4	48.4	47.5	46.5
5	55.5	54.6	53.6	52.7	51.7	50.8	49.8	48.8	47.9	46.9
4	55.9	54.9	54.0	53.0	52.1	51.1	50.2	49.2	48.2	47.3
3	56.2	55.3	54.3	53.4	52.4	51.5	50.5	49.6	48.6	47.7
2	56.6	55.6	54.7	53.8	52.8	51.8	50.9	49.9	49.0	48.0
1	57.0	56.0	55.0	54.1	53.2	52.2	51.3	50.3	49.4	48.4
0	57.3	56.4	55.4	54.5	53.5	52.6	51.6	50.7	49.7	48.8

续表

溶液 温度（℃）	酒精计示值									
	40.0	39.0	38.0	37.0	36.0	35.0	34.0	33.0	32.0	31.0
	20℃时用容积百分数表示的酒精浓度									
30	36.0	35.0	34.0	33.0	32.0	30.9	29.9	28.9	28.0	27.0
29	36.4	35.4	34.4	33.4	32.4	31.3	30.3	29.4	28.4	27.4
28	36.8	35.8	34.8	33.8	32.8	31.7	30.7	29.7	28.8	27.8
27	37.2	36.2	35.2	34.2	33.2	32.2	31.2	30.2	29.2	28.2
26	37.6	36.6	35.6	34.6	33.6	32.6	31.6	30.6	29.6	28.6
25	38.0	37.0	36.0	35.0	34.0	33.0	32.0	31.0	30.0	29.0
24	38.4	37.4	36.4	35.4	34.4	33.4	32.4	31.4	30.4	29.4
23	38.8	37.8	36.8	35.8	34.8	33.8	32.8	31.8	30.8	29.8
22	39.2	38.2	37.2	36.2	35.2	34.2	33.2	32.2	31.2	30.2
21	39.9	38.6	37.6	36.6	35.6	34.6	33.6	32.6	31.6	30.6
20	40.0	39.0	38.0	37.0	36.0	35.0	34.0	33.0	32.0	31.0
19	40.4	39.4	38.4	37.4	36.4	35.4	34.4	33.4	32.4	31.4
18	40.8	39.8	38.8	37.8	36.8	35.8	34.8	33.8	32.8	31.8
17	41.2	40.2	39.2	38.2	37.2	36.2	35.2	34.2	33.2	32.2
16	41.6	40.6	39.6	38.6	37.6	36.6	35.6	34.6	33.6	32.6
15	42.0	41.0	40.0	39.0	38.0	37.0	36.0	35.0	34.0	33.0
14	42.4	41.4	40.4	39.4	38.4	37.4	36.4	35.4	34.4	33.5
13	42.8	41.8	40.8	39.8	38.8	37.8	36.8	35.9	34.9	33.9
12	43.2	42.2	41.2	40.2	39.2	38.2	37.3	38.3	35.3	34.3
11	43.6	42.6	41.6	40.6	39.6	38.7	37.7	36.7	35.7	34.7
10	44.0	43.0	42.0	41.0	40.1	39.1	38.1	37.1	36.1	35.1
9	44.4	43.4	42.4	41.5	40.5	39.5	38.5	37.5	36.5	35.5
8	44.8	43.8	42.8	41.9	40.9	39.9	38.9	37.9	36.9	36.0
7	45.2	44.2	43.2	42.3	41.3	40.3	39.3	38.3	37.3	36.4
6	45.6	44.6	43.6	42.7	41.7	40.7	39.7	38.8	37.8	36.8
5	46.0	45.0	44.0	43.1	42.1	41.1	40.1	39.2	38.2	37.2
4	46.3	45.4	44.4	43.4	42.5	41.5	40.5	39.6	38.6	37.6
3	46.7	45.8	44.8	43.8	42.9	41.9	40.9	40.0	39.0	38.0
2	47.1	46.1	45.2	44.2	43.3	42.3	41.3	40.4	39.4	38.4
1	47.5	46.5	45.6	44.6	43.7	42.7	41.7	40.8	39.8	38.9
0	47.8	46.9	46.0	45.0	44.0	43.1	42.1	41.2	40.2	39.3

附录五　糖锤度温度更正表（20℃）

温度 (℃)	锤度											
	1	2	3	4	5	6	7	8	9	10	11	12
0	0.34	0.38	0.41	0.45	0.49	0.52	0.55	0.59	0.62	0.65	0.67	0.70
5	0.38	0.40	0.43	0.45	0.47	0.49	0.51	0.52	0.54	0.56	0.58	0.60
10	0.33	0.34	0.36	0.37	0.38	0.39	0.40	0.41	0.42	0.43	0.44	0.45
11	0.32	0.33	0.33	0.34	0.35	0.36	0.37	0.38	0.39	0.40	0.41	0.42
12	0.30	0.30	0.31	0.31	0.32	0.33	0.34	0.34	0.35	0.36	0.37	0.38
13	0.27	0.27	0.28	0.28	0.29	0.30	0.30	0.31	0.31	0.32	0.33	0.33
14	0.24	0.24	0.24	0.25	0.26	0.27	0.27	0.28	0.28	0.29	0.29	0.30
15	0.20	0.20	0.20	0.21	0.22	0.22	0.23	0.23	0.24	0.24	0.24	0.25
16	0.17	0.17	0.18	0.18	0.18	0.18	0.19	0.19	0.20	0.20	0.20	0.21
17	0.13	0.13	0.14	0.14	0.14	0.14	0.14	0.15	0.15	0.15	0.15	0.16
18	0.09	0.09	0.10	0.10	0.10	0.10	0.10	0.10	0.10	0.10	0.10	0.10
19	0.05	0.05	0.05	0.05	0.05	0.05	0.05	0.05	0.05	0.05	0.05	0.05
	−	−	−	−	−	−	−	−	−	−	−	−
20	0.00	0.00	0.00	0.00	0.00	0.00	0.00	0.00	0.00	0.00	0.00	0.00
	+	+	+	+	+	+	+	+	+	+	+	+
21	0.04	0.04	0.05	0.05	0.05	0.05	0.05	0.06	0.06	0.06	0.06	0.06
22	0.10	0.10	0.10	0.10	0.10	0.10	0.10	0.11	0.11	0.11	0.11	0.11
23	0.16	0.16	0.16	0.16	0.16	0.16	0.16	0.17	0.17	0.17	0.17	0.17
24	0.21	0.21	0.22	0.22	0.22	0.22	0.22	0.23	0.23	0.23	0.23	0.23
25	0.27	0.27	0.28	0.28	0.28	0.28	0.29	0.29	0.30	0.30	0.30	0.30
26	0.33	0.38	0.34	0.34	0.34	0.34	0.35	0.35	0.36	0.36	0.36	0.36
27	0.40	0.40	0.41	0.41	0.41	0.41	0.41	0.42	0.42	0.42	0.42	0.43
28	0.46	0.46	0.47	0.47	0.47	0.47	0.48	0.48	0.49	0.49	0.49	0.50
29	0.54	0.54	0.55	0.55	0.55	0.55	0.55	0.56	0.56	0.56	0.57	0.57
30	0.61	0.61	0.62	0.62	0.62	0.62	0.62	0.63	0.63	0.63	0.64	0.64
31	0.69	0.69	0.70	0.70	0.70	0.70	0.70	0.71	0.71	0.71	0.72	0.72
32	0.76	0.77	0.77	0.78	0.78	0.78	0.78	0.79	0.79	0.79	0.80	0.80
33	0.84	0.85	0.85	0.85	0.85	0.85	0.86	0.86	0.86	0.87	0.87	0.88
34	0.91	0.92	0.92	0.93	0.93	0.93	0.93	0.94	0.94	0.95	0.95	0.96
35	0.99	1.00	1.00	1.01	1.01	1.01	1.01	1.02	1.02	1.02	1.03	1.04
36	1.07	1.08	1.08	1.09	1.09	1.09	1.09	1.10	1.10	1.11	1.11	1.12
37	1.15	1.16	1.16	1.17	1.17	1.17	1.17	1.18	1.18	1.19	1.19	1.20
38	1.25	1.25	1.26	1.26	1.26	1.27	1.28	1.29	1.29	1.29	1.31	1.32
39	1.34	1.34	1.35	1.35	1.35	1.36	1.37	1.38	1.38	1.38	1.39	1.40
40	1.43	1.43	1.44	1.44	1.45	1.45	1.46	1.46	1.47	1.47	1.48	1.49

续表

温度 (℃)	锤度											
	13	14	15	16	17	18	19	20	21	22	23	24
0	0.72	0.75	0.77	0.79	0.82	0.84	0.87	0.89	0.91	0.93	0.95	0.97
5	0.61	0.63	0.65	0.67	0.68	0.70	0.71	0.73	0.74	0.75	0.76	0.77
10	0.46	0.47	0.48	0.49	0.50	0.50	0.51	0.52	0.53	0.54	0.55	0.57
11	0.42	0.43	0.44	0.45	0.46	0.46	0.47	0.48	0.49	0.49	0.50	0.50
12	0.38	0.39	0.40	0.41	0.41	0.42	0.42	0.43	0.44	0.44	0.45	0.45
13	0.34	0.34	0.35	0.36	0.36	0.37	0.37	0.38	0.39	0.39	0.40	0.40
14	0.30	0.31	0.31	0.32	0.32	0.33	0.33	0.34	0.34	0.35	0.36	0.36
15	0.25	0.26	0.26	0.26	0.27	0.27	0.28	0.28	0.28	0.29	0.29	0.30
16	0.21	0.22	0.22	0.22	0.22	0.23	0.23	0.23	0.23	0.24	0.24	0.25
17	0.16	0.16	0.16	0.16	0.16	0.17	0.17	0.18	0.18	0.18	0.19	0.19
18	0.11	0.11	0.11	0.11	0.11	0.12	0.12	0.12	0.12	0.12	0.13	0.13
19	0.06	0.06	0.06	0.06	0.06	0.06	0.06	0.06	0.06	0.06	0.06	0.06
	−	−	−	−	−	−	−	−	−	−	−	−
20	0.00	0.00	0.00	0.00	0.00	0.00	0.00	0.00	0.00	0.00	0.00	0.00
	+	+	+	+	+	+	+	+	+	+	+	+
21	0.06	0.06	0.06	0.06	0.06	0.06	0.06	0.06	0.06	0.06	0.07	0.07
22	0.12	0.12	0.12	0.12	0.12	0.12	0.12	0.12	0.12	0.12	0.13	0.13
23	0.17	0.17	0.17	0.17	0.18	0.18	0.19	0.19	0.19	0.19	0.20	0.20
24	0.24	0.24	0.24	0.24	0.25	0.25	0.26	0.26	0.26	0.26	0.27	0.27
25	0.31	0.31	0.31	0.31	0.31	0.32	0.32	0.32	0.32	0.33	0.33	0.34
26	0.37	0.37	0.37	0.38	0.38	0.39	0.39	0.40	0.40	0.40	0.40	0.40
27	0.43	0.44	0.44	0.44	0.45	0.45	0.46	0.46	0.46	0.47	0.47	0.48
28	0.50	0.51	0.51	0.52	0.52	0.53	0.53	0.54	0.54	0.55	0.55	0.56
29	0.58	0.58	0.59	0.59	0.60	0.60	0.61	0.61	0.61	0.62	0.62	0.63
30	0.65	0.65	0.66	0.66	0.67	0.67	0.68	0.68	0.68	0.69	0.69	0.70
31	0.73	0.73	0.74	0.74	0.75	0.75	0.76	0.76	0.77	0.77	0.78	0.78
32	0.81	0.81	0.82	0.83	0.83	0.84	0.84	0.85	0.85	0.86	0.86	0.87
33	0.88	0.89	0.90	0.91	0.91	0.92	0.92	0.93	0.94	0.94	0.95	0.95
34	0.96	0.97	0.98	0.99	1.00	1.00	1.01	1.02	1.02	1.03	1.03	1.04
35	1.05	1.05	1.06	1.07	1.08	1.08	1.09	1.10	1.11	1.11	1.12	1.12
36	1.13	1.13	1.14	1.15	1.16	1.16	1.17	1.18	1.19	1.19	1.20	1.20
37	1.21	1.21	1.22	1.23	1.24	1.24	1.25	1.26	1.27	1.27	1.28	1.28
38	1.32	1.33	1.33	1.34	1.35	1.35	1.36	1.36	1.37	1.37	1.38	1.38
39	1.41	1.41	1.42	1.43	1.44	1.44	1.45	1.45	1.46	1.46	1.47	1.47
40	1.50	1.50	1.51	1.52	1.53	1.53	1.54	1.54	1.55	1.55	1.56	1.56

温度 （℃）	锤度							
	25	30	35	40	45	50	55	60
0	0.99	1.08	1.16	1.24	1.31	1.37	1.41	1.44
5	0.80	0.86	0.91	0.97	1.01	1.05	1.08	1.10
10	0.57	0.60	0.64	0.67	0.70	0.72	0.74	0.75
11	0.51	0.55	0.58	0.60	0.63	0.65	0.66	0.68
12	0.46	0.50	0.52	0.54	0.56	0.58	0.59	0.60
13	0.41	0.44	0.46	0.48	0.49	0.51	0.52	0.53
14	0.36	0.38	0.40	0.41	0.42	0.44	0.45	0.46
15	0.30	0.32	0.33	0.34	0.36	0.36	0.37	0.38
16	0.25	0.26	0.27	0.28	0.28	0.29	0.30	0.31
17	0.19	0.20	0.20	0.21	0.21	0.22	0.23	0.23
18	0.13	0.13	0.14	0.14	0.14	0.15	0.15	0.15
19	0.06	0.07	0.07	0.07	0.07	0.08	0.08	0.08
	−	−	−	−	−	−	−	−
20	0.00	0.00	0.00	0.00	0.00	0.00	0.00	0.00
	+	+	+	+	+	+	+	+
21	0.07	0.070.07	0.07	0.07	0.08	0.08	0.08	0.08
22	0.13	0.14	0.14	0.15	0.15	0.16	0.16	0.16
23	0.20	0.21	0.21	0.22	0.23	0.24	0.24	0.24
24	0.27	0.28	0.29	0.30	0.31	0.32	0.32	0.32
25	0.34	0.35	0.36	0.38	0.38	0.39	0.39	0.40
26	0.40	0.42	0.44	0.46	0.47	0.47	0.48	0.48
27	0.48	0.50	0.52	0.54	0.54	0.55	0.56	0.56
28	0.56	0.58	0.60	0.61	0.62	0.63	0.64	0.64
29	0.63	0.66	0.68	0.70	0.70	0.71	0.72	0.72
30	0.71	0.73	0.76	0.78	0.78	0.79	0.80	0.80
31	0.79	0.82	0.83	0.85				
32	0.87	0.90	0.92	0.94				
33	0.93	0.99	1.00	1.02				
34	1.04	1.07	1.09	1.11				
35	1.13	1.16	1.18	1.20	1.22	1.22	1.23	1.23
36	1.21	1.24	1.26	1.28				
37	1.29	1.31	1.33	1.35				
38	1.39	1.42	1.44	1.46				
39	1.48	1.53	1.53	1.55				
40	1.57	1.60	1.62	1.64	1.65	1.65	1.65	1.66

参考文献

［1］孙清荣. 食品分析与检验［M］. 北京：轻工业出版社，2011.

［2］臧剑甬. 食品理化检测技术［M］. 北京：轻工业出版社，2013.

［3］刘丹赤. 食品理化检验技术［M］. 大连：大连理工大学出版社，2010.

［4］李京东. 食品分析与检验技术［M］. 北京：化学工业出版社，2011.

［5］彭珊珊. 食品分析检测及其实训教程［M］. 北京：轻工业出版社，2011.

［6］王朝臣. 食品理化检验项目化教程［M］. 北京：化学工业出版社，2013.

［7］黎源倩. 食品理化检验［M］. 北京：人民卫生出版社，2015.

［8］王燕. 食品检验技术（理化部分）［M］. 北京：中国轻工业出版社，2008.

［9］周光理. 食品分析与检验技术［M］. 北京：化学工业出版社，2010.

［10］郑吉园. 食品质量检验员（国家职业资格 4 级）［M］. 北京：中国劳动社会保障出版社，2008.

［11］翁连海. 食品检验工技能（初级、中级、高级）［M］. 北京：机械工业出版社，2015.

绪　论

一、选择题

1. A　2. B

二、判断题

1. √　2. ×　3. √　4. ×　5. √

三、填空题

1. 国际标准　国家标准　行业标准　地方标准　企业标准
2. 感官检验　物理检验　化学分析　仪器分析　酶分析和免疫学分析

四、名词解释

　　食品理化分析是基于分析化学、营养与食品卫生和食品化学等知识和技能，使用现代分离分析技术，对食品的营养成分、与食品安全有关的成分进行分析检测，并将检测结果与食品相关标准进行比较，以判断食品是否符合食用要求的过程。

五、计算题

　　218. 3

六、简答题

1. 系统误差也称为规律误差，它是由于分析过程中某些比较确定的因素造成的。在相同的条件下，重复测定时会重复出现，使测定结果系统偏高或系统偏低，其数值大小也有一定的规律，即测量值总是比真值大或小。

　　随机误差也称偶然误差或不定误差，是由于在测定过程中一系列有关因素微小的随机波动而形成的具有相互抵偿性的误差。

2. 样品的前处理是指食品样品在测定前消除干扰成分，浓缩待测组分，使样品能满足分析方法要求的操作过程。由于食品的成分复杂，待测成分的含量差异很大，其他共存的组分常常会干扰待测成分的检验，必须在分析前去除干扰成分。此外，对于食品中的含量极低的待测组分，还必须在测定前对其进行富集浓缩，以满足分析方法的检出限和灵敏度的要求，通常可以采用水浴加热、吹氮气或空气、真空减压浓缩等方法将样品处理液进行浓缩。

　　样品的前处理是食品理化检验中十分重要的环节，直接关系着分析工作的成败。常用的样品前处理方法较多，应根据食品的种类、待测组分的理化性质及所选用的分析方法来确定样品的前处理方法。方法包括无机化处理，如湿消化法、干灰化法；干扰成分的去除，如溶剂提取、色谱分离、挥发蒸馏、固相萃取、透析、沉淀等。

3. 食品理化分析的流程：采样、分样、样品制备与处理、样品检测、结果分析和结果报告。

项目一

一、选择题

1. A　2. B　3. B　4. A　5. B

二、判断题

1. √　2. ×　3. ×　4. ×　5. ×

三、填空题

1. 波长　温度　比旋度
2. 绝对黏度　水

四、名词解释

1. 比旋度：在一定的波长和温度下，平面偏振光透过长 1dm，每毫升中含有旋光物质 1g 的溶液时，测得的旋光度称为比旋度，以 $[\alpha]_D^t$ 表示。
2. 相对密度：系指被测液体的密度与同体积的水密度在各自规定的温度条件下之比。以 $d_{t_2}^{t_1}$ 表示，其中 t_1 表示被测液体的温度，t_2 表示水的温度。
3. 绝对黏度：是液体以 1cm/s 的流速流动时，在每 $1cm^2$ 液面上所需切向力的大小，单位为"Pa·s"。

五、简答题

1. 用已知质量的干燥密度瓶，在一定温度下分别称取等体积的样品溶液与纯化水，两者的质量比即为该样品溶液的相对密度。
2. 在一定温度下，当液体在直立的毛细管中，以完全湿润管壁的状态流动时，其运动黏度与流动时间成正比。测定时，用已知运动黏度的液体作标准，测量其从毛细管黏度计流出的时间，再测量试样自同一黏度计流出的时间，则可计算出试样的黏度。
3. 食品的相对密度测定法包括密度瓶法、相对密度计法、相对密度天平法。
4. 旋光法测定旋光度的影响因素包括溶液的浓度、光线通过液层的厚度、光的波长、溶液的温度、溶剂。
5. 折射率测定的影响因素包括溶液的浓度、溶液的温度、光的波长、压强。

项目二

一、选择题

1. A　2. B

二、判断题

1. ×　2. √

三、填空题

1. 脱水　催化剂和指示剂
2. 还原糖　亚甲基蓝　亚铁氰化钾　蓝色褪去

四、计算题

$$X = \frac{m_2 - m_1}{m} \times 100$$

$$X = \frac{31.2084 - 30.1045}{2.8095} \times 100$$

$$X = 39.29 \ (g/100g)$$

五、简答题

1. 食品中的酸类物质用酸度表示，可分为总酸度（滴定酸度）、有效酸度和挥发酸度。
   总酸度指食品中酸性物质的总量。它是食品中解离的酸和未解离的酸的总量，其含量可用标准碱液滴定后计算，故总酸度又称为"可滴定酸度"。
   有效酸度系指被测溶液中的氢离子浓度（活度），反映了已离解酸的浓度，常用 pH 值表示。
   食品中的挥发酸系指甲酸、乙酸、丁酸等低碳链的直链脂肪酸，包括可用水蒸气蒸馏的乳酸、琥珀酸、山梨酸及 CO_2、SO_2 等。正常生产的食品，挥发酸的含量较稳定。

2. 测定脂肪常用的主要方法如下。

索氏提取法：适用于游离态脂肪含量较高而结合态脂类含量较少、易研细、烘干、不易吸湿结块的食品。

酸水解法：适用于各类食品中总脂肪的测定，包括游离态脂肪和结合态脂肪。特别是对易吸湿、不易烘干，不宜用索氏提取法的试样效果较好。不适用于磷脂和糖含量较高的食品。

罗斯-哥特里法：适用于各种液状乳（生乳、加工乳、部分脱脂乳、脱脂乳）、炼乳、奶粉、奶油及冰淇淋、豆乳或加水呈乳状的食品中脂类含量的测定，但是对已结块的乳粉，用本法测定时结果偏低。

巴布科克法：适用于鲜乳及稀奶油中脂肪的测定，但不能用于测定乳制品中的磷脂，也不适于巧克力、糖等食品。

盖勃法：应用于不同乳制品的脂肪测定。

三氯甲烷-甲醇法：对试样组织中所包含的脂肪及磷脂等提取较彻底，特别适用于鱼肉、禽肉等磷脂含量较高的脂肪提取。

三氯甲烷冷浸法：适用于蛋与蛋制品中脂肪的测定。

3. 测定水溶性维生素时一般多在酸性溶液中进行前处理，或再经淀粉酶、木瓜蛋白酶等酶解作用，使结合态维生素游离出来，再进行提取。为进一步去除杂质，还可用活性人造浮石、硅镁吸附剂等进行纯化处理。

项目三

一、选择题

1. B　　2. D　　3. B　　4. B　　5. C　　6. D

二、判断题

1. ×　　2. ×　　3. √　　4. ×　　5. √

三、填空题

1. 天然食品添加剂　　人工合成食品添加剂

2. 23

3. 防止亚硝酸盐氧化

4. 弱酸性　　重氮化　　紫红色　　538nm

四、名词解释

1. 食品添加剂：是指为改善食品品质和色、香、味以及为防腐、保鲜和加工工艺的需要而加入食品中的化学物质和天然物质。

2. 护色剂：也称发色剂或呈色剂，主要是本身不具有颜色，但能与食品中某些成分发生作用，使食品的色泽保持稳定或得到改善的一类食品添加剂。

3. 着色剂：又称食品色素，是使食品赋予色泽和改善食品色泽的物质。

4. 防腐剂：指能防止食品腐败变质，抑制食品中微生物繁殖，延长食品保存期的食品添加剂。

5. 抗氧化剂：是防止、抑制或延缓食品成分氧化变质的添加剂。

五、计算题

1.

$$X = \frac{1 \times \dfrac{9870}{111993} \times 25}{11.60} \times 1.18 = 0.22 \, g/kg$$

结论：本品含苯甲酸钠不符合国家标准规定。

2.

$$X = \frac{0.1041 \times \dfrac{18280}{96723} \times 20}{6.24} = 0.06 \, g/kg$$

结论：本品含糖精钠符合国家标准规定。

六、简答题

1. 食品安全问题是涉及人类发展与食品供应的重大社会问题，虽然食品添加剂在食品生产加工中的作用非常重要，但若滥用食品添加剂不仅影响人们的饮食卫生与身体健康，同时也会影响社会稳定与经济健康发展。

2. 苯甲酸钠加盐酸酸化生成苯甲酸，用乙醚提取苯甲酸制成试样，注入气相色谱仪进行分离，以标准系列比较定量。

3. 环己基氨基磺酸钠在硫酸介质中与亚硝酸反应，生成环己基醇亚硝酸酯，利用气相色谱氢火焰离子化检测器进行分离及分析，以保留时间定性，外标法定量。

4. 以亚硝酸钠为例。在肉制品加工过程中添加亚硝酸钠作护色剂，其在酸性条件下会产生游离的亚硝酸，并进一步分解产生亚硝基。亚硝基与肉类中的肌红蛋白反应，生成稳定的、鲜艳亮红色的亚硝基肌红蛋白，从而赋予肉制品鲜艳的红色。

5. 护色剂也称发色剂或呈色剂，主要是本身不具有颜色，但能与食品中某些成分发生作用，使食品的色泽保持稳定或得到改善的一类食品添加剂。

   我国允许使用的护色剂有硝酸钠、硝酸钾、亚硝酸钠、亚硝酸钾和异抗坏血酸及其钠盐等。硝酸盐和亚硝酸盐主要用于动物性食品中，异抗坏血酸及其钠盐多用于果蔬制品中。GB 5009.33—2010规定食品中硝酸盐和亚硝酸盐的测定有三种方法，离子色谱法、分光光度法、乳及乳制品中亚硝酸盐与硝酸盐的测定。

6. 亚硝酸盐的测定：

   离子色谱法：试样经沉淀蛋白质、除去脂肪后，采用相应的方法提取和净化，以氢氧化钾溶液为淋洗液，阴离子交换柱分离，电导检测器检测，以保留时间定性，外标法定量。

   分光光度法：样品经沉淀蛋白质、除去脂肪后，在弱酸性条件下，亚硝酸盐与对氨基苯磺酸（$C_6H_7NO_3S$）重氮化，产生重氮盐，此重氮盐再与耦合试剂（盐酸萘乙二胺）耦合形成紫红色染料，其最大吸收波长为538nm，外标法测得亚硝酸盐含量。

   硝酸盐测定：

   离子色谱法：试样经沉淀蛋白质、除去脂肪后，采用相应的方法提取和净化，以氢氧化钾溶液为淋洗液，阴离子交换柱分离，电导检测器检测，以保留时间定性，外标法定量。

   镉柱还原法：样品经沉淀蛋白质、除去脂肪后，在弱酸性条件下，亚硝酸盐与对氨基苯磺酸（$C_6H_7NO_3S$）重氮化，产生重氮盐，此重氮盐再与耦合试剂（盐酸萘乙二胺）耦合形成紫红色染料，其最大吸收波长为538nm，外标法测得亚硝酸盐含量。采用镉柱将硝酸盐还原成亚硝酸盐，测得亚硝酸盐总量，由此总量减去亚硝酸盐含量，即得试样中硝酸盐含量。

7. 食品中常用的漂白剂大都属于亚硫酸及其盐类，通过其所产生的二氧化硫的还原作用而使食品漂白，同时还有抑菌防腐和抗氧化等作用。使用亚硫酸及其盐漂白，难免会在食品中留有二氧化硫残存。食用二氧化硫残存量过高的食品会对人体产生不良影响，因而须对亚硫酸及其盐类漂白剂的使用量加以严格控制。

8. 滴定法：在密闭容器中对试样进行酸化、蒸馏，蒸馏物用乙酸铅溶液吸收。吸收后的溶液用盐酸酸化，碘标准溶液滴定，根据所消耗的碘标准溶液量计算出试样中的二氧化硫含量。

9. 抗氧化剂主要是防止、抑制或延缓食品成分氧化变质的添加剂。按其溶解性可分为油溶性抗氧化剂和水溶性抗氧化剂，油性抗氧化剂主要有丁基羟基茴香醚（BHA）、二丁基羟基甲苯（BHT）、没食子酸丙酯（PG）、维生素 E 等。水溶性抗氧化剂主要有抗坏血酸及其盐类、异化抗坏血酸及其盐类、EDTA-2Na、植酸、茶多酚等。

10. 根据 GB/T 23373—2009 规定食品中抗氧化剂的测定方法主要有气相色谱法。

11. GB 5009.35—2016 规定食品中着色剂测定方法有高效液相色谱法。

原理：食品中的人工合成着色剂用聚酰胺吸附法或用液-液分配法提取，制成水溶液，注入高效液相色谱仪，经反相色谱分离，根据保留时间定性和与峰面积比较进行定量。

项目四

一、选择题

1. A   2. A   3. C   4. C   5. A   6. C   7. A

二、判断题

1. √   2. ×   3. √   4. ×   5. ×   6. √   7. ×   8. ×   9. ×   10. ×   11. √   12. ×   13. ×

三、填空题

1. 干法灰化   湿法消化   湿法消化   回流消化   冷消化法   高压消解法   微波消解法   五氧化二钒消化法

2. 湿法消化   浓硫酸   浓硝酸   草酸铵   硝酸   因为重金属采用的是氧化还原比色法，而硝酸是强氧化剂，会氧化金属而无法测定

四、简答题

压力消解罐消解法、回流消解法、微波消解法。

项目五

一、填空题

1. 活性多糖   功能性甜味料   功能性油脂   氨基酸、肽与蛋白质   维生素   矿物元素   微生态调节剂   自由基清除剂   醇、酮、酚与酸类   低能量或无能量基料   其他基料

2. 茶多酚   儿茶素   黄酮类化合物

二、简答题

1. 功能性食品中真正起生理作用的成分，成为功效成分或称活性成分、功能因子。富含这些成分的配料成为活性成分。

2. 试样用 80% 乙醇溶解后，经 0.45μm 滤膜过滤，采用反相键合相色谱测定，根据色谱峰保留时间定性，根据峰面积或峰高定量，各单体的含量之和为大豆低聚糖含量。

3. （1）标准曲线的绘制　取 10mg/ml 的大豆低聚糖标准糖液 1.0μl、2.0μl、3.0μl、4.0μl、5.0μl 直接进样，即得到下列浓度的糖溶液：10μg/ml、20μg/ml、30μg/ml、40μg/ml、50μg/ml。测量出各组分的色谱峰面积或峰高，以标准糖浓度和对应的峰面积（或峰高）做标准曲线，求回归方程和相关系数。

（2）样品的制备和测定　称取大豆粉样品 10g，在索氏提取器中用乙醚脱脂。挥发去乙醚，加入乙醇水溶液混合，置 70℃ 恒温水浴中保温 1h。离心，重复提取，合并上清液

中。加入饱和醋酸铅沉淀蛋白，加草酸溶液除去 pb^{2+}。离心除去沉淀，溶液以 NaOH 溶液中和至中性，再浓缩，定容，色谱分析。

项目六

一、选择题

1. D 2. A

二、判断题

1. × 2. × 3. √

三、简答题

试样经用浸泡液浸泡后，测定其高锰酸钾消耗量来表示样品溶出的还原性有机物质被氧化所消耗的高锰酸钾的量。样品加入一定质量的高锰酸钾和硫酸，在沸水浴中加热，高锰酸钾将样品中的还原性有机物氧化，反应后加入过量的草酸钠还原剩余的高锰酸钾，再用高锰酸钾标准溶液回滴过量的草酸钠，从而计算出高锰酸钾的消耗量。

教学大纲

（供食品质量与安全、食品检测技术、食品营养与检测等专业用）

一、课程任务

《食品理化分析技术》是高职高专院校食品质量与安全、食品检测技术、食品营养与检测等专业一门重要的专业核心课程。本课程的主要内容是介绍食品理化分析的工作流程及其检验技术。本课程的任务是使学生掌握食品理化分析的流程、检验知识和实践操作技能，为实习奠定良好的基础。

二、课程目标

1. 掌握食品理化分析的常见检验方法及其注意事项。
2. 了解食品理化分析的目的意义和相关实验室设置与管理。
3. 熟悉相关检验仪器的结构、检测原理和操作步骤。
4. 学会根据食品的类别和性质合理选择检验方法，能设计实训方案并完成方案实施。
5. 熟练掌握食品理化分析技术的一般知识和基本操作技能。
6. 能认真观察、如实记录实验现象或数据，会分析实验结果，并规范出具完整检验报告。
7. 具有食品质量与安全、食品检测技术、食品营养与检测等专业所应有的良好职业道德，科学工作态度，严谨细致的专业学风。

三、教学时间分配

教学内容		学时数		
		理论	实践	合计
绪论	任务一　课程导入	1	0	1
	任务二　食品理化分析的内容	2	0	2
	任务三　食品理化分析的标准	1	0	1
	任务四　分析检验中的误差和数据处理	2	0	2
	任务五　食品理化分析流程	4	2	6
	任务六　食品理化分析实验室安全	1	0	1
	任务七　食品理化分析实设置与管理	1	0	1
项目一　食品物理检验		2	4	6
项目二　食品常见成分检验		16	24	40
项目三　食品添加剂的检验		6	6	12
项目四　食品中有毒有害物质的检验		4	8	12
项目五　食品中功能性成分的检验		6	4	10
项目六　食品包装材料的检验		6	4	10
综合实训（各类食品的检验）				
项目七　乳及乳制品的检验		0	8	8
项目八　饮料的检验		0	8	8

续表

教学内容	学时数		
	理论	实践	合计
项目九　罐头的检验	0	8	8
项目十　肉制品的检验	0	8	8
项目十一　粮油制品的检验	0	8	8
合计	52	92	144

四、教学内容与要求

项目	教学内容	教学要求	教学活动建议	参考学时	
				理论	实践
绪论	（一）课程导入 1. 食品理化分析技术的概念 2. 食品理化分析的任务	掌握 熟悉	理论讲授 讨论	1	
	（二）食品理化分析的内容 1. 食品中常见成分的检验 2. 食品中添加剂的检验 3. 食品中有毒有害物质的检验 4. 食品中功能性成分的检验 5. 食品包装材料的检验	掌握		2	
	（三）食品理化分析的标准 1. 国际标准 2. 国家标准 3. 行业标准 4. 地方标准 5. 企业标准	掌握		1	
	（四）分析检验中的误差和数据处理 1. 误差 2. 数据处理	掌握	理论讲授 课堂练习	2	
	（五）食品理化分析的流程 1. 采样 实践1：模拟食品采样 2. 分样 3. 样品制备与处理 实践2：食品样品制备 4. 样品检测 5. 结果分析 6. 结果报告	熟练掌握	理实一体 视频和 录像	1 1 1 1	1 1

续表

项目	教学内容	教学要求	教学活动建议	参考学时 理论	参考学时 实践
绪论	（六）食品理化分析实验室安全 1. 防止中毒与污染 2. 防止燃烧与爆炸 3. "三废" 处理与回收	掌握	理论讲授 讨论	1	
	（七）食品理化分析实验室设置与管理 1. 实验室设置 2. 实验室管理	了解	理论讲授	1	
一、食品物理检验	1. 相对密度测定法 实践3：比重计法测定食品的密度 2. 折射率测定法 实践4：阿贝折射仪法测定食品的折射率 3. 旋光度测定法 实践5：旋光仪法测定食品的旋光度	熟练掌握	技能实践		2
	4. 黏度测定法	熟悉	理论讲授	1	
	5. 液态食品色度、浊度的测定 实践6：食品色度和浊度的测定	掌握 学会	技能实践		1
	6. 气体压力检测法	熟悉	理论讲授	1	
	7. 固态食品的比体积及膨胀率的测定 实践7：面包比体积的测定	学会	技能实践		1
二、食品常见成分检验	1. 水分的测定 （1）水分含量 实践8：直接干燥法测定食品的水分含量	熟练掌握	理实一体 视频和 录像	1	4
	（2）水分活度的测定 实践9：水分活度仪的使用	熟悉 学会		1	
	2. 灰分及矿物质的测定 （1）灰分的测定 实践10：食品总灰分的测定	熟练掌握	理实一体 虚实结合		2
	（2）常量元素的测定 实践11：食品中钙的测定			1	2
	（3）微量金属元素的测定 实践12：食品中锌的测定				
	（4）微量非金属元素的测定 实践13：食品中碘的测定			1	2
	3. 酸类物质的测定	熟悉	理论讲授	2	
	4. 脂类的测定 （1）脂肪的测定 实践14：索氏脂肪测定法（演示）	熟练掌握	技能实践	2	2

项目	教学内容	教学要求	教学活动建议	参考学时	
				理论	实践
二、食品常见成分检验	（2）类脂的测定	了解	理论讲授	2	
	5. 碳水化合物的测定				
	（1）还原糖的测定 实践 15：直接滴定法测定食品中的还原糖	熟练掌握	技能实践	1	4
	（2）蔗糖和总糖的测定 （3）淀粉的测定 （4）膳食纤维的测定	熟悉	理论讲授	1	
	（5）果胶的测定	了解			
	6. 蛋白质和氨基酸的测定				
	（1）蛋白质的测定 实践 16：凯氏定氮法测定食品中的蛋白质 （2）氨基酸态氮的测定 实践 17：酸度计法测定酱油中的氨基酸态氮	熟练掌握	理实一体	1 1	4
	7. 维生素的测定				
	（1）脂溶性维生素的测定 实践 18：食品中维生素 A 和 E 的测定 （2）水溶性维生素的测定 实践 19：食品中维生素 C 的测定	熟练掌握	理实一体 虚实结合	1 1	4
三、食品添加剂的检验	1. 甜味剂的测定 （1）糖精钠的测定 （2）甜蜜素的测定 2. 防腐剂的测定 （1）苯甲酸（钠）的测定 （2）山梨酸（钾）的测定 实践 20：食品中的甜味剂和防腐剂的测定	熟练掌握	理实一体	2	3
	3. 护色剂的测定 4. 漂白剂的测定 5. 抗氧化剂的测定	掌握 掌握 熟悉	理实一体	4	3
	6. 着色剂的测定 实践 21：食品中的色素测定	熟练掌握			

项目	教学内容	教学要求	教学活动建议	参考学时 理论	参考学时 实践
四、食品中有毒有害物质的检验	1. 农药及兽药残留的测定 （1）农药残留量的测定 实践 22：食品中农药残留的测定 （2）兽药残留量的测定	熟练掌握	理实一体	1	4
	2. 有害元素的测定 （1）镉的测定 （2）总汞及有机汞的测定 （3）铅的测定 实践 23：食品中铅的测定 （4）总砷及无机砷的测定 实践 24：食品中砷的测定			2	4
	3. 其他有害物质的测定				
	（1）黄曲霉毒素的测定	掌握	理论讲授	1	
	（2）苯并[α]芘的测定 （3）N-亚硝胺的测定	熟悉			
五、食品中功能性成分的检验	1. 活性寡糖及活性多糖类物质的测定				
	（1）低聚果糖 （2）大豆低聚糖 （3）香菇多糖 （4）魔芋葡甘露聚糖 （5）糖醇及糖的测定 实践 25：食品中木糖醇的测定	熟悉	理论讲授	2	
			技能实践		4
	2. 牛磺酸的测定 3. 芦丁的测定 4. 生物抗氧化剂类物质的测定 5. 自由基清除剂 SOD 活性的测定 6. 活性脂的测定		理论讲授	4	
六、食品包装材料的检验	1. 样品采集、制备与浸泡试验 实践 26：食品接触材料及制品的浸泡试验 2. 食品用塑料制品检验 实践 27：食品用塑料制品的燃烧试验	学会	理实一体	2 2	4
	3. 食品用橡胶制品检验 4. 食品容器涂料的检验	熟悉	理论讲授	2	
	5. 其他食品包装材料的检验 （1）食品包装用纸的测定 （2）食品用陶瓷的测定 （3）食品用搪瓷、不锈钢和铝制食具材料的测定	了解			

续表

项目	教学内容	教学要求	教学活动建议	参考学时	
				理论	实践
综合实训	各类食品的检验				
	七、乳及乳制品的检验				8
	八、饮料的检验				8
	九、罐头的检验	熟练掌握	技能实践		8
	十、肉制品的检验				8
	十一、粮油制品的检验				8

五、大纲说明

（一）适应专业及参考学时

本教学大纲主要供高职高专食品质量与安全、食品检测技术、食品营养与检测等专业教学使用。总学时为 144 学时，其中理论教学为 52 学时，实践教学 92 学时。

（二）教学要求

1. 理论教学部分具体要求分为三个层次，分别是：了解，要求学生能够记住所学过的知识要点，并能够根据被检对象说出其检测指标和可采用的检验方法名称。熟悉，要求学生能够理解被检对象各指标的检测原理及步骤。掌握，要求在掌握方法基本原理、步骤的基础上，知晓不同方法的特点，通过分析、归纳、比较等手段解决所遇到的实际问题，做到学以致用，融会贯通。

2. 实践教学部分具体要求分为两个层次，分别是：熟练掌握，能够熟练运用所学会的技能，合理应用理论知识，独立进行专业技能操作和实验操作，并能够全面分析实验结果和操作要点，正确书写实训报告。学会，在教师的指导下，能够正确地完成技能操作，说出操作要点和应用目的等，并能够独立写出实训报告。

（三）教学建议

1. 本大纲遵循了职业教育的特点，降低了理论难度，突出了技能实践的特点，并强化了与实习岗位的对接。

2. 教学内容上要注意食品理化分析技术的基本原理、基本操作技能与专业实践相结合，要十分重视理论联系实际，要有重点的介绍食品理化分析技术在不同种类食品中的实际选择和应用。

3. 教学方法上要充分把握食品理化分析技术的学科特点和学生的认知特点，建议采用"互动式"等教学方法，通过通俗易懂的讲解、课堂讨论和实验，引导学生通过观察、比较、分析、概括得出结论，并通过运用不断加深熟悉。合理运用实物、录像、虚拟实训软件和多媒体课件等来加强直观教学，以培养学生的正确观察能力、思维能力和分析归纳能力。同时教学中要注意结合教学内容，对学生进行环境保护、保健、防火防毒等安全意识教育。

4. 考核方法可采用知识考核与技能考核，集中考核与日常考核相结合的方法，具体可采用：考试、提问、作业、测验、讨论、实验、实践、综合评定等多种方法。

5. 大纲中所列的实践项目可根据各院校的实际设施设备情况、区域食品行业的检测要求予以采用或更换。